普通高等教育机电类系列教材

机 械 原 理

主　编　郁志宏　高　雄　王洪波
副主编　李　震　刘　涛
参　编　张　雷　李　洁　胡　娟　贾爱莲
　　　　刘晓立　翟之平　杨高炜　庞　震

机械工业出版社

本书共 14 章，包括绪论、机构的结构分析、平面机构的运动分析、平面机构的力分析、机械的效率及自锁、平面连杆机构及其设计、凸轮机构及其设计、齿轮机构及其设计、齿轮系及其设计、其他常用机构、机械的平衡、机械的运转及其速度波动的调节、机构创新设计和机械系统方案设计。各章有配套的电子教学 PPT，可从机械工业出版社教育服务网下载，每章后附有思考题和习题。各院校可根据自身情况对教材内容进行取舍，其中，第 14 章机械系统方案设计，建议结合机械原理课程设计一同开展教学，以期收到更好的教学效果。

本书在介绍机械原理基础理论知识的同时，与时俱进，补充了与机械原理课程相关的新知识，并通过实例加强了理论与工程实际问题的联系。内容的介绍由浅入深、循序渐进，教学适用性好，便于学生和相关工程技术人员自学。本书可为相关学习人员在机械原理基础理论知识方面打下良好基础，同时激发学习者的创新思维、创新能力与工程意识。

本书可作为高等院校机械类专业的教材，也可供其他相关专业的师生及工程技术人员参考。

图书在版编目（CIP）数据

机械原理/郁志宏，高雄，王洪波主编. —北京：机械工业出版社，2022.8（2024.1重印）
普通高等教育机电类系列教材
ISBN 978-7-111-70606-9

Ⅰ.①机… Ⅱ.①郁… ②高… ③王… Ⅲ.①机械原理-高等学校-教材 Ⅳ.①TH111

中国版本图书馆 CIP 数据核字（2022）第 065960 号

机械工业出版社（北京市百万庄大街22号　邮政编码100037）
策划编辑：余　皞　　　　责任编辑：余　皞
责任校对：郑　婕　李　婷　封面设计：张　静
责任印制：任维东
北京中科印刷有限公司印刷
2024 年 1 月第 1 版第 2 次印刷
184mm×260mm・18.25 印张・448 千字
标准书号：ISBN 978-7-111-70606-9
定价：59.00 元

电话服务　　　　　　　　　网络服务
客服电话：010-88361066　　机　工　官　网：www.cmpbook.com
　　　　　010-88379833　　机　工　官　博：weibo.com/cmp1952
　　　　　010-68326294　　金　书　网：www.golden-book.com
封底无防伪标均为盗版　机工教育服务网：www.cmpedu.com

前 言

本书根据教育部有关机械原理课程的教学基本要求，基于编者多年来的教学实践经验并结合机械原理教学改革及发展现状编写而成。

在编写过程中，编者从满足教学基本要求出发，力求做到精选内容，适当拓宽知识面，并反映学科新成就，培养学生灵活应用知识解决工程实际问题和机构创新的能力。书中内容突出高等院校机械工程学科的知识特点，具有较强的针对性和实用性。本书为立体化教材，除纸质教材外，还有与之配套的多媒体电子教学课件。

本书由内蒙古农业大学郁志宏、高雄、王洪波担任主编。参加本书编写工作的有内蒙古农业大学高雄（第1章、第13章）、内蒙古农业大学郁志宏（第14章）、内蒙古农业大学王洪波（第2章）、内蒙古农业大学张雷（第6章）、内蒙古农业大学刘涛（第7章）、内蒙古农业大学李洁（第5章）、内蒙古工业大学翟之平（第12章）、山西农业大学胡娟（第3章、第4章、第10章10.1~10.2节）、山西农业大学贾爱莲（第9章，第10章10.3~10.8节）、河北工程大学刘晓立（第8章8.5~8.7节）、内蒙古科技大学李震（第11章）、内蒙古科技大学杨高炜（第8章8.1~8.4节）、内蒙古科技大学庞震（第8章8.8~8.10节）。全书由内蒙古农业大学郁志宏、高雄、王洪波统稿。

受编写水平所限，书中难免会有漏误及欠妥之处，敬请广大读者批评指正。

编 者

目录

前言
第1章 绪论 ………………………………… 1
1.1 本课程研究的对象及内容 …………… 1
1.2 本课程的地位和作用 ………………… 3
1.3 如何进行本课程的学习 ……………… 4
1.4 机械原理学科的发展趋势 …………… 4
第2章 机构的结构分析 …………………… 6
2.1 机构的组成 …………………………… 6
2.2 机构运动简图 ………………………… 10
2.3 机构自由度的计算 …………………… 13
2.4 机构具有确定运动的条件 …………… 19
2.5 平面机构的组成原理、分类及结构
    分析 …………………………………… 20
思考题 ……………………………………… 23
习题 ………………………………………… 23
第3章 平面机构的运动分析 ……………… 25
3.1 概述 …………………………………… 25
3.2 平面机构的速度及加速度分析 ……… 25
思考题 ……………………………………… 37
习题 ………………………………………… 37
第4章 平面机构的力分析 ………………… 40
4.1 概述 …………………………………… 40
4.2 构件惯性力的确定 …………………… 41
4.3 运动副中摩擦力的确定 ……………… 44
4.4 平面机构的力分析 …………………… 48
思考题 ……………………………………… 52
习题 ………………………………………… 53
第5章 机械的效率及自锁 ………………… 54
5.1 机械的效率 …………………………… 54
5.2 机械的自锁 …………………………… 58
思考题 ……………………………………… 62
习题 ………………………………………… 62
第6章 平面连杆机构及其设计 …………… 65
6.1 连杆机构及其传动特点 ……………… 65
6.2 平面四杆机构的类型和应用 ………… 66
6.3 平面四杆机构的基本知识 …………… 70
6.4 平面四杆机构的设计 ………………… 74
思考题 ……………………………………… 83
习题 ………………………………………… 83
第7章 凸轮机构及其设计 ………………… 85
7.1 概述 …………………………………… 85
7.2 从动件的运动规律 …………………… 90
7.3 凸轮轮廓曲线的设计 ………………… 98
7.4 凸轮机构基本尺寸的设计 …………… 104
思考题 ……………………………………… 112
习题 ………………………………………… 112
第8章 齿轮机构及其设计 ………………… 114
8.1 齿轮机构的特点及分类 ……………… 114
8.2 齿轮的齿廓曲线 ……………………… 116
8.3 渐开线齿廓及其啮合特点 …………… 117
8.4 渐开线标准直齿圆柱齿轮的基本
    参数和几何尺寸计算 ………………… 121
8.5 渐开线直齿圆柱齿轮的啮合传动 …… 128
8.6 渐开线齿廓的切制原理与根切现象 … 136
8.7 渐开线变位齿轮简介 ………………… 141
8.8 斜齿圆柱齿轮传动 …………………… 148
8.9 直齿锥齿轮传动 ……………………… 154
8.10 蜗杆传动 …………………………… 156
思考题 ……………………………………… 158
习题 ………………………………………… 159
第9章 齿轮系及其设计 …………………… 161
9.1 齿轮系的概念及分类 ………………… 161
9.2 定轴轮系的传动比 …………………… 162
9.3 周转轮系的传动比 …………………… 163

9.4 复合轮系的传动比 …………… 167
9.5 行星轮系的设计 ……………… 167
思考题 …………………………… 172
习题 ……………………………… 172

第10章 其他常用机构 ……… 176
10.1 棘轮机构 …………………… 176
10.2 槽轮机构 …………………… 180
10.3 凸轮式间歇运动机构 ……… 184
10.4 不完全齿轮机构 …………… 186
10.5 星轮机构 …………………… 187
10.6 非圆齿轮机构 ……………… 188
10.7 螺旋机构 …………………… 190
10.8 万向铰链机构 ……………… 192
思考题 …………………………… 194
习题 ……………………………… 195

第11章 机械的平衡 …………… 196
11.1 概述 ………………………… 196
11.2 刚性转子的平衡计算 ……… 198
11.3 刚性转子的平衡试验 ……… 208
11.4 转子的许用不平衡量 ……… 210
11.5 平面机构的平衡 …………… 212
思考题 …………………………… 217
习题 ……………………………… 217

第12章 机械的运转及其速度波动的调节 …………………… 219
12.1 概述 ………………………… 219

12.2 机械系统的运动方程 ……… 222
12.3 机械系统运动方程式的求解 … 229
12.4 稳定运转状态下机械的周期性速度波动及其调节 ………… 235
12.5 非周期性速度波动及其调节 … 242
思考题 …………………………… 243
习题 ……………………………… 244

第13章 机构创新设计 ………… 248
13.1 概述 ………………………… 248
13.2 机构创新设计基本方法 …… 249
13.3 常用的机构系统创新设计方法 … 254
思考题 …………………………… 258

第14章 机械系统方案设计 …… 259
14.1 概述 ………………………… 259
14.2 机械工作原理的拟定 ……… 262
14.3 执行机构的运动设计和原动机选择 …………………… 262
14.4 机构的选型 ………………… 266
14.5 机械传动系统的方案设计 … 269
14.6 机械传动系统设计实例 …… 274
14.7 机械运动方案的评价体系和评价方法 …………………… 278
思考题 …………………………… 282
习题 ……………………………… 282

参考文献 ………………………… 283

第1章

绪　论

1.1　本课程研究的对象及内容

本课程名为"机械原理",顾名思义,其研究的对象是机械,研究的内容则是有关机械的基本理论问题。

习惯上,把机器和机构统称为机械。我们对机构并不陌生,在理论力学等课程中已对一些机构(如连杆机构、齿轮机构等)的运动学及动力学问题进行过研究。在工程实际中,常见的机构还有带传动机构、链传动机构、凸轮机构和螺旋机构等。各种机构都是用来传递与变换运动和力的可动装置。至于机器则都是根据某种使用要求而设计的执行机械运动的装置,可用来变换或传递能量、物料和信息。凡是将其他形式能量变换为机械能的机器称为原动机。如内燃机将热能变换为机械能,电动机将电能变换为机械能,它们都是原动机。凡是利用机械能去变换或传递能量、物料和信息的机器称为工作机。如发电机将机械能变换为电能,起重机和运输机用来传递物料,金属切削机床用来变换物料外形,计算机和录音机用来变换和传递信息,它们都属于工作机。

在日常生活和生产中,我们都接触过许多机器。各种不同的机器,其型式、构造、性能和用途各不相同。但通过分析可以看到,这些不同的机器就其组成来说,其机械部分都是由各种机构组合而成的。例如图1.1所示的单缸四冲程内燃机,它由气缸1、活塞2、进气阀3、排气阀4、连杆5、曲轴6、凸轮7(11)、阀门推杆8(12)、齿轮9(10、13)等组成。其中就包含着由气缸1、活塞2、连杆5和曲轴6所组成的连杆机构,由齿轮9、10、13和气缸1所组成的齿轮机构,由凸轮7、阀门推杆8和气缸1以及由凸轮11、阀门推杆12和气缸1所组成的凸轮机构等。内燃机工作时,燃气推动活塞往复运动,经连杆转变为曲轴的连续转动。凸轮和阀门推杆是用来启闭进气阀和排气阀的。为了保证曲轴每转两周进、排气阀各启闭一次,曲轴与凸轮轴之间安装了齿数比为1∶2的齿

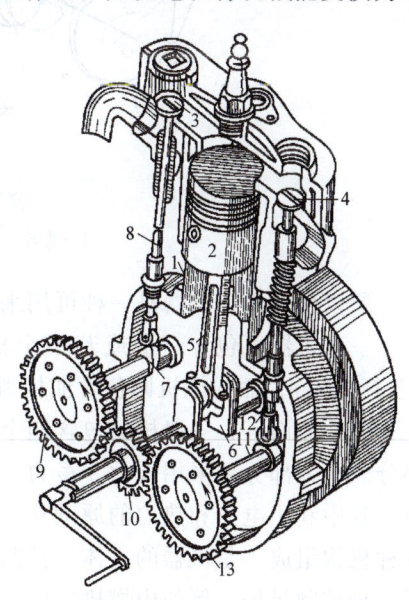

图1.1　单缸四冲程内燃机
1—气缸　2—活塞　3—进气阀　4—排气阀
5—连杆　6—曲轴　7、11—凸轮
8、12—阀门推杆　9、10、13—齿轮

轮。这样，当燃气推动活塞运动时，各构件协调地动作，进、排气阀有规律地启闭，加上汽化、点火等装置的配合，就把燃气的热能转换为曲轴回转的机械能。又如图1.2所示的半自动钻床用于在工件上钻出 $\phi18mm$ 的通孔，其工艺过程可以分解为送料、定位、夹紧和钻孔四个工序。为完成该工艺过程，执行系统由如下的执行机构组成：①移动推杆圆柱凸轮机构（送料机构）用以从料斗中推出工件及将钻好孔的工件向前推进；②移动推杆盘形凸轮机构（定位机构）用以实现定位挡块的伸缩，挡住到位的工件或给钻好孔的工件让出通道；③摆动推杆盘形凸轮机构（夹紧机构）用以夹紧到位待加工的工件或松开钻好孔的工件；④串联的凸轮机构—连杆机构—齿轮机构—齿轮齿条机构（钻头进给机构）用以控制钻头的进给和退出。半自动钻床工作时，动力由电动机通过带轮1输入，钻头的旋转由微型动力头带动，且为了便于各执行机构执行动作的控制，各执行机构的原动件凸轮安装在同一根分配轴上。这样，通过各机构的协调配合，即可有序完成上述工艺过程。

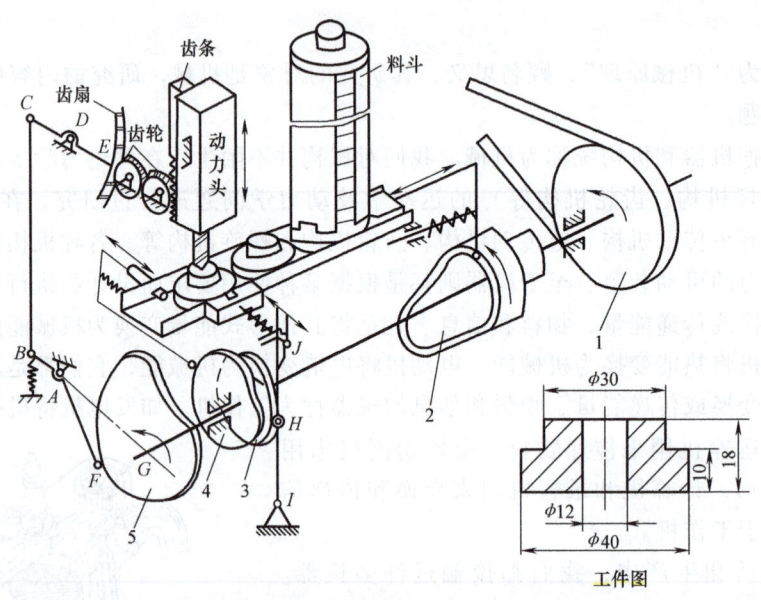

图1.2 半自动钻床示意图

1—带轮 2—圆柱凸轮 3、4、5—盘形凸轮

所以可以说，机器是一种可用来变换或传递能量、物料与信息的机构的组合。

一部机器可包含一个或若干个机构。例如鼓风机、电动机、发电机只包含一个机构（双杆机构），而内燃机则包含曲柄滑块机构、凸轮机构、齿轮机构等若干个机构。

就功能而言，一般机器包含四个基本组成部分：动力部分、传动部分、控制部分和执行部分。动力部分可采用人力、畜力、风力、液力、电力、热力、磁力、压缩空气等作为动力源。其中利用电力和热力的原动机（电动机和内燃机）使用最广。传动部分和执行部分由各种机构组成，是机器的主体。控制部分包括计算机、传感器、电气装置、液压系统，还包括各种控制机构。例如内燃机中的凸轮机构便是用于控制气阀启闭的控制机构。由于信息技术的飞速发展，近代机器的控制部分中，计算机系统已居于主导地位。

机器中每一个独立的运动单元体称为一个构件。它可以是一个零件（每一个制造的单元体称为一个零件），也可以是由若干个零件组成的刚性结构。

机构与机器的区别在于：机构只是一个构件系统，而机器除构件系统之外，还包含电气、液压等其他装置；机构只用于传递运动和力，而机器除传递运动和力之外，还具有变换或传递能量、物料与信息的功能。但是，在研究构件的运动与受力情况时，机器与机构并无差别。因此，习惯上用"机械"一词作为机器和机构的总称。

本课程研究的内容主要包括以下几个方面：

（1）**机构的结构分析**　首先研究机构是怎样组成的以及机构具有确定运动的条件；其次研究机构的组成原理及机构的结构分类；最后研究如何用简单的图形把机构的结构状况表示出来，即如何绘制机构运动简图。

（2）**机构的运动分析**　对机构进行运动分析，是了解现有机械运动性能的必要手段，也是设计新机械的重要步骤。本课程将介绍对机构进行运动分析的基本原理和方法。

（3）**机构的力分析及机器动力学**　由于作用在机械上的力不仅是影响机械运动和动力性能的重要参数，而且是决定机械的强度设计和结构形状的重要依据，所以不论是设计新的机械，还是合理地使用现有的机械，都必须对机械的受力情况进行分析。

机器动力学研究的内容主要有两类基本问题：其一是分析机器在运转过程中其各构件的受力情况以及这些力的做功情况；其二是研究机器在已知外力作用下的运动、机器速度波动的调节和不平衡惯性力的平衡问题。

（4）**常用机构的分析与设计**　经过对各种机器的剖析不难发现，即使是非常复杂的机器，其机械部分也无非是由一些像连杆机构、凸轮机构、齿轮机构、轮系机构、间歇运动机构等基本的常用机构组合而成的。因此，掌握这些常用机构运动及工作特性分析与设计的方法，是做好机械设计的基础。

（5）**机械系统的方案设计**　最后，本课程将讨论在进行具体机械设计时机构的选型、组合、变异及机械系统的方案设计等问题，以便对这方面的问题有一个概略的了解，并初步具有拟定机械系统方案的能力。

1.2　本课程的地位和作用

作为机械类专业的学生，在今后的学习和工作中总要遇到许多关于机械设计和使用方面的问题。而本课程所学的内容是有关机械的基础知识，所以它是机械类各专业必修的一门重要的技术基础课程。

当今，世界各国之间的竞争主要表现为综合国力的竞争。要提高我国的综合国力，就要在尽可能多的生产部门实现生产的机械化和自动化，这就需要创造出大量的、种类繁多的、新颖优质的机械来装备各行各业，为各行业的高速发展创造有利条件；需要对现有的设备进行革新改造和合理使用。要完成这些任务，有关机械原理的知识是必不可少的。况且任何新技术、新成果的获得，莫不有赖于机械工业的支持。可以说，机械工业是国家综合国力发展的基石。所以，对于从事机械行业的人员，只有学好本课程，才能担此重任。

为了满足各行各业和广大人民群众日益增长的新需求，需要创造出越来越多的新产品，故现代机械工业对创造型人才的渴求与日俱增。机械原理课程在培养机械方面的创造型人才中起着不可或缺的重要作用。由此可以想象到，它在整个教学计划中占有相当重要的地位。

机械原理是以高等数学、物理、机械制图、理论力学和金工实习等为基础，又为以后学习机械设计和有关的专业课打基础，并能使学生受到必要的基本技能的训练。所以，它是一门十分重要的技术基础课程，起着承上启下的桥梁作用。

1.3 如何进行本课程的学习

在进行本课程的学习时，首先应当注意，机械原理课程是一门技术基础课程。一方面，它较物理、理论力学等理论课程更加结合工程实际；另一方面，它又与具体的专业机械课程有所不同，它不具体研究某种机械，而只是对各种机械中的一些共性问题和常用机构进行较为深入的探讨。为了学好本课程，在学习过程中，要着重注意弄清基本概念，理解基本原理，掌握机构分析和综合（综合与设计具有相似的意义。在机械原理中常把不考虑零件的材料、强度、结构及工艺性的机构运动尺寸的设计称为综合）的基本方法。

其次，在学习过程中要注意本课程所研究的两大问题：

1）各种机构和机器所具有的一般共性问题，如机构的组成理论、机构运动学、机器动力学等。

2）各种机器中一些常用机构的运动和动力性能及其设计方法，以及机械系统方案设计的问题。

这两大问题虽然自成系统，但却又是互相密切联系的。在学习过程中，应注意把一般的原理和方法与研究实际机构和机器时的具体运用密切联系起来。并应随时注意用所学的原理和方法去观察和分析在日常生活和生产中所遇到的各种机构和机器，做到理论和实际的紧密结合。

此外，在学习过程中，要注意培养自己运用所学的基本理论和方法去发现、分析和解决工程实际问题的能力。解决工程实际问题往往可以采用多种方法，所得的结果一般也不是唯一的，这就涉及分析、对比、判断和决策的问题。对事物的分析、判断、决策的能力是一个工程技术人员所必须具备的基础能力，在学习中必须刻意加以培养。

最后，还应注意工程问题都是涉及多方面因素的综合问题，故要养成综合分析、全面考虑问题的习惯。另外，工程问题都要经过实践的严格考验，不允许有半点疏忽大意，故在学习中就要坚持科学严谨的、一丝不苟的工作作风，认真负责的工作态度，讲求实效的工程观点。

1.4 机械原理学科的发展趋势

机械原理学科是机械学科的重要组成部分，是机械工业和现代科学技术发展的重要基础。为了适应新的发展需求，作为机械工业发展前沿的机械原理学科，其与诸多学科相互渗透，相互结合，研究领域逐渐扩展，研究课题层出不穷，研究方法日新月异。

如当前在自控机构、机器人机构、仿生机构、柔性及弹性机构和机电光液广义机构等的研制上有很大进展。在机械的分析与综合中，也由只考虑其运动性能过渡到同时考虑其动力性能；考虑到机械在运转时构件的振动和弹性变形，运动副中的间隙和构件的误差对机械运动及动力性能的影响；以及如何对构件和机械进一步做好力平衡的问题等。

在连杆机构方面，重视了对空间连杆机构、多杆多自由度机构、连杆机构的弹性动力学和连杆机构的动力平衡的研究；在齿轮机构方面，发展了齿轮啮合原理，提出了许多性能优异的新型齿廓曲线和新型传动，加快了对高速齿轮、精密齿轮、微型齿轮的研制；在凸轮机构方面，十分重视对高速凸轮机构的研究，为了获得动力性能好的凸轮机构，在凸轮机构推杆运动规律的开发、选择和组合上做了很多工作。此外，为了适应现代机械高速度、快节拍、优性能的需要，还发展了高速高定位精度的分度机构、具有优良综合性能的组合机构以及各种机构的变异和组合等。

目前，在机械的分析和综合中日益广泛地应用了计算机，发展并推广了计算机辅助设计、优化设计、考虑误差的概率设计，提出了多种便于对机械进行分析和综合的数学工具，编制了许多大型通用或专用的计算程序与仿真软件。另外，随着现代科学技术的发展，测试手段的日臻完善，也加强了对机械的实验研究。

此外，为了创造和设计出更好的机构或机构系统，开展机构创新方法和机构系统设计的研究已得到普遍重视。目前已有不少学者研究机构创新设计方法、机构类型和机构分析知识库、机构系统设计的推理方法、机构系统设计的评价体系和评价方法，以及智能化机构系统设计方法。

总之，作为机械原理学科，其研究领域十分广阔，内涵非常丰富。在机械原理的各个领域，每年都有大量的内容新颖的文献资料涌现。但是，作为一门技术基础课程，根据教学要求，将只研究有关机械的一些最基本的原理和方法。这些内容也是进一步研究机械原理课题所必须的基础知识。

第2章

机构的结构分析

[**本章提要**] 机构是一种用来传递与变换运动和力的可动装置。做无规则运动或不能产生相对运动的实物组合均不能称为机构。本章主要研究机构是怎样组成的，如何用机构运动简图把机构的结构状况表示出来以及如何计算机构的自由度，并讨论在什么条件下机构具有确定运动，在此基础上研究机构的组成原理及结构分类。

了解并掌握机构组成的一般规律，对分析现有机构以及进行机构创新设计，都具有十分重要的指导意义。

2.1 机构的组成

为了弄清楚机构是怎样组成的，这里先来介绍组成机构的两个基本要素——构件和运动副。

2.1.1 构件

在机械加工车间中，人们把未完成加工的生产对象称为工件。从加工制造的角度看，任何机械都是由若干独立加工制造的单元体——零件组装而成的。图 2.1 所示为内燃机连杆，它是由若干个零件组成的，即由连杆体 1、连杆头 2、轴瓦 3、4、5、螺栓 6、螺母 7 和开口销 8 装配而成的。

但是从运动的角度来看，并不是每个零件都单独运动。在组成机器的零件中，有的零件是作为一个独立的运动单元体而运动，而有的则常常由于结构和工艺上的需要，是与其他零件刚性地连接在一起作为一个整体而运动，例如图 2.1 中的连杆就是作为一个整体而运动的。这些在机器中刚性地连接在一起的零件共同组成一个独立的运动单元体，称之为构件。

构件是组成机构的基本要素之一。构件可以是一个独立运动的零件，也可以是由若干个零件刚性地连接在一起的一个运动整体。所以从运动的观点来看，可以说任何机器都是由若干个构件组合而成的。

2.1.2 运动副

1. 运动副及运动副元素

机构中的各个构件是以一定方式相互连接起来的，且应使各构件之间具有确定的相对运

第2章 机构的结构分析

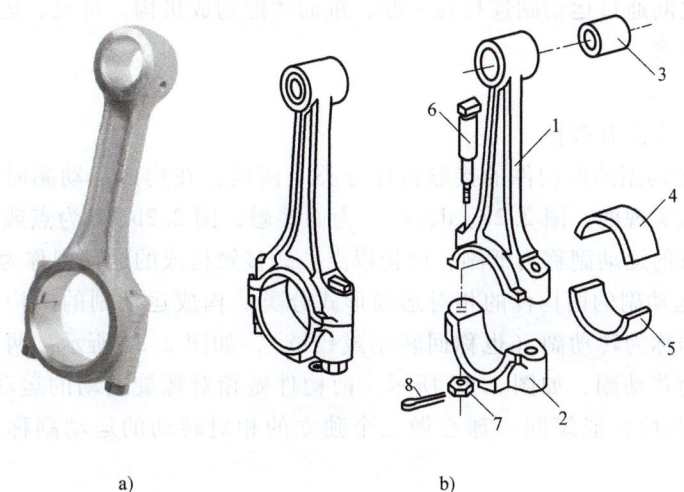

a)   b)

图 2.1 内燃机连杆
a) 连杆实物图 b) 连杆组成图
1—连杆体 2—连杆头 3、4、5—轴瓦 6—螺栓 7—螺母 8—开口销

动。为了实现相对运动,组成机构的各构件的连接显然不能是刚性的,如铆接、焊接或螺纹紧固连接等。而应使两构件能产生一定的相对运动。人们把两构件直接接触构成的可动连接称为运动副,并把两构件上参与接触而构成运动副的表面称为运动副元素。如图 2.2 所示,轴颈 2 与轴承 1 之间的连接(图 2.2a)、两轮齿之间的连接(图 2.2b)、凸轮 1 与推杆 2 之间的连接(图 2.2c)都构成了运动副,它们的运动副元素分别为轴颈的圆柱面与轴承的圆孔面、两齿廓曲面和推杆尖顶与凸轮曲面。

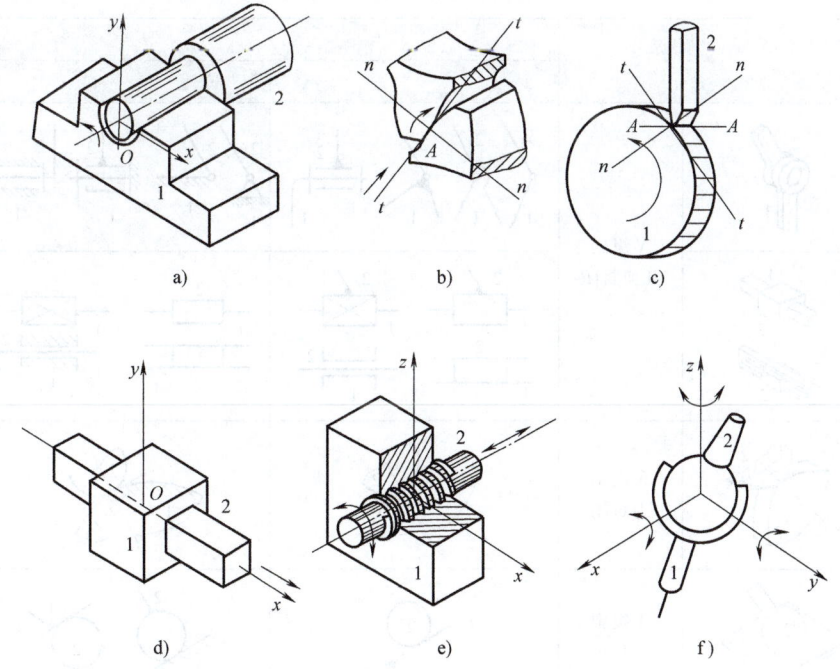

图 2.2 运动副及运动副元素

构件与构件之间通过运动副连接在一起，进而才能构成机构。可见，运动副也是组成机构的又一个基本要素。

2. 运动副的分类

运动副的分类方法有多种。

（1）按构成运动副的两构件的接触特性分类　两构件在构成运动副时，不外乎是通过点、线、面的接触实现的。图 2.2a、d、e、f 为面接触，图 2.2b、c 为点或线接触。把两构件以面接触而构成的运动副称为低副，而把以点、线接触构成的运动副称为高副。

（2）按构成运动副的两构件的相对运动形式分类　构成运动副的两构件之间的相对运动为转动的运动副称为转动副（也称回转副或铰链），如图 2.2a 所示。两构件之间做相对移动的运动副称为移动副，如图 2.2d 所示。两构件做相对螺旋运动的运动副称为螺旋副，如图 2.2e 所示。两构件能绕同一球心做三个独立的相对转动的运动副称为球面副，如图 2.2f 所示。

（3）按运动副引入的约束数目分类　空间任意两个自由构件在未构成运动副之前，它们共有 6 个独立的相对运动（也称 6 个相对自由度），即沿 3 个坐标轴方向的移动和绕 3 个坐标轴的转动。当这两个构件通过运动副相连之后，它们之间的某些相对运动将会受到约束。显然两构件构成运动副后所受到的约束数最少为 1，最多为 5。把引入一个约束的运动副称为Ⅰ级副，引入两个约束的运动副称为Ⅱ级副，依次类推，还有Ⅲ级副、Ⅳ级副和Ⅴ级副。

（4）按构成运动副的两构件的相对运动关系分类　把构成运动副的两构件之间的相对运动为平面运动的运动副称为平面运动副，而把两构件之间的相对运动为空间运动的运动副称为空间运动副。

常用运动副的模型及符号见表 2.1。

表 2.1　常用运动副的模型及符号

名称	运动副模型	运动副级别及封闭方式	运动副符号	
			两构件均为活动构件	两构件之一为固定构件
转动副	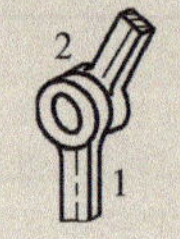	Ⅴ级副 几何封闭	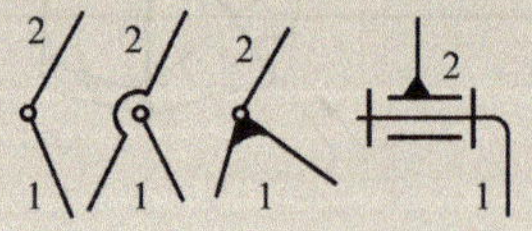	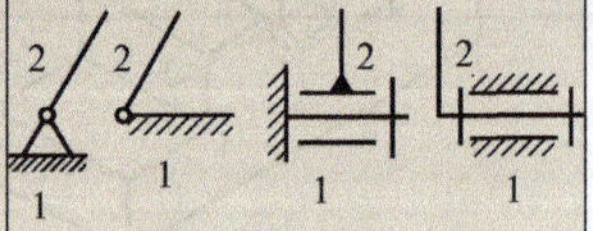
移动副	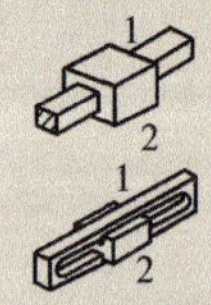	Ⅴ级副 几何封闭	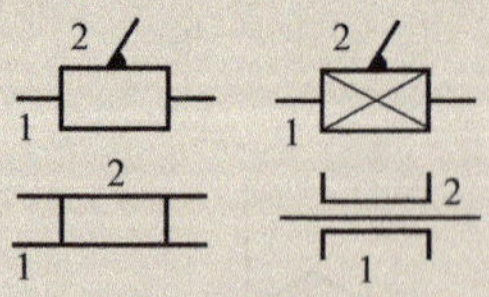	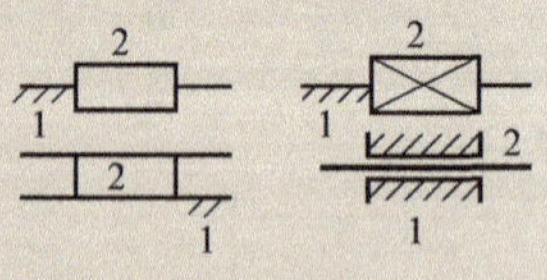
平面高副	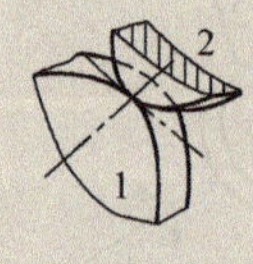	Ⅳ级副 力封闭	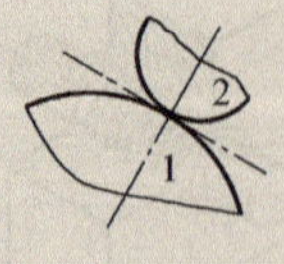	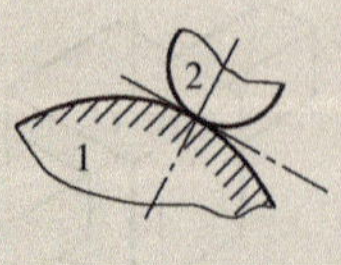
点高副	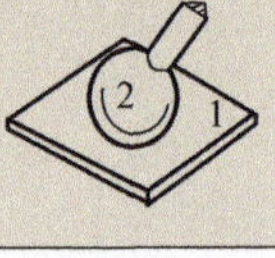	Ⅰ级副 力封闭	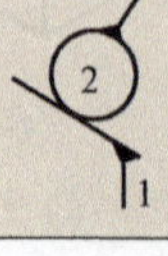	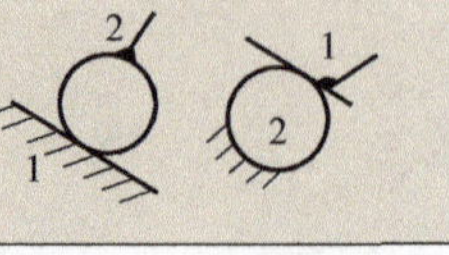

名称	运动副模型	运动副级别及封闭方式	运动副符号	
			两构件均为活动构件	两构件之一为固定构件
线高副		Ⅱ级副 力封闭		
平面副		Ⅲ级副 力封闭		
球面副		Ⅲ级副 几何封闭		
圆柱副		Ⅳ级副 几何封闭		
螺旋副		Ⅴ级副 几何封闭		

2.1.3 运动链

两个或两个以上构件通过运动副的连接而构成的可相对运动的系统称为运动链。如果组成运动链的各构件形成了首末封闭系统，则称其为闭式运动链，简称闭链，如图 2.3a、b 所示。由图可以看出，闭式运动链中每个构件上至少有两个运动副元素。如果组成运动链的各构件未形成首末封闭系统，即运动链中有的构件上只包含一个运动副元素，则称其为开式运动链，简称开链，如图 2.3c、d 所示。

实际中，闭式运动链应用较多。随着生产中机械手和机器人的应用日益普遍，机械中开

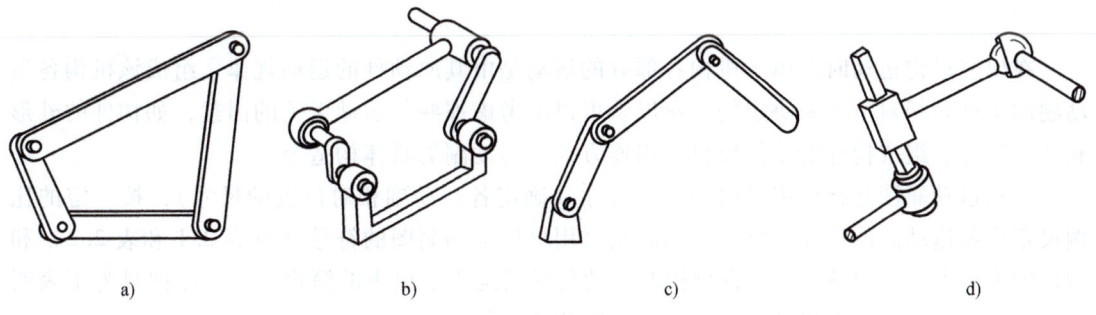

图 2.3 运动链

式运动链也逐渐增多,开链主要应用于机械手、挖掘机等多自由度的机械之中。

此外,根据运动链中各构件间的相对运动为平面运动还是空间运动,可把运动链分为平面运动链(图 2.3a~c)和空间运动链(图 2.3d)两大类。

2.1.4 机构

在运动链中,将某一构件固定,且让其中的一个(或几个)活动构件按给定运动规律相对于该固定构件运动时,如果其余活动构件也都能做确定运动,那么这个能做确定运动的运动链就成为机构,如图 2.4 所示。机构中的这个固定构件称为机架。机构简图中常在机架上画上阴影线以示区别于活动构件。一般情况下,机架相对于地面是固定不动的,但若机构是安装在车、船、飞机等上时,那么机架相对于地面可能是运动的。按照给定运动规律独立运动的构件称为原动件(或主动件),原动件常在其上画箭头标记。而其余活动构件称为从动件。从动件的运动规律决定于原动件的运动规律和机构的结构及构件的尺寸。

各构件均在同一平面或相互平行的平面内运动的机构称为平面机构(图 2.4a);反之,各构件不在相互平行的平面内运动的机构称为空间机构(图 2.4b)。

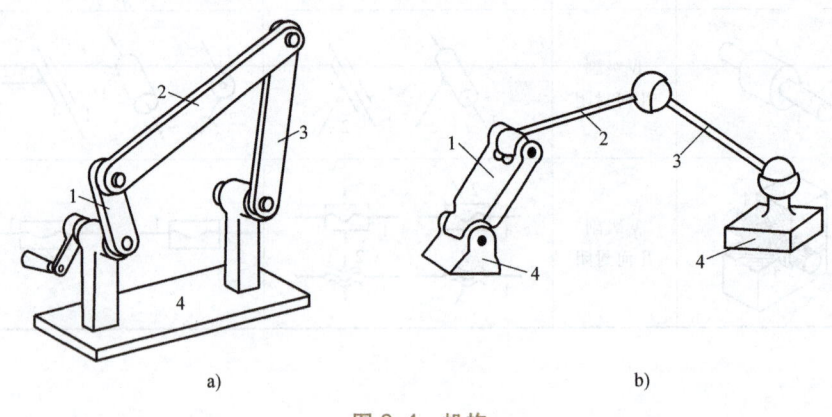

图 2.4 机构
a)平面机构 b)空间机构
1—原动件 2、3—从动件 4—机架

2.2 机构运动简图

2.2.1 概念

在研究机构运动时,由于机构各部分的运动是由其原动件的运动规律、组成该机构各运动副的类型和相对位置来决定的,所以就可以不考虑那些与运动无关的因素,如构件的外形和断面尺寸、组成构件的零件数目及固连方式、运动副的具体构造等。

机构运动简图是指根据机构的运动尺寸(确定各运动副相对位置的尺寸),按一定的比例尺定出各运动副的位置,再用运动副及常用机构运动简图的符号(见表 2.1 和表 2.2)和构件的表示方法(见表 2.3)将机构的运动传递情况表示出来的简化图形。而把只为了表明机构的结构情况,不严格按比例绘制的简图称为机构示意图。

表2.2 常用机构运动简图的符号

机构名称	机构运动简图	机构名称	机构运动简图	机构名称	机构运动简图
支架上的电动机	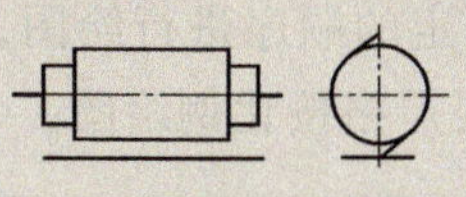	圆柱蜗杆传动	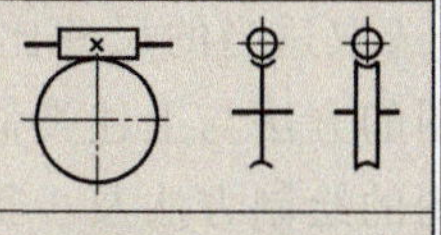	锥齿轮传动	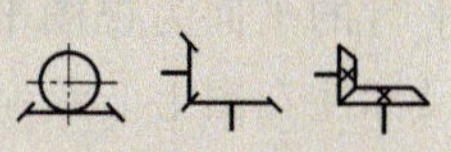
齿轮齿条传动	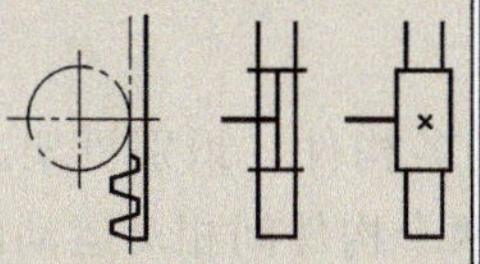	带传动	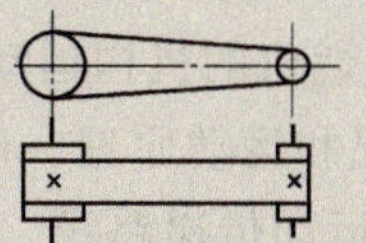	链传动	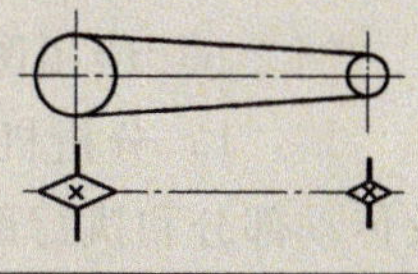
摩擦轮传动	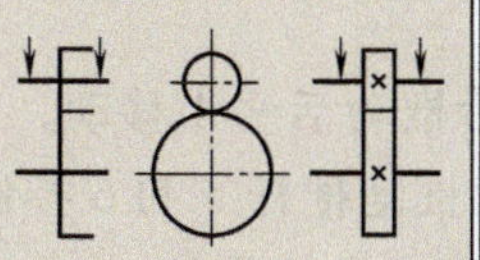	凸轮传动	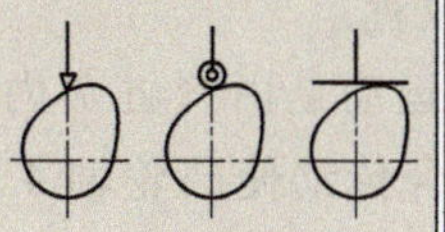	外啮合圆柱齿轮传动	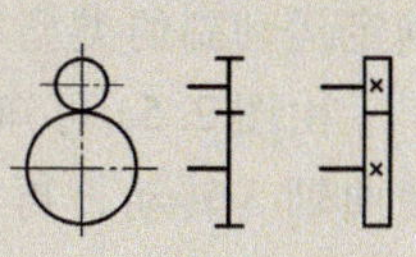
槽轮机构	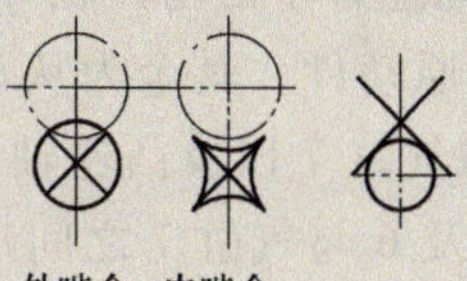 外啮合 内啮合	棘轮机构	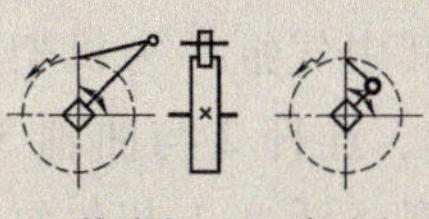 外啮合 内啮合	内啮合圆柱齿轮传动	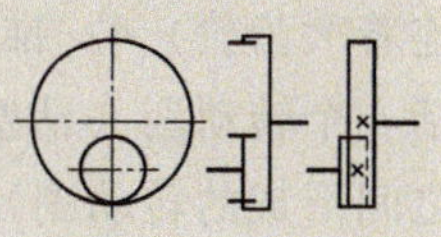

表2.3 一般构件的表示方法

构件名称	表示方法
杆和轴类构件	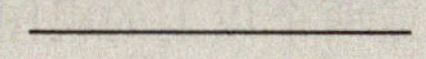
固定构件	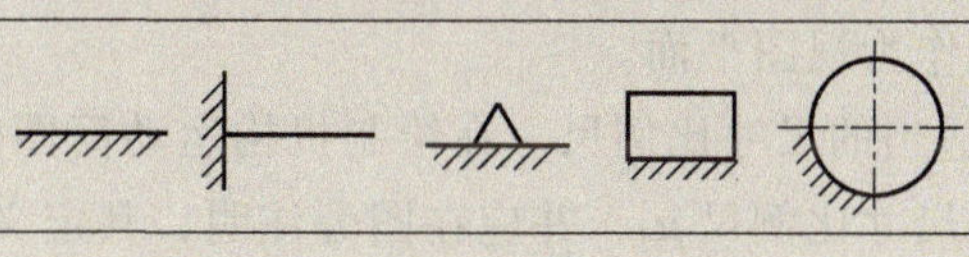
同一构件	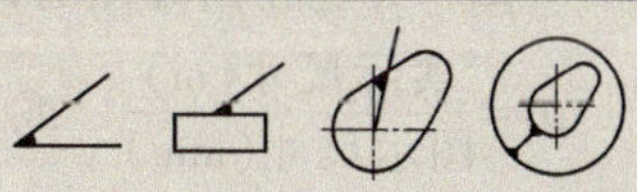
两副构件	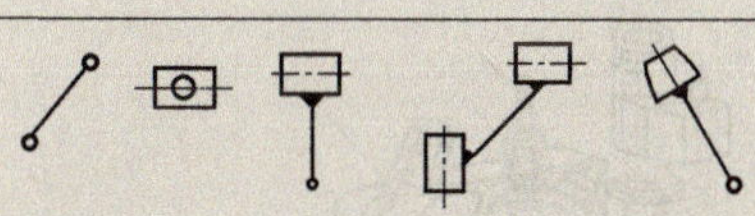
三副构件	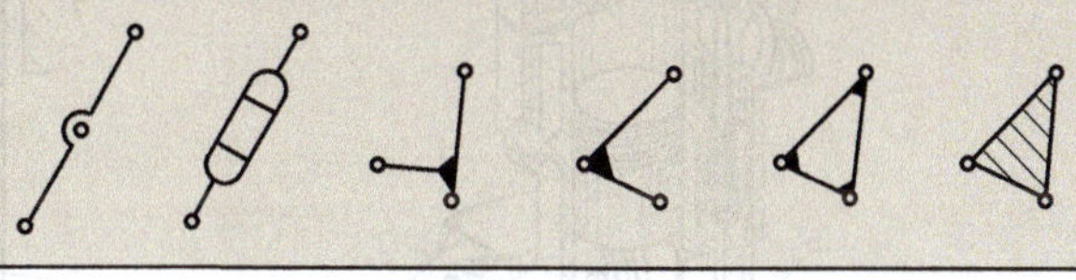

2.2.2 机构运动简图的作用

通过机构运动简图可以清楚地了解机构由哪些构件和运动副组成,并由已知的比例尺得出各构件和运动副的相对位置,进而对机构的结构、运动和动力等情况进行分析。它是分析现有机械和设计新机械的重要途径及步骤。

2.2.3 机构运动简图的绘制

在绘制机构运动简图时,首先要弄清楚所绘制机构的结构和运动原理;然后从原动件开始,按照运动传递的顺序,仔细分析各构件相对运动的性质,确定运动副的类型及数目;在此基础上,合理选择反映机构运动情况的视图平面(通常选择与大多数构件的运动平面相平行的平面为视图平面);最后选取适当的尺寸比例尺,按一定的顺序进行绘图,并将比例尺标注在图上。绘制机构示意图的方法与上述类似,但不需要严格按比例绘图。

以下举例说明机构运动简图的绘制方法及步骤。

例 2.1 绘出图 2.5a 所示内燃机的机构运动简图。

解:1)分析机构的组成情况和运动原理,确定其组成的各构件,识别机架、原动件以及传动部分和执行部分;并沿着运动传递路线,逐一分析每两个构件间相对运动的性质,以确定运动副的类型、数目及其位置。

由图 2.5a 可知,内燃机的运动是由气缸 7 内气体燃烧后推动活塞 1 移动,通过连杆 2 使曲轴 3 转动,再通过齿轮啮合传动使凸轮轴 4 转动,进而推动推杆 5 和 6 控制进气和排气。它由 7 个构件组成,即气缸 7、活塞 1、连杆 2、曲轴(固连着小齿轮)3、凸轮轴(固连着大齿轮)4、推杆 5 和 6,其中气缸 7 为机架,活塞 1 为原动件,其余为从动件。共包括 4 个转动副(活塞 1 与连杆 2、连杆 2 与曲轴 3、曲轴 3 与气缸 7 以及凸轮轴 4 与气缸 7 之间形成的转动副)、3 个移动副(活塞 1 与气缸 7、推杆 5 及 6 与气缸 7 之间形成的移动副)、1 个齿轮高副(大小齿轮之间形成的齿轮高副)和 2 个凸轮高副(推杆 5 及 6 与凸轮之间形成的凸轮高副)。

2)选择合适的视图平面(即投影面)。通常选择机械中多数构件的运动平面为视图平面,必要时也可选择两个或两个以上的视图平面,然后将其展示到同一图面上。这里选择连杆的运动平面作为视图平面。

3)选择适当的尺寸比例尺。在绘制机构运动简图时,按机构实际尺寸及给定图纸的大小确定合适的尺寸比例尺 μ_l,并应在图旁注明,其定义为

$$\mu_l = \frac{实际尺寸(m)}{图示尺寸(mm)} \quad 或 \quad \mu_l = \frac{实际尺寸(mm)}{图示尺寸(mm)}$$

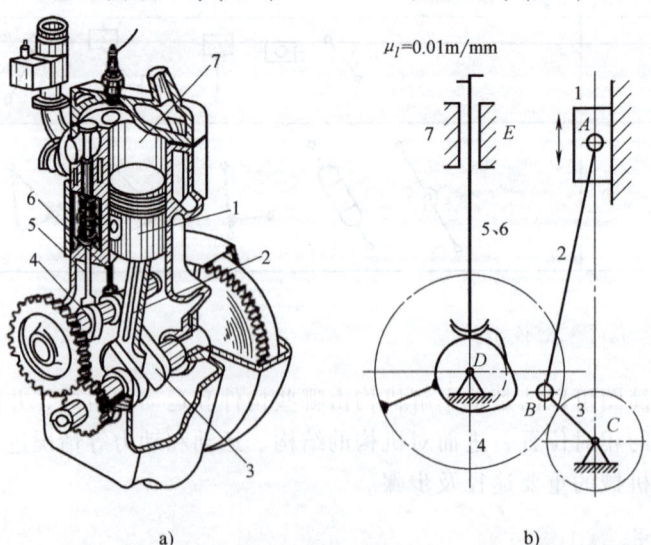

图 2.5 内燃机
1—活塞 2—连杆 3—曲轴 4—凸轮轴 5、6—推杆 7—气缸

根据尺寸比例尺确定出各运动副在图上的相对位置,并用各运动副的符号、常用机构运动简图符号和简单线条,绘制机构运动简图,如图2.5b所示。

4）标注。从原动件开始,按传动顺序标出各构件的编号（用阿拉伯数字）和运动副的代号（用大写的英文字母），并在原动件上标出箭头以表示其运动方向,如图2.5b所示。

5）根据绘制出的机构运动简图验算机构的自由度。

2.2.4 绘制机构运动简图时的注意事项

1. 绘制运动副时应注意的事项

1）绘制转动副时,准确确定转动副的位置。代表转动副小圆的中心必须与回转中心重合,两个转动副中心连线的长度一定要精确,偏心轮和圆弧形滑块是转动副的特殊形式,绘制时关键是要找出相对转动中心。

2）绘制移动副时,准确确定导路的方向和位置。代表移动副的滑块,其导路的方向必须与相对移动方向一致,导路间的夹角要与实际一样,转动副到移动副导路间的距离要精确。

2. 绘制构件时应注意的事项

1）任意形状的构件,当它只以两个转动副与其他构件相连接,且外形轮廓也不以高副与其他构件相接触时,机构运动简图中只需以两个转动副几何中心的连线代表此构件即可。

2）尽量减少构件前后重叠时虚线可能引起的误会。例如,有时可变通地把小齿轮或外形小的凸轮、棘轮等移至大齿轮的前面,即画成实线,虽然这在机械制图中是绝对不允许的,但在绘制机构运动简图时,只要不影响表达机构的组成和运动特性,这种变通是允许的,如图2.7b所示。

3）当同一轴上安装若干零件时,必须明确表明哪些零件为同一构件。当不便以焊接符号表示时,还可用构件编号来表达,即不同构件标不同编号,同一构件中的不同零件标同样的构件编号,并在编号右上角加上不同的撇号以示区别,如3、3′、3″。

3. 绘制机构运动简图时应注意的事项

1）当设计者只是为了表达机构的组成,讨论初步的设计构思,表达机构的运动原理,而不用图解法进行运动学、动力学的分析计算时,可不必严格地按比例绘制运动副的精确位置和构件的准确尺寸,只需绘制机构示意图。当用图解法做定量的运动分析和动力分析时,则必须严格按比例绘制机构运动简图。

2）为保证机构运动简图与实际机构有完全相同的结构和运动特性,对绘制好的简图需进一步检查与核对。如简图上的构件数与原机构的构件数是否相等；简图上构件间的连接形式,即运动副的类型和数目以及相对位置与原机构是否一致；简图上原动件和固定件与原机构是否一致；根据机构运动简图计算机构自由度,看其与实际机构的原动件数目是否相等。

2.3 机构自由度的计算

2.3.1 平面机构自由度的计算

1. 平面运动副提供的约束数

由理论力学可知,一个构件做任意的平面运动时,其运动可分解为三个独立的运动,即

沿 x 轴的移动、沿 y 轴的移动和垂直于 Oxy 平面轴的转动，如图 2.6 所示。把构件所具有的独立运动的数目（或确定构件位置的独立参数的数目）称为构件的自由度。显然，一个平面运动的构件具有 3 个自由度。但是，当它与另一构件组成运动副之后，构件间的直接接触会使构件的某些独立运动受到限制，其自由度便随之减少。把对构件独立运动的限制称为约束。每加上 1 个约束，构件便失去 1 个自由度；加上 2 个约束，便失去 2 个自由度。运动副引入约束的多少取决于运动副的型式。

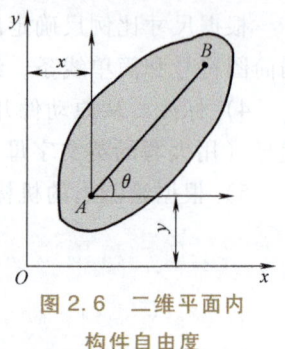

图 2.6　二维平面内构件自由度

如前所述，按两构件在构成运动副时的接触特性，把运动副分为低副和高副。下面分别讨论平面运动副中的低副和高副所引入约束的数目。

在平面低副中，只有转动副和移动副。

图 2.2a 所示的低副为转动副。构件 2 相对于构件 1 沿 x 轴和 y 轴的两个相对移动受到约束，而只能相对于构件 1 绕垂直于 Oxy 平面轴相对转动，所以其引入 2 个约束，剩余 1 个自由度。

图 2.2d 所示的低副为移动副。构件 2 相对于构件 1 沿 y 轴的相对移动和绕垂直于 Oxy 平面轴的相对转动受到约束，而只能相对于构件 1 沿 x 轴相对移动，所以也引入 2 个约束，剩余 1 个自由度。

图 2.2b、c 所示的运动副为平面高副。如图 2.7a、b 所示，将其放在运动平面内进行讨论。由图可知，构件 2 相对于构件 1 沿接触点 A 的公法线 $n—n$ 方向的相对移动受到约束，而相对于构件 1 可以沿接触点 A 的公切线 $t—t$ 方向移动，同时还可以绕接触点 A 转动，所以此种运动副引入 1 个约束，剩余 2 个自由度。

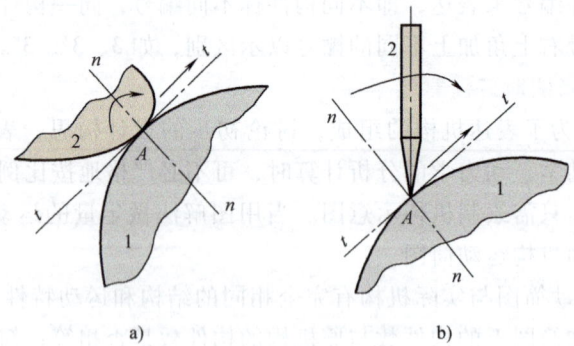

图 2.7　平面高副

由此可见，平面运动副（包括平面低副和平面高副）中，低副引入 2 个约束、剩余 1 个自由度，高副引入 1 个约束、剩余 2 个自由度。

2. 平面机构自由度的计算公式

机构是用来传递运动和力的可动装置。因此，不仅机构中的活动构件要相对于机架能运动，而且得具有确定运动，这样才能有效地传递运动和力。把机构相对于机架所能产生的独立运动的数目称为机构的自由度。显然机构的自由度与组成机构的构件数目、运动副的类型和数量有关，下面讨论平面机构的自由度。

每个平面运动的构件在未与其他构件组成运动副前具有 3 个自由度。当各构件通过运动副相连时，构件的自由度就会受到运动副的约束而减少。设平面机构中共有 n 个活动构件（注意：机架不是活动构件，所以组成机构的构件数目为活动构件数再加一个机架），在各活动构件尚未通过运动副连接时，它们共有 $3n$ 个自由度；当各构件经 p_L 个低副和 p_H 个高副连接之后，每个低副会引入 2 个约束，每个高副会引入 1 个约束，所以共引入（$2p_L+p_H$）个约束，故平面机构的自由度 F 应为活动构件自由度的总数减去运动副引入的约束数目，平面机构自由度的计算公式为

$$F = 3n-(2p_L+p_H) \tag{2.1}$$

式中，F 为平面机构的自由度；n 为平面机构中的活动构件数；p_L 为平面机构中的低副数；p_H 为平面机构中的高副数。

例 2.2 试计算图 2.5 所示内燃机的自由度。

解：由前述可知，此机构由 7 个构件组成，除机架外，有 6 个活动构件，通过 7 个低副（4 个转动副、3 个移动副）和 3 个高副（1 个齿轮高副、2 个凸轮高副）连接起来，所以此机构的自由度为

$$F = 3n-(2p_L+p_H) = 3\times 6-(2\times 7+3) = 1$$

2.3.2 计算平面机构自由度时的注意事项

在计算平面机构的自由度时，还有一些应注意的事项必须正确处理，否则得不到正确的结果。现将应注意的主要事项简述如下。

1. 正确计算运动副的数目

在计算机构中的运动副数时，必须注意以下三种情况。

（1）复合铰链 两个以上的构件在同一处以转动副相连接，就构成了复合铰链。如图 2.8a 所示，它是由 3 个构件组成的复合铰链。由图 2.8b 可以看出，它实际上为两个转动副。同理，由 m 个构件组成的复合铰链，则实际上共有（$m-1$）个转动副。在计算机构的自由度时，应注意机构中是否存在复合铰链。

例 2.3 试计算图 2.9 所示机构的自由度。

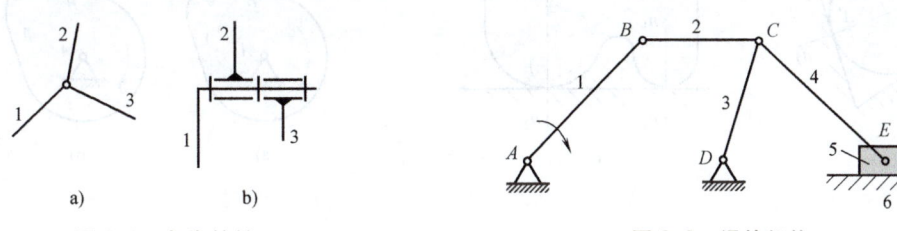

图 2.8 复合铰链 　　　　　　图 2.9 滑块机构

解：由图可知，C 处为复合铰链，且由 3 个构件组成，所以实际有（3-1）个转动副。这里 $n=5$，$p_L=7$，$p_H=0$，由式（2.1）得

$$F = 3n-(2p_L+p_H) = 3\times 5-(2\times 7+0) = 1$$

（2）只算一个运动副的情况 如果两构件在多处接触而构成转动副，且各处转动轴线重合，如图 2.10a 所示，则只能算作一个转动副；如果两构件在多处接触而构成移动副，且各处移动方向彼此平行，如图 2.10b 所示，则只能算作一个移动副；如果两构件在多处接触构成平面高副，且各接触点处的公法线重合，如图 2.10c 所示，则只能算作一个平面高副。

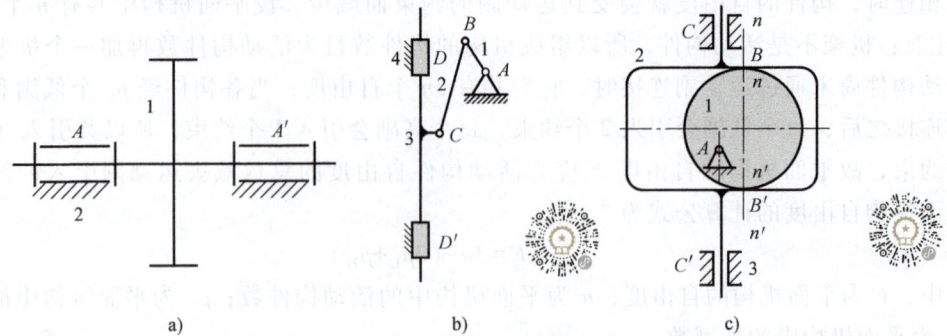

图 2.10 只算一个运动副的情况

（3）复合平面高副　如果两构件在多处接触构成平面高副，且各接触点处的公法线不重合，即相交或平行，则成为复合平面高副，如图 2.11 所示，此时相当于一个转动副（图 2.11a）或一个移动副（图 2.11b）。

2. 局部自由度

在图 2.12a 所示凸轮机构中，凸轮 1 是原动件，圆柱滚子 2 和推杆 3 是从动件。凸轮机构的功用是使推杆获得预期的运动，因此推杆是从动件中的运动输出件，而滚子只是为了减小摩擦和磨损加入的。可以看出，圆柱滚子绕其本身轴线的转动丝毫不影响输出件的运动。实际上就保证推杆的运动规律而言，此机构和图 2.12b 所示的机构是一样的。图 2.12b 中，把滚子和推杆焊接在一起，并把原图中的移动副算了一个。

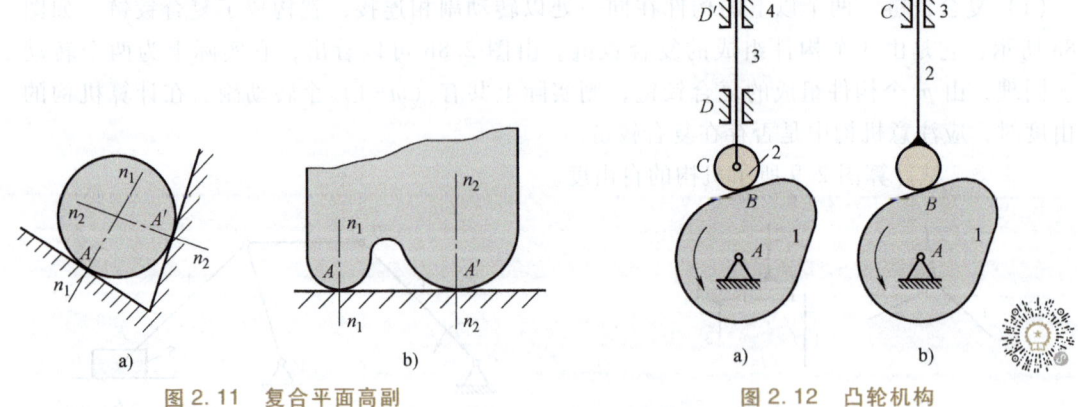

图 2.11　复合平面高副　　　　　图 2.12　凸轮机构

图 2.12a 所示机构的自由度为

$$F = 3n - (2p_L + p_H) = 3 \times 3 - (2 \times 3 + 1) = 2$$

图 2.12b 所示机构的自由度为

$$F = 3n - (2p_L + p_H) = 3 \times 2 - (2 \times 2 + 1) = 1$$

通过以上分析可知，两个机构中推杆的运动规律是一样的，那为什么它们的机构自由度不一样呢？其实图 2.12a 所示机构的自由度多了一个滚子绕其本身轴线转动的自由度，但这个自由度不会影响其他构件的运动。我们把机构中某些构件所产生的不影响其他构件运动的自由度称为局部自由度。在计算机构的自由度时，应从机构自由度的计算公式中将局部自由

度减去。如设机构的局部自由度数目为 F'，则机构的实际自由度应为

$$F = 3n - (2p_L + p_H) - F' \tag{2.2}$$

所以图 2.12a 所示机构的自由度应为

$$F = 3n - (2p_L + p_H) - F' = 3 \times 3 - (2 \times 3 + 1) - 1 = 1$$

在计算机构的自由度时，也可以先除去局部自由度，即设想将滚子与安装滚子的构件焊成一体，如图 2.12b 所示，然后进行计算。

实际机构中，为了减小摩擦和磨损，常常允许有不影响其他构件运动的局部自由度存在，但在计算机构的自由度时必须除去不计。

3. 虚约束

机构的运动不仅与构件和运动副的数目及性质有关，而且与运动副间的距离、导路的方向、曲率中心的位置等几何条件密切相关。在特定的几何条件下，有些运动副所引入的约束对机构的运动不起真正的约束（只起重复约束）作用。人们把这种约束称为虚约束。在计算机构自由度时，应当除去不计。

如图 2.13a 所示的平行四边形机构，其自由度等于 1，连杆 3 做平动，BC 线上各点的运动轨迹均为圆心在 AD 线上而半径等于 AB 的圆周。为了保证连杆运动的连续性，在机构中增加一个与构件 2 和 4 平行且等长的构件 5 和两个转动副 E、F，如图 2.13b 所示，显然这对该机构的运动并不产生任何影响。

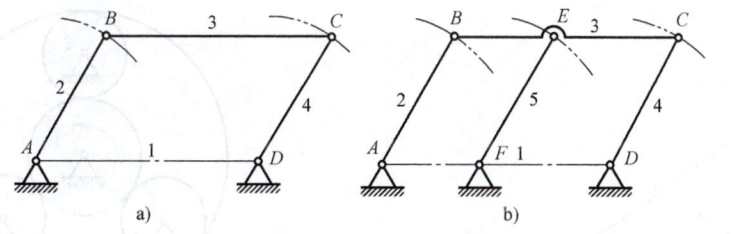

图 2.13 平行四边形机构

但此时若按式（2.2）计算该机构的自由度，则变为

$$F = 3n - (2p_L + p_H) - F' = 3 \times 4 - (2 \times 6 + 0) - 0 = 0$$

由计算结果可知，该机构是不能运动的，这显然与实际不符。这是因为增加了一个活动构件（多了 3 个自由度），但同时增加了两个转动副（引入了 4 个约束），其结果是多引入了一个约束，而这个约束对机构的运动只起重复的约束作用（即转动副 E 连接前后连杆上 B、C 两点与 E 点的运动轨迹是一样的），因而是一个虚约束。在计算机构的自由度时，应从机构的约束数中减去虚约束数。设机构的虚约束数为 p'，则机构的自由度为

$$F = 3n - (2p_L + p_H - p') - F' \tag{2.3}$$

根据式（2.3）计算图 2.13b 所示机构的自由度为

$$F = 3n - (2p_L + p_H - p') - F' = 3 \times 4 - (2 \times 6 + 0 - 1) - 0 = 1$$

在计算机构的自由度时，也可以先除去虚约束，即将构件 5 和两个转动副 E、F 去掉，然后进行计算。其计算结果为

$$F = 3n - (2p_L + p_H) = 3 \times 3 - (2 \times 4 + 0) = 1$$

该结果与上面相同。

机构中的虚约束常出现于下列情况中。

1）在机构中，如果用转动副连接的是两构件上运动轨迹相重合的点，则该连接将带入1个虚约束，如上例所述。又如，在图2.14所示的椭圆仪机构中，$\angle CAD = 90°$，$BC = BD$，构件 CD 上各点的运动轨迹均为椭圆（C、B、D 三点除外）。该机构中转动副 C 所连接的 C_2 与 C_3 两点的轨迹是重合的，均沿 y 轴做直线运动，故将带入1个虚约束。转动副 D 也是这种情况，但为保证机构的正常运动，只能把 C 和 D 其中一处转动副的连接引入的约束视为虚约束。

2）在机构中，当不同构件上两点间的距离保持不变时，若在两点间加上一个构件和两个转动副，则不会改变机构的运动情况，但却引入了1个虚约束，如图2.14所示椭圆仪机构中所存在的一个虚约束，也可以看作是由构件1将 A、B 两点（该两点之间的距离始终保持不变）相连而带入的。图2.13b也可以说是此种情况。

3）在机构中，不影响机构运动传递的重复部分所带入的约束为虚约束。如图2.15所示轮系，为了受力均衡，在主动轮1和内齿轮3之间布置了三个完全相同的齿轮2、2′及2″，实际上，从传递运动的角度来看，仅有一个齿轮即可，其余两个齿轮不影响机构运动的传递，故它们带入的约束均为虚约束。如设机构重复部分中的构件数为 n'，低副数为 p'_L，高副数为 p'_H，则重复部分所带入的虚约束数 p' 为

$$p' = 2p'_L + p'_H - 3n' \qquad (2.4)$$

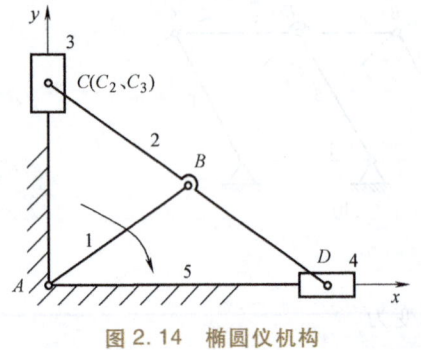

图2.14 椭圆仪机构

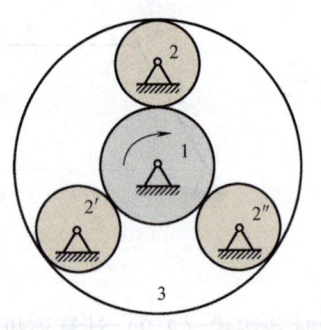

图2.15 轮系

由式（2.4）可计算出图2.15所示机构的虚约束数为

$$p' = 2p'_L + p'_H - 3n' = 2 \times 2 + 4 - 3 \times 2 = 2$$

综上所述，机构中的虚约束都是在一定的几何条件下出现的，如果这些几何条件由于制造和安装的误差而未能满足，则虚约束将变成实际有效的约束。所以，从便于加工、装配的角度来说，应尽量减少机构中的虚约束。但在某些场合，为了增加构件的刚性，改善受力状况，或保证机构顺利通过某些特殊位置等，虚约束却是有必要存在的，但在计算机构的自由度时必须除去不计。

具有局部自由度和虚约束的机构，在计算机构自由度时可按式（2.3）计算，也可以先除去机构中的局部自由度和虚约束，然后再按式（2.1）计算。

例2.4 试计算图2.16所示机构的自由度，图中四边形 $CDFE$ 和四边形 $EFHG$ 均为平行四边形。

解：方法一：由图可知，在该机构中 $n = 6$，$p_L = 8$，$p_H = 1$，$F' = 1$，$p' = 1$，由式（2.3）

可得

$$F = 3n - (2p_L + p_H - p') - F' = 3 \times 6 - (2 \times 8 + 1 - 1) - 1 = 1$$

方法二：这里 B 处滚子的转动为 1 个局部自由度，构件 EF 和转动副 E、F 引入 1 个虚约束，先除去局部自由度和虚约束，由式（2.1）得

$$F = 3n - (2p_L + p_H) = 3 \times 4 - (2 \times 5 - 1) = 1$$

例 2.5 试计算图 2.17 所示机构的自由度，图中四边形 $BCFE$ 和四边形 $EFDA$ 均为平行四边形。

解：方法一：由图可知，在该机构中 $n = 8$，$p_L = 11$，$p_H = 1$，$F' = 1$，$p' = 1$，C 处为复合铰链，实际为 2 个转动副，GHI 为同一构件，构件 EF 和转动副 E、F 引入 1 个虚约束。由式（2.3）可得

$$F = 3n - (2p_L + p_H - p') - F' = 3 \times 8 - (2 \times 11 + 1 - 1) - 1 = 1$$

方法二：这里滚子的转动为 1 个局部自由度，构件 EF 和转动副 E、F 引入 1 个虚约束，先除去局部自由度和虚约束，由式（2.1）得

$$F = 3n - (2p_L + p_H) = 3 \times 6 - (2 \times 8 + 1) = 1$$

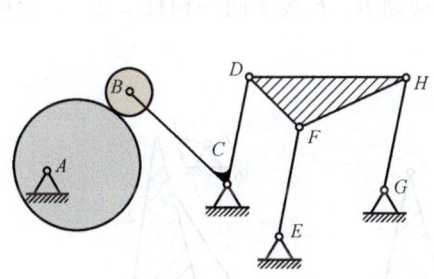

图 2.16 凸轮连杆机构

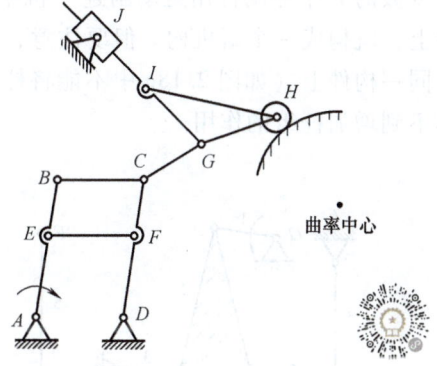

图 2.17 连杆机构

2.4 机构具有确定运动的条件

机构是一种用来传递与变换运动和力的可动装置，其自由度必须大于零。为了按照一定的要求进行运动的传递及变换，当机构的原动件按给定的运动规律运动时，该机构中其余构件的运动也应是完全确定的。那么，一个机构在什么条件下才能实现确定的运动呢？

通常机构的原动件都是与机架相连的。对于这样的原动件，只能输入一个独立运动。也就是说，每个原动件相对于机架具有一个独立运动，即一个自由度。而机构的自由度就是机构相对于机架所能产生的独立运动数，因此，要使机构具有确定运动，机构的自由度是几，就必须给定几个原动件。换句话说，要使机构具有确定运动，必须使机构中的原动件数等于机构的自由度，此即机构具有确定运动的条件。

当机构不满足这一条件时，如果机构中的原动件数小于机构的自由度，则机构的运动将不完全确定。如果原动件数大于机构的自由度，则机构中最薄弱的构件将会损坏。

2.5 平面机构的组成原理、分类及结构分析

2.5.1 平面机构的组成原理

任何机构都包含原动件、机架和从动件系统三部分。而机构具有确定运动的条件是其原动件数等于机构的自由度数。因此，若将机架及与机架相连的原动件从机构中拆分出来，则由其余构件构成的从动件系统必然是一个自由度为零的构件组。而这个自由度为零的构件组，有时还可以再拆成更简单的自由度为零的构件组。我们把最后不能再拆的最简单的自由度为零的构件组称为基本杆组，简称杆组。

如图 2.18a 所示的破碎机，其自由度 $F=1$，故只有一个原动件。若将原动件 1 及机架 6 与其余构件拆开，则由构件 2、3、4、5 所构成的构件组的自由度为零。而其还可以再拆分为由构件 4、5 和构件 2、3 所组成的两个基本杆组，如图 2.18b 所示，它们的自由度均为零。反之，当设计一个新机构的机构运动简图时，可先选定一个机架，并将数目等于机构自由度数的 F 个原动件用运动副连于机架上，然后再将一个个基本杆组依次连于机架和原动件上，就构成一个新机构。但要注意，在杆组连接时，不能将同一杆组的各个外接运动副接于同一构件上（如图 2.18c 中不能将杆组 4、5 的转动副 B、F 接于同一构件 2 上），否则将起不到增加杆组的作用。

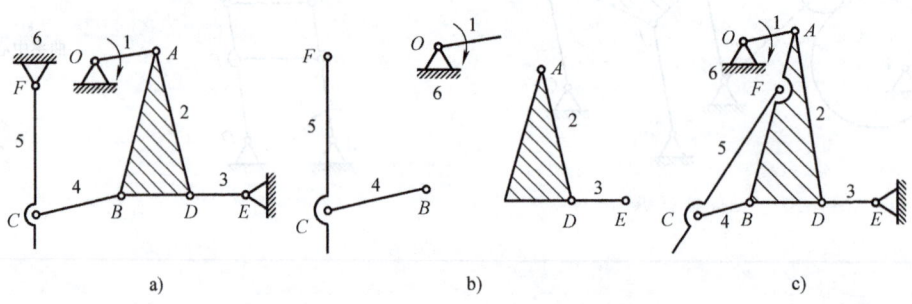

图 2.18 破碎机

由以上分析可知，任何机构都可以看作是由若干个基本杆组依次连接于原动件和机架上而构成的。这就是机构的组成原理。

2.5.2 平面机构的类型

机构的结构是根据机构中基本杆组的不同组成形态进行分类的。若组成基本杆组的构件有 n 个，由 p_L 个低副和 p_H 个高副连接在一起，则根据基本杆组自由度为零的条件有

$$3n-(2p_L+p_H)=0 \tag{2.5}$$

又如果基本杆组中的运动副全部为低副，则式（2.5）变为

$$3n-2p_L=0 \quad 或 \quad \frac{n}{2}=\frac{p_L}{3} \tag{2.6}$$

由于构件数和运动副数都必须是整数，故 n 应是 2 的整数倍数，而 p_L 应是 3 的整数倍

数，取值不同时可构成不同的基本杆组。

1) 当 $n=2$，$p_L=3$ 时，即是由 2 个构件和 3 个低副构成的基本杆组，这种基本杆组称为Ⅱ级组，Ⅱ级组是最简单的基本杆组，应用最多，绝大多数的机构都是由Ⅱ级组构成的。Ⅱ级组有五种基本类型，如图 2.19 所示。图 2.20 所示为Ⅱ级组的几种变化型式。

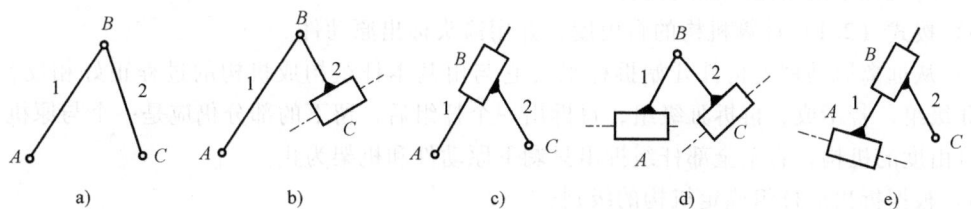

图 2.19　Ⅱ级组的五种基本型式

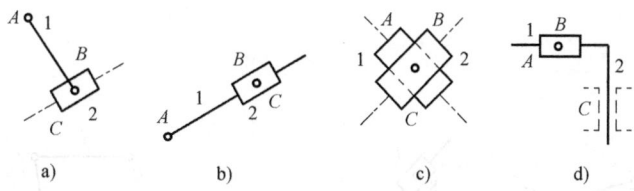

图 2.20　Ⅱ级组的几种变化型式

2) 当 $n=4$，$p_L=6$ 时，即是由 4 个构件和 6 个低副构成的基本杆组，而且都有一个包含 3 个低副的构件，这种基本杆组称为Ⅲ级组，如图 2.21 所示。

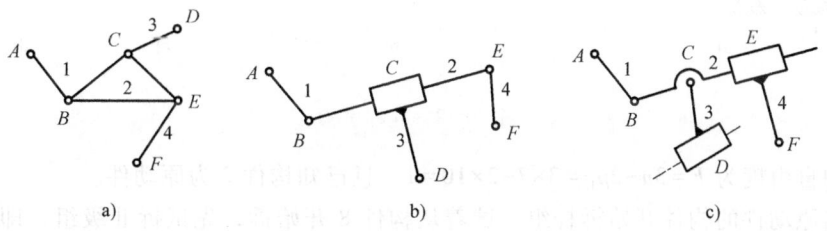

图 2.21　Ⅲ级组

以此类推，至于比Ⅲ级组更高级的基本杆组，因在实际机构中很少遇到，此处就不再列举了。

在同一机构中可以包含不同级别的基本杆组。而机构的级别由机构中所包含的最高级的基本杆组的级别来确定。即把组成机构的基本杆组的最高级别为Ⅱ级组的机构称为Ⅱ级机构，把组成机构的基本杆组的最高级别为Ⅲ级组的机构称为Ⅲ级机构；而把只由机架和原动件构成的机构（如杠杆机构、斜面机构等）称为Ⅰ级机构。

当对现有机构进行运动分析或动力分析时，先按如上所述确定出机构的级别，然后对相同级别的机构以相同的方法进行分析。应当指出，机构的级别越高，其运动分析和动力分析的难度越大。

2.5.3 平面机构的结构分析

机构结构分析的目的是了解机构的组成，并确定机构的级别。一般步骤如下。

1）检查并去除机构中的局部自由度和虚约束。
2）将机构中的高副以低副代替。
3）按式（2.1）计算机构的自由度，并用箭头标出原动件。
4）从远离原动件的构件开始拆杆组（它与由基本杆组构成机构的过程正好相反）。先试拆Ⅱ级组，若不成，再拆Ⅲ级组，每拆出一个杆组后，留下的部分仍应是一个与原机构有相同自由度的机构，直至全部杆组拆出只剩下原动件和机架为止。
5）根据拆出的杆组确定机构的级别。

例 2.6 试分析图 2.17 所示机构的组成，并确定机构的级别。

解：由图 2.17 可知，该机构中滚子的转动为局部自由度，构件 EF 和转动副 E、F 引入虚约束，H 处有局部自由度和高副。除去局部自由度和虚约束，高副低代后的机构如图 2.22a 所示。

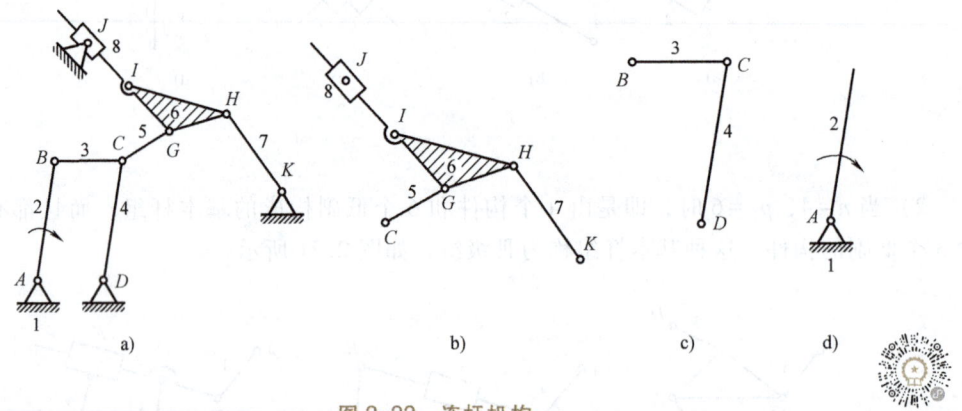

图 2.22 连杆机构

机构的自由度为 $F = 3n - 2p_L = 3 \times 7 - 2 \times 10 = 1$，且已知构件 2 为原动件。

从远离原动件的构件开始拆杆组。试着从构件 8 开始拆，先试拆Ⅱ级组，即 2 个构件、3 个低副的杆组。这里只能是将 8 和 6 两个构件拆出，若将 8 和 6 两个构件拆出，则构件 7 不再与其余活动构件相连，而单独构件 7 一个构件是不可能构成杆组的（如果从构件 7 开始拆，情况与此相同）。所以，此处不能拆Ⅱ级组。接下来试拆Ⅲ级组，即 4 个构件、6 个低副的杆组。这里将 8、6、7、5 四个构件和转动副 J、G、H、K、C 及移动副 J 共 6 个低副拆成一个Ⅲ级组，如图 2.22b 所示。当拆出上面的Ⅲ级组后，留下的部分 1、2、3、4 仍是一个自由度为 1（与原机构自由度相同）的机构，第一步拆分成功。继续拆，先试拆Ⅱ级组，这里构件 3、4 和转动副 B、C、D 正好构成一个Ⅱ级组，如图 2.22c 所示。最后剩下了原动件 2 和机架 1，如图 2.22d 所示。

由于组成该机构的基本杆组的最高级别为Ⅲ级，所以此机构为Ⅲ级机构。

注意，在拆杆组时，所谓从远离原动件的构件开始拆杆组，主要不是指在空间距离上离原动件最远，而是指在传动关系和传动路线上离原动件最远；而且每拆出一个杆组，剩余的部分应该仍为一个与原机构自由度相同的完整机构。同时，同一机构因选取的原动件不同，有可能成为不同级别的机构，如在本例中，若选构件 7 为原动件，则为 Ⅱ 级机构。但当机构的原动件确定后，杆组的拆法和机构的级别即为一定。

思 考 题

2.1　什么是机构、构件、运动副及运动副元素？
2.2　机构运动简图有何功用？它能表示出原机构哪些方面的特征？如何绘制机构运动简图？
2.3　机构具有确定运动的条件是什么？
2.4　在计算平面机构的自由度时，应注意哪些事项？
2.5　什么是机构的组成原理？什么是基本杆组？它具有什么特性？如何确定机构的级别？
2.6　平面机构高副低代应满足哪些条件？

习 题

2.7　图 2.23 所示为一新型偏心轮滑阀式真空泵。其偏心轮 1 绕固定轴心 A 转动，与外环 2 固连在一起的滑阀 3 在可绕固定轴心 B 转动的圆柱 4 中滑动。当偏心轮 1 按图示方向连续转动时，可将设备中的空气按图示空气流动方向从阀 5 中排出，从而形成真空。由于外环 2 与泵腔 6 有一小间隙，故可抽吸含有微小尘埃的气体。试绘制其机构运动简图，并计算其自由度。

2.8　试绘制如图 2.24 所示凸轮驱动式四缸活塞空气压缩机的机构运动简图，并计算其机构的自由度。图中凸轮为原动件，当其转动时，分别推动装于活塞 A、B、C、D 处的滚子，使活塞在相应的气缸内往复运动，图中 $AB = BC = CD = AD$。

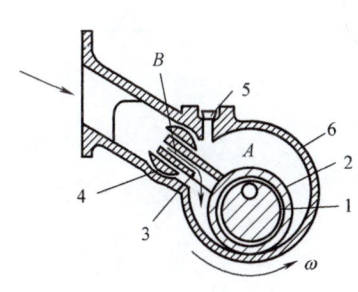

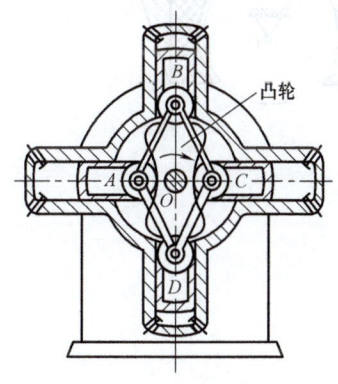

图 2.23　新型偏心轮滑阀式真空泵
1—偏心轮　2—外环　3—滑阀　4—圆柱
5—阀　6—泵腔

图 2.24　凸轮驱动式四缸活塞空气压缩机

2.9　试计算如图 2.25 所示机构的自由度。

2.10　图 2.26 所示为一制动机构。制动时，操作杆向右拉，通过构件 2、3、4、5、6 使两闸瓦制动车轮。试计算该机构的自由度，并就制动过程说明机构的自由度变化情况。（注：车轮不属于制动机构中的构件。）

2.11　试计算图 2.27 所示平面高副机构的自由度，画出其高副低代后的机构简图并分析机构组成，从而确定出机构的级别。

机械原理

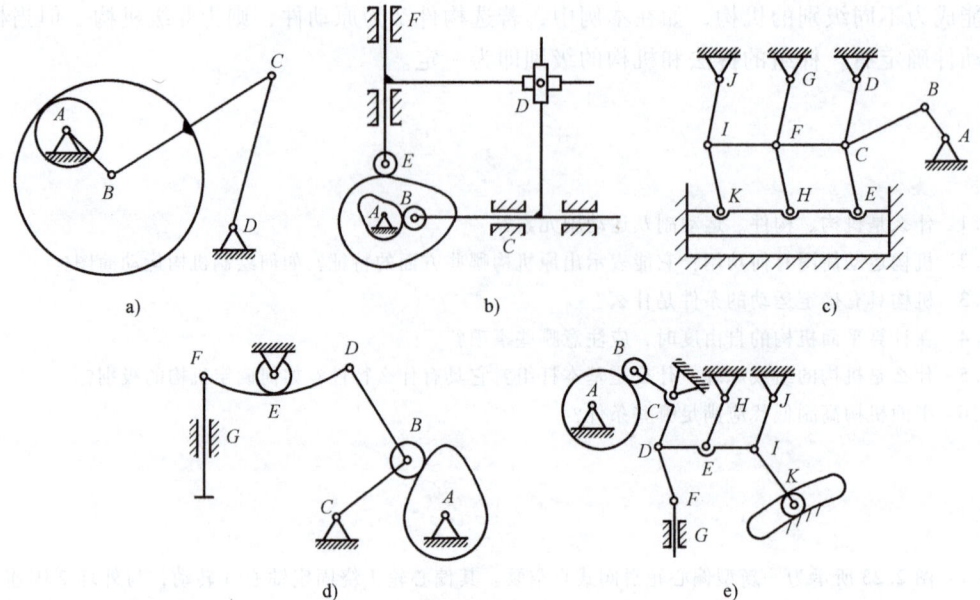

图 2.25 题 2.9 图

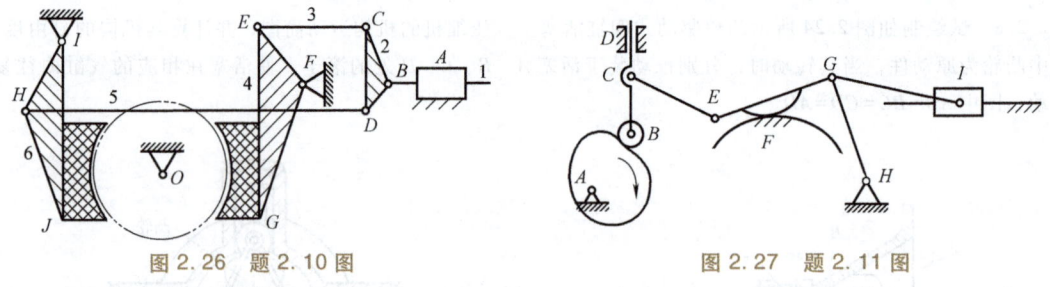

图 2.26 题 2.10 图　　　　图 2.27 题 2.11 图

第3章

平面机构的运动分析

[**本章提要**] 平面机构的运动分析是在不考虑构件受力和构件质量的条件下,求构件上某些点的轨迹、位移、速度和加速度及构件的角位移、角速度和角加速度。运动分析的方法有图解法和解析法。图解法所运用的是理论力学课程中的速度瞬心和相对运动原理。解析法由于所运用的数学工具不同,方法也很多,这里主要介绍复数矢量法和矩阵法。具体分析时可从设计要求出发选择适当的方法。

3.1 概述

平面机构的运动分析是根据原动件的运动规律,确定机构中其他运动构件上某些点的轨迹、位移、速度和加速度,以及这些运动构件的角位移、角速度和角加速度。

平面机构运动分析的方法有很多,主要有图解法和解析法两大类。图解法又分为速度瞬心法和矢量方程图解法。运用图解法能直观地了解机构的某个或某几个位置的运动特性,方便快捷,其计算结果也能满足一般工程设计的要求。但当对机构一系列的位置进行分析时,需要绘制一系列的位置图,比较繁琐,精度也不高。解析法是通过建立机构运动参数和尺寸参数的函数表达式来求解,可以精确地分析机构在整个运动循环过程中的运动特性。借助计算机,还可以获得很高的计算精度,并能绘制出机构相应的运动线图。但解析法比较抽象,求解也较复杂。

3.2 平面机构的速度及加速度分析

3.2.1 速度瞬心法

1. 速度瞬心的概念

两构件(刚体)做相对平面运动时,在任一瞬时,两构件上都唯一存在一个相对速度为零的重合点,该点称为瞬时速度中心,简称速度瞬心或瞬心。用 P_{ij} 表示构件 i 和构件 j 的瞬心。如图 3.1 所示,构件 1 和构件 2 做相对平面运动,在图示位置的速度瞬心为 P_{12}。因为瞬心是两构件上相对速度为零的重合点,也就是绝对速度相等的重合点,故在任一瞬时,其相对运动都可看作是绕瞬心的相对转动。若该瞬心的绝对速度为零,则称为绝对瞬心。若该瞬心的绝对速度不为零,则称为相对瞬心。

2. 机构中瞬心的数目

每两个相对运动的构件都存在一个瞬心,如果机构由 N 个构件(包含机架)组成,那么该机构总的瞬心数目为

$$K=\frac{N(N-1)}{2} \tag{3.1}$$

3. 机构中瞬心位置的确定

当两构件的相对运动已知时,瞬心的位置就可以确定。如图 3.1 所示,若已知两构件 1、2 在重合点 A 和 B 的相对速度 v_{A2A1} 和 v_{B2B1} 的方向,则过 A、B 两点绘制两相对速度矢量的垂线,交点便是构件 1 和构件 2 的瞬心 P_{12}。

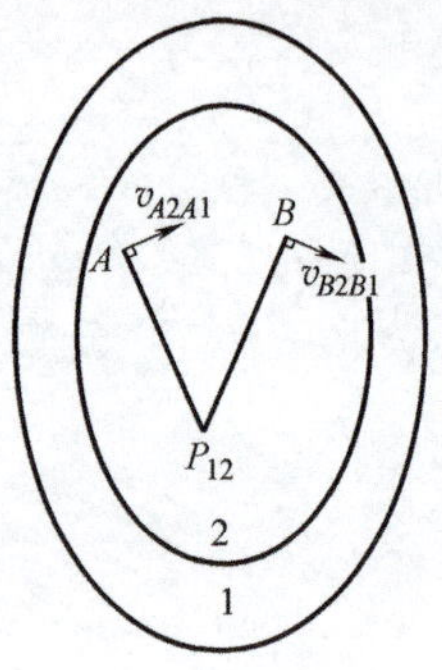

图 3.1 瞬时速度中心

在机构中瞬心位置的确定方法如下:

(1) 两构件用运动副相连接时,可根据定义直接确定

1) 若两构件以转动副相连接,则瞬心就在转动副的中心处(图 3.2a)。

2) 若两构件以移动副相连接,则瞬心位于垂直于移动副导路方向的无穷远处(图 3.2b)。

3) 若两构件以平面高副相连接,当高副两元素做纯滚动时,瞬心就在接触点处(图 3.2c),当高副两元素间有相对滑动时,瞬心在过接触点高副元素的公法线上(图 3.2d)。

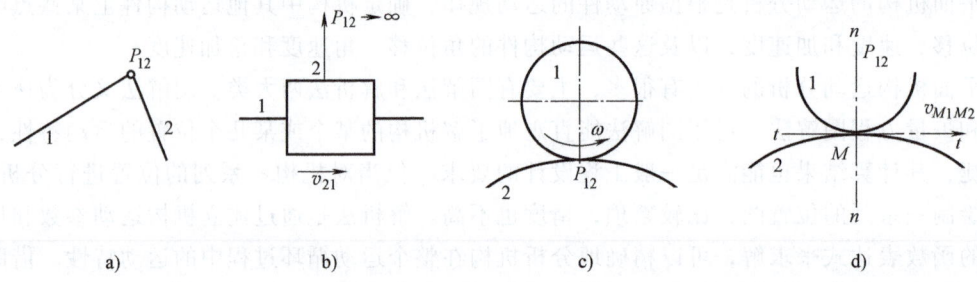

图 3.2 瞬心位置的确定

(2) 两构件没有用运动副相连接时,可借助三心定理来确定 当两构件没有用运动副直接相连时,可借助三心定理来确定瞬心的位置。三心定理的内容:三个彼此做平面相对运动的构件,共有三个瞬心,它们必然位于同一直线上。因为只有三个瞬心位于同一直线上,才有可能满足瞬心为等速重合点的条件。下面举例说明其应用。

在图 3.3 所示的平面铰链四连杆机构中,通过直接观察可以确定瞬心 P_{14}、P_{12}、P_{23}、P_{34} 的位置,由于构件 1 和构件 3,构件 2 和构件 4 没有用运动副直接相连,其瞬心位置要借助三心定理来确定。对于 P_{13} 来说,既在 P_{12} 和 P_{23} 的连线上,又在 P_{14} 和 P_{34} 的连线上,故上述两线的交点即为瞬心 P_{13}。同理可求得瞬

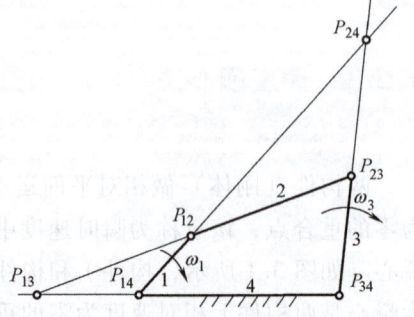

图 3.3 平面铰链四连杆机构的瞬心

心 P_{24}。

4. 用瞬心法对机构进行速度分析

下面举例说明瞬心法在机构速度分析上的应用。

例 3.1 如图 3.3 所示铰链四杆机构,已知各构件的尺寸以及原动件 1 的角速度 ω_1,试求在图示位置时构件 3 的角速度 ω_3。

解: 将已知和未知联系起来的瞬心是 P_{13},根据瞬心的定义可知,该瞬时构件 1 和构件 3 在点 P_{13} 具有相等的绝对速度。

即

$$v_{P_{13}} = \omega_1 \overline{P_{13}P_{14}} \mu_l$$

$$v_{P_{13}} = \omega_3 \overline{P_{13}P_{34}} \mu_l$$

故

$$\omega_3 = \omega_1 \frac{\overline{P_{13}P_{14}}}{\overline{P_{13}P_{34}}} \quad (\text{顺时针方向}) \tag{3.2}$$

$$\frac{\omega_1}{\omega_3} = \frac{\overline{P_{13}P_{34}}}{\overline{P_{13}P_{14}}} \tag{3.3}$$

式中,μ_l 为长度比例尺,是实际长度与图上长度之比(m/mm 或 mm/mm);ω_1/ω_3 为机构中构件 1 与构件 3 的瞬时角速度之比,称为机构的传动比(或传递函数)。

由式(3.3)可见,该传动比等于两构件的绝对瞬心至其相对瞬心距离的反比。

例 3.2 如图 3.4 所示曲柄滑块机构,已知各构件的尺寸以及原动件 1 的角速度 ω_1,试求图示位置时机构的全部瞬心,并求构件 3 上点 C 的速度 v_C。

解: 该机构在图示位置的全部瞬心如图 3.4 所示。把已知和未知联系起来的瞬心是 P_{13},根据瞬心的定义可知,该瞬时构件 1 和构件 3 在点 P_{13} 具有相等的绝对速度,且构件 3 做平动,所以其上各点的速度都相等。因此

$$v_C = v_{P_{13}} = \omega_1 \overline{P_{13}P_{14}} \mu_l$$

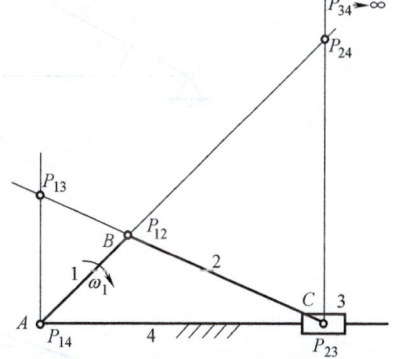

图 3.4 曲柄滑块机构的瞬心

根据点 P_{13} 的速度方向可确定点 C 的速度方向为水平向右。

例 3.3 如图 3.5 所示凸轮机构,凸轮是一个半径为 R、偏心距为 e 的偏心圆盘。凸轮以等角速度 ω 绕 O 轴顺时针方向转动,求图示位置时构件 2 的速度。

解: 该凸轮机构由三个构件组成,根据三心定理,三构件的三个瞬心应位于一条直线上。通过观察可以直接确定瞬心 P_{13} 和 P_{23},过接触点 A 画高副元素的公法线 $n—n$,与 P_{13} 和 P_{23} 连线的交点即为瞬心 P_{12}。利用瞬心的定义可知,P_{12} 为构件 1 和构件 2 在该瞬时绝对速度相等的重合点,即构件 1 上点 P_{12} 的速度等于构件 2 上点 P_{12} 的速度。因为构件 2 做

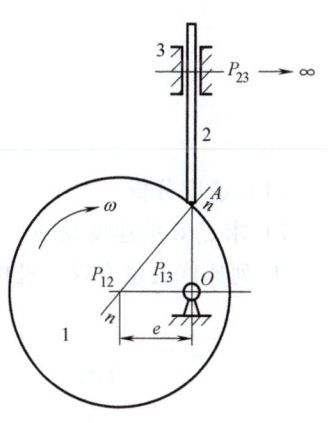

图 3.5 凸轮机构的瞬心

平动,其上各点的速度都相等,所以构件 1 上点 P_{12} 的速度就是构件 2 的速度。

$$v_2 = v_{P_{12}} = \omega_1 \overline{P_{12}P_{13}} \mu_l (方向竖直向上)$$

3.2.2 矢量方程图解法

矢量方程图解法的基本原理是理论力学中刚体的平面运动和点的复合运动这两个原理。其方法是利用机构中构件上各点之间的相对运动关系列出它们之间的速度或加速度矢量方程式,然后按照一定的比例尺根据方程式做矢量多边形来进行求解。

1. 同一构件上两点间的速度和加速度关系

如图 3.6a 所示铰链四杆机构中,已知该机构的瞬时位置和各构件的尺寸,以及构件 1 的角速度 ω_1、角加速度 α_1,试求构件 2 的角速度 ω_2、角加速度 α_2;点 C 和点 E 的速度和加速度;构件 3 的角速度 ω_3、角加速度 α_3。

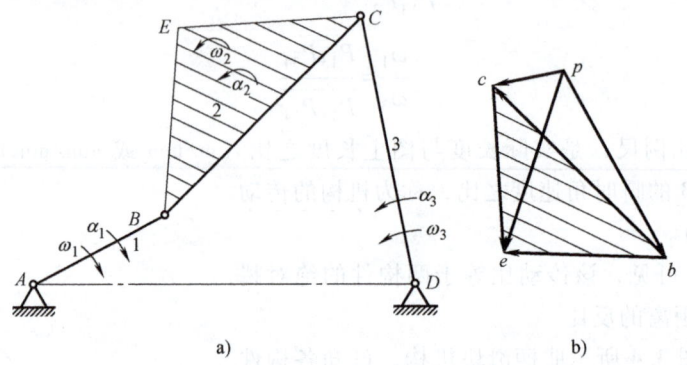

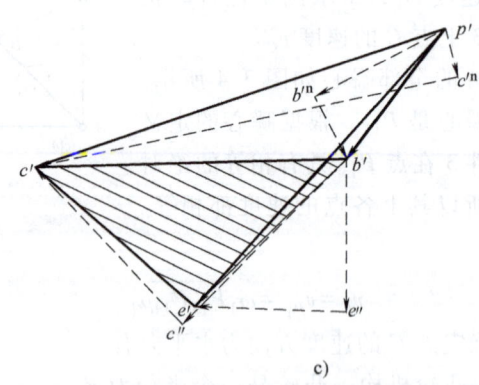

图 3.6 铰链四杆机构图解运动分析

(1) 速度分析

1) 求点 C 的速度及 ω_2、ω_3。

① 列速度矢量方程。机构中构件 2 上 B、C 两点间的速度关系表达式为

	$\boldsymbol{v}_C$	=	$\boldsymbol{v}_B$	+	$\boldsymbol{v}_{CB}$
方向	$\perp CD$		$\perp AB$		$\perp CB$
大小	?		$\omega_1 l_{AB}$		?

式中，v_C、v_B 分别表示点 C 和点 B 的绝对速度；v_{CB} 表示点 C 绕点 B 转动的速度。

该式中有两个未知量，可以通过矢量图进行求解。

② 按比例绘制矢量图求解。选取适当的速度比例尺 μ_v，单位为（m/s）/mm，它表示图上 1mm 的长度代表实际速度值的大小。如图 3.6b 所示，在图上任取一点 p 作为绘图的起始点，过点 p 绘制垂直于 AB 的矢量 $\overrightarrow{pb}$，表示 v_B 的大小，方向由 $p \to b$，过点 b 绘制垂直于 BC 的直线，再过点 p 绘制垂直于 CD 的直线，这两直线的交点为 c。则矢量 $\overrightarrow{pc}$ 即表示 v_C，方向由 $p \to c$，矢量 $\overrightarrow{bc}$ 表示相对速度 v_{CB}，方向由 $b \to c$。由此可得

$v_C = \overrightarrow{pc}\mu_v$（方向由 $p \to c$）

$\omega_2 = v_{CB}/l_{CB}$（把矢量 $\overrightarrow{bc}$ 平移到机构位置图的点 C，即可确定构件 2 的角速度为逆时针方向）

$\omega_3 = v_C/l_{CD}$（根据点 C 的速度可以确定构件 3 的角速度为逆时针方向）

2）求点 E 的速度。

① 列速度矢量方程。同理，根据同一构件上两点间的相对运动原理，列出点 E 的速度矢量方程式为

	v_E	=	v_B	+	v_{EB}
方向	?		$\perp AB$		$\perp EB$
大小	?		$\omega_1 l_{AB}$		$\omega_2 l_{EB}$
或者	v_E	=	v_C	+	v_{EC}
方向	?		$\perp CD$		$\perp EC$
大小	?		$\omega_3 l_{CD}$		$\omega_2 l_{EC}$

② 按比例绘制矢量图求解。如图 3.6b 所示，过点 b 做矢量 $\overrightarrow{be}$，方向垂直于 EB，长度为 v_{EB}/μ_v（也可过点 c 做矢量 $\overrightarrow{ce}$，方向垂直于 EC，长度为 v_{EC}/μ_v）确定点 e。连接 pe，$\overrightarrow{pe}$ 就代表点 E 的绝对速度，则 $v_E = \overrightarrow{pe}\mu_v$，方向由 $p \to e$。

如图 3.6b 所示的由各速度矢量构成的图形称为速度多边形（或速度图）。绘图的起始点 p 代表机构中所有绝对速度为零的点（如点 A、点 D），该点称为速度多边形的极点。在速度多边形中，由极点 p 向外放射的矢量，代表构件上对应点的绝对速度，如 $\overrightarrow{pc}$ 表示 v_C，方向由 $p \to c$；而连接除点 p 以外其他任意两点的矢量则代表构件上对应两点的相对速度，指向与速度角标相反。例如，速度多边形中矢量 $\overrightarrow{bc}$ 则代表相对速度 v_{CB}，方向由 $b \to c$。

对照机构位置图 3.6a 和速度多边形图 3.6b 可以看出，因为矢量 $\overrightarrow{bc}$、$\overrightarrow{ce}$ 和 $\overrightarrow{be}$ 分别垂直于 BC、CE 和 BE，所以 $\triangle bce \sim \triangle BCE$。并且两三角形字母绕行顺序一致，速度图形 bce 称为构件图形 BCE 的速度影像。

当已知同一构件上两点的速度，求该构件上其他点的速度时，可直接利用速度影像进行求解，而无须再列速度矢量方程式，简单方便。例如求点 E 速度时，可以根据所求得的矢量 $\overrightarrow{bc}$，在速度多边形中做 $\triangle bce \sim \triangle BCE$，并且字母绕行顺序一致，这样很容易确定点 e 的位置，连接 pe，则矢量 $\overrightarrow{pe}$ 就代表构件中点 E 的绝对速度。

这里需要明确指出，速度影像法只适用于同一构件上的各点，而不能用于不同构件上的各点。

(2) 加速度分析

1) 求点 C 的加速度、构件 2 的角加速度 α_2 和构件 3 的角加速度 α_3。

① 列加速度矢量方程。根据点的加速度合成原理，点 C 的加速度可表示为

$$\boldsymbol{a}_C^n + \boldsymbol{a}_C^t = \boldsymbol{a}_B^n + \boldsymbol{a}_B^t + \boldsymbol{a}_{CB}^n + \boldsymbol{a}_{CB}^t$$

方向　$C \to D$　$\perp CD$　$B \to A$　$\perp AB$　$C \to B$　$\perp BC$

大小　$\omega_3^2 l_{CD}$　?　$\omega_1^2 l_{AB}$　$\alpha_1 l_{AB}$　$\omega_2^2 l_{BC}$　?

式中，$\boldsymbol{a}_C^n$、$\boldsymbol{a}_B^n$ 分别表示点 C、点 B 的法向加速度；$\boldsymbol{a}_C^t$、$\boldsymbol{a}_B^t$ 分别表示点 C、点 B 的切向加速度；$\boldsymbol{a}_{CB}^n$、$\boldsymbol{a}_{CB}^t$ 分别表示点 C 相对于点 B 的相对法向、相对切向加速度。

从上述加速度矢量方程可看出，式中只有两个未知量，故可以通过矢量方程图解法求出这两个未知量。

② 按比例绘制矢量图求解。

a. 选取适当的加速度比例尺 μ_a，单位（m/s²）/mm，它表示图上 1mm 的长度代表实际加速度值的大小。在图纸上适当的地方任取一点 p' 作为绘图的起始点，如图 3.6c 所示。

b. 分别从加速度矢量方程式的两边开始做图，现先从等式右边开始做图。过点 p' 做平行于 AB、方向由 $B \to A$、长度为 $\omega_1^2 l_{AB}/\mu_a$ 的矢量 $\overrightarrow{p'b'''}$，代表点 B 的法向加速度 $\boldsymbol{a}_B^n$，再过点 b''' 做垂直于 AB、长度为 $\alpha_1 l_{AB}/\mu_a$ 的矢量 $\overrightarrow{b'''b'}$，代表点 B 的切向加速度 $\boldsymbol{a}_B^t$。连接 $p'b'$，则 $\overrightarrow{p'b'}$ 即代表点 B 的绝对加速度 $\boldsymbol{a}_B$。

c. 过点 b' 做平行于 CB、方向由 $C \to B$、长度为 $\omega_2^2 l_{BC}/\mu_a$ 的矢量 $\overrightarrow{b'c''}$，代表 $\boldsymbol{a}_{CB}^n$。再过 c'' 做垂直于 CB 代表 $\boldsymbol{a}_{CB}^t$ 的方向线。

d. 再从矢量方程式的左边绘图。过点 p' 作平行于 CD、方向由 $C \to D$、长度为 $\omega_3^2 l_{CD}/\mu_a$ 的矢量 $\overrightarrow{p'c'''}$，代表 $\boldsymbol{a}_C^n$。再过 c''' 作垂直于 CD 代表 $\boldsymbol{a}_C^t$ 的方向线。该方向线与 $\boldsymbol{a}_{CB}^t$ 的方向线交于点 c'，连接 $p'c'$，则 $\overrightarrow{p'c'}$ 即代表点 C 的绝对加速度 $\boldsymbol{a}_C$。由此，构件 2 的角加速度 α_2 可求得

$$\alpha_2 = \frac{a_{CB}^t}{l_{BC}} = \frac{\mu_a \overline{c''c'}}{l_{BC}}$$

把矢量 $\overrightarrow{c''c'}$ 平移到机构位置图的点 C，可确定出 α_2 为逆时针方向。

同理，构件 3 的角加速度 α_3 为

$$\alpha_3 = \frac{a_C^t}{l_{CD}} = \frac{\mu_a \overline{c'''c'}}{l_{CD}}$$

把矢量 $\overrightarrow{c'''c'}$ 平移至机构位置图的点 C，可确定出 α_3 为逆时针方向。

2) 求点 E 的加速度。

① 列加速度矢量方程

$$\begin{array}{cccccc}
& \boldsymbol{a}_E & = & \boldsymbol{a}_B & + & \boldsymbol{a}_{EB}^n & + & \boldsymbol{a}_{EB}^t \\
\text{方向} & ? & & p' \to b' & & E \to B & & \perp EB \\
\text{大小} & ? & & \mu_a \overline{p'b'} & & \omega_2^2 l_{EB} & & \alpha_2 l_{EB}
\end{array}$$

从上述加速度矢量方程可看出，式中只有两个未知量，故可以通过图解法求得。

② 按比例绘制矢量图求解。在图 3.6c 中，过点 b' 做平行于 EB、长度为 $\omega_2^2 l_{EB}/\mu_a$ 的矢量 $\overrightarrow{b'e''}$，代表 $\boldsymbol{a}_{EB}^n$；再过点 e'' 做垂直于 EB、长度为 $\alpha_2 l_{EB}/\mu_a$ 的矢量 $\overrightarrow{e''e'}$，代表 $\boldsymbol{a}_{EB}^t$；连接 $p'e'$，即可得到点 E 的加速度 $a_E = \mu_a \overline{p'e'}$，方向由 $p' \to e'$。

同理，点 E 的加速度也可通过点 C 的加速度求得，即列出下面的加速度矢量方程式进行求解（图略）。

$$\begin{array}{cccccc}
& \boldsymbol{a}_E & = & \boldsymbol{a}_C & + & \boldsymbol{a}_{EC}^n & + & \boldsymbol{a}_{EC}^t \\
\text{方向} & ? & & p' \to c' & & E \to C & & \perp EC \\
\text{大小} & ? & & \mu_a \overline{p'c'} & & \omega_2^2 l_{EC} & & \alpha_2 l_{EC}
\end{array}$$

求解结果如下

$a_C = \mu_a \overline{p'c'}$（方向由 $p' \to c'$）　　　　$a_C^t = \mu_a \overline{c''^n c'}$（方向由 $c''^n \to c'$）

$a_{CB} = \mu_a \overline{b'c'}$（方向由 $b' \to c'$）　　　　$a_{CB}^t = \mu_a \overline{c''c'}$（方向由 $c'' \to c'$）

$\alpha_3 = \dfrac{a_C^t}{l_{CD}}$（逆时针方向）　　　　　　$\alpha_2 = \dfrac{a_{CB}^t}{l_{BC}}$（逆时针方向）

如图 3.6c 所示的由各加速度矢量构成的图形称为加速度多边形。绘图的起始点 p' 代表机构中所有绝对加速度为零的点（如点 A、点 D），该点称为加速度多边形的极点。

在加速度多边形中，由极点 p' 向外放射且指向上角标为"′"的矢量，代表构件上对应点的绝对加速度，方向由 p' 指向该点，如 $\overrightarrow{p'c'}$ 即代表 C 点的绝对加速度 $\boldsymbol{a}_C$；而连接除点 p' 以外且上角标为"′"的其他任两点的矢量则代表构件上对应两点的相对加速度，指向与加速度角标相反，如矢量 $\overrightarrow{b'c'}$ 代表相对加速度 $\boldsymbol{a}_{CB}$，方向由 $b' \to c'$。代表法向加速度和切向加速度的矢量在图中都用虚线表示，如 $\overrightarrow{c''^n c'}$ 表示 $\boldsymbol{a}_C^t$，$\overrightarrow{b'c''}$ 表示 $\boldsymbol{a}_{CB}^n$。

在加速度矢量图中也存在与速度影像原理一样的加速度影像原理，即 $\triangle b'c'e' \backsim \triangle BCE$。因此，在求点 E 的绝对加速度 $\boldsymbol{a}_E$ 时，可以不用再列加速度矢量方程式，而直接利用加速度影像原理，做 $\triangle b'c'e' \backsim \triangle BCE$ 即可确定出点 e' 的位置。连接 $p'e'$，即可得到点 E 的绝对加速度 $\boldsymbol{a}_E$。

这里需要明确指出，加速度影像法也仅适用于机构中同一构件上的各点。

2. 两构件重合点间的速度和加速度关系

如图 3.7a 所示导杆机构中，已知各构件的尺寸，构件 1 以 ω_1 匀速转动，求机构在图示位置时构件 2 和构件 3 的角速度 ω_2、ω_3 及角加速度 α_2、α_3。

（1）速度分析

1）列速度矢量方程。由图 3.7a 可知，滑块 2 与构件 1 用转动副连接，与构件 3 用移动副连接，故点 B 即为重合点（B_1、B_2、B_3）。利用点的复合运动原理及速度合成定理，若将

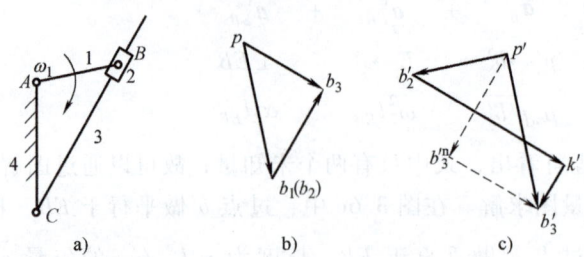

图 3.7 导杆机构图解运动分析

静参考系建立于机架上，将构件 2 选为动参考系，构件 3 上的点 B 看成是动点，则构件 3 上点 B 的绝对速度 v_{B3} 等于其牵连速度 v_{B2} 与相对速度 v_{B3B2} 的矢量和。即

$$v_{B3} = v_{B2} + v_{B3B2}$$
方向　⊥BC　⊥AB　//BC
大小　？　$\omega_1 l_{AB}$　？

式中，v_{B3}、v_{B2} 分别表示导杆 3 上点 B 的绝对速度和滑块 2 上点 B 的绝对速度；v_{B3B2} 表示导杆相对于滑块的相对移动速度。

在上面的矢量方程式中，仅有 v_{B3}、v_{B3B2} 的大小未知，故可以通过矢量方程图解法求得。

2）按比例绘制矢量图求解。

① 选取适当的速度比例尺 μ_v，单位为（m/s）/mm。在图上任取一点 p，过点 p 做垂直于 AB，且指向 ω_1 转动的一方，长度为 $\omega_1 l_{AB}/\mu_v$ 的矢量 $\overrightarrow{pb_2}$，代表点 B_2 的绝对速度。再过点 b_2 做平行于 BC 的直线，代表点 B_3 与点 B_2 的相对速度 v_{B3B2} 的方向线，然后再过点 p 做垂直于 BC 代表 v_{B3} 的方向线，两方向线的交点为 b_3，连接 pb_3，方向由 $p \to b_3$（图 3.7b），则矢量 $\overrightarrow{pb_3}$、$\overrightarrow{b_2b_3}$ 分别代表 v_{B3}、v_{B3B2}。

② 求构件 2 和构件 3 的角速度 ω_2、ω_3。

$v_{B3} = \mu_v \overline{pb_3}$（垂直于 BC 指向右）

$v_{B3B2} = \mu_v \overline{b_2 b_3}$（沿 BC 指向上）

$\omega_2 = \omega_3 = \dfrac{v_{B3}}{l_{BC}}$（把矢量 $\overrightarrow{pb_3}$ 平移至机构位置图中的点 B_3，得到构件 3 的角速度为顺时针方向）

（2）加速度分析

1）列加速度矢量方程。由理论力学点的复合运动原理中的加速度合成定理，仍将静参考系建立于机架上，将构件 2 选为动参考系，构件 3 上的点 B 看成是动点。可列出点 B_3 的绝对加速度矢量方程式为

$$a_{B3} = a_{B2} + a_{B3B2}^k + a_{B3B2}^r$$

或　　$a_{B3}^n + a_{B3}^t = a_{B2} + a_{B3B2}^k + a_{B3B2}^r$
方向　$B \to C$　⊥BC　$B \to A$　⊥BC　//BC
大小　$\omega_3^2 l_{BC}$　？　$\omega_1^2 l_{AB}$　$2\omega_2 v_{B3B2}$　？

式中，a_{B2}、a_{B3}分别表示滑块 2 上点 $B(B_2)$ 和导杆 3 上点 $B(B_3)$ 的绝对加速度；a_{B3}^n、a_{B3}^t分别表示导杆 3 上点 B 的法向、切向加速度；a_{B3B2}^r表示导杆相对于滑块的相对移动加速度；a_{B3B2}^k为哥氏加速度（因动系的运动为平面运动，有转动分量，故引起哥氏加速度），$a_{B3B2}^k = 2\omega_2 v_{B3B2}$，其大小为 $a_{B3B2}^k = 2\omega_2 v_{B3B2}\sin\theta$，对于平面机构，$\omega_3$垂直于运动平面，而 v_{B3B2}在运动平面内，故 $\theta = 90°$，从而其大小 $a_{B3B2}^k = 2\omega_2 v_{B3B2}$，方向是将 v_{B3B2}的方向沿 ω_2转过 90°（图 3.7c 中 $b_2'k'$的方向）。

由于构件 1 和构件 2 用转动副相连接，故 $v_{B1} = v_{B2}$，又由于点 B_1的绝对运动是以 A 为圆心的匀速圆周运动，故只有法向加速度。在上面的矢量方程式中，仅有 a_{B3}^t、a_{B3B2}^r的大小未知，故可用图解法求解。

2）按比例绘制矢量图求解。

① 选取适当的加速度比例尺 μ_a，单位为（m/s²）/mm。任选一点 p'，过点 p'做代表 a_{B3}^n的矢量$\overrightarrow{p'b_3^n}$，其方向由 $B \to C$，长度为 a_{B3}^n/μ_a，过点 b_3^n做垂直于 BC 代表 a_{B3}^t的方向线；再过点 p'做代表 a_{B2}的矢量$\overrightarrow{p'b_2'}$，其方向由 $B \to A$，长度为 a_{B2}/μ_a，过点 b_2'做代表 a_{B3B2}^k的矢量$\overrightarrow{b_2'k'}$，其方向垂直于 BC 向右，长度为 a_{B3B2}^k/μ_a，再过点 k'做平行于 BC 的方向线代表 a_{B3B2}^r，两方向线的交点为 b_3'（图 3.7c）。

② 求构件 2 和构件 3 的角加速度 α_2、α_3。

$$a_{B3}^t = \mu_a \overrightarrow{b_3'^n b_3'} \quad (\text{垂直于 } BC \text{ 指向右})$$

$$\alpha_3 = \alpha_2 = \frac{a_{B3}^t}{l_{BC}} \quad (\text{顺时针方向})$$

3.2.3 解析法

用解析法做机构的运动分析，应先建立机构的位置方程式。常用的方法有矢量分析法、复数矢量法、矩阵法和基本杆组法等。位置方程建立后，将其对时间求一阶导数、二阶导数，即可求得机构的速度方程式和加速度方程式。这里介绍两种比较容易掌握的方法，即复数矢量法和矩阵法，方程的求解可借助于计算机来实现。

1. 复数矢量法进行机构的运动分析

如图 3.8 所示的机构中，已知各杆长度 l_1、l_2、l_3、l_4，原动件的角位移为 φ_1，等角速度为 ω_1，试求其余各运动构件的角位移、角速度和角加速度。

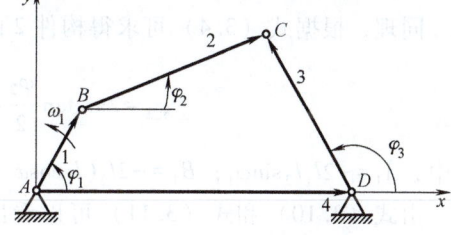

图 3.8 铰链四杆机构运动分析

（1）建立机构的封闭矢量位置方程式 用矢量法建立机构的位置方程式时，各杆需用矢量表示，并绘制出机构封闭矢量多边形。首先选定坐标系，把原动件固定铰链 A 作为坐标系的原点，取固定铰链点 A 和 D 的连线作为 x 轴，建立直角坐标系 Axy；然后确定矢量，在机构位置图中，各构件均用箭头指向表示为杆矢量，形成如图 3.8 所示的封闭矢量多边形；矢量指向确定后，规定方位角以 x 轴的正向为起始线逆时针标出且计量为正；最后建立机构的矢量位置方程式（坐标系和杆矢量方向的选取不影响解题结果，可自行选定）。

$$l_1 + l_2 = l_3 + l_4 \tag{3.4}$$

（2）对该机构的位置、速度和加速度进行分析

1）位置分析。将机构封闭矢量方程式（3.4）分别向两坐标轴投影得

$$\begin{cases} l_1\cos\varphi_1 + l_2\cos\varphi_2 = l_3\cos\varphi_3 + l_4 \\ l_1\sin\varphi_1 + l_2\sin\varphi_2 = l_3\sin\varphi_3 \end{cases} \tag{3.5}$$

在方程式（3.5）中，有两个未知量 φ_2、φ_3，可以通过解方程求得。当求解 φ_3 时，应将 φ_2 消去，为此把含 φ_1 的项移至方程右边，然后两式两边平方后相加得

$$l_2^2 = l_3^2 + l_4^2 + l_1^2 + 2l_3l_4\cos\varphi_3 - 2l_1l_3\cos(\varphi_3 - \varphi_1) - 2l_1l_4\cos\varphi_1$$

经整理得

$$2l_1l_3\sin\varphi_1\sin\varphi_3 + 2l_3(l_1\cos\varphi_1 - l_4)\cos\varphi_3 + l_2^2 - l_1^2 - l_3^2 - l_4^2 + 2l_1l_4\cos\varphi_1 = 0 \tag{3.6}$$

令

$$A = 2l_1l_3\sin\varphi_1$$
$$B = 2l_3(l_1\cos\varphi_1 - l_4)$$
$$C = l_2^2 - l_1^2 - l_3^2 - l_4^2 + 2l_1l_4\cos\varphi_1$$

则式（3.6）可表示为

$$A\sin\varphi_3 + B\cos\varphi_3 + C = 0 \tag{3.7}$$

利用万能公式 $\tan\dfrac{\varphi_3}{2} = t$ 将式（3.7）化为

$$(B-C)\tan^2\dfrac{\varphi_3}{2} - 2A\tan\dfrac{\varphi_3}{2} - (B+C) = 0 \tag{3.8}$$

利用二次方程求根公式得

$$\tan\dfrac{\varphi_3}{2} = \dfrac{A \pm \sqrt{A^2 + B^2 - C^2}}{B - C} \tag{3.9}$$

故

$$\varphi_3 = 2\arctan\dfrac{\varphi_3}{2} = 2\arctan\dfrac{A \pm \sqrt{A^2 + B^2 - C^2}}{B - C} \tag{3.10}$$

同理，根据式（3.4）可求得构件2的角位移

$$\varphi_2 = 2\arctan\dfrac{\varphi_2}{2} = 2\arctan\dfrac{A_1 \pm \sqrt{A_1^2 + B_1^2 - C_1^2}}{B_1 - C_1} \tag{3.11}$$

式中，$A_1 = -2l_1l_2\sin\varphi_1$；$B_1 = -2l_2(l_1\cos\varphi_1 - l_4)$；$C_1 = l_3^2 - l_1^2 - l_2^2 - l_4^2 + 2l_1l_4\cos\varphi_1$。

由式（3.10）和式（3.11）可以看出，φ_2 和 φ_3 有两组解，取舍时应根据机构的初始安装情况和机构运动的连续性来确定"±"号。

2）速度分析。将式（3.4）用复数形式表示为

$$l_1 e^{i\varphi_1} + l_2 e^{i\varphi_2} = l_3 e^{i\varphi_3} + l_4 \tag{3.12}$$

将式（3.12）对时间求一阶导数，可得

$$l_1\omega_1 e^{i\varphi_1} + l_2\omega_2 e^{i\varphi_2} = l_3\omega_3 e^{i\varphi_3} \tag{3.13}$$

用 $e^{i\varphi} = \cos\varphi + i\sin\varphi$ 将式（3.13）的实部和虚部分离得

$$\begin{cases} l_1\omega_1\cos\varphi_1 + l_2\omega_2\cos\varphi_2 = l_3\omega_3\cos\varphi_3 \\ l_1\omega_1\sin\varphi_1 + l_2\omega_2\sin\varphi_2 = l_3\omega_3\sin\varphi_3 \end{cases} \tag{3.14}$$

解方程组得出构件 3 和构件 2 的角速度分别为

$$\omega_3 = \frac{l_1\sin(\varphi_1-\varphi_2)}{l_3\sin(\varphi_3-\varphi_2)}\omega_1 \tag{3.15}$$

$$\omega_2 = -\frac{l_1\sin(\varphi_1-\varphi_3)}{l_2\sin(\varphi_2-\varphi_3)}\omega_1 \tag{3.16}$$

若求得的角速度为正表示沿逆时针方向,为负表示沿顺时针方向。

3)加速度分析。将式(3.13)对时间再求一阶导数,可得

$$il_1\omega_1^2 e^{i\varphi_1} + l_2\alpha_2 e^{i\varphi_2} + il_2\omega_2^2 e^{i\varphi_2} = l_3\alpha_3 e^{i\varphi_3} + il_3\omega_3^2 e^{i\varphi_3} \tag{3.17}$$

将式(3.17)的实部和虚部分离得

$$\begin{cases} l_1\omega_1^2\cos\varphi_1 + l_2\alpha_2\sin\varphi_2 + l_2\omega_2^2\cos\varphi_2 = l_3\alpha_4\sin\varphi_3 + l_3\omega_3^2\cos\varphi_3 \\ -l_1\omega_1^2\sin\varphi_1 + l_2\alpha_2\cos\varphi_2 - l_2\omega_2^2\sin\varphi_2 = l_3\alpha_3\cos\varphi_3 - l_3\omega_3^2\sin\varphi_3 \end{cases} \tag{3.18}$$

解方程组得

$$\alpha_3 = \frac{\omega_1^2 l_1\cos(\varphi_1-\varphi_2) + \omega_2^2 l_2 - \omega_3^2 l_3\cos(\varphi_3-\varphi_2)}{l_3\sin(\varphi_3-\varphi_2)} \tag{3.19}$$

$$\alpha_2 = \frac{-\omega_1^2 l_1\cos(\varphi_1-\varphi_3) - \omega_2^2 l_2\cos(\varphi_2-\varphi_3) + \omega_3^2 l_3}{l_2\sin(\varphi_2-\varphi_3)} \tag{3.20}$$

若求得的角加速度为正表明与角速度转向相同,为加速运动;若为负表明与角速度转向相反,为减速运动。

2. 矩阵法进行机构的运动分析

上述图 3.8 所示的铰链四杆机构,其运动分析也可用矩阵法求得。

(1)位置分析 将式(3.5)改写成方程左边仅含未知量项的形式,即

$$\begin{cases} l_2\cos\varphi_2 - l_3\cos\varphi_3 = l_4 - l_1\cos\varphi_1 \\ l_2\sin\varphi_2 - l_3\sin\varphi_3 = -l_1\sin\varphi_1 \end{cases} \tag{3.21}$$

两方程中只含有两个未知量 φ_2 和 φ_3,可通过解此方程组求得。

(2)速度分析 将式(3.21)对时间求一阶导数,得

$$\begin{cases} -l_2\omega_2\sin\varphi_2 + l_3\omega_3\sin\varphi_3 = l_1\omega_1\sin\varphi_1 \\ l_2\omega_2\cos\varphi_2 - l_3\omega_3\cos\varphi_3 = -l_1\omega_1\cos\varphi_1 \end{cases} \tag{3.22}$$

将式(3.22)改写为矩阵形式

$$\begin{pmatrix} -l_2\sin\varphi_2 & l_3\sin\varphi_3 \\ l_2\cos\varphi_2 & -l_3\cos\varphi_3 \end{pmatrix} \begin{pmatrix} \omega_2 \\ \omega_3 \end{pmatrix} = \omega_1 \begin{pmatrix} l_1\sin\varphi_1 \\ -l_1\cos\varphi_1 \end{pmatrix} \tag{3.23}$$

解此方程便可求得两构件的角速度 ω_2 和 ω_3。

(3)加速度分析 将式(3.22)对时间求一阶导数,可得加速度关系

$$\begin{pmatrix} -l_2\sin\varphi_2 & l_3\sin\varphi_3 \\ l_2\cos\varphi_2 & -l_3\cos\varphi_3 \end{pmatrix} \begin{pmatrix} \alpha_2 \\ \alpha_3 \end{pmatrix} = -\begin{pmatrix} -l_2\omega_2\cos\varphi_2 & l_3\omega_3\cos\varphi_3 \\ -l_2\omega_2\sin\varphi_2 & l_3\omega_3\sin\varphi_3 \end{pmatrix} \begin{pmatrix} \omega_2 \\ \omega_3 \end{pmatrix} + \omega_1 \begin{pmatrix} l_1\omega_1\cos\varphi_1 \\ l_1\omega_1\sin\varphi_1 \end{pmatrix} \tag{3.24}$$

解此方程便可求得构件 2 和构件 3 的角加速度 α_2 和 α_3。

在矩阵法中,为了便于书写和记忆,速度分析关系式可表示为

$$A\boldsymbol{\omega} = \omega_1 \boldsymbol{B} \tag{3.25}$$

式中,$\boldsymbol{A}$ 为机构中从动件的位置参数矩阵;$\boldsymbol{\omega}$ 为机构中从动件的速度列阵;$\boldsymbol{B}$ 为机构中原动件的位置参数列阵;ω_1 为机构中原动件的速度。

而加速度分析关系式则可表示为

$$A\boldsymbol{\alpha} = -\dot{A}\boldsymbol{\omega} + \omega_1 \dot{\boldsymbol{B}} \tag{3.26}$$

式中,$\boldsymbol{\alpha}$ 为机构中从动件的加速度列阵;$\dot{A} = dA/dt$;$\dot{B} = dB/dt$。

3.2.4 综合分析

对某些结构比较复杂的机构进行速度分析时,由于未知数多于两个,单纯运用矢量方程图解法求解困难,所以往往需要把瞬心法和矢量方程图解法综合起来运用。

如图 3.9a 所示的机构中,已知各杆尺寸和构件 1 的等角速度 ω_1,试求构件 2 的角速度 ω_2、构件 5 的速度和加速度,并绘制出机构在该图示位置时的速度多边形和加速度多边形。

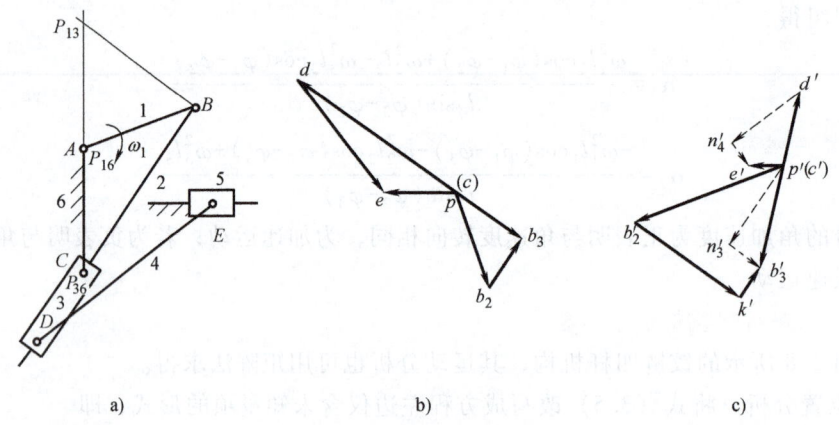

图 3.9 复杂机构运动分析

该机构中构件 2 和构件 3 以移动副相连接,故构件 2 的角速度和构件 3 的角速度满足关系 $\omega_2 = \omega_3$。为了求得 ω_2(即 ω_3),先找出瞬心 P_{16} 和 P_{36},再根据三心定理确定出构件 1 和构件 3 的相对瞬心 P_{13}(其位于 AC 的延长线和过点 B 垂直于 BC 直线的交点处)。则

$$\omega_2 = \omega_3 = \frac{v_{P_{13}}}{\overline{P_{13}P_{36}}} = \frac{\omega_1 \overline{P_{13}P_{16}}}{\overline{P_{13}P_{36}}}$$

根据瞬心 P_{13} 的瞬时速度,确定角速度 ω_2(即 ω_3)为顺时针方向。

下面用矢量方程图解法绘制机构的速度多边形和加速度多边形。

(1)速度分析 点 E 的速度可利用同一构件上点的速度关系求出,即

$$v_E = v_D + v_{ED}$$
大小 ? $\omega_3 l_{CD}$?
方向 水平 ⊥CD ⊥DE

选取速度比例尺 μ_v 做速度多边形(图 3.9b),由此得

$$v_E = \mu_v \overline{pe} \quad \text{(方向为水平向左)}$$

点 B_3 的速度可利用两构件重合点间的速度关系求出，把构件 3 扩大至点 B，使点 B 成为构件 2 和 3 的重合点。

$$\begin{array}{cccccc} & v_{B3} & = & v_{B2} & + & v_{B3B2} \\ \text{方向} & \perp BC & & \perp AB & & //BC \\ \text{大小} & ? & & \omega_1 l_{AB} & & ? \end{array}$$

在图 3.9b 中继续补充绘图即可求出

$$v_{B3} = \mu_v \overline{pb_3} \quad \text{(方向为垂直于 }BC\text{ 向右)}$$

点 B_3 的速度也可通过速度影像原理直接求出。或先根据上式求出点 B_3 的速度后，再利用速度影像原理求出点 D 的速度，从而求出点 E 的速度。其完整速度多边形如图 3.9b 所示。

（2）加速度分析。根据点的加速度合成原理，点 B_3 的加速度可表示为

$$\begin{array}{ccccccccc} & a_{B3}^n & + & a_{B3}^t & = & a_{B2} & + & a_{B3B2}^k & + & a_{B3B2}^r \\ \text{方向} & B\to C & & \perp BC & & B\to A & & \perp BC & & //BC \\ \text{大小} & \omega_3^2 l_{BC} & & ? & & \omega_1^2 l_{AB} & & 2\omega_2 v_{B3B2} & & ? \end{array}$$

利用加速度影像原理求出点 D 的加速度，再根据同一构件上加速度的关系求点 E 的加速度。

$$\begin{array}{ccccccc} & a_E & = & a_D & + & a_{ED}^n & + & a_{ED}^t \\ \text{方向} & \text{水平} & & p'\to d' & & E\to D & & \perp ED \\ \text{大小} & ? & & \mu_a \overline{p'd'} & & \omega_4^2 l_{ED} & & ? \end{array}$$

根据上面的矢量方程式，按照前面所述的方法绘制加速度多边形如图 3.9c 所示。

思 考 题

3.1 机构运动分析包括哪些内容？
3.2 速度瞬心的含义是什么？相对瞬心和绝对瞬心的区别是什么？
3.3 机构中瞬心的位置如何确定？
3.4 什么是速度影像和加速度影像？利用影像法求解速度和加速度时应注意些什么？
3.5 在进行机构速度分析时，瞬心法和矢量方程图解法各自有什么优缺点？
3.6 用解析法对机构进行运动分析时，计算得出的两个解如何取舍？

习 题

3.7 试求机构在图 3.10 所示位置时的全部瞬心。
3.8 在图 3.11 所示的齿轮-连杆组合机构中，试用瞬心法求齿轮 1 与 3 的角速度比 ω_1/ω_3。
3.9 图 3.12 所示的四杆机构中，已知 $l_{AB} = 60\text{mm}$，$l_{CD} = 90\text{mm}$，$l_{AD} = l_{BC} = 120\text{mm}$，$\omega_1 = 10\text{rad/s}$，试用瞬心法：

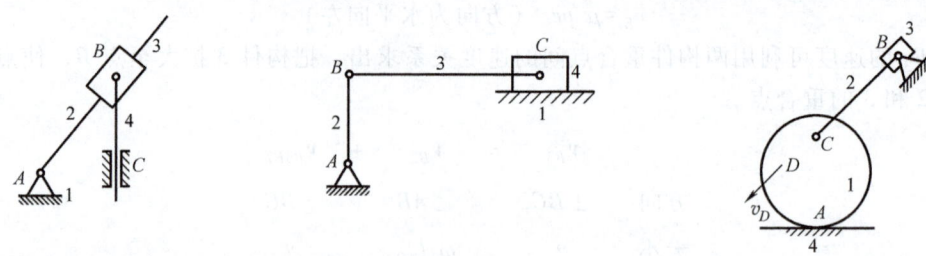

图 3.10 题 3.7 图

1）当 $\varphi=165°$ 时，求点 C 的速度 v_C。
2）当 $\varphi=165°$ 时，求构件 2 的 BC 线上（或其延长线上）速度最小的一点 E 的位置及其速度的大小。
3）当 $v_C=0$ 时，求 φ 角的值（两解）。

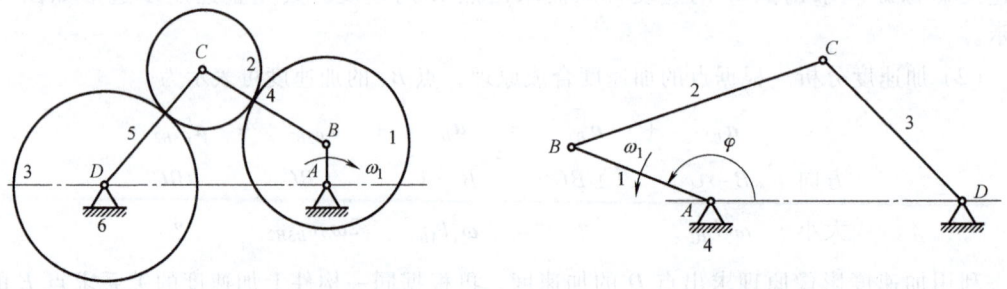

图 3.11 齿轮-连杆组合机构　　　　　图 3.12 四杆机构

3.10　图 3.13 所示的摇块机构中，已知 $l_{AB}=30\text{mm}$，$l_{AC}=100\text{mm}$，$l_{BD}=50\text{mm}$，$l_{DE}=40\text{mm}$，曲柄 1 以等角速度 $\omega_1=10\text{rad/s}$ 沿顺时针方向转动。试用图解法求机构在 $\varphi_1=45°$ 位置时，点 D、E 的速度和加速度，以及构件 2 的角速度和角加速度。

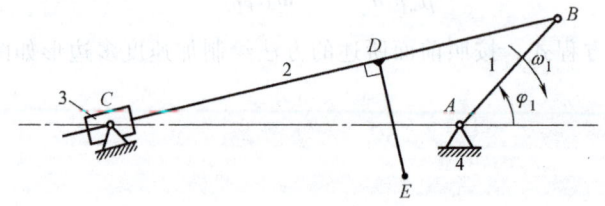

图 3.13 摇块机构

3.11　图 3.14 所示机构中，已知 $l_{AB}=40\text{mm}$，$l_{BC}=50\text{mm}$，$l_{CD}=75\text{mm}$，$l_{AE}=70\text{mm}$，$l_{DE}=35\text{mm}$，$l_{EF}=60\text{mm}$，原动件以等角速度 $\omega_1=10\text{rad/s}$ 沿逆时针方向转动。试以图解法求 $\varphi_1=50°$ 时，点 C 的速度 v_C 和加速度 a_C。

3.12　图 3.15 所示凸轮机构中，已知凸轮 1 以等角速度 $\omega_1=10\text{rad/s}$ 沿逆时针方向转动，凸轮为一偏心圆，其半径 $R=25\text{mm}$，$l_{AB}=15\text{mm}$，$l_{AD}=50\text{mm}$，$\varphi_1=90°$。试用图解法求构件 2 的角速度 ω_2 和角加速度 α_2。（提示：可先将机构进行高副低代，然后对其替代机构进行运动分析。）

3.13　用解析法做运动分析时，如何判断各杆的方位角所在象限？如何确定速度、加速度、角速度和角加速度的方向？

3.14　图 3.16 所示机构中，已知原动件 1 以等角速度 $\omega_1=10\text{rad/s}$ 沿逆时针方向转动，$l_{AB}=100\text{mm}$，$l_{BC}=300\text{mm}$，$e=30\text{mm}$。当 $\theta_1=60°$、$120°$、$220°$ 时，试用解析法求构件 2 的转角 θ_2、角速度 ω_2 和角加速度 α_2，构件 3 的速度 v_3 和加速度 a_3。

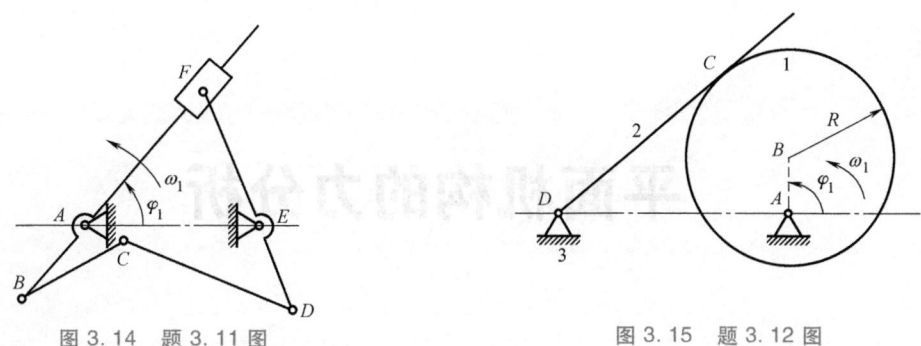

图 3.14 题 3.11 图　　　　　图 3.15 题 3.12 图

3.15 试用矩阵法对图 3.16 所示机构进行运动分析，写出点 C 的位置、速度及加速度方程。

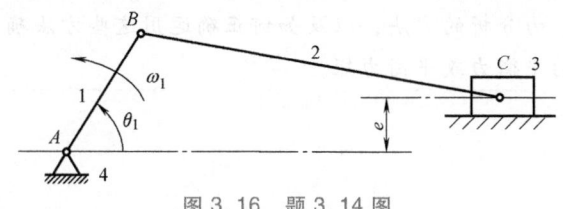

图 3.16 题 3.14 图

第4章

平面机构的力分析

[**本章提要**] 机构运动时，各构件上均受到力的作用，这些力不仅是影响机构运动和动力性能的重要参数，也是决定构件尺寸和结构形状的重要依据。本章主要介绍作用在平面机构上力的分类，力分析的方法，以及如何正确运用这些方法确定机构运动副中的总反力和需加在机构上的平衡力或平衡力矩。

4.1 概述

4.1.1 作用在机械上力的分类

机械在运动过程中，机构中每一个构件都受到各种力的作用，如驱动力、生产阻力、重力、惯性力、摩擦力和介质阻力以及运动副反力等。

根据力对机械运动的影响不同，可将其分成两大类。

(1) 驱动力　驱使机械运动的力。该力与其作用点的速度方向相同或成锐角，所做的功为正功，此功称为输入功或驱动功。

(2) 阻力　阻碍机械运动的力。该力与其作用点的速度方向相反或成钝角，所做的功为负功，此功称为阻抗功。

阻力又可分为有益阻力和有害阻力。有益阻力是为了完成有益的工作而必须克服的生产阻力，也称为有效阻力。例如切削机床中工件作用于刀具上的切削反力、起重机吊起重物的重力等。克服有效阻力所做的功称为有效功或输出功。有害阻力是指机械在运转过程中所受到的非生产阻力，如有害摩擦力、介质阻力等。机械为了克服这些力所做的功纯粹是一种浪费，该功称为损耗功。需要说明的是，摩擦力和重力既可以作为做正功时的驱动力，也可以作为做负功时的阻力。

根据作用在机械系统的内部和外部，力可分为两类：

(1) 外力　外界施加于整个机构或机构中的某些构件上的力，如驱动力、生产阻力、介质阻力和重力等。

(2) 内力　整个机构内构件与构件之间的相互作用力，如运动副反力。

4.1.2 机构力分析的内容

机构力分析的内容主要包括两方面。

（1）确定运动副中的反力　运动副反力是指机构运动时，在运动副中产生的反力。其可分解为运动副两元素接触处的法向反力和摩擦力两部分。这些力的大小与方向直接影响机构中构件的强度和刚度、运动副中的摩擦和磨损、机械的效率以及机械的动力性能等。

（2）确定机构中需加的平衡力或平衡力矩　平衡力是指机械在已知外力作用下，为了使该机构能按给定的运动规律运动，必须加在机械上的未知外力。机械平衡力的确定，对于设计新的机械和合理地使用现有机械，以及充分挖掘现有机械的生产潜力都是十分必要的。如根据机械的生产载荷确定所需原动机的最小功率，或根据原动机的最小功率确定所能克服的最大生产载荷等，都需要确定平衡力或平衡力矩。

4.1.3　机构力分析的方法

在进行机械力分析时，对于低速机械，因惯性力引起的动载荷不大，所以可忽略不计。这种在不计惯性力的条件下，对机构进行的力分析称为机构的静力分析。

但对于高速机械，由于某些构件的惯性力很大，引起的动载荷往往大大超过其他静载荷，故惯性力不能忽略。这种同时考虑静载荷和动载荷的计算称为动力计算。在机构的动力计算中，可根据理论力学中的达朗贝尔原理，把惯性力视为一般外力加于产生该惯性力的构件上。在惯性力和所有其他外力的作用下，该机构或其中的运动构件处于平衡状态，因此可以采用静力学方法对其进行受力分析。这种力分析方法称为机构的动态静力分析法。

在对机械进行动态静力分析时，原动机的驱动力或工作机的生产阻力是已知的。这时构件惯性力的确定可按以下步骤求出：先假定原动件做等速运动，进行机构的运动分析，求出各构件的质心加速度和角加速度；然后求出各构件的惯性力和惯性力矩；最后用机构的动态静力分析法对机构进行动力计算，求出机构的平衡力或平衡力矩和运动副反力。然而，对于新机械的设计，在进行力分析之前，机构各构件的结构尺寸、质量和转动惯量等参数一般都是未知的，因而也就无法确定其惯性力。在此情况下，一般是先根据设计条件和经验或者在对机构进行静力分析的基础上，初步估算出各构件的结构尺寸、质量和转动惯量等参数，然后据此进行动态静力分析。因为是估算，所以要根据计算所得对机构中各构件进行强度验算；再根据验算的结果对构件的结构尺寸进行修正，这一过程可能是反复的，直至合理地确定出各构件的结构为止，最终确定出机构的平衡力或平衡力矩和运动副反力。

在对机构进行力分析时，为了简化计算，常常假设原动件做等速运动，有时候还要忽略重力和摩擦力。当然，这样的假设会产生一定的误差，但对于绝大多数实际问题的解决影响不大，因而是允许的。

机构力分析的方法也有图解法和解析法两种，这在理论力学中均有初步介绍。图解法概念清楚、直观，也有一定的精度，但如需连续求解不同机构位置时的各有关参数，则比较繁琐。解析法可用分步法求解平衡力方程式，计算结果精度高，但比较费时。

4.2　构件惯性力的确定

在对机构进行动态静力分析时，首先要确定各构件的惯性力。惯性力的确定有如下两种方法。

4.2.1 一般力学方法

在机械运动过程中,其各构件产生的惯性力不仅与各构件的质量、绕过质心轴的转动惯量、质心的加速度及构件的角加速度等有关,还与构件的运动形式有关。下面分别就构件不同的运动形式介绍惯性力的确定方法。

(1) 绕固定轴转动的构件 如图 4.1 所示曲柄滑块机构,若曲柄 1 绕不过质心轴做变速转动,则其上作用有惯性力和惯性力偶矩,即

$$F_{i1} = -m_1 a_{S1} \qquad M_{i1} = -J_{S1} \alpha_1 \tag{4.1}$$

该惯性力系可简化为一个大小等于 F_{i1},而作用线偏离质心 S_1,距离为 h_1 的总惯性力 F'_{i1},且

$$l_{h1} = \frac{M_{i1}}{F_{i1}} \tag{4.2}$$

F'_{i1} 对质心 S_1 之矩的方向应与 α_1 的方向相反。

若曲柄 1 绕过质心轴做变速转动,则质心加速度为零,惯性力为零,仅有一个加在构件上的惯性力偶矩,即

$$M_{i1} = -J_{S1} \alpha_1 \tag{4.3}$$

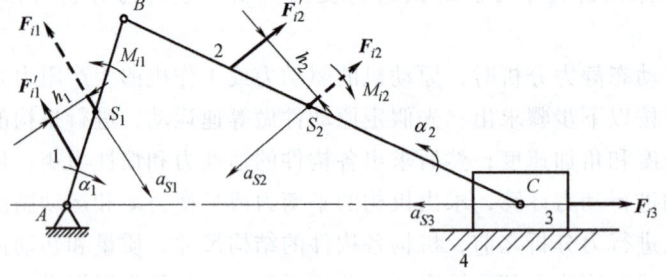

图 4.1 一般力学方法确定惯性力

(2) 做平面复合运动的构件 如图 4.1 所示为一曲柄滑块机构,构件 2 做平面复合运动,由理论力学可知,具有质量对称平面的构件在做平面复合运动时,其惯性力可简化为一个通过构件质心 S 上的惯性力 F_i 和一个惯性力偶矩 M_i,即

$$F_{i2} = -m_2 a_{S2} \qquad M_{i2} = -J_{S2} \alpha_2 \tag{4.4}$$

上述惯性力系也可再简化为一个大小等于 F_{i2},而作用线偏离质心 S_2,距离为 h_2 的总惯性力 F'_{i2},即

$$F'_{i2} = -m_2 a_{S2} \tag{4.5}$$

且

$$l_{h2} = \frac{M_{i2}}{F_{i2}}$$

F'_{i2} 对质心 S_2 之矩的方向应与 α_2 的方向相反。

(3) 做平面移动的构件 在图 4.1 所示的曲柄滑块机构中,构件 3 做变速移动时,由于角加速度为零,惯性力偶矩为零,仅有一个加在质心上的惯性力,即

$$F_{i3} = -m_3 a_{S3} \tag{4.6}$$

4.2.2 质量代换法

用上述方法确定构件的惯性力和惯性力偶矩时，必须先求出各构件的质心加速度和角加速度，计算比较繁琐。为了简化构件惯性力的确定，可以按一定条件将构件质量用集中在构件上某几个选定点的假想集中质量来代替，这种方法称为质量代换法。这样只需求各集中质量的惯性力，而无须求惯性力偶矩。该假想的集中质量称为代换质量，而代换质量所集中的点称为代换点。为使构件在质量代换前后，构件的惯性力和惯性力偶矩保持不变，应满足以下三个条件：

1）代换前后构件的总质量不变。
2）代换前后构件的质心位置不变。
3）代换前后构件对质心轴的转动惯量不变。

根据上述三个条件，对图 4.2 所示机构中的构件 2 用质量代换法确定其惯性力。假定选择点 B 和点 K 作为代换点（B、S_2、K 三点位于同一条直线上），用集中质量 m_B、m_K 来代替构件 2 的质量，依据代换条件可列出下列三个方程：

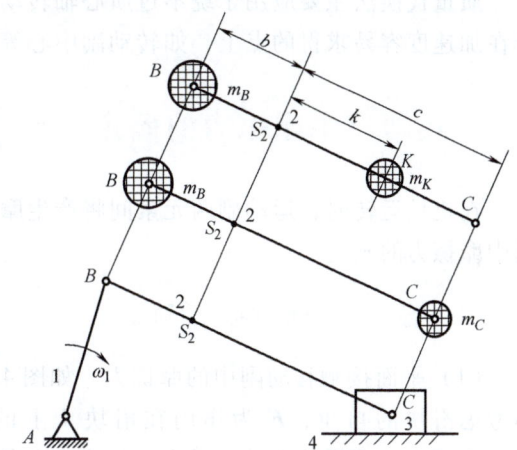

图 4.2 质量代换

$$\begin{cases} m_B + m_K = m_2 \\ m_B b = m_K k \\ m_B b^2 + m_K k^2 = J_{S_2} \end{cases} \quad (4.7)$$

式中，m_B、m_K、b、k 均为未知量，三个方程求解四个未知量，故有一个未知量可任选。在工程上，一般先选定代换点 B 的位置（即选定 b），其余三个未知量可求解方程组得到，即

$$\begin{cases} m_B = \dfrac{m_2 k}{b+k} \\ m_K = \dfrac{m_2 b}{b+k} \\ k = \dfrac{J_{S_2}}{m_2 b} \end{cases} \quad (4.8)$$

这种同时满足上述三个条件的质量代换称为动代换，代换前后，构件的惯性力和惯性力偶都不会发生改变。当代换点 B 选定后，另一代换点 K 的位置也随之而定。故动代换不能同时任选两个代换点。

只满足前两个代换条件的质量代换称为静代换。这时，两个代换点的位置均可任选。如图 4.2 所示，若同时选定点 B 和点 C（即同时选定 b、c），则有

$$\begin{cases} m_B + m_C = m_2 \\ m_B b = m_C c \end{cases} \quad (4.9)$$

解方程组得

$$\begin{cases} m_B = \dfrac{c}{b+c} m_2 \\ m_C = \dfrac{b}{b+c} m_2 \end{cases} \tag{4.10}$$

静代换因没有满足代换前后构件对质心轴的转动惯量不变,故构件的惯性力偶矩会产生一定的误差,但此误差一般能被工程计算所接受。由于计算简便,静代换得到了较为广泛的应用。

质量代换法主要应用于绕不过质心轴转动的构件和做平面复合运动的构件。代换点常选择在加速度容易求得的点上,如转动副中心等。

4.3 运动副中摩擦力的确定

在机械运转时,运动副两元素间将产生摩擦力。本节分别介绍移动副、转动副和平面高副中摩擦力的确定。

4.3.1 移动副中摩擦力的确定

(1) 平面接触移动副中的摩擦力 如图 4.3 所示,滑块 1 与水平平台 2 构成移动副。若不考虑滑块的自重,F 为作用在滑块 1 上的驱动力,F_{R21} 为平台 2 对滑块 1 的总反力,该力可分解为平台 2 作用在滑块 1 上法向反力 F_{N21} 和摩擦力 F_{f21}。若滑块 1 在力 F 的作用下等速向左移动,现分析滑块 1 受到的摩擦力 F_{f21}。

据库仑定律可知,平台 2 作用于滑块 1 的摩擦力 F_{f21} 的大小为 $F_{f21} = fF_{N21}$(f 为摩擦系数,不同材料和不同表面状态的摩擦系数不同),方向与滑块 1 相对于平台 2 的相对速度 v_{12} 的方向相反。

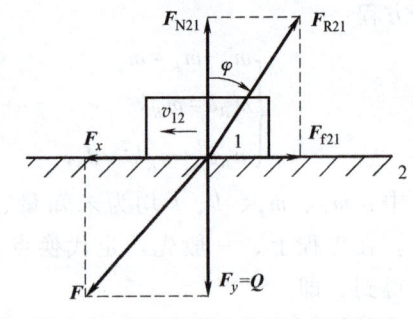

图 4.3 平面接触移动副中的摩擦力

根据平衡条件:$F_{N21} = F_y = Q$,所以摩擦力为

$$F_{f21} = fF_y = fQ \tag{4.11}$$

(2) 楔形面接触移动副中的摩擦力 如图 4.4 所示,两构件沿一槽形角为 2θ 的槽面接触,Q 为作用在槽形滑块 1 上的铅垂载荷,根据力平衡条件有 $F_{N21}\sin\theta = Q$,

$$F_{f21} = fF_{N21} = fQ/\sin\theta \tag{4.12}$$

令 $f/\sin\theta = f_v$,f_v 称为当量摩擦系数,所以摩擦力为

$$F_{f21} = f_v Q \tag{4.13}$$

(3) 半圆柱面接触移动副中的摩擦力 如图 4.5 所示,两构件沿一半圆柱面接触,因其接触面各点处的法向反力均沿径向,所以法向反力数量总和可表示为 kQ,k 是与接触情况有关的系数,当两接触面为点、线接触时,$k \approx 1$,当两构件沿整个半圆周均匀接触时,$k = \pi/2$,其余情况 k 介于 $1 \sim \pi/2$ 之间,所以摩擦力为

$$F_{f21} = fkQ \tag{4.14}$$

令 $fk = f_v$,故摩擦力为

第4章 平面机构的力分析

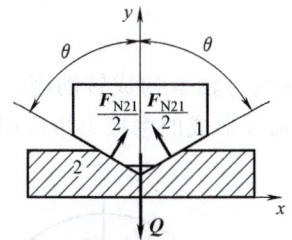

图 4.4 楔形面接触移动副中的摩擦力

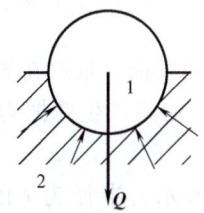

图 4.5 半圆柱面接触移动副中的摩擦力

$$F_{f21} = f_v Q \tag{4.15}$$

为了统一公式,所有摩擦力均表示为

$$F_f = f_v Q \tag{4.16}$$

式中,f_v 为当量摩擦系数。常见的接触形式与当量摩擦系数如下:

1) 平面接触时,$f_v = f$。
2) 槽面接触时,$f_v = f/\sin\theta$。
3) 半圆柱面接触时,$f_v = kf$ ($k = 1 \sim \pi/2$)。

运动副中法向反力和摩擦力的合力称为运动副的总反力。用公式表示为

$$F_{R21} = F_{N21} + F_{f21} \tag{4.17}$$

总反力与法向反力之间的夹角 φ 称为摩擦角,即

$$\varphi = \arctan f \tag{4.18}$$

总反力 F_{R21} 作用线的方向可根据以下两点确定:

1) F_{R21} 与移动副两元素接触面公法线偏斜的角度 φ。
2) F_{R21} 偏斜的方向与构件 1 相对于构件 2 的相对速度 v_{12} 的方向构成 (90°+φ) 的钝角。

例 4.1 如图 4.6 所示,设滑块 1 置于升角为 α 的斜面 2 上,G 为作用在滑块 1 上的铅垂载荷,f 为滑块与斜面的摩擦系数。试求使滑块 1 沿斜面等速上行时所需的水平驱动力 F。

解: 取滑块 1 为研究对象分析其受力。滑块受三个力 F、F_{R21}、G 的作用,且在三个力的作用下处于平衡状态。即 $F + G + F_{R21} = 0$,绘制出力三角形,从而求得 $F = G\tan(\alpha+\varphi)$。

若滑块 1 沿斜面等速下滑时,受力分析如图 4.7 所示,根据滑块的力平衡条件,可求出所需的水平力 $F' = G\tan(\alpha-\varphi)$。

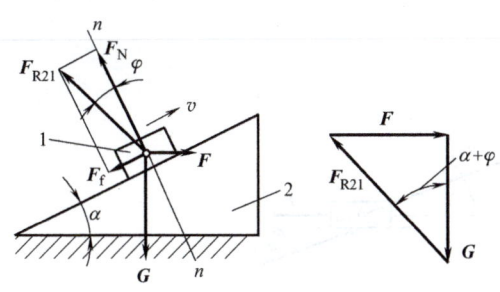

图 4.6 正行程

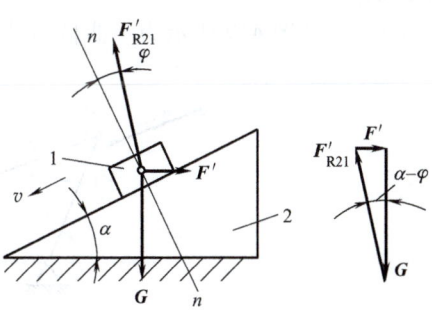

图 4.7 反行程

4.3.2 转动副中摩擦力的确定

（1）**轴颈的摩擦** 轴放在轴承中的部分称为轴颈。轴颈与轴承构成转动副，当轴颈在轴承中转动时，必将产生摩擦力阻止其旋转，此摩擦力对轴颈形成的摩擦力矩可用下述方法确定。

如图 4.8 所示，半径为 r 的轴颈 1 在径向载荷 G、驱动力偶矩 M_d 的作用下，相对轴承 2 以等角速度 ω_{12} 回转，此时，构件 1、2 之间便存在运动副反力，通常认为沿轴向压力分布是均匀的，故只在其端面研究其力的关系。取构件 1 为示力体，构件 2 对构件 1 的总反力为 F_{R21}，F_{R21} 与 G 之间的距离为 ρ，对构件 1 进行力分析得

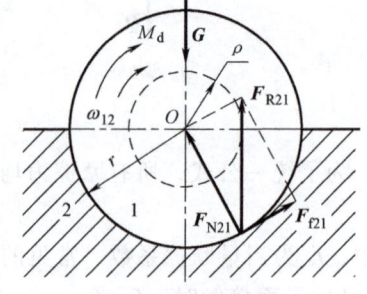

图 4.8 轴颈的摩擦

$$F_{R21} = \sqrt{F_{N21}^2 + F_{f21}^2} = \sqrt{1+f^2}\, F_{N21} \quad (4.19)$$

$$M_f = F_{f21} r = f F_{N21} r = \frac{f}{\sqrt{1+f^2}} F_{R21} r \quad (4.20)$$

$$M_f = F_{R21} \rho \quad (4.21)$$

$$\rho = \frac{f}{\sqrt{1+f^2}} r = f_v r \quad (4.22)$$

式中，ρ 称为摩擦圆半径，从式（4.22）看出摩擦圆半径的大小与受力大小无关，只取决于当量摩擦系数 f_v 和轴颈半径 r。如前所述，当量摩擦系数 $f_v = (1 \sim \pi/2)f$（对于配合紧密且未经磨合的转动副，f_v 取较大值；而对于有较大间隙的转动副，f_v 取较小值）。当径向载荷 G 方向改变时，F_{R21} 的方向一定随之改变。但只要轴颈相对于轴承转动，轴承 2 对轴颈 1 的总反力 F_{R21} 相对轴心 O 始终偏移一个距离 ρ，即 F_{R21} 总与以 O 为圆心、ρ 为半径的圆相切。此圆称为摩擦圆。

转动副中，总反力作用线方向可根据以下三点确定：

1）在不计摩擦的情况下，由力的平衡条件初步确定总反力的方向。
2）总反力应切于摩擦圆。
3）总反力 F_{R21} 对轴颈中心之力矩的方向必与轴颈 1 相对于轴承 2 的相对角速度 ω_{12} 的方向相反。

例 4.2 如图 4.9 所示为一曲柄滑块机构，F 为作用在滑块 3 上的驱动力，M_1 为作用

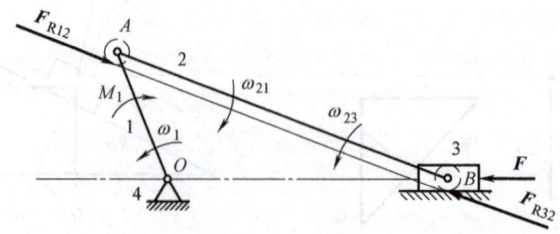

图 4.9 考虑摩擦时曲柄滑块机构的受力分析

于曲柄 1 上的阻力矩，转动副 A 及 B 处的虚线小圆为摩擦圆，试求在此位置时作用在连杆 2 上作用力的真实方向。（各构件的重量及惯性力忽略不计。）

解：在不计摩擦时，各转动副中的反力通过轴颈中心。忽略重力及惯性力时，连杆 2 为二力杆，二力杆上的力应大小相等、方向相反，作用在同一条直线上。由图可知，此时连杆受压。在计摩擦时，转动副 A 及 B 处的总反力应切于各自的摩擦圆。F_{R12} 对点 A 的力矩方向应与 ω_{21} 的方向相反，故切于摩擦圆的下方。F_{R32} 对点 B 之矩的方向应与 ω_{23} 的方向相反，故切于摩擦圆的下方，如图 4.9 所示。

（2）轴端的摩擦　轴上用来承受轴向载荷的部分称为轴端，如图 4.10a 所示。

在图 4.10a 中，轴端 1 与推力轴承 2 构成一转动副，且轴上作用有轴向载荷 G。当轴端 1 在推力轴承 2 上旋转时，两接触面间也将产生摩擦力。该摩擦力对轴端 1 的回转轴线之矩为摩擦力矩 M_f。摩擦力矩 M_f 可用下述方法求出。

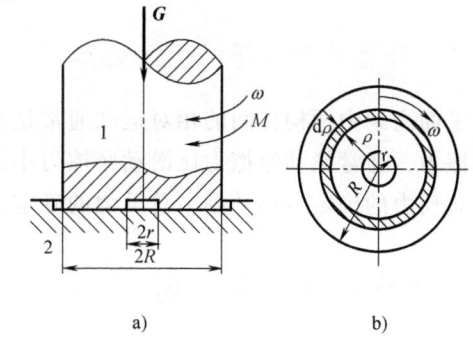

图 4.10　轴端的摩擦

如图 4.10b 所示，取轴端为研究对象，从轴端接触面上取环形微面积 $\mathrm{d}S = 2\pi\rho\mathrm{d}\rho$，则环形微面积上所受的正压力为

$$\mathrm{d}F_N = p\mathrm{d}S \quad (p \text{ 为压强})$$

环形微面积上所受的摩擦力为

$$\mathrm{d}F_f = f\mathrm{d}F_N$$

环形微面积上所受的摩擦力矩为

$$\mathrm{d}M_f = \rho\mathrm{d}F_f$$

故轴端所受的总摩擦力矩为

$$M_f = \int_r^R \rho\mathrm{d}F_f = \int_r^R \rho f p 2\pi\rho\mathrm{d}\rho = 2\pi f \int_r^R p\rho^2\mathrm{d}\rho \tag{4.23}$$

轴端摩擦力矩的大小取决于接触面上压强的分布规律，下面分两种情况来加以介绍。

1）新轴端（非磨合轴端）。对于新制成的轴端和轴承，或很少工作的轴端和轴承，因各处接触的紧密程度基本相同，故可假设整个轴端接触面上的压强 p 处处相等，即 p = 常数。则

$$M_f = 2\pi f \int_r^R p\rho^2\mathrm{d}\rho = 2\pi f p \int_r^R \rho^2\mathrm{d}\rho = \frac{2}{3}\pi f p(R^3 - r^3) \tag{4.24}$$

其中，$p = \dfrac{G}{\pi(R^2 - r^2)}$，则 \hfill (4.25)

$$M_f = \frac{2}{3}fG\left(\frac{R^3 - r^3}{R^2 - r^2}\right) \tag{4.26}$$

2）磨合轴端。轴端经过一段时间的工作后，称为磨合轴端。由于磨损的原因，轴端和轴承接触面各处的压强已不能再认为处处相等，这时较为合理的假设是 $p\rho$ = 常数。于是，摩擦力矩为

$$M_f = 2\pi f \int_r^R p\rho^2 d\rho = 2\pi f p\rho \int_r^R \rho d\rho = \pi f p\rho (R^2 - r^2) \quad (4.27)$$

轴向载荷为

$$G = \int_r^R p dS = \int_r^R p 2\pi\rho d\rho = 2\pi p\rho \int_r^R d\rho = 2\pi p\rho (R - r) \quad (4.28)$$

所以摩擦力矩可表示为

$$M_f = \frac{1}{2} fG(R+r) \quad (4.29)$$

4.3.3 平面高副中摩擦力的确定

平面高副中两构件间的相对运动通常是滑动兼滚动，其中的摩擦力就有滑动摩擦力和滚动摩擦力，通常滚动摩擦力比滑动摩擦力小得多，所以一般只考虑滑动摩擦力。这样平面高副中总反力的确定与移动副中总反力的确定方法相同。

4.4 平面机构的力分析

4.4.1 用图解法做不考虑摩擦时机构的动态静力分析

机构力分析是确定运动副中的反力和需加于机构上的平衡力。然而，由于运动副反力对整个机构来说是内力，故不能对整个机构进行力分析，而必须将机构分解为若干个构件组，然后逐个进行分析。这些构件组必须满足静定条件，才能以静力学方法将构件组中所有力的未知数确定出来。

（1）运动副总反力中的未知量数目　如图4.11所示，就平面运动副的不同类型加以分析介绍。

1）转动副（图4.11a）。在不考虑摩擦时，转动副中的总反力通过转动副中心，大小和方向未知，故有两个未知量。

2）移动副（图4.11b）。在不考虑摩擦时，移动副中的总反力沿导路的法线方向，作用点的位置和大小未知，故有两个未知量。

3）平面高副（图4.11c）。在不考虑摩擦时，平面高副中的总反力作用于高副两元素接触点处的公法线上，仅大小未知，故有一个未知量。

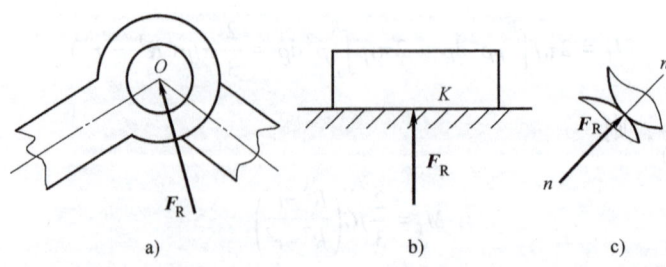

图 4.11　运动副反力

（2）构件组的静定条件　由以上分析可见，每一个低副（转动副和移动副）中的总反力都有两个未知量,而每一个高副中的总反力只有一个未知量。因此,如果在构件组中共含有 n 个构件,p_L 个低副和 p_H 个高副,则运动副反力中未知量数目一共为 $(2p_L+p_H)$ 个。由于对做平面运动的每一构件可以列出三个独立的力平衡方程式,所以整个构件组可写出 $3n$ 个独立的力平衡方程式。当平衡方程式的数目和未知量的数目相等时,此构件组便符合静定条件,即

$$3n = 2p_L + p_H \tag{4.30}$$

由式(4.30)可以看出,它与组成平面机构基本杆组的条件相同。故所有的基本杆组都满足静定条件,即所有的基本杆组都是静定杆组。因此,在进行机构力分析时,机构应按杆组进行拆分,逐组解决。

(3) **机构的动态静力分析** 用图解法做机构动态静力分析的一般步骤如下:

1) 已知机构位置及各构件的尺寸、质量、转动惯量以及各质心的位置。若是设计新的机械,也必须先估算以上参数,并选定尺寸比例尺绘制出机构的运动简图。

2) 根据运动分析求出各构件质心点的速度、加速度,以及各构件的角速度和角加速度。

3) 计算出各构件的惯性力、惯性力偶矩。

4) 从已知的驱动力或生产阻力所作用的构件开始拆分基本杆组并进行力分析,求出各运动副反力。以此类推,逐步推算到未知平衡力作用的构件,求出机构所需的平衡力。

例 4.3 如图 4.12a 所示摆动导杆机构中,已知 $l_{AB} = 300\text{mm}$,$\varphi_1 = 90°$,$\varphi_3 = 30°$,导杆上的力矩 $M_3 = 60\text{N} \cdot \text{m}$。若忽略各构件自重及各运动副中的摩擦,求图示位置各运动副中的反力和应加于曲柄 1 上的平衡力矩。

分析:在进行机构的动态静力分析时,一般将同一构件上的惯性力与惯性力矩合成一个总惯性力,这样再以该构件作为分离体进行受力分析时容易理解,不易出错。然后,根据静定条件分解为有平衡力作用的构件组和无平衡力作用的构件组,求出运动副反力及平衡力矩。

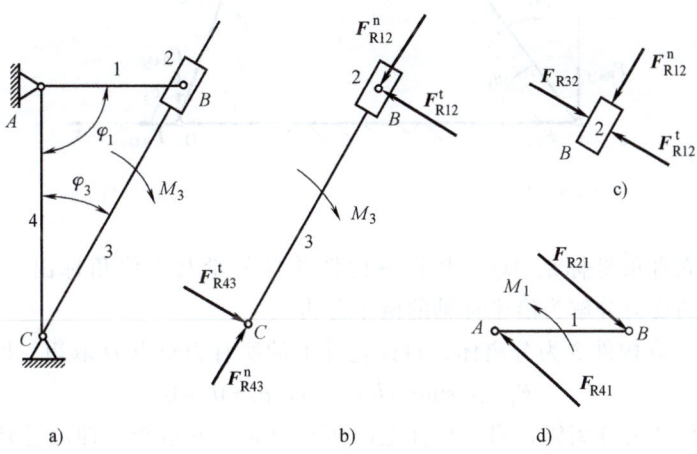

图 4.12 图解法做导杆机构的动态静力分析

解:把杆 2、3 组成的基本杆组作为研究对象,其上作用的力如图 4.12b 所示,对点 C 取矩可求出:

$$F_{R12}^t = \frac{M_3}{l_{BC}} = \frac{60}{0.6}\text{N} = 100\text{N}$$

$$F_{R43}^t = F_{R12}^t = 100\text{N}$$

以滑块 2 为研究对象,其上作用的力如图 4.12c 所示,对于平面共点力系可得

$$F_{R32} = F_{R12}^t = 100\text{N}$$

$$F_{R12}^n = 0$$

由此可知,$F_{R43}^n = F_{R12}^n = 0$

以曲柄 1 为研究对象,其上作用的力如图 4.12d 所示,则

$$F_{R41} = F_{R21} = 100\text{N}$$

$$M_1 = F_{R21}\sin30°\times l_{AB} = 100\times 0.5\times 0.3\text{N}\cdot\text{m} = 15\text{N}\cdot\text{m}(\text{转向为逆时针})$$

4.4.2 用解析法做不考虑摩擦时机构的动态静力分析

当需要对机构一系列的位置进行力分析时,图解法过程相当繁琐,这时宜采用解析法。解析法有很多种,其共同点都是根据力的平衡条件列出各力之间的关系式后再求解。

下面介绍矢量方程法。

例 4.4 如图 4.13 所示铰链四杆机构中,已知各杆长度分别为 l_1、l_2、l_3、l_4,作用在构件 2 上点 E 的力为 F(包括惯性力在内的所有外力),作用在构件 3 上的阻力矩为 M_r,试求作用在构件 1 上的平衡力矩 M_b。

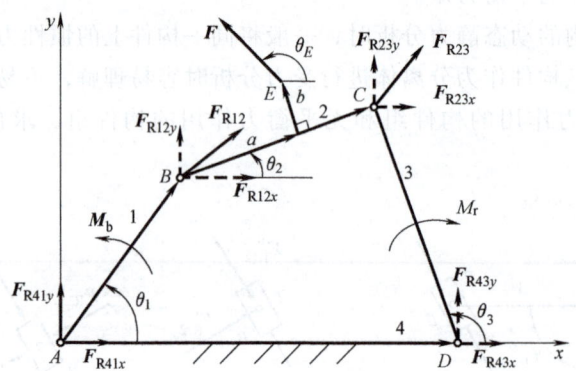

图 4.13 解析法做铰链四杆机构的动态静力分析

解:首先建立直角坐标系 Axy,并将各构件的杆矢量及方位角标出,如图 4.13 所示;再将各运动副中的反力分解为沿坐标轴的两个分力。

(1)求 F_{R23} 取构件 3 为分离体,将该构件上的所有力对点 D 取矩。即由 $\sum M_D = 0$ 得

$$F_{R23x}l_3\sin\theta_3 + l_3 F_{R23y}\cos\theta_3 + M_r = 0 \tag{4.31}$$

同理,取构件 2 为分离体,将该构件上的所有力对点 B 取矩。即由 $\sum M_B = 0$ 得

$$F_{R23x}l_2\sin\theta_2 - l_2 F_{R23y}\cos\theta_2 - aF\sin(\theta_2-\theta_E) - bF\cos(\theta_2-\theta_E) = 0 \tag{4.32}$$

由式(4.31)和式(4.32)联立求解得

$$F_{R23x} = \frac{1}{\sin(\theta_2-\theta_3)}\left\{\frac{M_r\cos\theta_2}{l_3} + \frac{F\cos\theta_3}{l_2}[a\sin(\theta_2-\theta_E) + b\cos(\theta_2-\theta_E)]\right\} \tag{4.33}$$

$$F_{R23y} = \frac{1}{\sin(\theta_2-\theta_3)}\left\{\frac{M_r\sin\theta_2}{l_3} + \frac{F\sin\theta_3}{l_2}[a\sin(\theta_2-\theta_E)+b\cos(\theta_2-\theta_E)]\right\} \quad (4.34)$$

由 F_{R23x} 和 F_{R23y} 可求出 F_{R23} 的大小和方向。

（2）求 F_{R43}　根据构件 3 上的受力平衡条件，由 $\sum F = 0$ 得

$$F_{R43} = -F_{R23} \quad (4.35)$$

（3）求 F_{R12}　根据构件 2 上的受力平衡条件，由 $\sum F = 0$ 得

$$F_{R12} + F_{R23} + F = 0$$

则

$$\begin{cases} F_{R12x} = F_{R23x} - F\cos\theta_E \\ F_{R12y} = F_{R23y} - F\sin\theta_E \end{cases} \quad (4.36)$$

由此可求出 F_{R12} 的大小和方向。

同理，根据构件 1 的受力平衡条件，由 $\sum F = 0$ 得

$$F_{R41} = -F_{R21} \quad (4.37)$$

则

$$M_b = -l_1 F_{R21x}\sin\theta_1 + l_1 F_{R21y}\cos\theta_1$$

至此，机构的受力分析完毕。

4.4.3　考虑摩擦时机构的力分析

掌握了不考虑摩擦时机构力分析的方法和步骤之后，就不难进行考虑摩擦时机构的力分析了。下面举例加以说明。

例 4.5　如图 4.14 所示，已知各构件的尺寸及机构的位置，移动副和平面高副处的摩擦角为 φ，转动副处摩擦圆的大小如图中虚线圆所示，主动件凸轮沿顺时针方向转动，作用在构件 4 上的工作阻力为 Q，各构件的重力及惯性力忽略不计。试求机构在图示位置时各运动副的反力及需要施加于凸轮 1 上的驱动力矩 M_1。

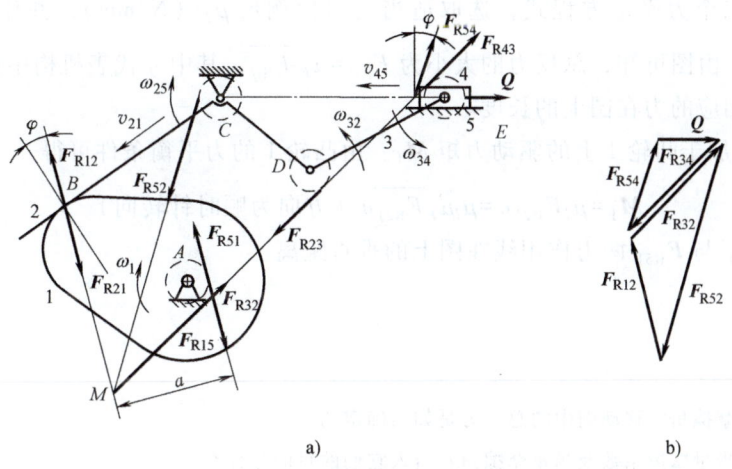

图 4.14　考虑摩擦时机构的力分析

分析：在考虑摩擦时进行机构的力分析，关键是确定运动副中总反力的方向。为了确定总反力的方向，应先分析各运动副连接的各构件之间的相对运动，并标出它们的相对运动方向；然后再进行各构件的受力分析。一般先从二力杆开始，然后分析三力杆。

解：1）选取适当的尺寸比例尺绘制机构的运动简图，并标出用运动副直接相连接的各

构件之间的相对运动方向，如图 4.14a 所示。

2) 确定各运动副总反力作用线的方向。

① 确定平面高副处总反力作用线的方向。平面高副 B 处总反力 F_{R12} 与接触点处的公法线夹角为 φ，方向与接触点 B 处的相对速度 v_{21} 的方向成 $90°+\varphi$ 角。

② 确定转动副 A 处的总反力 F_{R51}。转动副处总反力 F_{R51} 与其摩擦圆相切，且对点 A 之矩的方向与 ω_1 方向相反，同时与 F_{R21} 组成一力偶与 M_1 相平衡。由此定出总反力 F_{R51} 的方向。

③ 确定转动副 D 和 E 处的总反力 F_{R23} 和 F_{R43}。连杆 3 为二力杆且受拉，故转动副 D 和 E 处的总反力 F_{R23} 和 F_{R43} 大小相等、方向相反，且与其各自的摩擦圆相切。F_{R23} 对点 D 之矩的方向与 ω_{32} 方向相反。F_{R43} 对点 E 之矩的方向与 ω_{34} 方向相反。

④ 确定转动副 C 处的总反力 F_{R52}。转动副 C 处的总反力 F_{R52} 与 C 处的摩擦圆相切，且对点 C 之矩的方向与 ω_{25} 方向相反，同时构件 2 在 F_{R12}、F_{R52}、F_{R32} 三力的作用下处于平衡，因此三力应汇交于一点（点 M），由此可确定出总反力 F_{R52} 的方向。

⑤ 确定滑块处的总反力 F_{R54}。滑块 4 所受的总反力 F_{R54} 与接触面处的公法线夹角为 φ，方向与相对速度 v_{45} 的方向成 $90°+\varphi$ 角，并且在 F_{R34}、F_{R54} 及 Q 三力的作用下处于平衡，因此三力应汇交于一点，由此可确定出总反力 F_{R54} 的方向。

3) 确定各运动副总反力的大小。分别取构件 2 和构件 4 为研究对象，列出力平衡方程式。

构件 2：$F_{R12}+F_{R32}+F_{R52}=0$

构件 4：$F_{R34}+F_{R54}+Q=0$

其中：$F_{R34}=-F_{R43}=F_{R23}=-F_{R32}$

根据上述三个力平衡方程式，选取适当的力比例尺 μ_F（N/mm），并作力多边形，如图 4.14b 所示。由图可知，总反力的大小为 $F_{Rij}=\mu_F \overline{F_{Rij}}$，其中 ij 代表机构中构件标号，$\overline{F_{Rij}}$ 为力多边形中相应的力在图上的长度。

4) 确定施加于凸轮 1 上的驱动力矩 M_1。由凸轮 1 的力平衡条件可得

$$M_1=\mu_l F_{R21}a=\mu_l \mu_F \overline{F_{R21}}a \quad（方向为顺时针转向）$$

式中，a 为 F_{R21} 与 F_{R51} 两力作用线在图上的垂直距离。

思 考 题

4.1 什么是摩擦角？移动副中的总反力是如何确定的？

4.2 什么是当量摩擦系数及当量摩擦角？引入它们的目的是什么？

4.3 什么是摩擦圆？摩擦圆的大小与哪些因素有关？

4.4 什么是机构的动态静力分析？分析时有哪些步骤？

4.5 什么是质量代换法？使用时应满足什么条件？其有何优点？

4.6 构件组的静定条件是什么？基本杆组都是静定杆组吗？

4.7 什么是平衡力？什么是惯性力？怎样求解这些力？

习 题

4.8 图 4.15 所示的对心尖顶直动从动件盘形凸轮机构中,已知 $r_0=50\text{mm}$,$b_1=30\text{mm}$,$l=80\text{mm}$,$b_2=12\text{mm}$,$\omega_1=0.1\text{rad/s}$(为常数)。又机构在图示位置时,从动件以等加速度 $a_2=12\text{m/s}^2$ 垂直向上运动,该处凸轮的压力角 $\alpha=16°$。从动件重力 $Q_2=20\text{N}$,重心位于其轴线上。凸轮的质心与回转中心 A 相重合。若加于凸轮上的驱动力矩 $M_d=1\text{N}\cdot\text{m}$,试求各个运动副反力和从动件所能克服的生产阻力 F_r。

4.9 图 4.16 所示的曲柄滑块机构中,已知 $l_{AB}=0.1\text{m}$,$l_{BC}=0.33\text{m}$,$n_1=1500\text{r/min}$,滑块的重量 $Q_3=21\text{N}$,连杆重量 $Q_2=25\text{N}$(质心在点 C),$J_{S2}=0.0425\text{kg}\cdot\text{m}^2$,连杆质心 S_2 至曲柄端点 B 的距离 $l_{BS2}=l_{BC}/3$。试用一般力学方法确定在图示位置时滑块的惯性力及连杆的总惯性力。

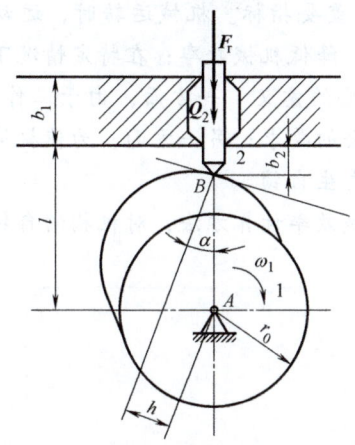

图 4.15 对心尖顶直动从动件盘形凸轮机构

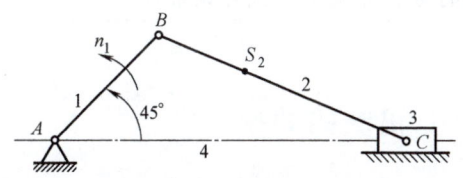

图 4.16 曲柄滑块机构

4.10 试用质量代换法求题 4.9 中连杆的惯性力。

4.11 图 4.17 所示的平底从动件盘形凸轮机构中,已知 $R=60\text{mm}$,$OA=a=30\text{mm}$,且 OA 位于水平位置,外载荷 $F=1000\text{N}$,$\beta=30°$。求各运动副反力和应加于凸轮 1 上的平衡力矩 M_b。

4.12 图 4.18 所示的锁紧机构中,已知机构位置、各构件的尺寸,在力 F 作用下产生夹紧力 Q。接触面摩擦系数为 f,各转动副半径均为 r,当量摩擦系数均为 f_v。不计各构件的重力和惯性力,求各运动副中总反力作用线的位置和方向。

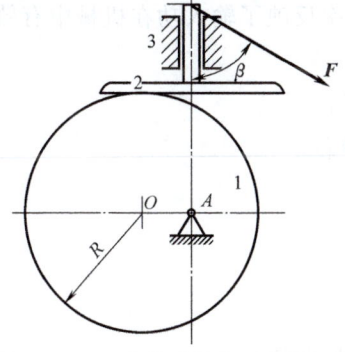

图 4.17 平底从动件盘形凸轮机构

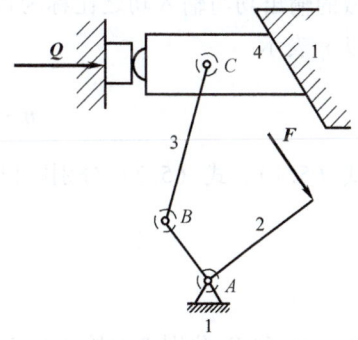

图 4.18 锁紧机构

第5章

机械的效率及自锁

[本章提要] 机械效率的高低是衡量机械性能的重要指标。机械运转时，运动副中的摩擦力是主要的有害阻力，它不仅造成动力的浪费，降低机械效率；在特定情况下，还会引起机器自锁。自锁现象在机械工程中具有十分重要的意义。一方面，由于工作需要，要求机械在某方向具有自锁的特性，以满足生产和安全的要求；另一方面，为使机械能够实现预期的运动，必须避免该机械在所需的运动方向发生自锁。

本章主要学习机器或由许多机器所组成机组的机械效率计算方法，对机构的自锁现象进行分析并确定机械自锁条件。

5.1 机械的效率

5.1.1 机械效率的计算

机械运转时，作用在机械上的力可分为驱动力、生产阻力和有害阻力。通常驱动力所做的功称为驱动功（输入功），用 W_d 表示；克服生产阻力所做的功称为有效功（输出功），用 W_r 表示；克服有害阻力所做的功称为损失功（损耗功），用 W_f 表示。机械稳定运转时，输入功等于输出功与损失功之和，即

$$W_d = W_r + W_f \tag{5.1}$$

机械的输出功与输入功之比称为机械效率。机械效率反映了输入功在机械中有效利用的程度，以 η 表示

$$\eta = \frac{W_r}{W_d} = \frac{W_d - W_f}{W_d} = 1 - \frac{W_f}{W_d} \tag{5.2}$$

将式（5.1）、式（5.2）分别除以做功的时间，得

$$P_d = P_r + P_f \tag{5.3}$$

$$\eta = \frac{P_r}{P_d} = 1 - \frac{P_f}{P_d} \tag{5.4}$$

式中，P_d、P_r 和 P_f 分别表示输入功率、输出功率和损失功率。

式（5.4）可以确定机械的瞬时效率，而式（5.2）一般确定的是机械的平均效率。

机械的损失功与输入功之比称为损失率，以 ξ 表示

$$\xi = \frac{W_f}{W_d} = \frac{P_f}{P_d} \qquad (5.5)$$

$\eta+\xi=1$。由于摩擦损失不可避免,即损失功或损失功率不可能为零,故 $\xi>0$,所以机械的效率总是小于 1,即 $\eta<1$。损失功 W_f 或损失功率 P_f 越大,机械的效率就越低,因此在设计机械时,应尽量减少机械中的损耗,主要减少摩擦损耗。

用式(5.2)和式(5.4)计算机械的效率往往不太方便,下面介绍用力或力矩形式表达的机械效率的计算公式,以便于机械效率的计算。图 5.1 所示为机械传动装置示意图,设 F 为驱动力,G 为生产阻力,v_F 和 v_G 分别为力 F 和 G 的作用点沿该力作用线方向的速度,于是由式(5.4)可得

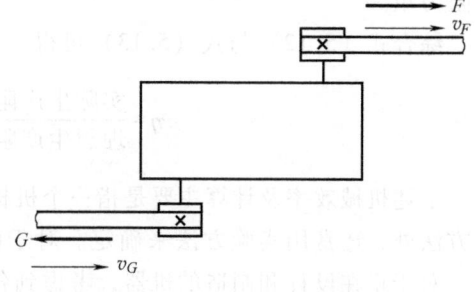

图 5.1 机械传动装置示意图

$$\eta = \frac{P_r}{P_d} = \frac{Gv_G}{Fv_F} \qquad (5.6)$$

假设在该机械中不存在摩擦,这样的机械称为理想机械。这时为了克服同样的生产阻力 G,其所需的驱动力 F_0 称为理想驱动力,显然理想驱动力必小于实际驱动力,即 $F_0<F$。对于理想机械来说,其效率 η_0 应该等于 1,即

$$\eta_0 = \frac{Gv_G}{F_0 v_F} = 1 \qquad (5.7)$$

将式(5.7)代入式(5.6),得

$$\eta = \frac{Gv_G}{Fv_F} = \frac{F_0 v_F}{Fv_F} = \frac{F_0}{F} \qquad (5.8)$$

式(5.8)表明,机械效率等于在克服同样生产阻力的情况下,理想驱动力与实际驱动力之比。

同理,机械效率也可以用力矩之比的形式来表达,即

$$\eta = \frac{M_{F_0}}{M_F} \qquad (5.9)$$

式中,M_{F_0} 和 M_F 分别表示为了克服同样生产阻力所需的理想驱动力矩和实际驱动力矩。

综合式(5.8)与式(5.9)可得

$$\eta = \frac{\text{理想驱动力}}{\text{实际驱动力}} = \frac{\text{理想驱动力矩}}{\text{实际驱动力矩}} \qquad (5.10)$$

从另一角度分析,若用同样的驱动力 F,则在理想机械中所能克服的生产阻力 G_0 必大于在实际机械中所能克服的生产阻力 G,对于理想机械有

$$\eta_0 = \frac{G_0 v_G}{Fv_F} = 1 \qquad (5.11)$$

将式(5.11)代入式(5.6),得

$$\eta = \frac{Gv_G}{Fv_F} = \frac{Gv_G}{G_0 v_G} = \frac{G}{G_0} \qquad (5.12)$$

同样有式（5.13）成立

$$\eta = \frac{M_G}{M_{G_0}} \tag{5.13}$$

式中，M_G、M_{G_0} 分别表示在同样驱动力情况下，机械所能克服的实际生产阻力矩和理想生产阻力矩。

综合式（5.12）与式（5.13）可得

$$\eta = \frac{实际生产阻力}{理想生产阻力} = \frac{实际生产阻力矩}{理想生产阻力矩} \tag{5.14}$$

上述机械效率及计算主要是指一个机构或一台机器的效率。机械效率的确定，除了用计算方法外，还常用实验方法来确定。对于已有的机器，可以用实验的方法直接测得机械效率。对于正在设计和制造的机器，考虑到各种机器都是由一些常用的基本机构组合而成的，而这些常用基本机构的效率已通过实践积累了不少资料。利用简单传动机构和运动副的效率，就可以通过计算确定出整个机器的机械效率。对于由许多机构或机器组成的机组而言，只要知道了各台机器的机械效率，该机组的总效率也可以计算求得。

简单传动机构和运动副的效率见表5.1。

表5.1 简单传动机构和运动副的效率

名称	传动型式	效率值	备注
圆柱齿轮传动	6~7级精度齿轮传动	0.98~0.99	良好磨合、稀油润滑
	8级精度齿轮传动	0.97	稀油润滑
	9级精度齿轮传动	0.96	稀油润滑
	切制齿、开式齿轮传动	0.94~0.96	干油润滑
	铸造齿、开式齿轮传动	0.90~0.93	
锥齿轮传动	6~7级精度齿轮传动	0.97~0.98	良好磨合、稀油润滑
	8级精度齿轮传动	0.94~0.97	稀油润滑
	切制齿、开式齿轮传动	0.92~0.95	干油润滑
	铸造齿、开式齿轮传动	0.88~0.92	
蜗杆传动	自锁蜗杆	0.40~0.45	润滑良好
	单头蜗杆	0.70~0.75	
	双头蜗杆	0.75~0.82	
	三头和四头蜗杆	0.80~0.92	
	圆弧面蜗杆	0.85~0.95	
带传动	平带传动	0.90~0.98	
	V带传动	0.94~0.96	
链传动	套筒滚子链	0.96	润滑良好
	无声链	0.97	
摩擦轮传动	平摩擦轮传动	0.85~0.92	
	槽摩擦轮传动	0.88~0.90	

(续)

名称	传动型式	效率值	备注
滑动轴承		0.94	润滑不良
		0.97	润滑正常
		0.99	液体润滑
滚动轴承	球轴承	0.99	稀油润滑
	滚子轴承	0.98	
螺旋传动	滑动螺旋	0.30~0.80	
	滚动螺旋	0.85~0.95	

5.1.2 串联机组的机械效率及特点

如图 5.2 所示为串联机组的机械效率示意图，它由 k 台机器串联组成。设各机器的效率分别为 η_1、η_2、$\cdots$、η_k，机组的输入功率为 P_d，输出功率为 $P_r=P_k$，这种串联机组功率传递的特点是前一机器的输出功率即为后一机器的输入功率。故串联机组的机械效率为

$$\eta = \frac{P_r}{P_d} = \frac{P_1}{P_d}\frac{P_2}{P_1}\cdots\frac{P_k}{P_{k-1}} = \eta_1\eta_2\cdots\eta_k \tag{5.15}$$

即串联机组的总效率等于组成该机组的各个机器效率的连乘积。由于 η_1、η_2、$\cdots$、η_k 均小于 1，故串联机器的数目越多，机组的机械效率就越低，且只要串联机组中任一机器的效率很低，就会使整个机组的效率极低。

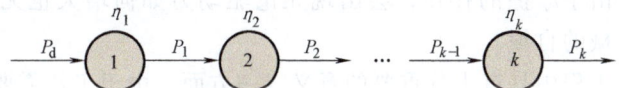

图 5.2 串联机组的机械效率示意图

5.1.3 并联机组的机械效率及特点

如图 5.3 所示为并联机组的机械效率示意图，它由 k 台机器并联组成。设各机器的效率分别为 η_1、η_2、$\cdots$、η_k，各机器输入功率分别为 P_1、P_2、$\cdots$、P_k，输出功率分别为 P_1'、P_2'、$\cdots$、P_k'，其中 $P_1'=P_1\eta_1$、$P_2'=P_2\eta_2$、$\cdots$、$P_k'=P_k\eta_k$，这种并联机组的特点是机组的输入功率为各机器的输入功率之和，其输出功率为各机器的输出功率之和。于是并联机组的机械效率为

$$\eta = \frac{\sum P_{ri}}{\sum P_{di}} = \frac{P_1\eta_1+P_2\eta_2+\cdots+P_k\eta_k}{P_1+P_2+\cdots+P_k} \tag{5.16}$$

式 (5.16) 表明，并联机组的总效率不仅与各机器的效率有关，而且与各机器所传递的功率大小有关。设 η_{max} 和 η_{min} 为各机器中效率的最大者及最小者，则并联机组的总效率一定为 $\eta_{min}<\eta<\eta_{max}$，并且机组的总效率主要取决于传递功率最大的机器的效率。由此可以得出结论，要提高并联机组的效率，应着重提高传递功率大的传动路线的效率。

5.1.4 混联机组的机械效率及特点

如图 5.4 所示为混联机组的机械效率示意图，它是兼有串联和并联的混联机组。为了计

算其总效率,可以先将输入功率至输出功率的路线弄清,然后分别计算出总的输入功率 $\sum P_\mathrm{d}$ 和总的输出功率 $\sum P_\mathrm{r}$,则机组的总机械效率为

$$\eta = \frac{\sum P_\mathrm{r}}{\sum P_\mathrm{d}} \tag{5.17}$$

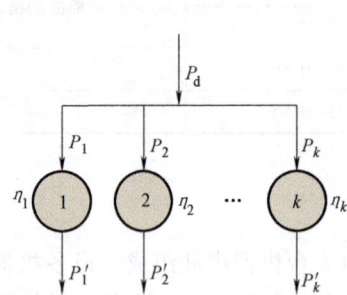

图 5.3 并联机组的机械效率示意图

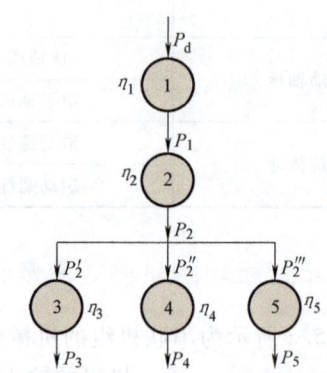

图 5.4 混联机组的机械效率示意图

5.2 机械的自锁

5.2.1 机械自锁的概念

在实际机械中,由于摩擦的存在,会出现无论驱动力如何增大也无法使机械运动的现象,这种现象称为机械的自锁。

自锁现象在机械工程中具有十分重要的意义。一方面,由于工作需要,要求机械在某方向具有自锁的特性,以满足生产和安全的要求;另一方面,为使机械能够实现预期的运动,必须避免该机械在所需的运动方向发生自锁。因此必须对机械发生自锁的原因和条件进行分析研究,以便利用或避免自锁。

图 5.5 所示为手摇螺旋千斤顶,当转动手柄 6,在驱动力 F 的作用下,与手柄 6 固连的螺母 5 将相对螺杆 2 转动,使螺杆 2 上升,从而举起重物 4。当撤去驱动力 F 后,应保证在重物 4 的重力作用下,螺旋千斤顶不会松退,从而防止重物 4 自行降落下来。此时要求螺旋千斤顶具有反行程自锁性能,以保证正常工作和安全。机械工程中有很多利用自锁的例子,如牛头刨床中工作台的升降机构和进给机构。那么,机械为什么会发生自锁呢?发生自锁的条件是什么呢?下面就来讨论这些问题。

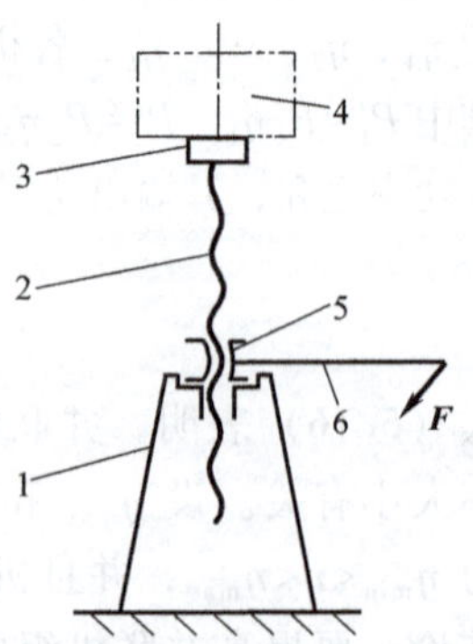

5.2.2 机械自锁的条件

机械发生自锁的根本原因是驱动力所做的功总是小于或等于损失功(即最大摩擦力所做的功)。下面先讨论单一运动副发生自锁的条件。

图 5.5 手摇螺旋千斤顶
1—基座 2—螺杆 3—托台
4—重物 5—螺母 6—手柄

如图 5.6 所示，滑块 1 与平台 2 组成移动副。设 F 为作用于滑块 1 上的驱动力，F 与接触面的法线 n-n 间的夹角为 β（称为传动角），而摩擦角为 φ。将力 F 分解为沿接触面切向的分力 F_t 和沿接触面法向的分力 F_n。推动滑块 1 运动的有效分力是切向分力 $F_t = F\sin\beta = F_n\tan\beta$，而法向分力 F_n 使滑块 1 压向平台 2，其所能引起的最大摩擦力为 $F_{fmax} = F_n\tan\varphi$，当 $\beta \leq \varphi$ 时，有 $F_t \leq F_{fmax}$，即在 $\beta \leq \varphi$ 的情况下，不管驱动力 F 如何增大（方向维持不变），驱动力的有效分力 F_t 总是小于驱动力 F 本身所引起的最大摩擦力 F_{fmax}，因而滑块 1 不会发生运动，即发生了自锁现象。

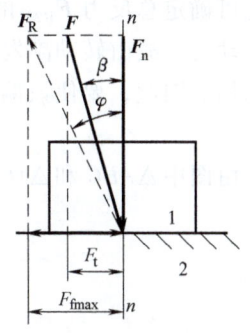

图 5.6 移动副的自锁

因此，移动副发生自锁的条件是，驱动力作用在摩擦角之内（即 $\beta \leq \varphi$）。

如图 5.7 所示的转动副中，设作用在轴颈上的外载荷为单一外力 F，则当力 F 的作用线在摩擦圆之内时（即 $a \leq \rho$），因为它对轴颈中心的力矩（驱动力矩）$M_a = Fa$，始终小于它本身所能引起的最大摩擦力矩 $M_f = F_R\rho = F\rho$。所以力 F 任意增大（力臂 a 保持不变），也不能驱使轴颈转动，即发生了自锁现象。

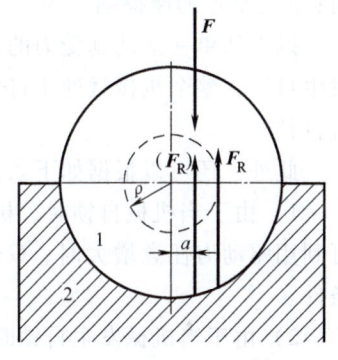

图 5.7 转动副的自锁

因此，转动副发生自锁的条件是，作用在轴颈上的驱动力为单力 F，且作用在摩擦圆之内（即 $a \leq \rho$）。

如图 5.8 所示的偏心夹具中，当作用力 F 压下手柄时，就能将工件夹紧以便对工件加工。当作用在手柄上的力 F 去掉后，为使夹具不自动松开，需要该夹具具有自锁性，试求该夹具的自锁条件。图中 A 为偏心盘的几何中心，偏心盘的外径为 D，偏心距为 e，偏心盘轴颈的摩擦圆半径为 ρ。

根据上述分析知，当作用力 F 去掉后，偏心盘有沿逆时针方向（反行程）松退的趋势，

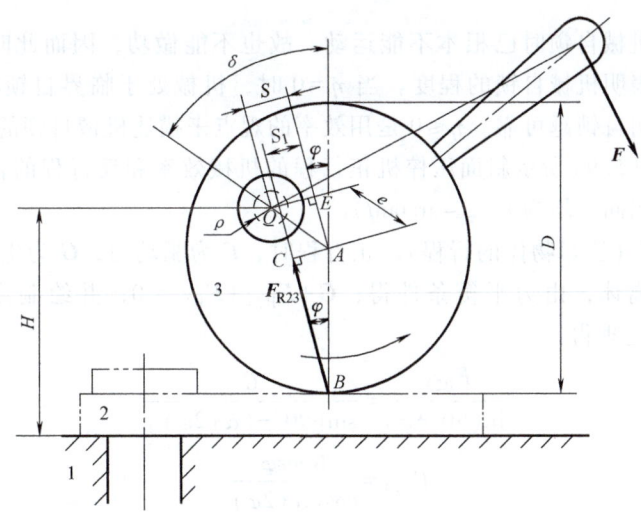

图 5.8 偏心夹具受力分析

1—夹具体 2—工件 3—偏心圆盘

由此可确定总反力 F_{R23} 的方位。分别过点 O、A 作 F_{R23} 的平行线，因 F_{R23} 是使偏心盘松退的驱动力，故由转动副发生自锁的条件可知，总反力 F_{R23} 应穿过摩擦圆，即与摩擦圆相割或相切。因此，要使该偏心夹具反行程自锁，则应使

$$S-S_1 \leqslant \rho \tag{5.18}$$

由图中 $\triangle ABC$ 和 $\triangle OAE$ 知：

$$S_1 = \overline{AC} = \frac{D}{2}\sin\varphi \tag{5.19}$$

$$S = \overline{OE} = e\sin(\delta-\varphi) \tag{5.20}$$

将式（5.19）、式（5.20）代入式（5.18），可得偏心夹具的自锁条件为

$$e\sin(\delta-\varphi) - \frac{D}{2}\sin\varphi \leqslant \rho$$

式中，e 为偏心距；D 为偏心圆盘的外径；δ 为楔紧角；φ 为构件 2、3 在接触点 B 处的摩擦角；ρ 为轴颈的摩擦圆半径。

以上从单一运动副受力的角度分析了自锁现象。对一个机械来说，只要其中一个运动副发生自锁，整个机械就处于自锁状态。故可以通过分析其所含运动副的自锁情况来判断其是否自锁。

此外，还可以根据如下条件之一来判断机械是否自锁：

1) 由于当机械自锁时，机械已不能运动，所以这时它所能克服的生产阻抗力 $G \leqslant 0$。故可利用驱动力任意增大时，$G \leqslant 0$ 是否成立来判断机械是否自锁，并据此确定机械的自锁条件。

2) 由于当机械发生自锁时，无论驱动力如何增大都不能使机械发生运动，这是因为驱动力所做的功 W_d 总是不足以克服其引起的最大损失功 W_f，由式（5.2）$\eta = \frac{W_r}{W_d} = \frac{W_d - W_f}{W_d} = 1 - \frac{W_f}{W_d}$ 知，此时 $\eta \leqslant 0$。所以，当驱动力任意增大，而机械的效率恒小于或等于零时，机械将发生自锁。不过由于机械自锁时已根本不能运动，故也不能做功，因而此时的 η 已没有一般效率的意义，它只表明机械自锁的程度。当 $\eta=0$ 时，机械处于临界自锁状态；当 $\eta<0$ 时，其绝对值越大，表明自锁越可靠。$\eta \leqslant 0$ 是用效率的观点来描述机械自锁的条件。

例 5.1 试求图 5.9a 所示斜面压榨机正行程的机械效率和反行程的自锁条件（已知各接触面的摩擦系数相同，均为 f，$\varphi = \arctan f$）。

解：1) 正行程（压紧物体的行程）。正行程时，F 为驱动力，G 为生产阻力。

以滑块 3 为分离体，由力平衡条件得：$G + F_{R23} + F_{R13} = 0$，并绘制出力多边形，如图 5.9b 所示。由正弦定理得

$$\frac{F_{R23}}{\sin(90°+\varphi)} = \frac{G}{\sin[90°-(\alpha+2\varphi)]}$$

即

$$F_{R23} = \frac{G\cos\varphi}{\cos(\alpha+2\varphi)} \tag{5.21}$$

以滑块 2 为分离体，由力平衡条件得：$F + F_{R12} + F_{R32} = 0$，并绘制出力多边形，如图 5.9b 所示。由正弦定理得

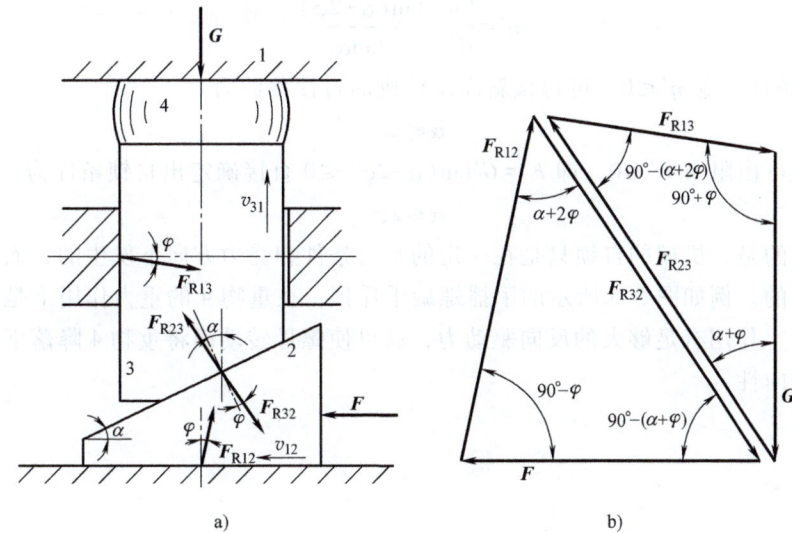

图 5.9 斜面压榨机受力分析
a) 斜面压榨机受力 b) 滑块的力多边形

$$\frac{F}{\sin(\alpha+2\varphi)}=\frac{F_{R32}}{\sin(90°-\varphi)}$$

即

$$F_{R32}=\frac{F\cos\varphi}{\sin(\alpha+2\varphi)} \tag{5.22}$$

再由 $F_{R23}=F_{R32}$,得

$$\frac{G\cos\varphi}{\cos(\alpha+2\varphi)}=\frac{F\cos\varphi}{\sin(\alpha+2\varphi)}$$

即

$$F=G\tan(\alpha+2\varphi) \tag{5.23}$$

在式(5.23)中,令 $\varphi=0$,可得理想驱动力 $F_0=G\tan\alpha$。
于是该机构正行程的效率为

$$\eta=\frac{F_0}{F}=\frac{\tan\alpha}{\tan(\alpha+2\varphi)} \tag{5.24}$$

2) 反行程(松开物体的行程)。反行程时,G 变为驱动力,而 F 变为生产阻力。为区别起见分别用 G' 和 F' 表示。

因为在反行程时摩擦面未变,只是相对运动方向发生了改变,故在式(5.23)中,以 $-\varphi$ 替代 φ 即可得

$$F'=G'\tan(\alpha-2\varphi)$$

即

$$G'=\frac{F'}{\tan(\alpha-2\varphi)} \tag{5.25}$$

令式(5.25)中的 $\varphi=0$,可得理想驱动力为

$$G'_0=\frac{F'}{\tan\alpha}$$

于是该机构反行程的效率为

$$\eta' = \frac{G_0'}{G'} = \frac{\tan(\alpha - 2\varphi)}{\tan\alpha} \tag{5.26}$$

3) 自锁条件。令 $\eta' \leq 0$，可得该斜面压榨机的自锁条件为

$$\alpha \leq 2\varphi \tag{5.27}$$

另外，也可由阻力 $F' \leq 0$，即 $F' = G'\tan(\alpha - 2\varphi) \leq 0$ 直接确定出自锁条件为

$$\alpha \leq 2\varphi \tag{5.28}$$

必须指出的是，机械的自锁只是在一定的受力条件和受力方向下发生的，而在另外的情况下却是可动的。例如图 5.5 所示的手摇螺旋千斤顶，在重物 4 的重力作用下是自锁的，但如果在手柄 6 上作用有足够大的反向驱动力，就可使螺母转动而将重物 4 降落下来。这就是机械自锁的方向性。

思 考 题

5.1 什么是机械效率？对机械效率的计算公式 $\eta = \frac{F_0}{F}$ 或 $\eta = \frac{M_{F_0}}{M_F}$ 如何理解？使用此公式时应注意什么？

5.2 串联机组、并联机组及混联机组的总效率各有什么特点？如何计算？

5.3 什么是机械的自锁？对于机械自锁时其效率 $\eta \leq 0$ 应如何理解？

5.4 自锁机构是否就是不能运动的机构？

5.5 机构正反行程的机械效率是否相同？其自锁条件是否相同？原因何在？

习 题

5.6 在图 5.10 所示的曲柄滑块机构中，曲柄 1 在驱动力矩 M_1 作用下沿逆时针方向等速转动。设已知各转动副的轴颈半径 $r = 20\text{mm}$，当量摩擦系数 $f_v = 0.1$，移动副中的摩擦系数 $f = 0.15$，$l_{AB} = 100\text{mm}$，$l_{BC} = 350\text{mm}$。各构件的质量和转动惯量忽略不计。当 $M_1 = 20\text{N}\cdot\text{m}$ 时，试求机构在图示位置所能克服的有效阻力 F_3 及机械效率。

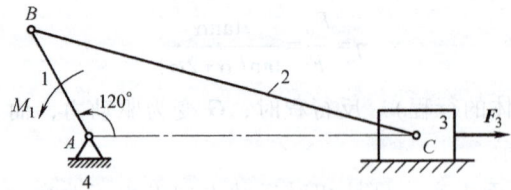

图 5.10 曲柄滑块机构

5.7 图 5.11 所示为带式运输机，由电动机 1 经平带传动及一个两级齿轮减速器带动运输带 8。设已知运输带 8 所需的牵引力 $F = 5500\text{N}$，运输带速度 $v = 1.2\text{m/s}$。平带传动（包括轴承）的效率 $\eta_1 = 0.95$，每对齿轮（包括其轴承）的效率 $\eta_2 = 0.97$，运输带 8 的机械效率 $\eta_3 = 0.92$（包括其支承和联轴器）。试求该系统的总效率 η 及电动机所需的功率。

5.8 如图 5.12 所示，电动机通过 V 带传动及锥齿轮传动、圆柱齿轮传动带动工作机 A 及 B。设每对齿轮的效率 $\eta_1 = 0.97$（包括轴承的效率在内），带传动的效率 $\eta_2 = 0.92$，工作机 A、B 的功率分别为 $P_A = 5\text{kW}$，$P_B = 1\text{kW}$，效率分别为 $\eta_A = 0.8$，$\eta_B = 0.5$，试求电动机所需的功率。

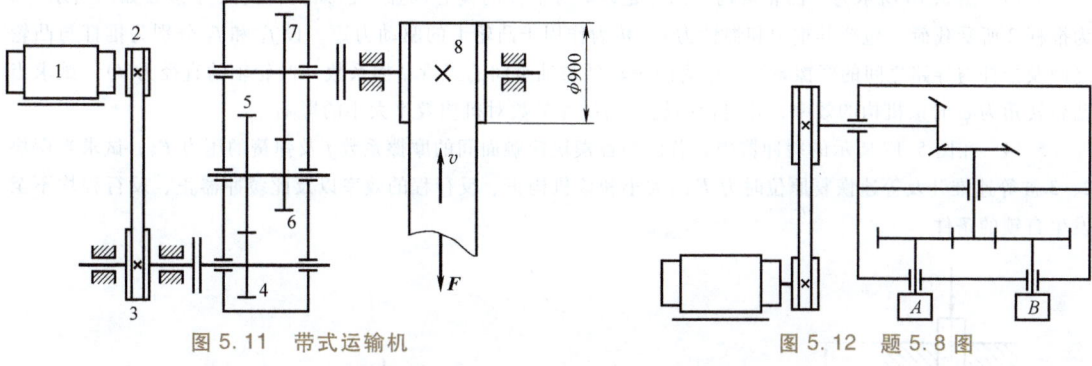

图 5.11　带式运输机　　　　　　　　　　　图 5.12　题 5.8 图

5.9　图 5.13a 所示为一焊接用的楔形夹具。利用这个夹具把两块要焊接的工件 1 及 1′ 预先夹好，以便焊接。试确定其自锁条件（即当夹紧后，楔块 3 不会自动松脱出来的条件）。图 5.13b 所示为一颚式破碎机，在破碎矿石时，要求矿石不致被向上挤出，试问 α 角应该满足什么条件？经分析可得出什么结论？

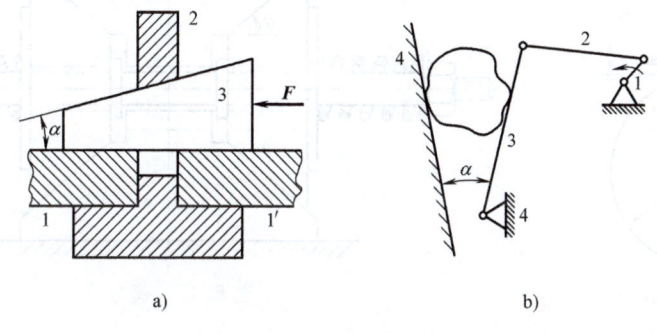

图 5.13　题 5.9 图

a）楔形夹具　b）颚式破碎机

5.10　图 5.14 所示为一超越离合器，当星轮 1 沿顺时针方向转动时，滚柱 2 将被楔紧在楔形间隙中，从而带动外圈 3 也沿顺时针方向转动。设已知摩擦系数 $f=0.08$，$R=50\text{mm}$，$h=40\text{mm}$。为保证机构能正常工作，试确定滚柱直径 d 的合适范围。

提示：解此题时，需要用到上题 5.10 的结论。

5.11　试分析图 5.15 所示斜面机构处于临界自锁时的情况，由此可得出什么重要的结论（设 $f=0.2$）？

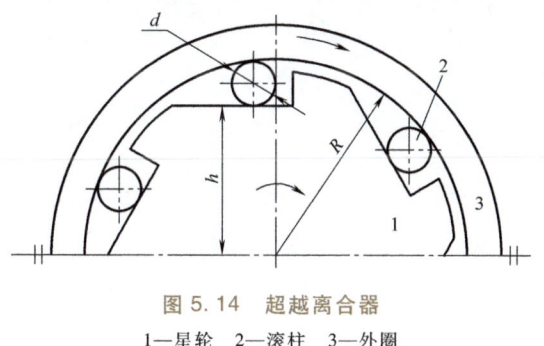

图 5.14　超越离合器

1—星轮　2—滚柱　3—外圈

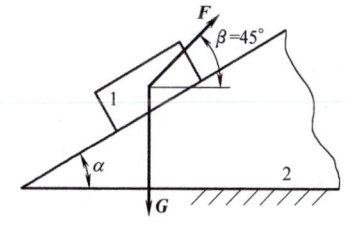

图 5.15　斜面机构

5.12　在图 5.8 所示偏心夹具中，设已知夹具中心高 $H=100\text{mm}$，偏心盘外径 $D=120\text{mm}$，偏心距 $e=15\text{mm}$，轴颈摩擦圆半径 $\rho=5\text{mm}$，摩擦系数 $f=0.15$。求所能夹持工件的最大、最小厚度 h_{max} 和 h_{min}。

5.13 图 5.16 所示为一凸轮机构，凸轮是以 r 为半径的偏心圆盘。已知机构的尺寸参数如图所示，G 为推杆 2 所受载荷（包括其重力和惯性力），M 为作用于凸轮上的驱动力矩。设 f_1 和 f_2 分别为推杆与凸轮之间及推杆与导路之间的摩擦系数，f_v 为凸轮轴颈与轴承间的当量摩擦系数（凸轮轴的直径为 d）。试求当凸轮转角为 φ 时该机构的效率，并讨论凸轮机构尺寸参数对机构效率大小的影响。

5.14 在图 5.17 所示的缓冲器中，若已知各楔块接触面间的摩擦系数 f 及弹簧的压力 F_S，试求当楔块 2、3 被等速推开及等速恢复原位时力 F 的大小和该机构正、反行程的效率以及此缓冲器正、反行程均不至发生自锁的条件。

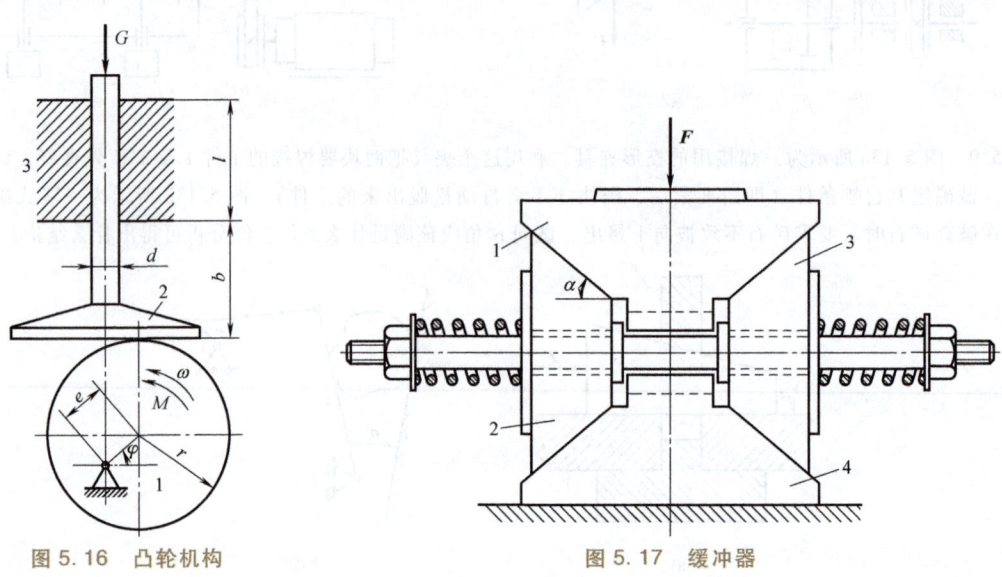

图 5.16　凸轮机构　　　　　　图 5.17　缓冲器

第6章

平面连杆机构及其设计

[本章提要] 平面连杆机构是由多个构件用低副连接而成的平面机构,运动副的接触表面是圆柱面或平面,具有耐磨损、承载能力强、制造简便且易于获得较高制造精度的特点,因此,平面连杆机构在机械和仪器中应用广泛。平面连杆机构类型多样,但都归属于几种基本型式或由基本型式演化而来。

本章主要介绍最基本的平面四杆机构及其设计方法;了解平面连杆机构的基本型式、演化方式和应用;了解周转副以及曲柄的存在条件;掌握急回运动、行程速度变化系数、死点等概念;掌握设计平面连杆机构的基本方法,其对合理设计执行机构具有重要意义。

6.1 连杆机构及其传动特点

6.1.1 连杆机构的定义

连杆机构是指由若干有确定相对运动的构件用低副(如转动副、移动副等)连接组成的机构,又称为低副机构。机构中不与机架直接相连的构件称为连杆,连杆是连接原动件和从动件的中间构件。

6.1.2 连杆机构的特点

连杆机构具有以下特点:

1) 由于是低副机构,所以运动副元素为面接触,其接触面大,压强小,承受的载荷大;便于润滑,磨损小,寿命长;而且接触面的形状简单,便于加工制造。

2) 在连杆机构中,当原动件的运动规律不变时,只要改变各构件的相对尺寸,即可使从动件得到不同的运动规律。

3) 连杆上各点的运动轨迹是不同的,该运动轨迹称为连杆曲线。其形状随着各构件相对长度的改变而发生变化,因此可利用这些曲线来满足不同轨迹的设计要求。

4) 连杆机构还可以用来实现增力、扩大行程和远距离传动的目的。

5) 连杆机构的传动路线较长,易产生较大的累积误差,同时也使机械效率降低。

6) 在连杆机构运动时,其中的一些构件(如连杆、滑块)做平面复合运动或往复直线移动,所产生的惯性力不能在构件内部用一般平衡方法加以平衡,所以不宜用于高速传动。

7）连杆机构中连杆的运动轨迹设计复杂、困难，不易满足设计要求。

6.1.3 连杆机构的分类

连杆机构分为平面连杆机构和空间连杆机构。

（1）平面连杆机构　机构中所有的构件均在同一平面或相互平行的平面内运动，这种连杆机构称为平面连杆机构，其在实际中应用最多。

（2）空间连杆机构　组成连杆机构的各构件不在相互平行的平面内运动，这种连杆机构称为空间连杆机构。

本章只研究平面连杆机构。

由于在连杆机构中，其构件的形状多呈杆状，所以常称它们为杆。连杆机构常根据其所含杆数命名，如四杆机构、五杆机构、六杆机构等，一般把五杆及五杆以上的连杆机构称为多杆机构。其中，平面四杆机构不仅应用广泛，而且是组成多杆机构的基础，所以本章将着重讨论平面四杆机构的基本知识和设计问题，而对平面多杆机构只做简单介绍。

6.2　平面四杆机构的类型和应用

6.2.1　平面四杆机构的基本型式

铰链四杆机构是平面四杆机构的基本型式，其他的型式都可认为是由基本型式演化而来的。

铰链四杆机构如图 6.1 所示，杆 AD 为机架，AB、CD 两杆为连架杆，杆 BC 为连杆。能绕机架做整周回转的连架杆称为曲柄，不能做整周回转，只能在一定范围内摆动的连架杆称为摇杆。

在铰链四杆机构中，各运动副都是转动副。若组成转动副的两构件能做相对的整周回转，称该转动副为周转副，而不能做相对整周回转的称为摆转副。

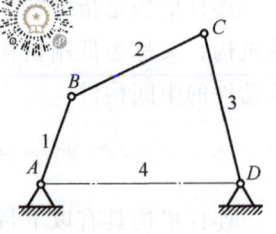

图 6.1　铰链四杆机构

因此，对于平面铰链四杆机构，它有三种基本型式，即曲柄摇杆机构、双曲柄机构和双摇杆机构。

（1）曲柄摇杆机构　在铰链四杆机构中，若其中一个连架杆能绕机架做整周转动（即为曲柄），而另一连架杆不能绕机架做整周转动（即为摇杆），则称该机构为曲柄摇杆机构。曲柄摇杆机构在实际中应用非常广泛，如雷达天线俯仰机构（图 6.2）、家用缝纫机传动机构（图 6.3）、脚踏砂轮机传动机构（图 6.4）、压道车机构、脚踏脱粒机传动机构等。

（2）双曲柄机构　在铰链四杆机构中，当两个连架杆均能绕机架做整周转动时，则称该机构为双曲柄机构。它在实际中的应用实例有惯性振动筛机构（图 6.5）、播种机料斗的地面跟随机构（图 6.6a）等。

在双曲柄机构中，若相对两杆平行且长度相等时，则称该机构为平行四边形机构。它有两个显著特性：①两曲柄以相同速度同向转动；②连杆做平动。火车车轮联动机构（图 6.7）就是利用了其第一个特性的实例；播种机料斗的地面跟随机构（图 6.6a）和摄影

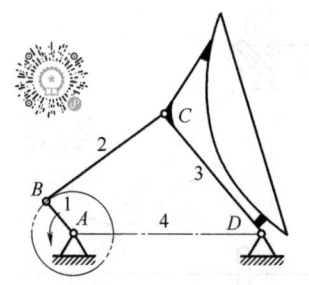
图6.2 雷达天线俯仰机构

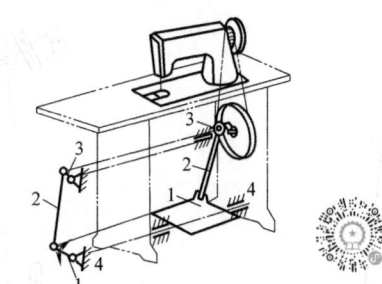
图6.3 家用缝纫机传动机构

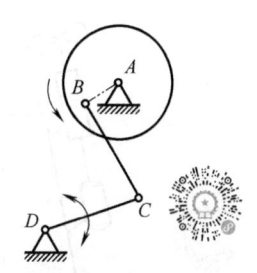
图6.4 脚踏砂轮机传动机构

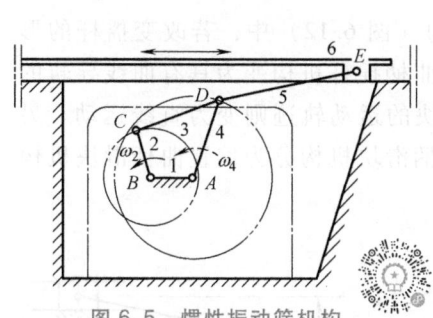
图6.5 惯性振动筛机构

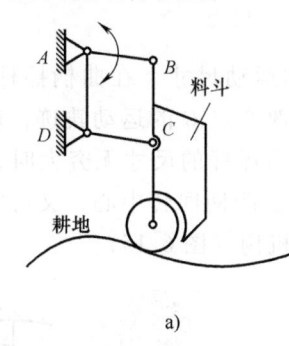
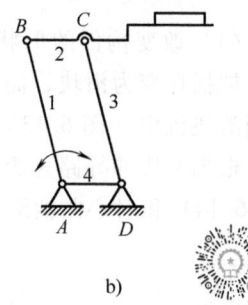
图6.6 播种机料斗的地面跟随机构和摄影机工作台升降机构

机工作台升降机构（图6.6b）为利用其第二个特性的实例。

若两相对杆长度相等，但不平行，则称该机构为逆平行四边形机构（或反平行四边形机构），如公交车的车门开闭机构（图6.8）。

（3）双摇杆机构 在铰链四杆机构中，若两连架杆均不能绕机架做整周转动，则称该机构为双摇杆机构。港口用的鹤式起重机（图6.9）、电风扇的摇头机构（图6.10）就是其应用实例。

在双摇杆机构中，若两摇杆的长度相等，且在四杆中最短，则称该机构为等腰梯形机构。汽车及轮式拖拉机的前轮转向机构（图6.11）就是其应用实例。

6.2.2 平面四杆机构的演化型式

平面四杆机构除以上的三种基本型式以外，在实际中还广泛采用着四杆机构的其他型式，但这些型式都可认为是从四杆机构的基本型式演化而来的。机构的演化，不仅是为了满足运动方面的要求，往往还是为了满足受力状况及结构设计上的要求。

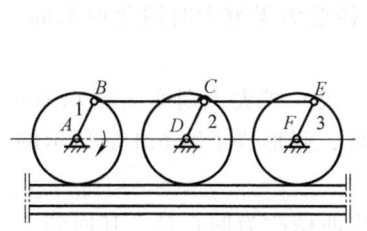
图6.7 火车车轮联动机构

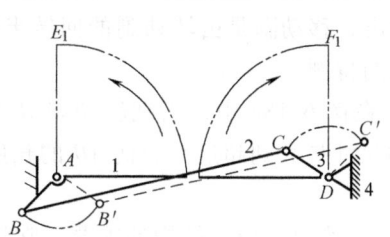
图6.8 车门开闭机构

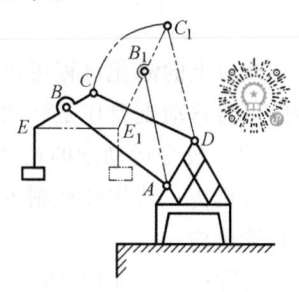
图6.9 鹤式起重机

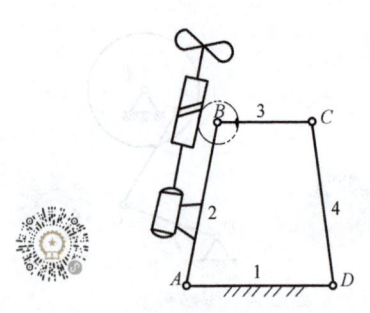

图 6.10 电风扇的摇头机构

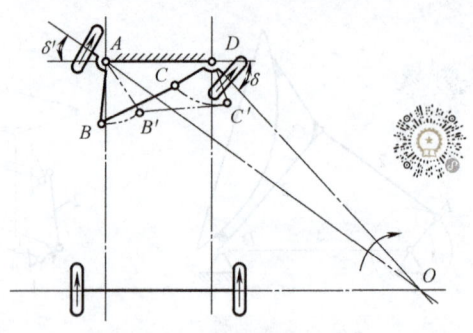

图 6.11 汽车前轮转向机构

（1）改变构件的形状和运动尺寸　在曲柄摇杆机构（图 6.12）中，若改变摇杆的形状，把摇杆变为滑块，而不改变点 C 的运动轨迹，就把曲柄摇杆机构变为具有曲线导轨的曲柄滑块机构（图 6.13）。当摇杆的尺寸无穷大时，滑块的运动轨迹则变为直线运动。另外，根据滑块的导路是否通过曲柄回转中心，又可将曲柄滑块机构分为偏置曲柄滑块机构（图 6.14）和对心曲柄滑块机构（图 6.15）。

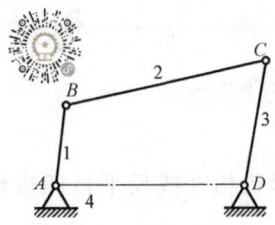

图 6.12 曲柄摇杆机构

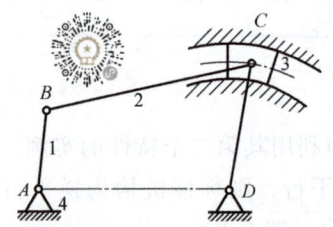

图 6.13 改变构件的形状

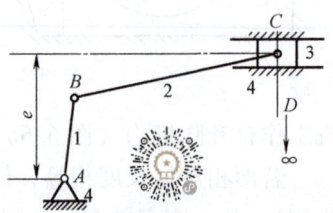

图 6.14 偏置曲柄滑块机构

若把连杆的形状也变为滑块，则成为双滑块机构（图 6.16），椭圆仪机构（图 6.17）即为其应用实例。

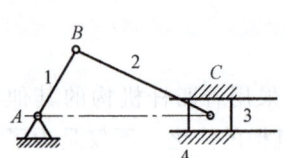

图 6.15 对心曲柄滑块机构

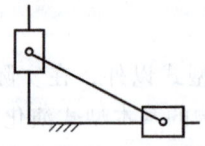

图 6.16 双滑块机构

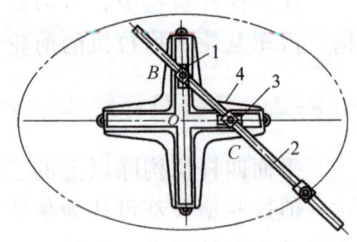

图 6.17 椭圆仪机构

从以上的演化过程可以看出，移动副是由转动副的回转半径变为无穷大时演化而来的。所以可将移动副看作是转动副的特例。

（2）改变运动副的尺寸　在图 6.18a 中，当把转动副 B 的尺寸扩大，则变为图 6.18b 所示的机构；若把转动副 B 的尺寸扩大到超过其曲柄 AB 的长度，则形成了图 6.18c 所示的偏心轮机构。

实际中，当曲柄 AB 的尺寸较小时，由于结构的需要，常将曲柄改为偏心盘，其回转中心至几何中心的偏心距 e 等于曲柄的长度，这种机构称为偏心轮机构，如图 6.19 所示。可

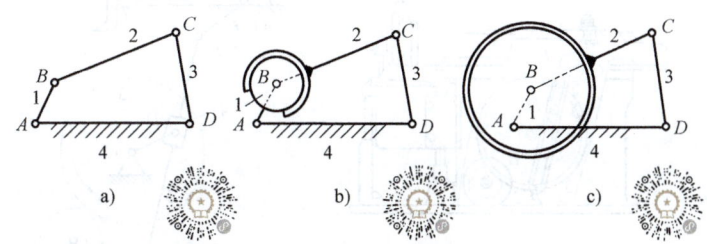

图 6.18 改变运动副的尺寸

以看出,变成偏心轮机构后,曲柄的加工更容易实现,且易于保证其强度,使受力得到改善。

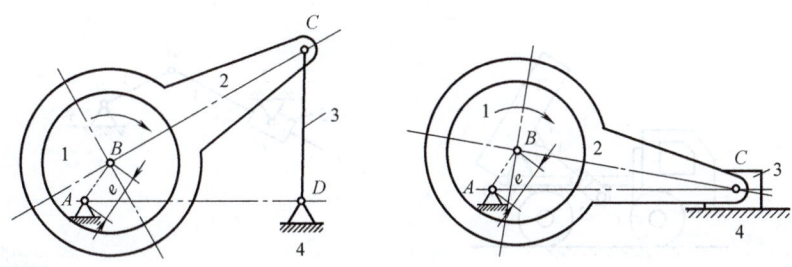

图 6.19 偏心轮机构

(3) 选择不同的构件作为机架 以曲柄滑块机构为例来说明,以不同的构件作为机架时,可以获得不同的机构。

1) 当以滑块的导路(构件4)为机架时,即为曲柄滑块机构(图6.20),如发动机中由曲轴、连杆、活塞和气缸组成的机构。

2) 当以 AB 为机架时,则可获得导杆机构(图 6.21)。若导杆能做整周回转,则成为转动导杆机构,如小型刨床机构;若导杆不能做整周回转,则成为摆动导杆机构,如牛头刨床机构(图 6.22)。

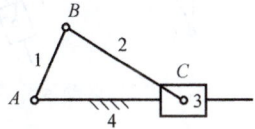

图 6.20 曲柄滑块机构

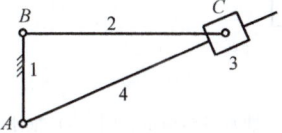

图 6.21 导杆机构

3) 当以 BC 为机架时,则为摇块机构,如自卸车车厢的举升机(图 6.23)。

4) 当以滑块为机架时,则为定块机构(或称为直动滑杆机构),如压水井上的手动抽水机(图 6.24)。

(4) 运动副元素的互换 将组成运动副的两构件的包容关系进行互换,其不影响两构件的相对运动关系,但却演化为不同的机构。若将构件2和3的包容关系互换,则导杆机构变为摇块机构,如图 6.25 所示。

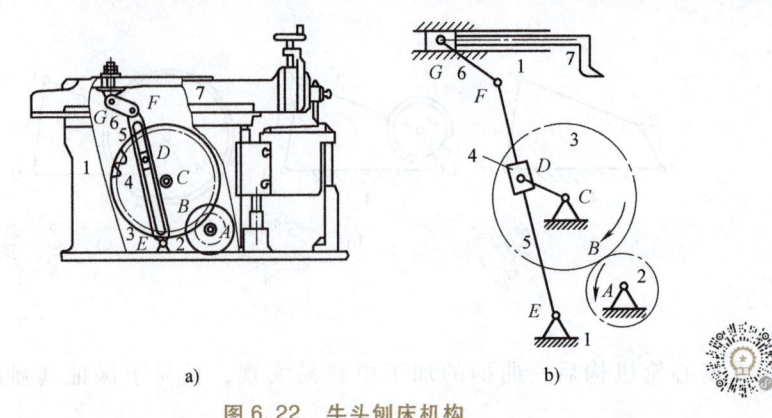

图 6.22 牛头刨床机构

a）牛头刨床结构示意图　b）牛头刨床运动简图

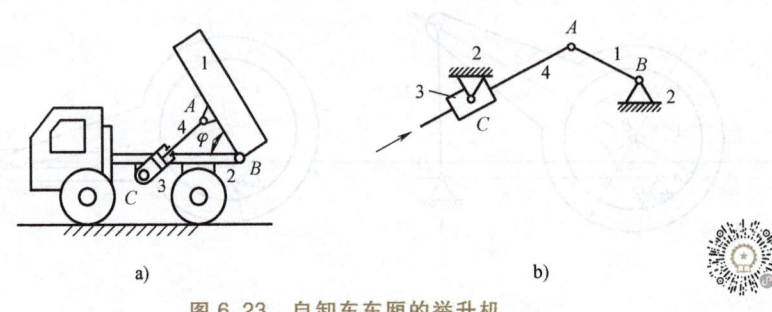

图 6.23 自卸车车厢的举升机

a）举升机机构示意图　b）举升机机构运动简图

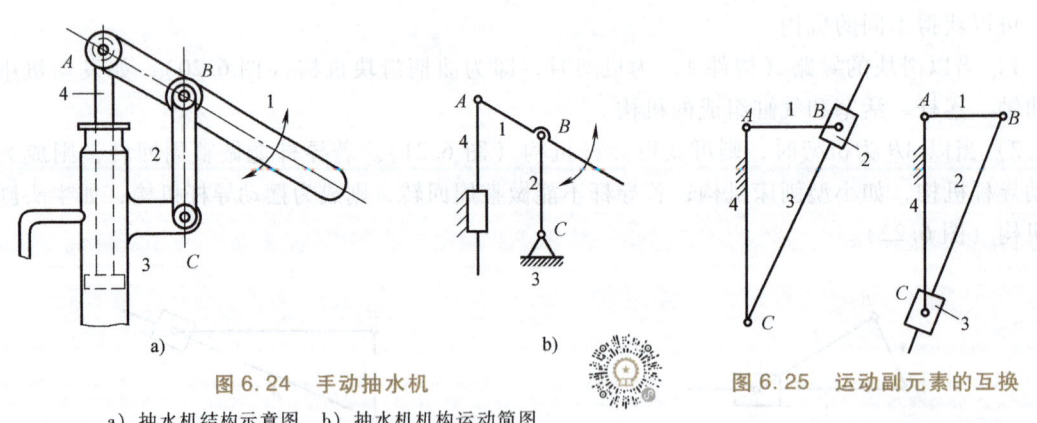

图 6.24 手动抽水机

a）抽水机结构示意图　b）抽水机机构运动简图

图 6.25 运动副元素的互换

6.3 平面四杆机构的基本知识

6.3.1 铰链四杆机构有曲柄的条件

如图 6.26 所示的铰链四杆机构，若要使杆 AB 成为曲柄，也就是使转动副 A 和 B 成为周转副，则杆 AB 应能处于图中任何位置。

当杆 AB 与杆 BC 两次共线时，分别构成 $\triangle AC_1D$ 和 $\triangle AC_2D$。若铰链四杆机构中各杆的长度分别为 $AB=a$，$BC=b$，$CD=c$，$AD=d$，则根据三角形的边长关系，在 $\triangle AC_1D$ 中有

$$(b-a)+d \geq c$$

即
$$a+c \leq b+d \cdots \quad (6.1)$$

$$(b-a)+c \geq d$$

即
$$a+d \leq b+c \cdots \quad (6.2)$$

在 $\triangle AC_2D$ 中有

$$c+d \geq a+b$$

即
$$a+b \leq c+d \cdots \quad (6.3)$$

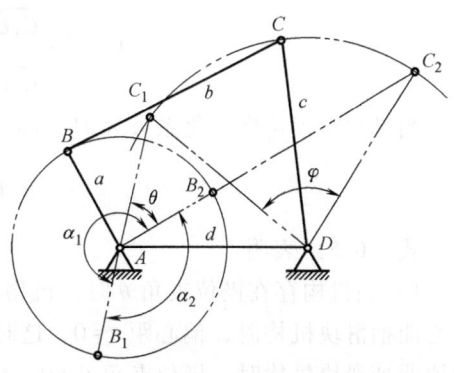

图 6.26 铰链四杆机构有曲柄的条件及极位夹角

把式 (6.1)~式 (6.3) 两两相加，可得

$$a \leq b, a \leq c, a \leq d$$

若要使转动副 A 和 B 成为周转副，则必须满足以下条件：

1) 最短杆与最长杆长度之和小于或等于其余两杆长度之和——杆长条件。
2) 由最短杆参与构成的转动副为周转副。

以上条件表明，当四杆机构中各杆的长度满足杆长条件时，由最短杆参与构成的转动副都是周转副，其余的转动副是摆转副。

由于周转副落在机架上才会有曲柄，因此，铰链四杆机构有曲柄的条件如下：

1) 各杆的长度应满足杆长条件。
2) 其最短杆为连架杆或机架。

当最短杆为连架杆时，是曲柄摇杆机构；当最短杆为机架时，是双曲柄机构；当最短杆为连杆时，是双摇杆机构。

如果铰链四杆机构各杆的长度不满足杆长条件，则无周转副存在，此时不论以哪个杆作为机架，均为双摇杆机构。

6.3.2 急回运动与行程速度变化系数

(1) 极位夹角 θ 在曲柄摇杆机构（图 6.26）中，设曲柄 AB 为原动件，则当曲柄转动一周与连杆两次共线时，正是摇杆所处的两个极限位置 C_1D 和 C_2D。当摇杆处于两个极限位置时，对应的曲柄 AB 两个位置之间所夹的锐角 θ 称为极位夹角。

(2) 急回运动 在曲柄摇杆机构（图 6.26）中，当曲柄以等角速度 ω_1 从 AB_1 沿顺时针方向转到 AB_2，即转过角 $\alpha_1 = 180° + \theta$ 时，摇杆将由位置 C_1D 摆到 C_2D，其摆角为 φ，设其所用时间为 t_1，点 C 的平均速度为 v_1；当曲柄继续沿顺时针方向由 AB_2 转到 AB_1，即转过角 $\alpha_2 = 180° - \theta$ 时，摇杆又从位置 C_2D 摆回到 C_1D，摆角仍然是 φ，设所需时间为 t_2，点 C 的平均速度为 v_2。由于曲柄是以等角速度转动，而显然 $\alpha_1 > \alpha_2$，所以 $t_1 > t_2$，故 $v_2 > v_1$。也就是说，摇杆的回程比工作行程所用的时间少，速度快。这就是摇杆的急回运动。

(3) 行程速度变化系数 摇杆急回运动的程度，可用行程速度变化系数（或称为行程速比系数）K 来衡量。行程速度变化系数是指回程与工作行程速度的比值，即

$$K = \frac{v_2}{v_1} = \frac{\widehat{C_1C_2}/t_2}{\widehat{C_2C_1}/t_1} = \frac{t_1}{t_2} = \frac{\alpha_1}{\alpha_2} = \frac{180°+\theta}{180°-\theta} \quad (6.4)$$

当已知行程速度变化系数 K 时，即可由式（6.4）求出极位夹角 θ。即

$$\theta = 180° \frac{K-1}{K+1} \quad (6.5)$$

式（6.5）表明：

1）当机构存在极位夹角 θ 时，机构具有急回运动特性。例如在曲柄滑块机构中，当为对心曲柄滑块机构时，偏心距 $e=0$，这时的极位夹角 $\theta=0$，$K=1$，则无急回运动；而当其为偏置曲柄滑块机构时，极位夹角 $\theta \neq 0$，$K>1$，则有急回运动。

2）极位夹角 θ 越大，K 越大，急回运动性质也越显著。机构的急回运动特性在工程上应用广泛，如利用机构的急回特性可缩短非生产时间，提高生产效率。

要注意的是，急回运动是有方向性的，当原动件的转动方向发生改变时，急回的行程也要发生变化。所以，在有急回要求的设备上，应明显标出原动件的正确回转方向。

6.3.3 铰链四杆机构的压力角、传动角和死点

1. 压力角 α

在图 6.27 所示的铰链四杆机构中，若不计各运动副中的摩擦、构件的重力和惯性力，则由主动件 AB 经连杆 BC 传递到从动件 CD 上，点 C 处的力 F 将沿 BC 方向，力 F 与点 C 速度正向之间所夹的锐角 α 称为机构在此位置时的压力角。

2. 传动角 γ

压力角 α 的余角 γ 称为机构在此位置时的传动角，也就是连杆 BC 与从动件 CD 之间所夹的锐角，即 $\angle BCD = \gamma$。

传动角越大，机构的传力性能越好。因为传动角 γ 越大，则压力角 α 越小，故推动从动件的有效分力 F_t 越大，机构的传动效率 η 越高。

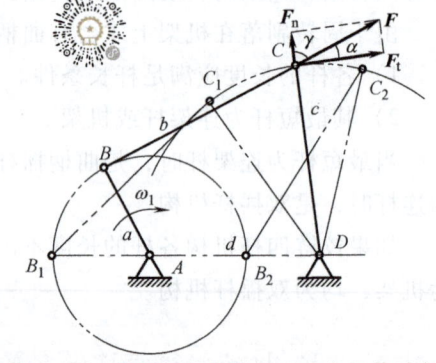

图 6.27 铰链四杆机构的压力角及传动角

机构在运动过程中，传动角 γ 是变化的，为了使机构传力性能良好，且具有较高的传动效率，一般要求机构的最小传动角 $\gamma_{min} \geq 40°$。而对于一些受力较小，或不经常使用的操纵机构，可允许其传动角小些，只要不发生自锁即可。

对于曲柄摇杆机构，其最小传动角 γ_{min} 出现在主动曲柄与机架共线的两位置之一，即

$$\gamma_2 = \angle B_2C_2D = \arccos\frac{b^2+c^2-(d-a)^2}{2bc} \quad (6.6)$$

$$\gamma_1 = \angle B_1C_1D = \arccos\frac{b^2+c^2-(d+a)^2}{2bc} \quad (\angle B_1C_1D < 90°) \quad (6.7)$$

或

$$\gamma_1 = 180° - \arccos\frac{b^2+c^2-(d+a)^2}{2bc} \quad (\angle B_1C_1D > 90°)$$

式（6.6）、式（6.7）中求出的较小者即为所求的最小传动角 γ_{min}。

由式（6.6）、式（6.7）可知，传动角的大小与机构中各构件的长度尺寸有关，因此，可以在给定最小传动角的情况下，对四杆机构进行设计。但应注意，最小传动角的最大值与四杆机构的其他性能参数有关，是彼此制约的，如摇杆摆角的大小、行程速度变化系数等。

3. 死点

（1）死点的概念　当机构出现 $\gamma=0°$ 时，$\alpha=90°$。在图 6.28 所示的曲柄摇杆机构中，设以摇杆 CD 为主动件，则当连杆与从动曲柄共线时，机构的传动角 $\gamma=0°$，这时主动件 CD 通过连杆作用于从动件 AB 上的力恰好通过其回转中心，所以出现了不能使构件 AB 转动的"顶死"现象，机构的这种位置称为机构的死点。

（2）克服机构死点位置的方法　为了保证机构能正常运转，必须采取适当的措施顺利通过死点。实际中常采用下列方法：

1）采用安装飞轮加大惯性的方法，借助于惯性作用通过死点，如缝纫机传动机构。

2）采用相同的机构错位排列的方法，即使得各组机构的死点位置相互错开通过死点。火车车轮联动机构如图 6.29 所示，其两侧曲柄滑块机构的曲柄位置相互错开了 90°。

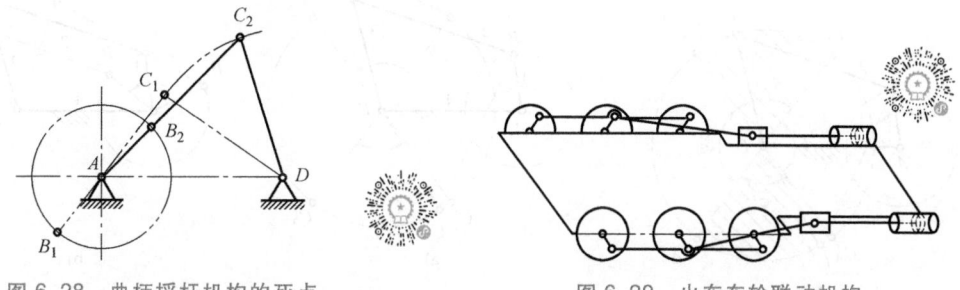

图 6.28　曲柄摇杆机构的死点　　图 6.29　火车车轮联动机构

（3）死点的应用　在工程上常利用机构的死点，来实现特定的工作要求，如飞机起落架（图 6.30a）和钻床夹具（图 6.30b）等机构。

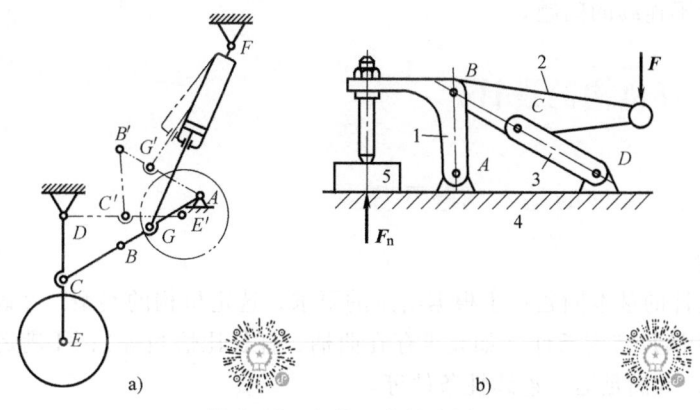

图 6.30　机构死点的应用

a）飞机起落架　b）钻床夹具

（4）机构的死点位置也是机构运动的转折点　当从动件与连杆共线时，机构处于死点位置。这时从动件处于运动方向不确定的位置，可能正向，也可能反向。机构在死点时本不能运动，但若因冲击振动等原因而使机构离开死点继续运动，这时从动件的运动方向是不确定的，既可能正转也可能反转，故机构的死点位置也是机构运动的转折点。

6.3.4 铰链四杆机构的运动连续性

（1）连杆机构的运动连续性　连杆机构在运动过程中，是否能连续实现给定的各个位置。

（2）可行域　从动件可以连续运动的范围，如图 6.31 中阴影线区域。

（3）不可行域　从动件不在其中运动的范围，如图 6.31 中非阴影区域。

（4）错位不连续　连杆机构设计时，不能要求其从动件在两个不连通的可行域内连续运动，如在图 6.32a 中要求摇杆从 CD 连续运动到 $C'D$，这是不可能的。连杆机构的这种运动不连续称为错位不连续。

（5）错序不连续　当原动件按同一方向连续运动时，若其连杆不能按顺序通过各个给定位置，如在图 6.32b 中要求连杆顺序通过 B_1C_1、B_2C_2、B_3C_3，这是不可能的。连杆机构的这种运动不连续称为错序不连续。

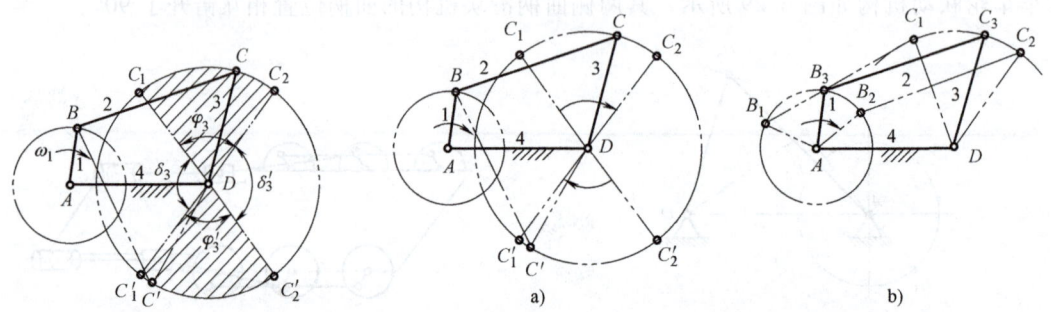

图 6.31　连杆机构的运动连续性

图 6.32　连杆机构的运动不连续性
a）错位不连续　b）错序不连续

在设计四杆机构时，必须检查所设计的机构是否满足运动连续性的要求，以防止发生错位不连续和错序不连续的问题。

6.4　平面四杆机构的设计

6.4.1　连杆机构设计的基本问题及分类

1. 基本问题

连杆机构设计的基本问题：①根据给定的要求，选定机构的类型；②确定各构件的尺寸（长度尺寸）；③满足结构条件（如要求存在曲柄、杆长比恰当等）；④满足动力条件（如适当的传动角等）；⑤满足运动连续性条件等。

2. 设计问题的分类

在进行连杆机构的设计时，按设计要求的不同，可分为以下三类问题：

（1）满足预定的连杆位置要求　即要求连杆在运动过程中，能够占据一系列有序的预定位置。

（2）满足预定的运动规律要求　即要求在原动件运动规律一定的条件下，从动件能准确或近似地满足预定运动规律的要求，或要求两连架杆的转角能够满足预定的对应位移关系。

（3）满足预定的运动轨迹要求　即要求机构在运动过程中，连杆上的某些点能按预定的轨迹运动。

对于以上问题，实际中常见的有以下几种情况。

1) 实现连杆的几个预定位置。

2) 实现主动件与从动件之间的对应位置关系。

3) 实现预期的急回运动要求（即按一定的行程速度变化系数设计四杆机构）。

4) 实现预定的运动轨迹。

在设计时，除了满足上述条件以外，还应对其进行其他附加条件的检查。如

1) 要求存在曲柄时，就要满足曲柄存在的条件。主要是针对原动机采用旋转方式的机构。

2) 运动连续性的条件。主要是确保机构能连续运动到预定位置。

3) 动力条件。保证机构具有良好的传力性能，即 $\gamma_{\min} \geqslant [\gamma]$。

连杆机构的设计方法可分为图解法、解析法和实验法。

6.4.2　用图解法设计四杆机构

用图解法设计四杆机构是根据设计要求，通过作图来确定未知铰链的位置，从而确定各杆的长度。其中铰链的位置是根据四杆机构中，各铰链之间相对运动的几何关系来确定的。各铰链的位置确定后，各杆的长度也就确定了。

下面根据设计要求的不同，分别介绍几种设计方法和步骤。

1. 按连杆预定的位置设计四杆机构

如图6.33所示的四杆机构中，AD为机架，AB和CD为连架杆，BC为连杆。A、D为固定铰链，B和C为活动铰链。

现已知连杆的预定位置，求两类问题：固定铰链A、D的位置和活动铰链B、C的位置。

1) 已知活动铰链B和C的位置，求固定铰链A和D的位置。

在该类问题中，若已知连杆的长度及三个预定位置B_1C_1、B_2C_2和B_3C_3，求固定铰链A、D的位置及AB、CD和AD的长度（图6.34）。

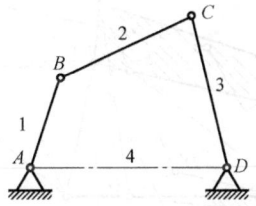
图6.33　四杆机构

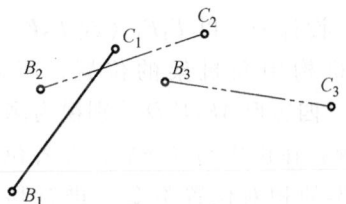
图6.34　已知活动铰链的位置

根据铰链四杆机构的运动可知，点B和点C分别绕固定铰链A和D做圆周运动，因此点A、点D分别为点B和点C圆弧轨迹的圆心。故只要做B_1B_2和B_2B_3的垂直平分线，其交点即为固定铰链点A；同理，做C_1C_2、C_2C_3线段的垂直平分线，其交点即为固定铰链点D，连接AB_1C_1D（或AB_2C_2D或AB_3C_3D），即得所求的四杆机构（图6.35）。至此，该铰链四杆机构中各杆的长度均已确定。该方法称为圆心法。

2）已知固定铰链 A、D 的位置和连杆上的标线位置，求活动铰链 B 和 C 的位置及各杆的长度。

这里所说的标线，是指标记连杆位置的线段。但要注意，该标线不一定是连杆上两铰链点相连接的线段。

在铰链四杆机构中，不论以哪个构件作为机架，其各杆的相对运动和相对位置关系是不会改变的。现已知两固定铰链 A 和 D 的位置，如果把机架 AD 看成是连杆，而把现连杆 BC 看成是机架，则原机构

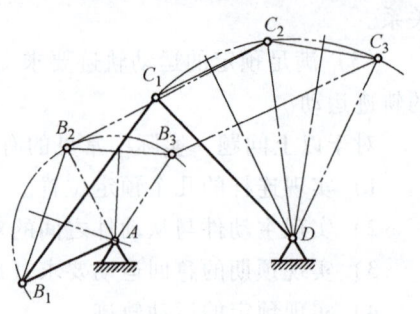

图 6.35　求固定铰链的位置

（图 6.36a）中的固定铰链 A、D 将变为活动铰链，而活动铰链 B、C 将变为固定铰链（图 6.36b）。这样，该问题又转化成上述的第一类问题。这种求解方法称为机构倒置法或机构转化法。

而为了求出新连杆 AD 相对于新机架 BC 运动时的第二个位置 $A'D'$，可按图 6.36b 所示，将原机构的第二个位置 AB_2C_2D 视为刚体进行移动，使 B_2C_2 与 B_1C_1 重合，即可求得 $A'D'$。

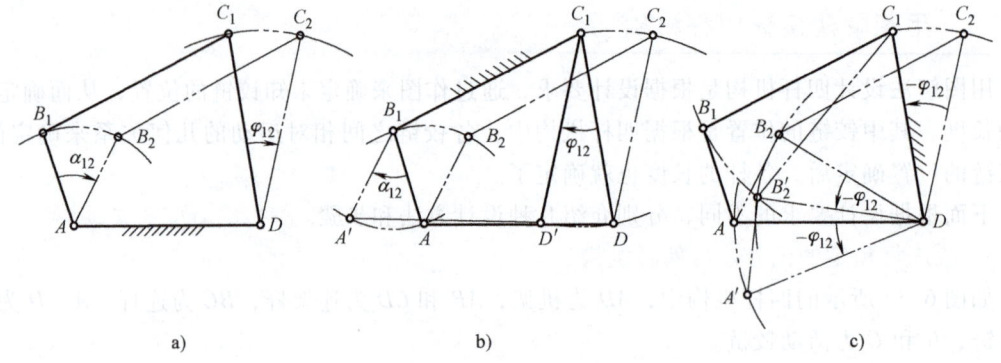

a)　　　　　　　　　b)　　　　　　　　　c)

图 6.36　机构倒置法

例 6.1　如图 6.37 所示，已知固定铰链中心 A 和 D 的位置，以及机构在运动过程中其连杆上的标线 EF 分别占据 E_1F_1、E_2F_2、E_3F_3 三个位置。现要求确定两活动铰链中心 B、C 的位置。

解：设计时，以 E_1F_1（或 E_2F_2、E_3F_3）为倒置机构中新机架的位置，将四边形 AE_2F_2D、四边形 AE_3F_3D 分别视为刚体（这是为了保持在机构倒置前后，在各位置时连杆和机架的相对位置不变）进行移动，使 E_2F_2 和 E_3F_3 均与 E_1F_1 重合。即作四边形 $A'E_1F_1D' \cong$ 四边形 AE_2F_2D，四边形 $A''E_1F_1D'' \cong$ 四边形 AE_3F_3D，由此即可求得

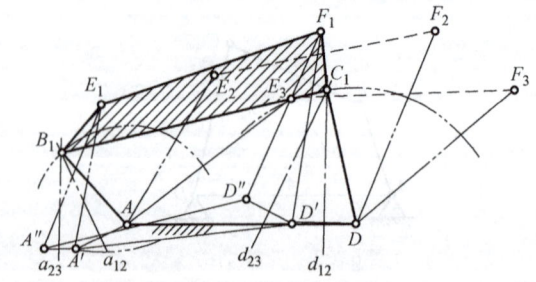

图 6.37　机构倒置法的应用

点 A 和点 D 的第二、第三位置 A'、D' 及 A''、D''。由 A、A'、A'' 三点所确定的圆弧的圆心即为活动铰链 B 的中心位置 B_1；同样由 D、D'、D'' 三点可确定活动铰链 C 的中心位置 C_1。AB_1C_1D 即为所求的四杆机构。

结论：

① 已知连杆的预定位置 B_iC_i ($i=1, 2, \cdots, n$)，要求设计四杆机构时，可用求圆心的办法求解。

当 $n=2$ 时，由于已知两点找圆心有无穷多个，故有无穷多解，此时可按其他条件要求来选定一组解。

当 $n=3$ 时，有唯一确定的一组解。

当 $n=4$ 时，由于四个点并不总在同一圆周上，因而可能导致无解。但德国学者布尔梅斯特尔的研究结果表明，可以在连杆上找到一些点，使其对应的四个点在同一圆周上，这样的点称为圆点，它可以作为活动铰链的中心，它的圆心称为圆心点，即为固定铰链中心，可有无穷多解。

当 $n=5$ 时，布尔梅斯特尔的研究证明，可能有解，但只有两组或四组解，也可能无解（无实解）。

② 已知连杆标线 E_iF_i 的预定位置和固定铰链中心 A、D 的位置，要求设计四杆机构时，可用机构倒置法（或称机构转化法）。

2. 按两连架杆对应的位置设计四杆机构

如图 6.38 所示，设已知机架长度 d，两连架杆的对应角位移分别为 α_{12}、φ_{12} 和 α_{13}、φ_{13}，即已知两连架杆的三组对应位置，试设计此四杆机构。

在解决这类问题时可用机构倒置法。如图 6.36c 所示，若将 CD 作为机架，则 AB 变为连杆。而为了求出倒置机构中活动铰链 A、B 的位置，可将原机构的第二个位置 AB_2C_2D 视为刚体，绕点 D 反转 $-\varphi_{12}$，使 C_2D 与 C_1D 重合而求得。故该方法又称为反转法。

根据上述原理，该问题的设计步骤如下：

1) 根据给定的机架长度 d 定出铰链 A、D 的位置。

2) 适当选取连架杆 AB 的长度，按相应的角位移 α_{12}、α_{13} 绘制出 AB_1、AB_2、AB_3。

3) 连接 B_2D、B_3D。

4) 将 B_2D 和 B_3D 分别绕点 D 反转 $-\varphi_{12}$ 和 $-\varphi_{13}$，从而得到点 B_2'、B_3'。

5) 绘制 B_1B_2'、$B_2'B_3'$ 的垂直平分线交于点 C_1，则 AB_1C_1D 即为所求的四杆机构。

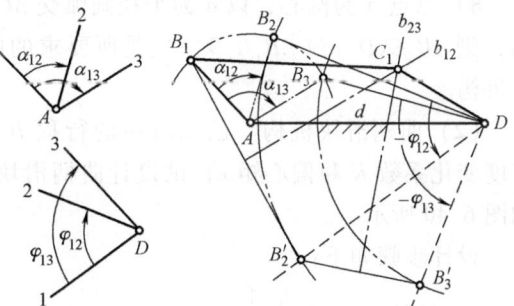

图 6.38 按两连架杆对应角位移设计四杆机构

在求解过程中，由于杆 AB 的长度可以任选，故有无穷多解。若已知杆 AB 的长度和两连架杆的三组对应位置，则有唯一确定的解。若给定两连架杆的两组对应位置，则有无穷多解。若给定四组对应位置，则可用缩点法。

3. 按行程速度变化系数 K 设计四杆机构

(1) 曲柄摇杆机构　已知摇杆 CD 的长度 l_{CD}，摇杆的摆角 φ，行程速度变化系数 K，试设计曲柄摇杆机构，如图 6.39 所示。

设计步骤如下：

1)计算极位夹角 $\theta=180°\dfrac{K-1}{K+1}$。

2)任选一点 D,作等腰三角形 C_1DC_2,其腰长为 l_{CD},顶角为 φ。

3)过点 C_1 作 C_1C_2 的垂线 C_1M,过点 C_2 作直线 C_2N 并使 $\angle C_1C_2N=90°-\theta$,直线 C_1M 与直线 C_2N 相交于点 P。

4)作 $\triangle PC_1C_2$ 的外接圆。

5)在圆弧 $\overset{\frown}{C_1F}$ 或 $\overset{\frown}{C_2G}$ 上任取一点 A(也可由其他附加条件确定,但应注意点 A 不能选在 $\overset{\frown}{FG}$ 弧段内,否则机构将不满足运动连续性要求。而且当点 A 靠近点 F 或点 G 时,最小传

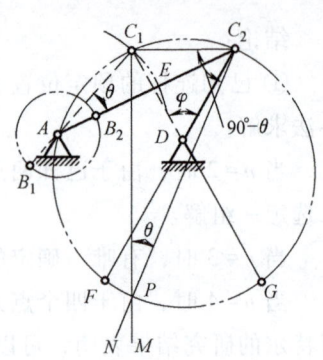

图 6.39 按行程速度变化系数 K 设计曲柄摇杆机构

动角将减小且趋向于零,故铰链 A 适当远离点 F、点 G 较为有利),连接 AC_1 和 AC_2,则 $\angle C_1AC_2=\angle C_1PC_2=\theta$。

设 a 为曲柄的长度;b 为连杆的长度。

6)计算。

因为 $AC_1=b-a$,$AC_2=b+a$,所以

$$a=\dfrac{AC_2-AC_1}{2},\ b=\dfrac{AC_2+AC_1}{2}$$

7)以点 A 为圆心,以 AC_1 为半径画弧交直线 AC_2 于点 E,则 $a=\dfrac{C_2E}{2}$。

8)以点 A 为圆心,以 a 为半径画弧交 AC_2 于点 B_2,则 AB_2C_2D(或 AB_1C_1D)便是所要求的曲柄摇杆机构。

(2)曲柄滑块机构 已知滑块的行程 H,行程速度变化系数 K 和偏心距 e,试设计曲柄滑块机构,如图 6.40 所示。

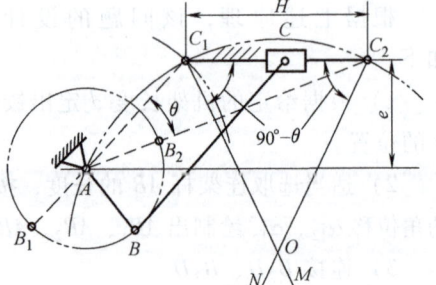

图 6.40 按行程速度变化系数 K 设计曲柄滑块机构

设计步骤如下:

1)计算 $\theta=180°\dfrac{K-1}{K+1}$。

2)作直线 C_1C_2,其长度为 H。

3)过点 C_1 和 C_2 分别作直线 C_1M 和 C_2N,与 C_1C_2 所成夹角为 $90°-\theta$,两条线 C_1M、C_2N 交于一点 O。

4)以 O 为圆心,过点 C_1、C_2 作圆弧。

5)作一直线与 C_1C_2 平行,其间距为 e,与圆弧交于点 A,点 A 即为曲柄的转动中心。

6)计算出曲柄和连杆的长度(与前面一样),即为所求。

(3)导杆机构 已知机架长度 d,行程速度变化系数 K,试设计导杆机构,如图 6-41 所示。

设计步骤如下:

1) 计算 $\theta = 180° \dfrac{K-1}{K+1}$。

2) 任选一点 D，作 $\angle C_1 DC_2 = \varphi$（$\theta = \varphi$，导杆机构中的极位夹角与导杆的摆角相等），并作其角平分线。

3) 在角平分线上取 $l_{AD} = d$，可得点 A。

4) 过点 A 作导杆任一极限位置的垂线 AC_1 或 AC_2，则曲柄的长度为 $a = d\sin\dfrac{\varphi}{2}$，此机构即为所求。

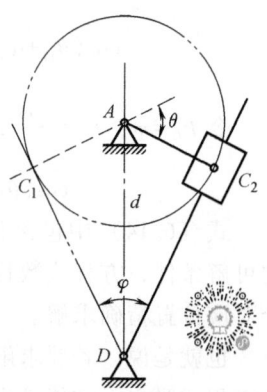

图 6.41　按行程速度变化系数 K 设计导杆机构

6.4.3　用解析法设计四杆机构

在用解析法设计四杆机构时，关键是建立已知运动参数与未知参数间的关系式，并求解方程组，即可设计出四杆机构。其设计步骤为：①建立方程式，包括机构各参数和运动变量的解析式；②根据已知的运动变量求解机构的参数。

1. 按预定的运动规律设计四杆机构

（1）按预定的两连架杆的对应位置设计　如图 6.42 所示的机构中，要求机构的从动件 3 与主动件 1 的转角 θ_3 和 θ_1 之间满足一系列的对应关系，即 $\theta_{3i} = f(\theta_{1i})$，$i = 1, 2, \cdots, n$，试设计此四杆机构。

因为机构按比例放大或缩小，不影响机构中各构件的相对转角关系，即不影响其相对运动规律，故设计参数可取为各构件的相对长度。如取各构件的相对长度为 $\dfrac{a}{a} = 1$，$\dfrac{b}{a} = l$，$\dfrac{c}{a} = m$，$\dfrac{d}{a} = n$，则设计变量共有五个，即 l、m、n 以及 θ_1、θ_3 的计量起始角 α_0 和 φ_0。

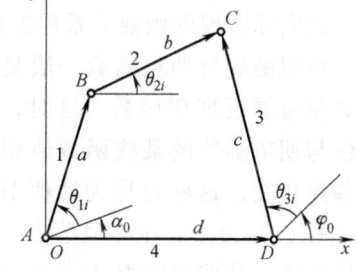

图 6.42　按两连架杆的对应位置以解析法设计四杆机构

1) 建立坐标系，列出方程式。建立坐标系 Oxy，并将各杆以矢量表示，则可列出矢量方程

$$\boldsymbol{a} + \boldsymbol{b} = \boldsymbol{d} + \boldsymbol{c} \tag{6.8}$$

由矢量方程在坐标轴上投影可得

$$a\cos(\theta_{1i} + \alpha_0) + b\cos\theta_{2i} = d + c\cos(\theta_{3i} + \varphi_0) \tag{6.9}$$

$$a\sin(\theta_{1i} + \alpha_0) + b\sin\theta_{2i} = c\sin(\theta_{3i} + \varphi_0) \tag{6.10}$$

2) 对方程组进行求解。在上述方程中有七个未知量：a、b、c、d、θ_{2i}、α_0、φ_0，其中 θ_{2i} 不是所要求的量，而 a 可用相对长度消掉，剩下五个未知量。现将 $\dfrac{a}{a} = 1$，$\dfrac{b}{a} = l$，$\dfrac{c}{a} = m$，$\dfrac{d}{a} = n$ 代入式（6.9）、式（6.10）中，并进行移项可得

$$l\cos\theta_{2i} = n + m\cos(\theta_{3i} + \varphi_0) - \cos(\theta_{1i} + \alpha_0) \tag{6.11}$$

$$l\sin\theta_{2i} = m\sin(\theta_{3i} + \varphi_0) - \sin(\theta_{1i} + \alpha_0) \tag{6.12}$$

为了消去未知量 θ_{2i}，将式（6.11）和式（6.12）两端各自二次方后相加，经整理可得

$$\cos(\theta_{1i}+\alpha_0) = m\cos(\theta_{3i}+\varphi_0) - \frac{m}{n}\cos(\theta_{3i}+\varphi_0-\theta_{1i}-\alpha_0) + \frac{m^2+n^2+1-l^2}{2n} \quad (6.13)$$

令 $P_0 = m$，$P_1 = -\dfrac{m}{n}$，$P_2 = \dfrac{m^2+n^2+1-l^2}{2n}$，则式（6.13）可简化为

$$\cos(\theta_{1i}+\alpha_0) = P_0\cos(\theta_{3i}+\varphi_0) + P_1\cos(\theta_{3i}+\varphi_0-\theta_{1i}-\alpha_0) + P_2 \quad (6.14)$$

式（6.14）中包含五个未知量，即五个待定参数：P_0、P_1、P_2、α_0 和 φ_0。根据解析式的可解条件，方程式数目应与待定未知数的数目相等，因而四杆机构最多可按两连架杆的五个对应位置精确求解。

也就是说，若要求解，则必须已知主动件 θ_1 和从动件 θ_3 的五个对应位置，从而列出五个方程式联立，才能求出唯一的精确解。

若给定的两连架杆的对应位置少于五个，则方程式的数目少于待求未知数的数目，其中有的未知数可根据设计者的要求来选定，进而求出无穷多解。

若给定的两连架杆的对应位置多于五个，则方程式的数目多于待求未知数的数目，一般不能得到精确解，此时可进行近似设计。

(2) 按期望函数设计　两连架杆转角之间的函数关系（图6.43），即 $y=f(x)$，称为期望函数。

由于机构的待定参数较少，一般不能准确地实现期望函数，而实际实现的函数关系称为再现函数，即 $y=F(x)$。

再现函数与期望函数一般是不一致的，设计时应使再现函数尽量逼近期望函数。这时，就是在给定区间内，使再现函数与期望函数的某些函数值相等。也就是使两函数曲线在某些点相交，这些点称为插值节点。显然，在插值节点处有 $f(x)-F(x)=0$。故在插值节点的再现函数值是已知的，而在其他位置，其偏差值为 $\Delta y=f(x)-F(x)$。偏差的大小与节点数及分布情况有关，增加节点数，有利于提高逼近的精度，但由上述可知，节点数最多可为五个，否则不能精确求解。而节点分布可根据函数逼近理论有

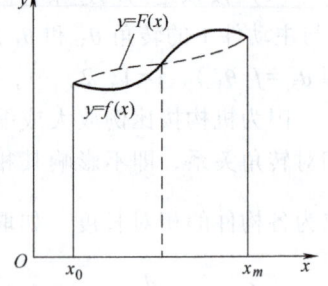

图6.43　期望函数与再现函数

$$x_i = \frac{1}{2}(x_m+x_0) - \frac{1}{2}(x_m-x_0)\cos\frac{(2i-i)\pi}{2m} \quad (i=1,2,\cdots,m) \quad (6.15)$$

式中，m 为插值节点总数。这种设计方法称为插值逼近法。

例6.2　如图6.44所示，要求铰链四杆机构近似地实现期望函数 $y=\log x$，$1 \leqslant x \leqslant 2$。

解：1) 根据已知条件 $x_0=1$，$x_m=2$，可求得 $y_0=0$，$y_m=0.301$。

2) 根据经验或通过计算，试取主、从动件的转角范围分别为 $\alpha_m=60°$，$\varphi_m=90°$（一般 α_m、φ_m 选取的值小于 120°），则自变量和函数与转角之间的比例尺分别为

$$\mu_\alpha = (x_m-x_0)/\alpha_m = 1/60° \quad (6.16)$$

$$\mu_\varphi = (y_m-y_0)/\varphi_m = 0.301/90° \quad (6.17)$$

3) 取节点总数 $m=3$，由式（6.17）可求得

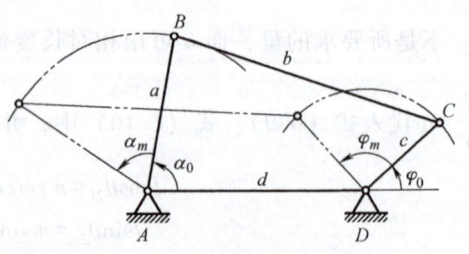

图6.44　按期望函数设计四杆机构

各节点处的 x_i 值及其各值，见表6.1。

表 6.1 各节点处的值

i	x_i	$y_i = \log x_i$	$\alpha_i = (x_i - x_0)/\mu_\alpha$	$\varphi_i = (y_i - y_0)/\mu_\varphi$
1	1.067	0.0282	4.02°	8.43°
2	1.500	0.1761	30.0°	52.65°
3	1.933	0.2862	55.98°	85.57°

4）试取初始角 $\alpha_0 = 86°$，$\varphi_0 = 23.5°$（通过试算确定）。

5）将以上各参数代入式（6.14）中，可得一组方程式，对方程组进行联立求解可得各杆的相对长度：$l = 2.089$，$m = 0.568$，$n = 1.4865$。

6）检验偏差值 $\Delta\varphi$。对于所设计的四杆机构，其再现的函数值可由式（6.9）和式（6.10）求得

$$\varphi = \theta_3 = 2\arctan\left[(A \pm \sqrt{A^2 + B^2 - C^2})/(B+C)\right] - \varphi_0$$

式中，$A = \sin(\alpha + \alpha_0)$；$B = \cos(\alpha + \alpha_0) - n$；$C = (1 + m^2 + n^2 - l^2)/(2m) - n\cos(\alpha + \alpha_0)/m$。

按期望函数所求得的从动件的转角为 $\varphi' = [\log(x_0 + \mu_\alpha \alpha) - y_0]/\mu_\varphi$，则偏差为 $\Delta\varphi = \varphi - \varphi'$，若偏差过大，不满足设计要求，则应重新选取计量起始角 α_0、φ_0，以及主、从动件的转角变化范围 α_m、φ_m 等，重新进行设计。

2. 按预定的连杆位置设计四杆机构

由于连杆做平面运动，为了表示连杆的位置，可用连杆上任选的一个基点 M 的坐标 (x_M, y_M) 和连杆的方位角 θ_2 来表示。因而按预定连杆位置设计四杆机构的问题，可表示为要求连杆上的点 M 所能占据的一系列预定位置 $M_i(x_{Mi}, y_{Mi})$ 及连杆具有一系列相应的转角 θ_{2i}，如图 6.45 所示。

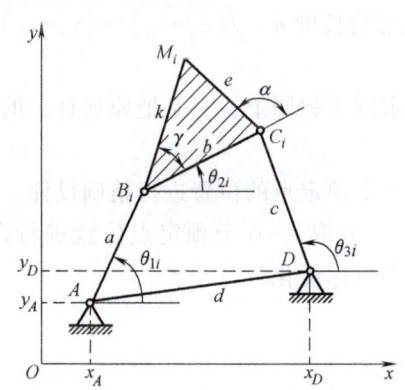

图 6.45 按预定的连杆位置以解析法设计四杆机构

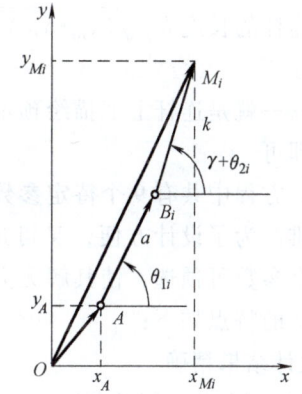

图 6.46 双杆组的矢量封闭图

如图 6.45 所示，建立坐标系 Oxy，将四杆机构分为左、右侧两个双杆组来加以讨论。建立左侧双杆组的矢量封闭图，如图 6.46 所示，可得矢量方程

$$\boldsymbol{OA} + \boldsymbol{AB}_i + \boldsymbol{B}_i\boldsymbol{M}_i - \boldsymbol{OM}_i = 0$$

将其在 x、y 轴上投影得

$$\begin{cases} x_A + a\cos\theta_{1i} + k\cos(\gamma + \theta_{2i}) - x_{Mi} = 0 \\ y_A + a\sin\theta_{1i} + k\sin(\gamma + \theta_{2i}) - y_{Mi} = 0 \end{cases} \quad (6.18)$$

把式（6.18）中的 θ_{1i} 消去（先移项，两边求二次方，再两式相加），经整理得

$$\frac{1}{2}(x_{Mi}^2+y_{Mi}^2+x_A^2+y_A^2+k^2-a^2)-x_A x_{Mi}-y_A y_{Mi}+k(x_A-x_{Mi})\cos(\gamma+\theta_{2i})+k(y_A-y_{Mi})\sin(\gamma+\theta_{2i})=0$$

(6.19)

式（6.18）中共有 5 个待定参数 x_A、y_A、a、k、γ。因此，最多只能按 5 个位置精确求解。

当预定位置 $N<5$ 时，可预选某些待定参数。

当 $N=3$ 时，可预选参数点 A 的坐标（x_A，y_A）后，再将式（6.18）化成线性方程，即

$$X_0+A_{1i}X_1+A_{2i}X_2+A_{3i}=0$$

式中，$X_0=(k^2-a^2)/2$，$X_1=k\cos\gamma$，$X_2=k\sin\gamma$，而 A_{1i}、A_{2i}、A_{3i} 均为已知的系数，分别为

$$A_{1i}=(x_A-x_{Mi})\cos\theta_{2i}+(y_A-y_{Mi})\sin\theta_{2i}$$

$$A_{2i}=(y_A-y_{Mi})\cos\theta_{2i}-(x_A-x_{Mi})\sin\theta_{2i}$$

$$A_{3i}=(x_{Mi}^2+y_{Mi}^2+x_A^2+y_A^2)/2-x_A x_{Mi}-y_A y_{Mi}$$

式中，x_A、y_A、x_{Mi}、y_{Mi}、θ_{2i} 均为已知参数。

求出 X_0、X_1、X_2 后可按下式计算：

$$k=\sqrt{X_1^2+X_2^2}, a=\sqrt{k^2-2X_0}$$

$\tan\gamma=X_2/X_1$（γ 所在象限由 X_1、X_2 的正负号确定）

B 点的坐标为

$$\begin{cases} x_{Bi}=x_{Mi}-k\cos(\gamma+\theta_{2i}) \\ y_{Bi}=y_{Mi}-k\sin(\gamma+\theta_{2i}) \end{cases}$$

同理，再按上述步骤列出右侧双杆组矢量方程，从而求出点 C_i 的坐标（x_{Ci}，y_{Ci}）。进而可求出连杆的长度 $b=\sqrt{(x_{Bi}-x_{Ci})^2+(y_{Bi}-y_{Ci})^2}$，机架的长度 $d=\sqrt{(x_A-x_D)^2+(y_A-y_D)^2}$。

3. 按预定的运动轨迹设计四杆机构

描点——就是连杆上能描绘预定运动轨迹的点。求解步骤同上。只是把原连杆上的基点变成描点即可。

这时，方程中共有 9 个待定参数，因此最多可按 9 个预定点的位置进行精确设计。但设计较为困难。为了设计方便，又可进行多目标优化，一般取 4~6 个预定点位置进行设计，其中有几个参数可预选，使其解无穷多，从而有利于多目标优化。

解析法的特点如下：
1）设计结果精确。
2）便于对误差进行控制。
3）设计计算较为复杂，有时求解困难。

6.4.4 用实验法设计四杆机构

对于运动要求比较复杂的四杆机构的设计问题，特别是对于按照预定的运动轨迹设计四杆机构的问题，用实验法求解，有时显得更为简便。

如图 6.47 所示，已知主动件 AB 的长度及其回转中心 A 和连杆上描点 M 的位置。现要求设计一个四杆机构，使连杆上的点 M 能沿着预定的轨迹 k_M 运动。

该四杆机构中仅活动铰链 C 和固定铰链 D 的位置未知。为解决此设计问题，可在连杆上取若干点 C、C'、C''、…，再让连杆上的描点 M 沿着给定的轨迹运动，活动铰链 B 在其轨迹圆上运动，此时连杆上各点 C 将描出各自的连杆曲线，如图 6.47 所示。在这些曲线中，找出圆弧或近似圆弧（或近似直线），描绘该曲线的点 C 即可作为活动铰链点 C，而此曲线的曲率中心即为固定铰链 D，四杆机构设计完成。

按轨迹设计四杆机构的一种简便有效的方法是利用连杆曲线图谱。如前所述，在四杆机构中连杆曲线的形状取决于各杆的相对长度和描点在连杆上的位置。为了分析和设计上的方便，已有学者将连杆曲线汇编整理成册，形成连杆曲线图谱，图 6.48 所示为《四杆机构分析图谱》中的一张。

根据预期的轨迹设计四杆机构时，可以从图谱中查找与要求实现的轨迹相似的连杆曲线。如图 6.48 中的连杆曲线 α_5 与所要求实现的轨迹相似，则描绘该连杆曲线的四杆机构各杆的相对长度可从图中右下角查得，而描点 M 在连杆上的位置 (k, e) 也可从图中量得。最后，用比例尺求出图谱中的连杆曲线与所要求的轨迹之间大小相差的倍数，就可求得机构的各尺寸参数。

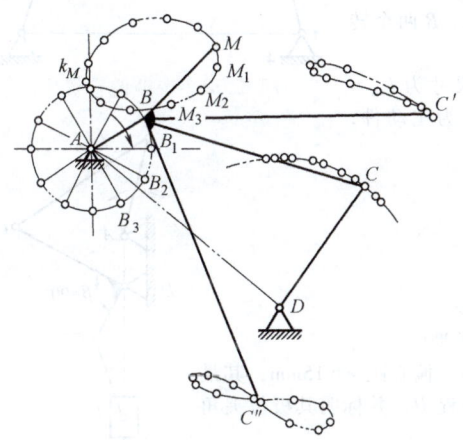 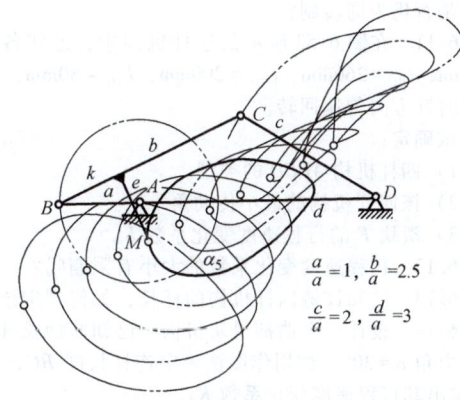

图 6.47　按预定轨迹以实验法设计四杆机构　　图 6.48　按预定轨迹以图谱法设计四杆机构

思　考　题

6.1　什么是压力角？压力角对从动件的运动有什么影响？
6.2　什么是极位夹角？极位夹角的变化对机构的运动有什么影响？
6.3　什么是急回运动？急回运动与哪些因素有关？
6.4　什么是死点？它对机构的运动有什么影响？
6.5　如何判定四杆机构有无曲柄存在？四杆机构有哪些类型？

习　　题

6.6　如图 6.49 所示的四杆机构，在什么条件下可变成双曲柄机构？在什么条件下可变成双摇杆机构？
6.7　试在图 6.50 上画出机构在点 C 和点 F 的压力角。
6.8　对于曲柄摇杆机构，在什么条件下有死点出现？在什么条件下没有死点？
6.9　如图 6.51 所示，已知四杆机构各构件的长度为 l_{AB} = 240mm，l_{BC} = 600mm，l_{CD} = 400mm，l_{AD} =

500mm。试问：
1) 当取杆 4 为机架时，是否有曲柄存在？
2) 若各杆长度不变，能否以选不同杆为机架的办法获得双曲柄机构和双摇杆机构？如何获得？
3) 若 1、2、3 三杆的长度不变，取杆 4 为机架，要获得曲柄摇杆机构，l_{AD} 的取值范围应为何值？

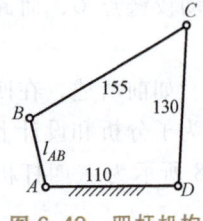

图 6.49 四杆机构

图 6.50 题 6.7 图

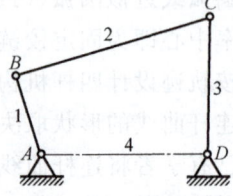

图 6.51 四杆机构

6.10 在图 6.52 所示的铰链四杆机构中，各杆的长度为 $l_{AB} = 28$mm，$l_{CB} = 52$mm，$l_{CD} = 50$mm，$l_{AD} = 72$mm。试求：
1) 当取杆 4 为机架时，该机构的极位夹角 θ、杆 3 的摆角 φ、最小传动角 γ_{min} 和行程速度变化系数 K。
2) 当取杆 1 为机架时，将演化成什么类型的机构？为什么？并说明这时 C、D 两个转动副是周转副还是摆转副。
3) 当取杆 3 为机架时，又将演化成什么机构？这时 A、B 两个转动副是否仍为周转副？

6.11 在图 6.53 所示的连杆机构中，已知各构件的尺寸为 $l_{AB} = 160$mm，$l_{BC} = 260$mm，$l_{CD} = 200$mm，$l_{AD} = 80$mm，构件 AB 为主动件，沿顺时针方向匀速回转。

试确定：
1) 四杆机构 $ABCD$ 的类型。
2) 该四杆机构的最小传动角 γ_{min}。
3) 滑块 F 的行程速度变化系数 K。

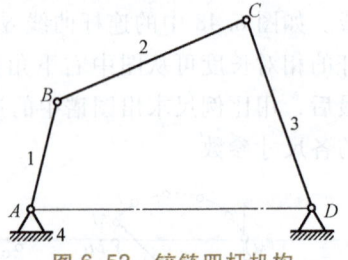

图 6.52 铰链四杆机构

6.12 行程速度变化系数的大小有限制吗？一般为多少？
6.13 已知铰链四杆机构的杆长，如何判定该机构的类型？
6.14 设计一个曲柄滑块机构。已知曲柄长 $AB = 20$mm，偏心距 $e = 15$mm，其最大压力角 $\alpha = 30°$。试用作图法确定连杆长度 BC，滑块的行程 H，并标明其极位夹角 θ，求出其行程速度变化系数 K。
6.15 设计一个曲柄摇杆机构。如图 6.54 所示，曲柄 AB 和机架 AD 拉成一直线时为起始位置，曲柄沿逆时针方向转过 40°时，摇杆摆动到左极限位置。已知摇杆的行程速度变化系数 $K = 1.12$，摇杆 $l_{AD} = 75$mm，机架 $l = 75$mm。试用作图法确定曲柄和连杆的长度。

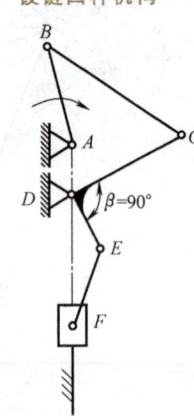

图 6.53 连杆机构

6.16 在图 6.55 所示的铰链四杆机构中，已知 $l_{BC} = 50$mm，$l_{CD} = 35$mm，$l_{AD} = 30$mm，AD 为机架。试求：
1) 若使此机构成为曲柄摇杆机构，且 AB 为曲柄，求 l_{AB} 的最大值。
2) 若使此机构成为双曲柄机构，求 l_{AB} 的取值范围。
3) 若使此机构成为双摇杆机构，求 l_{AB} 的取值范围。

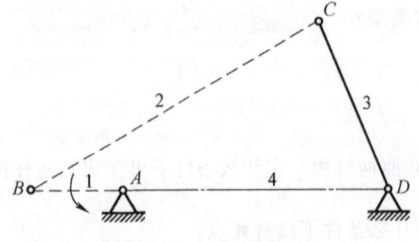

图 6.54 曲柄摇杆机构

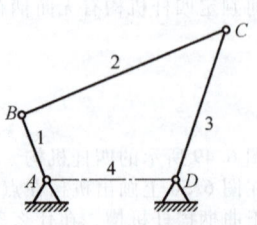

图 6.55 铰链四杆机构

第7章

凸轮机构及其设计

[本章提要] 凸轮机构是机械中一种常用的高副机构，凸轮是一种具有曲线轮廓或凹槽的构件，一般做连续等速转动，从动件做连续或间歇的往复运动或摆动。凸轮机构作为自动调节或控制的中枢，在自动化和半自动化机械中获得广泛应用。

本章主要介绍常见凸轮机构的类型、特点、从动件的基本运动规律及应用场合；凸轮轮廓曲线的设计原理及方法；凸轮机构基本尺寸的确定及凸轮机构的受力分析等内容，包括基圆半径、滚子半径确定的基本原则，压力角和自锁与凸轮机构尺寸的关系等。

7.1 概述

凸轮机构是一种结构简单且能够实现几乎任意复杂运动规律的高副机构。凸轮机构在各种机械中，如机床进刀机构、上料机构、内燃机配气机构、制动机构以及印刷机、纺织机、插秧机、闹钟和各种电气开关中都有着广泛的应用。常与其他机构组合使用，充分发挥各自的优势，扬长避短。由于凸轮机构是高副机构，易于磨损，磨损后会影响运动规律的准确性，因此只适用于传递动力不大的场合。

7.1.1 凸轮机构的组成及应用

如图 7.1 所示，凸轮机构由凸轮 1、从动件 2 和机架 3 三个构件组成。

图 7.2 所示为内燃机配气机构，当具有一定曲线轮廓的凸轮 1 以等角速度转动时，其轮廓迫使从动件 4（气阀）按预期规律往复运动，适时地开起或关闭进、排气阀门。

图 7.3 所示为绕线机的凸轮机构。当绕线轴 3 快速转动时，经齿轮带动凸轮 1 缓慢地转动，通过凸轮轮廓与尖顶 A 之间的作用，驱使从动件 2（布线杆）往复摆动，因而使线均匀地缠绕在绕线轴上。

图 7.4 为压力机送料凸轮机构，原动凸轮 1 固定于冲头上，当其随冲头往复上下运动时，通过凸轮高副驱动从动件 2（送料杆）以一定规律往复水平移动，从而使机械手按预期的输出特性装卸工件。

如图 7.5 所示为利用靠模法车削手柄的移动凸轮机构。凸轮 1 作为靠模被固定在床身上，滚轮 2 在弹簧作用下与凸轮轮廓紧密接触，当拖板横向运动时，和从动件相连的刀头便走出与凸轮轮廓相同的轨迹，因而切削出手柄的复杂形面。

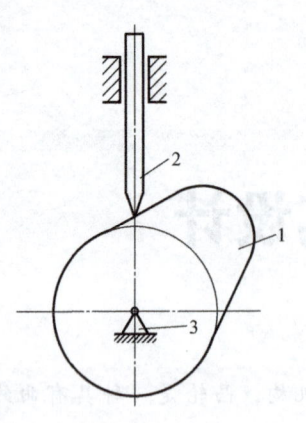

图 7.1 凸轮机构

1—凸轮　2—从动件　3—机架

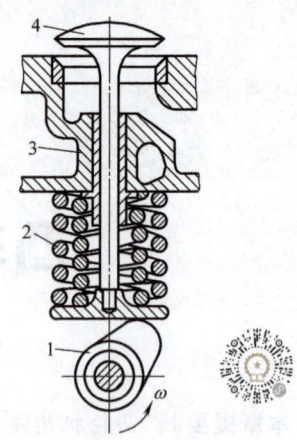

图 7.2 内燃机配气机构

1—凸轮　2—弹簧　3—机架　4—气阀

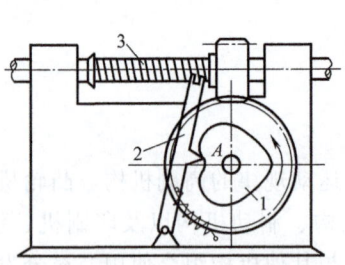

图 7.3 绕线机的凸轮机构

1—凸轮　2—布线杆　3—绕线轴

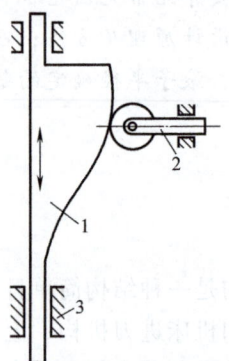

图 7.4 压力机送料凸轮机构

1—凸轮　2—送料杆　3—机架

图 7.6 所示为录音机卷带凸轮机构。凸轮 1 随放音键上下移动，放音时，凸轮 1 处于最低位置，在弹簧 6 的作用下，摩擦轮 4 紧靠卷带轮 5，从而将磁带卷紧。停止放音时，凸轮 1 随按键上移，其轮廓迫使从动件 2 沿顺时针方向摆动，使摩擦轮与卷带轮分离，从而停止卷带。

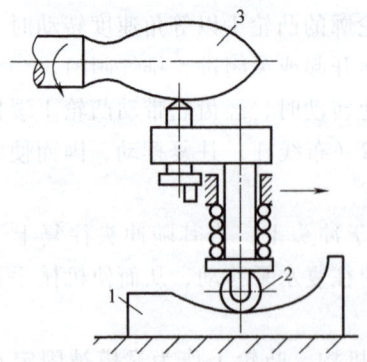

图 7.5 靠模加工用的移动凸轮机构

1—凸轮　2—滚轮　3—手柄

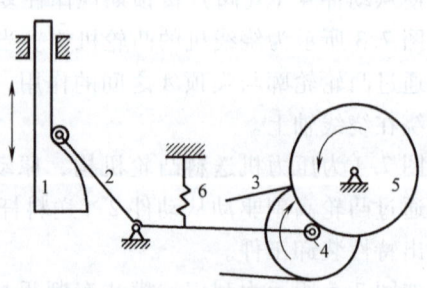

图 7.6 录音机卷带凸轮机构

1—凸轮　2—从动件　3—带　4—摩擦轮
5—卷带轮　6—弹簧

如图 7.7 所示的巧克力送料凸轮机构中，当带有凹槽的圆柱凸轮 1 连续等速转动时，通过嵌于其槽中的滚子驱动从动件 2 往复移动，凸轮 1 每转动一周，从动件 2 即从喂料器中推出一块巧克力并将其送至待包装位置。

由以上凸轮应用实例可以得出，凸轮是一种具有曲线轮廓或凹槽的构件，它通过与从动件的高副接触，在运动时可以使从动件获得连续或不连续的任意预期运动，凸轮的曲线轮廓决定了从动件的运动规律。凸轮机构一般是由三个构件、两个低副和一个高副组成的单自由度机构。

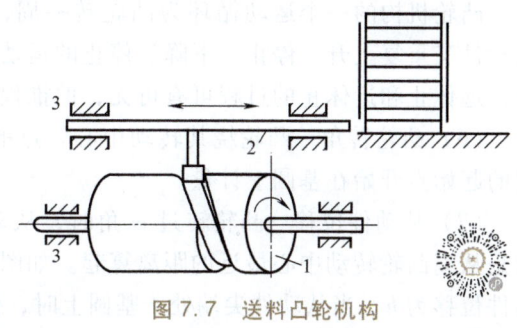

图 7.7 送料凸轮机构

7.1.2 凸轮机构相关术语

（1）基圆 图 7.8 所示为偏置直动尖顶从动件盘形凸轮机构，从动件轴线偏置于凸轮转动中心的距离 e 称为偏心距。以凸轮转动中心为圆心、凸轮转动中心到凸轮轮廓上的最小向径 r_0 为半径所做的圆，称为凸轮的基圆，r_0 称为基圆半径。基圆是设计凸轮轮廓曲线的基准。

（2）推程和推程运动角 图 7.8 中凸轮的轮廓由 AB、BC、CD 和 DA 四段曲线组成，而且 BC、DA 两段为圆弧，点 A 为基圆与轮廓 AB 的连接点，当凸轮与从动件尖顶在点 A 接触时，从动件位于离凸轮回转中心最近的位置。当凸轮以等角速度 ω 沿逆时针方向转动时，从动件在凸轮轮廓 AB 的推动下由离凸轮回转中心最近的位置移动到离凸轮回转中心最远的位置点 B'，从动件运动的这一过程称为推程，凸轮相应的转角 Φ 称为推程运动角。

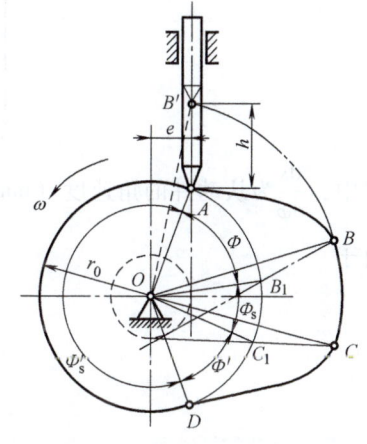

图 7.8 偏置直动尖顶从动件盘形凸轮机构

（3）远休止和远休止角 当从动件到达离凸轮回转中心最远位置后，凸轮继续转动 Φ_s 角度时，凸轮以圆心位于点 O 的圆弧轮廓 BC 与从动件接触，从动件在最远位置静止不动，这一过程称为远休止，对应远休止凸轮转过的角度 Φ_s 称为远休止角。

（4）回程和回程运动角 凸轮继续转过 Φ' 角度时，由于凸轮的向径逐渐减小，从动件在与凸轮轮廓 CD 段接触的过程中，由离凸轮回转中心最远的位置返回到初始位置，这一过程称为回程，凸轮相应转角 Φ' 称为回程运动角。

（5）近休止和近休止角 当凸轮继续转过 Φ'_s 时，凸轮以基圆上的圆弧轮廓 DA 与从动件接触，则从动件在最近位置静止不动，这一过程称为近休止，对应近休止凸轮转过的角度 Φ'_s 称为近休止角。

需要说明的是，对于图 7.8 所示偏置直动尖顶从动件盘形凸轮机构，其推程运动角 $\Phi = \angle BOB' = = \angle AOB_1$，回程运动角 $\Phi' = \angle C_1OD$。远休止角 $\Phi_s = \angle BOC = \angle B_1OC_1$，近休止角 $\Phi'_s = \angle DOA$，它们分别对应凸轮轮廓曲线的圆弧 $\overset{\frown}{BC}$ 段和 $\overset{\frown}{DA}$ 段。

凸轮机构的一个运动循环为凸轮转一周，即 $\Phi+\Phi_s+\Phi'+\Phi'_s=360°$。当凸轮继续转动，从动件又重复上升、停止、下降、停止的运动循环。在一个运动循环中，根据机构的工作要求，远休止和近休止的过程可有可无，但推程和回程是必不可少的。

（6）**凸轮转角** 凸轮绕其转动中心转过的角度，以 φ 表示。凸轮转角通常以从动件行程的起始点开始在基圆上计量。

（7）**从动件位移** 凸轮转过 φ 角时，从动件移动的距离，以 s 表示。从动件的位移一般是从离凸轮转动中心最近的距离算起。如图 7.8 所示，当凸轮转角 $\varphi = \angle AOB_1 = \Phi$ 时，从动件位移为 h。当从动件尖端处于基圆上时，位移为零。对于摆动从动件而言，其位移为角位移，只需把直动从动件运动参数转化为相应的摆动从动件运动参数即可。

（8）**行程** 从动件在整个推程或回程中移动的最大距离 h 称为行程。

（9）**从动件的运动规律线图** 从动件的运动规律是指机构在运动时，从动件的位移 s、速度 v 和加速度 a 随时间 t 的变化规律。由于凸轮一般为等速转动，其转角 φ 与时间 t 成正比，所以从动件运动规律又常表示成凸轮转角 φ 的函数，即

$$\begin{cases} s = s(\varphi) \\ v = \dfrac{ds}{dt} = \dfrac{ds}{d\varphi}\dfrac{d\varphi}{dt} = \omega\dfrac{ds}{d\varphi} \\ a = \dfrac{dv}{dt} = \dfrac{d^2s}{dt^2} = \dfrac{dv}{d\varphi}\dfrac{d\varphi}{dt} = \omega^2\dfrac{d^2s}{d\varphi^2} \end{cases} \tag{7.1}$$

式中，$\dfrac{ds}{d\varphi}$ 为从动件的角速度（mm/rad），$\dfrac{d^2s}{d\varphi^2}$ 为从动件的角加速度（mm/rad²）。

由于

$$\dfrac{ds}{d\varphi} = \dfrac{ds/dt}{d\varphi/dt} = \dfrac{v}{\omega} \tag{7.2}$$

$$\dfrac{d^2s}{d\varphi^2} = \dfrac{a}{\omega^2} \tag{7.3}$$

出于使用方便的考虑，从动件的运动规律一般用 $s = s(\varphi)$、$\dfrac{ds}{d\varphi} = s'(\varphi)$ 和 $\dfrac{d^2s}{d\varphi^2} = s''(\varphi)$ 三条运动线图表示。图 7.9 所示为对应于图 7.8 的从动件位移线图 $s = s(\varphi)$。

（10）**刚性冲击和柔性冲击** 当从动件由于速度发生突变，加速度在理论上无穷大，导致从动件产生非常大的冲击惯性力，这种冲击称为刚性冲击。若从动件的速度连续而加速度在一定范围内有限的突变，

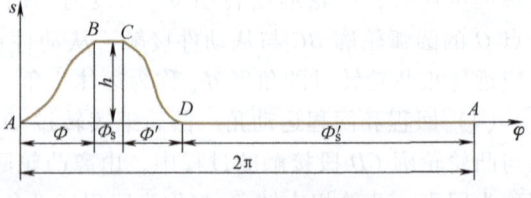

图 7.9 从动件位移线图

导致从动件的惯性力出现有限值的突变，对凸轮产生有限的冲击，称之为柔性冲击。

7.1.3 凸轮机构的特点

凸轮机构具有以下优点：
1）设计相对简单，不论从动件要求的运动规律多么复杂，都可以通过适当地设计凸轮

轮廓来实现。

2）结构简单紧凑、构件少，传动累积误差很小，因此，能够准确地实现从动件要求的运动规律。

3）能实现从动件的转动、移动、摆动等多种运动要求，也可以实现间歇运动。工作可靠，非常适合应用于自动控制中。

凸轮机构的缺点主要有：

1）凸轮与从动件以点或线接触，易磨损，只能用于传力不大的场合。

2）与低副中的圆柱面和平面相比，其加工要困难得多。

3）由于凸轮尺寸的限制，凸轮机构从动件一般不适合大范围的运动。

7.1.4 凸轮机构的分类及命名规则

1. 按凸轮的形状分

（1）盘形凸轮机构　如图 7.1~图 7.3 所示，凸轮是一个具有变化向径的盘形构件。

（2）移动凸轮机构　当盘形凸轮的回转中心趋于无穷远时，凸轮相对机架做直线运动，这时，转动的盘形凸轮变成了移动凸轮，如图 7.4~图 7.6 所示。

（3）圆柱凸轮机构　将移动凸轮绕在圆柱体上或在圆柱体的圆柱面上开曲线凹槽而形成的凸轮机构称为圆柱凸轮机构，它是一种空间凸轮机构，如图 7.7 所示的巧克力送料凸轮机构中的圆柱凸轮。

2. 按从动件的形状分

（1）尖顶从动件凸轮机构　如图 7.1、图 7.3 所示，这种凸轮机构的从动件为尖顶，能与任意形状的凸轮轮廓相接触，从而实现复杂的运动规律。但由于尖顶处易磨损，故多用于受力不大的仪器和机械设备中。

（2）滚子从动件凸轮机构　如图 7.4~图 7.7 所示，为了克服尖顶从动件的缺点，这种凸轮机构在从动件的尖顶处安装一个滚子与凸轮轮廓相接触。由于接触处两构件间的滑动摩擦变为滚动摩擦，所以磨损减轻，可以传递较大的载荷。其缺点是加上滚子后使结构较为复杂。

（3）平底从动件凸轮机构　如图 7.2 所示，这种从动件与凸轮轮廓的接触部分为一个平面，所以它不能与有凹陷轮廓的凸轮保持接触，否则会运动失真。其优点是：当不考虑摩擦时，凸轮与从动件之间的作用力始终与从动件的平底相垂直，传力性能最好（压力角恒等于零）；同时由于平面与凸轮为线接触，可用于传递较大载荷；且接触面上易形成润滑油膜，摩擦系数小、传动效率较高，故常用于高速和较大载荷场合，但不能用于有内凹或直线轮廓的凸轮。

3. 按从动件与凸轮保持接触的方式分

为了使凸轮机构能够正常工作，必须保证凸轮与从动件始终相接触，保持接触的措施称为锁合。锁合方式分为力锁合和形锁合两类。力锁合是利用从动件的重力、弹簧力或其他外力使从动件与凸轮保持接触。如图 7.1 和图 7.4 所示凸轮是以重力锁合，图 7.2、图 7.3、图 7.5、图 7.6 所示凸轮是以弹簧力锁合。形锁合是靠凸轮与从动件的特殊结构形状，来保持两者接触，如图 7.7 所示的凹槽等。

4. 按从动件的运动形式分

从动件分为做往复直线运动的直动从动件（图 7.1、图 7.2、图 7.4、图 7.5、图 7.7）

和做往复摆动的摆动从动件（图7.3和图7.6）。直动从动件又可分为对心直动从动件和偏置直动从动件。若直动从动件轴线通过凸轮的回转轴线则称其为对心直动从动件（图7.1）；反之，若不通过凸轮的回转轴线则称其为偏置直动从动件（图7.8）。

5. 凸轮机构的命名规则

一般按"从动件运动形式+从动件形状+凸轮形状+机构"来命名，如偏置直动尖顶从动件盘形凸轮机构（图7.8）、摆动滚子从动件圆柱凸轮机构。

为了便于设计选型，表7.1列出了不同类型的凸轮和从动件组合而成的凸轮机构。

表7.1 凸轮机构的分类

盘形凸轮机构			圆柱凸轮机构	移动凸轮机构
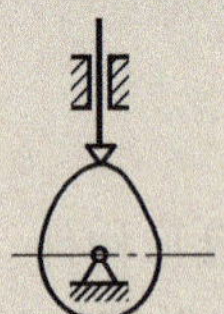 对心直动尖顶从动件	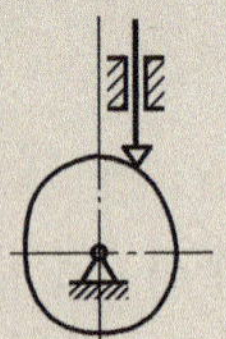 偏置直动尖顶从动件	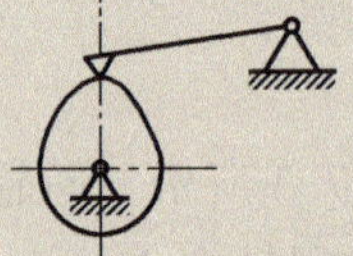 摆动尖顶从动件	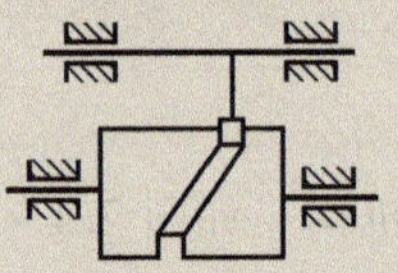 直动滚子从动件	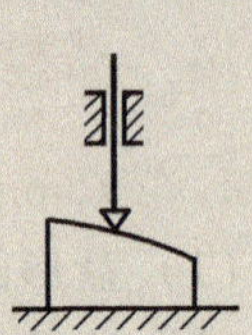 直动尖顶从动件
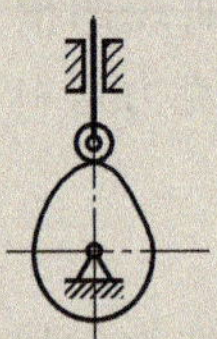 对心直动滚子从动件	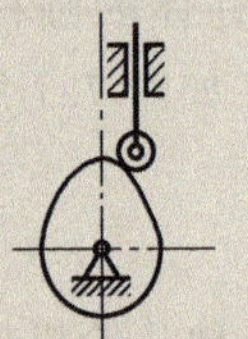 偏置直动滚子从动件	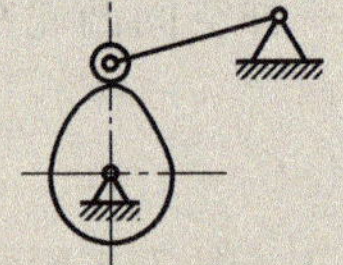 摆动滚子从动件	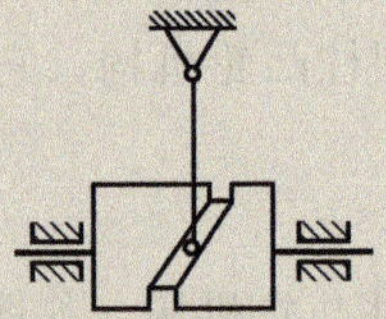 摆动从动件	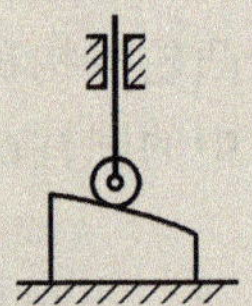 直动滚子从动件
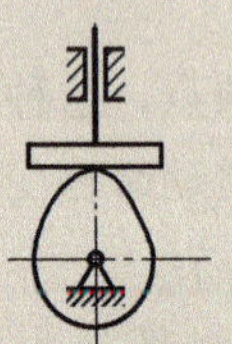 对心直动平底从动件	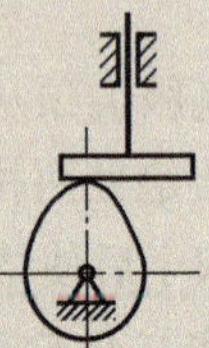 偏置直动平底从动件	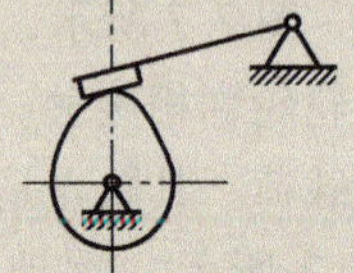 摆动平底从动件	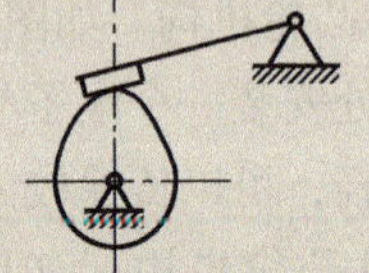 直动滚子从动件	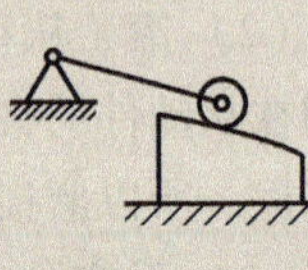 摆动滚子从动件

7.2 从动件的运动规律

凸轮机构设计的基本任务是根据工作要求选定合适的凸轮机构的型式和从动件的运动规律，并合理地选定有关的结构尺寸，然后根据选定的从动件的运动规律设计出凸轮应具有的轮廓曲线。所以，根据工作要求选定从动件的运动规律，是凸轮轮廓曲线设计的前提。且从动件运动规律选择得合适与否，直接关系到凸轮机构的工作质量。本节将介绍推杆常用的几种运动规律，并对推杆运动规律的选择问题做简要的讨论。

7.2.1 从动件常用的运动规律

在实践工作中，从动件运动规律的曲线是多种多样的。经过长期的理论研究和生产实践，人们发现了多种具有不同运动特性的运动规律。下面介绍几种常用运动规律。

1. 多项式运动规律

当从动件的运动规律用多项式表达时，其位移 s 的表达式为

$$s = c_0 + c_1\varphi + c_2\varphi^2 + \cdots + c_n\varphi^n \tag{7.4}$$

式中，φ 为凸轮转角；c_0，c_1，$\cdots$，c_n 为待定系数，需根据从动件在不同运动阶段的边界条件来确定。

（1）一次多项式运动规律　一次多项式运动规律又称为等速运动规律。从动件在运动过程中，运动速度始终保持恒定的运动规律称为等速运动规律。当凸轮以等角速度 ω 转动时，可以得出凸轮推程段的运动方程为

$$\begin{cases} s = c_0 + c_1\varphi \\ v = \dfrac{\mathrm{d}s}{\mathrm{d}t} = c_1\omega \\ a = \dfrac{\mathrm{d}v}{\mathrm{d}t} = 0 \end{cases} \tag{7.5}$$

设在起点处 $\varphi = 0$，$s = 0$，在推程终点处 $\varphi = \varPhi$，$s = h$，代入式（7.5），可求得 $c_0 = 0$，$c_1 = h/\varPhi$。所以，一次多项式运动规律推程阶段的运动方程为

$$\begin{cases} s = \dfrac{h}{\varPhi}\varphi \\ v = \dfrac{h}{\varPhi}\omega \quad\quad 0 \leq \varphi \leq \varPhi \\ a = 0 \end{cases} \tag{7.6}$$

回程时，位移 s 应在最大行程 h 的基础上逐渐减小到 0。在 $\varphi = \varPhi + \varPhi_s$ 时，$s = h$；在 $\varphi = \varPhi + \varPhi_s + \varPhi'$ 时，$s = 0$。因此，可以求得 $c_0 = h + \dfrac{h}{\varPhi'}(\varPhi + \varPhi_s)$，$c_1 = -h/\varPhi'$。所以，一次多项式运动规律回程阶段的运动方程为

$$\begin{cases} s = h - \dfrac{h}{\varPhi'}(\varphi - \varPhi - \varPhi_s) \\ v = -\dfrac{h}{\varPhi'}\omega \quad\quad \varPhi + \varPhi_s \leq \varphi \leq \varPhi + \varPhi' + \varPhi_s \\ a = 0 \end{cases} \tag{7.7}$$

根据式（7.6）和式（7.7）可以绘出一次多项式运动规律的运动线图。当 $\varPhi_s = 0$ 时，运动线图如图 7.10 所示。在速度线图中，速度的变化在起始、中间、终了处都存在着突变。因此在这三个位置的加速度图上显示出加速度趋近于无穷大，这会导致从动件产生的惯性力在理论上为无穷大。但由于材料有弹性，惯性力是不会达到无穷大的。虽然惯性力不会达到无穷大，但推杆仍将产生非常大的惯性力，使凸轮机构受到极大的冲击。这种冲击属于刚性冲击，对机构传动极为不利。因此，等速运动规律很少单独使用，或只能应用于凸轮转速很低的场合。

（2）二次多项式运动规律　二次多项式运动规律也称为等加速等减速运动规律，其运动方程的形式为

$$\begin{cases} s = c_0 + c_1\varphi + c_2\varphi^2 \\ v = c_1\omega + 2c_2\omega\varphi \\ a = 2c_2\omega^2 \end{cases} \quad (7.8)$$

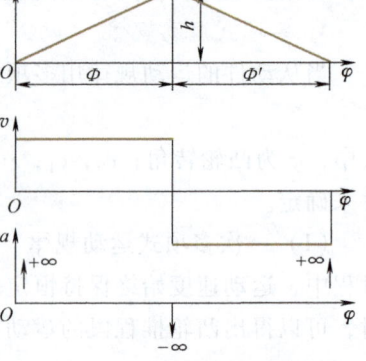

图7.10 一次多项式运动
规律运动线图

在等加速等减速运动规律中，为使凸轮机构运动平稳，通常使从动件在前半程做加速运动，在后半程做减速运动。设这两个阶段凸轮转角均为 $\Phi/2$，则在推程阶段前半程的边界条件为 $\varphi = 0$、$s = 0$、$v = 0$；$\varphi = \Phi/2$、$s = h/2$，代入式（7.8）中，得 $c_0 = 0$、$c_1 = 0$、$c_2 = \dfrac{2h}{\Phi^2}$。所以，推程阶段前半程 $\varphi \in [0, \Phi/2]$ 范围内等加速段的运动方程为

$$\begin{cases} s = \dfrac{2h}{\Phi^2}\varphi^2 \\ v = \dfrac{4h\omega}{\Phi^2}\varphi \\ a = \dfrac{4h\omega^2}{\Phi^2} \end{cases} \quad (7.9)$$

利用推程减速段的边界条件：$\varphi = \Phi/2$、$s = h/2$；$\varphi = \Phi$、$s = h$、$v = 0$。代入式（7.8）中，得 $c_0 = -h$，$c_1 = \dfrac{4h}{\Phi}$，$c_2 = -\dfrac{2h}{\Phi^2}$。所以，推程阶段后半程 $\varphi \in [\Phi/2, \Phi]$ 范围内等减速段的运动方程为

$$\begin{cases} s = h - \dfrac{2h}{\Phi^2}(\Phi - \varphi)^2 \\ v = \dfrac{4h\omega}{\Phi^2}(\Phi - \varphi) \\ a = -4h\left(\dfrac{\omega}{\Phi}\right)^2 \end{cases} \quad (7.10)$$

同理，可求出回程段的运动方程。若 $\Phi_s = 0$，则当 $\varphi \in [\Phi, \Phi + \Phi'/2]$ 时，从动件做等加速运动，其运动方程为

$$\begin{cases} s = h - \dfrac{2h}{\Phi'^2}(\varphi - \Phi)^2 \\ v = -\dfrac{4h\omega}{\Phi'^2}(\varphi - \Phi) \\ a = -4h\left(\dfrac{\omega}{\Phi'}\right)^2 \end{cases} \quad (7.11)$$

当 $\varphi \in [\Phi + \Phi'/2, \Phi + \Phi']$ 时，从动件做等减速运动，其运动方程为

$$\begin{cases} s = \dfrac{2h}{\Phi'^2}(\Phi' + \Phi - \varphi)^2 \\ v = -\dfrac{4h\omega}{\Phi'^2}(\Phi' + \Phi - \varphi) \\ a = 4h(\omega/\Phi')^2 \end{cases} \quad (7.12)$$

设推程角 Φ 与回程角 Φ' 相等，则根据式（7.9）~式（7.12）可以绘制出二次多项式运动规律的运动线图，如图 7.11 所示。

以等加速等减速推程段为例，已知从动件推程运动角 Φ 和行程 h，绘制从动件的位移曲线，s-φ 作图方法如下：

1）选取横坐标轴代表凸轮转角 φ，纵坐标轴代表从动件位移 s。选取适当的角度比例尺 μ_φ（°/mm）和位移比例尺 μ_s（m/mm）。

2）在横坐标轴上按所选角度比例尺 μ_φ 截取 Φ 和 $\Phi/2$，在纵坐标轴上按位移比例尺 μ_s 截取 h 和 $h/2$。

3）将 $\Phi/2$ 等分（如 3 等分）。由位移方程可知，当 $\varphi = 1$、2、3 时，s 分别为 1、4、9，因此，可在位移坐标上将 $h/2$ 按 1、4、9 的比例关系同样划分 3 份。绘图时可在点 O 处引出斜线作为比例划分的辅助线。

4）由各等分点的对应关系可得抛物线点 $1'$、$2'$、$3'$ 等（图 7.11）。

5）以光滑曲线连接顶点 O 与各交点 $1'$、$2'$、$3'$ 等，即得等加速段的位移曲线。同理可得推程等减速段以及回程等加速、等减速段的位移曲线。

由加速度线图可知，在 O、A、C、D 四点处加速度有突变，由于加速度突变为一有限值，惯性力的突变也是有限的，对于凸轮的冲击也是有限的，因此等加速等减速运动规律是具有柔性冲击的。

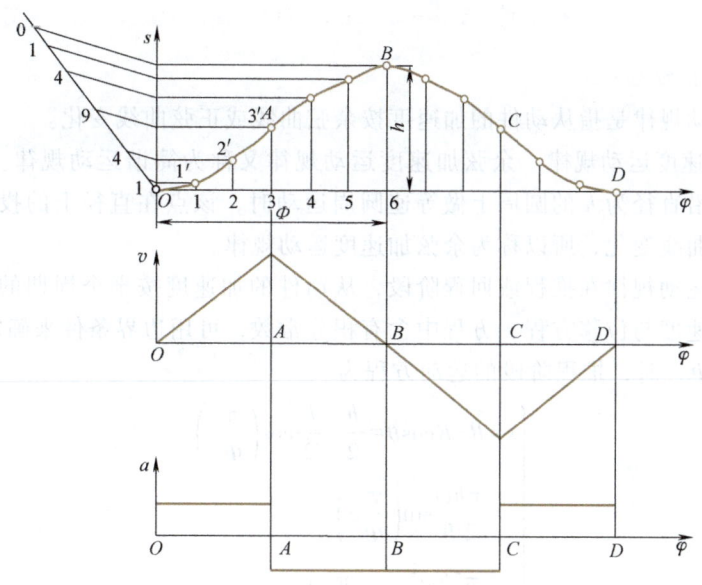

图 7.11　二次多项式运动规律运动线图

（3）五次多项式运动规律　当采用五次多项式时，表达式为

$$\begin{cases} s = c_0 + c_1\varphi + c_2\varphi^2 + c_3\varphi^3 + c_4\varphi^4 + c_5\varphi^5 \\ v = c_1\omega + 2c_2\omega\varphi + 3c_3\omega\varphi^2 + 4c_4\omega\varphi^3 + 5c_5\omega\varphi^4 \\ a = 2c_2\omega^2 + 6c_3\omega^2\varphi + 12c_4\omega^2\varphi^2 + 20c_5\omega^2\varphi^3 \end{cases} \quad (7.13)$$

在 $\varphi \in [0, \Phi/2]$ 时，推程阶段的边界条件为 $\varphi = 0$ 时，$s = 0$、$v = 0$，$a = 0$；$\varphi = \Phi$ 时，$s = h$、$v = 0$、$a = 0$。将其代入式（7.13），可求出：$c_0 = c_1 = c_2 = 0$，$c_3 = \dfrac{10h}{\Phi^3}$，$c_4 = -\dfrac{15h}{\Phi^4}$，$c_5 = \dfrac{6h}{\Phi^5}$。所以，推程阶段的运动方程为

$$\begin{cases} s = \dfrac{10h}{\Phi^3}\varphi^3 - \dfrac{15h}{\Phi^4}\varphi^4 + \dfrac{6h}{\Phi^5}\varphi^5 \\ v = h\omega\left(\dfrac{30}{\Phi^3}\varphi^2 - \dfrac{60}{\Phi^4}\varphi^3 + \dfrac{30}{\Phi^5}\varphi^4\right) \\ a = h\omega^2\left(\dfrac{60}{\Phi^3}\varphi - \dfrac{180}{\Phi^4}\varphi^2 + \dfrac{120}{\Phi^5}\varphi^3\right) \end{cases} \quad (7.14)$$

同理，可求出回程段的运动方程。根据式（7.14）和回程段方程可以绘出五次多项式运动规律的运动线图，如图 7.12 所示。由加速度线图可知，五次多项式运动规律的加速度随凸轮转角的变化是连续的，因而没有冲击现象，运动平稳性好，可用于高速凸轮机构。

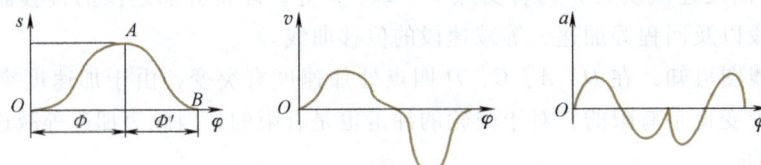

图 7.12　五次多项式运动规律的运动线图

2. 三角函数运动规律

三角函数运动规律是指从动件的加速度按余弦曲线或正弦曲线变化。

（1）余弦加速度运动规律　余弦加速度运动规律又称为简谐运动规律。简谐运动规律是指当一个质点沿直径为 h 的圆周上做等速圆周运动时，该点在直径上的投影所做的运动。其加速度按余弦曲线变化，所以称为余弦加速度运动规律。

余弦加速度运动规律在推程或回程阶段，从动件的加速度按半个周期的余弦关系变化，可用积分法写出速度与位移方程，方程中含有积分常数，可用边界条件来确定这些常数。

在 $\varphi \in [0, \Phi]$ 时，推程阶段的运动方程为

$$\begin{cases} s = R - R\cos\theta = \dfrac{h}{2} - \dfrac{h}{2}\cos\left(\dfrac{\pi}{\Phi}\varphi\right) \\ v = \dfrac{\pi h\omega}{2\Phi}\sin\left(\dfrac{\pi}{\Phi}\varphi\right) \\ a = \dfrac{\pi^2 h\omega^2}{2\Phi^2}\cos\left(\dfrac{\pi}{\Phi}\varphi\right) \end{cases} \quad (7.15)$$

若 $\Phi_s = 0$，则在 $\varphi \in [\Phi, \Phi + \Phi']$ 时，回程阶段的运动方程为

$$\begin{cases} s = \dfrac{h}{2} + \dfrac{h}{2}\cos\left[\dfrac{\pi}{\Phi'}(\varphi-\Phi)\right] \\ \\ v = -\dfrac{\pi h\omega}{2\Phi'}\sin\left[\dfrac{\pi}{\Phi'}(\varphi-\Phi)\right] \\ \\ a = -\dfrac{\pi^2 h\omega^2}{2\Phi'^2}\cos\left[\dfrac{\pi}{\Phi'}(\varphi-\Phi)\right] \end{cases} \quad (7.16)$$

根据式（7.15）和式（7.16）可以绘出余弦加速度运动规律的运动线图，如图 7.13 所示。

简谐运动曲线的作图方法：以从动件的行程 h 为直径作一半圆，并将此半圆分成若干等份（由作图精确度要求确定，本例取 6 等份），得点 $1'$、$2'$、$3'$、$4'$、$5'$、$6'$。然后把凸轮转角也分为同样等份，并把圆周上的等分点高度投影到相应的等分点 1、2、3、4、5、6 所作横坐标轴的垂线上，即得各点的位移。最后光滑连接各点，即得从动件的位移线图，如图 7.13 所示。

由图可以看出，余弦加速度运动规律，只有开始和停止时存在加速度突变，产生柔性冲击。但如果从动件在工作过程中连续不停地升降，则加速度就是无突变的连续变化曲线，这时也就没有冲击了。

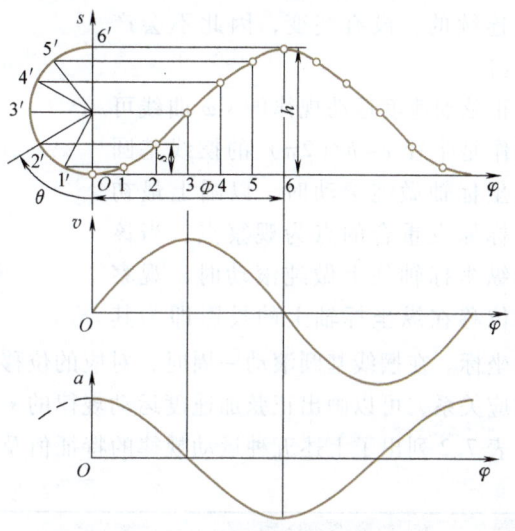

图 7.13　余弦加速度运动规律的运动线图

（2）正弦加速度运动规律（摆线运动规律）　正弦加速度运动规律因其位移为摆线在纵轴上的投影，所以又称为摆线运动规律。在推程或回程阶段，这种运动规律的加速度线图为一正弦曲线，属于无冲击的运动规律。这种运动规律的加速度曲线光滑、连续，所以工作时振动、噪声都比较小，可以用于高速、轻载的场合。

在 $\varphi \in [0, \Phi]$ 时，推程阶段的运动方程为

$$\begin{cases} s = h\left[\dfrac{\varphi}{\Phi} - \dfrac{1}{2\pi}\sin\left(\dfrac{2\pi}{\Phi}\varphi\right)\right] \\ \\ v = \dfrac{h\omega}{\Phi}\left[1 - \cos\left(\dfrac{2\pi}{\Phi}\varphi\right)\right] \\ \\ a = \dfrac{2\pi h\omega^2}{\Phi^2}\sin\left(\dfrac{2\pi}{\Phi}\varphi\right) \end{cases} \quad (7.17)$$

若 $\Phi_s = 0$，则在 $\varphi \in [\Phi, \Phi+\Phi']$ 时，回程阶段的运动方程为

$$\begin{cases} s = h - \dfrac{h}{\Phi'}(\varphi-\Phi) + \dfrac{h}{2\pi}\sin\left[\dfrac{2\pi}{\Phi'}(\varphi-\Phi)\right] \\ v = \dfrac{h\omega}{\Phi'}\cos\left[\dfrac{2\pi}{\Phi'}(\varphi-\Phi)\right] - \dfrac{h}{\Phi'}\omega \\ a = -\dfrac{2\pi h\omega^2}{\Phi'^2}\sin\left[\dfrac{2\pi}{\Phi'}(\varphi-\Phi)\right] \end{cases}$$

(7.18)

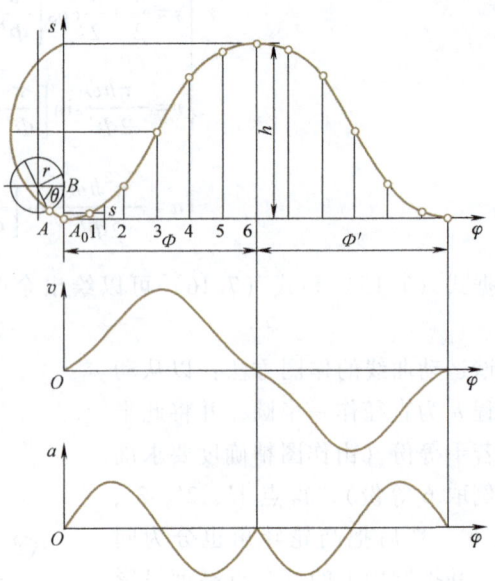

图7.14 正弦加速度运动规律的运动线图

图7.14所示为正弦加速度运动规律的运动线图。由加速度线图可知,从动件运动的加速度随凸轮转角的变化是连续的,没有突变,因此不会产生冲击。

正弦加速度运动规律的 s-φ 曲线可以看作是半径 $r = h/(2\pi)$ 的摆线基圆沿纵坐标轴做纯滚动时,以圆上最初和坐标原点重合的点为观察点,当该圆沿纵坐标轴往上做纯滚动时,观察点的位移在纵坐标轴上的投影即为其高度坐标。在摆线基圆滚动一周时,对应的位移高度为 h,对应的推程运动角为 Φ,利用这一对应关系,可以画出正弦加速度运动规律的 s-φ 曲线。

表7.2列出了上述五种运动规律的特征值及适用的场合,供设计凸轮时参考。

表7.2 从动件常用运动规律的特征值及适用场合

运动规律	最大速度 $v_{max} = \dfrac{h\omega}{\Phi}\times$	最大加速度 $a_{max} = \dfrac{h\omega^2}{\Phi^2}\times$	最大跃度 $j_{max} = \dfrac{h\omega^3}{\Phi^3}\times$	冲击	应用场合
等速运动规律	1.00	∞	∞	刚性冲击	低速、轻载
等加速等减速运动规律	2.00	4.00	∞	柔性冲击	中速、轻载
五次多项式运动规律	1.88	5.77	60.00	无	高速、中载
正弦加速度运动规律	2.00	6.28	39.48	无	中高速、轻载
余弦加速度运动规律	1.57	4.93	∞	柔性冲击	中低速、重载

3. 组合运动规律

上述各种运动规律是凸轮机构从动件运动规律的基本型式,它们各有优缺点。为了扬长避短,可以将数种基本的运动规律组合起来,构成组合型运动规律。组合的原则如下。

1) 对于中、低速运动的凸轮机构,为避免刚性冲击,从动件的位移曲线和速度曲线(包括起点和终点在内)必须连续,即要求位移曲线和速度曲线在连接点处其值应分别相等。

2) 对于中、高速运动的凸轮机构,还应避免柔性冲击,这就要求从动件的加速度曲线(包括起点和终点在内)也必须连续,即要求位移曲线、速度曲线和加速度曲线在连接点处其值应分别相等。

3）在满足以上两个条件的情况下，还应使最大速度和最大加速度的值尽可能小。各段运动规律要有较好的动力特性。

构造组合型运动规律时，可根据凸轮机构的工作性能指标，选择一种基本运动规律作为主体，再用其他类型的基本运动规律与之组合，通过优化对比，寻求最佳的组合型式。从而避免在运动的始、末位置发生刚性冲击或柔性冲击，降低动力参数的幅值等。

组合型运动规律设计比较灵活，易于满足各种运动要求，因而应用日益广泛。其类型很多，下面简单介绍两种比较典型的组合型运动规律。

（1）改进等速运动规律　为了消除单纯的等速运动规律所导致的刚性冲击，利用其 v_{max} 值较小，能实现机械等速工作的优点，通常可在运动的起始区段和终止区段上划出一部分凸轮转角范围，改用其他类型的运动规律，即构成改进等速运动规律。图 7.15 所示为用五次多项式运动规律改进等速运动规律的推程运动线图。由图可知，五次多项式改进的等速运动规律与原等速运动规律相比，原直线斜率略有变化，速度曲线在起始和终了位置变得更加平缓，加速度曲线无突变现象，因此从动件可以实现无刚性冲击和柔性冲击。

（2）改进梯形加速度运动规律　等加速等减速运动规律的优点是加速度的幅值 a_{max} 较小，但加速度曲线不连续，有柔性冲击。为此，可在等加速等减速运动规律的加速度曲线突变处用一段斜直线过渡，加速度曲线由两个梯形构成，故称为梯形加速度运动规律，这种运动规律的加速度曲线无突变，避免了柔性冲击。若用正弦曲线代替上述梯形斜边直线，则可使加速度曲线光滑连续，如图 7.16 所示。这种规律称为改进梯形加速度运动规律，它具有良好的动力性能，适用于高速、轻载的场合。

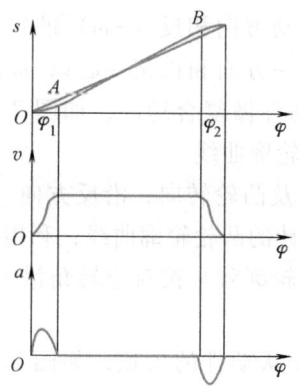

图 7.15　改进等速运动规律

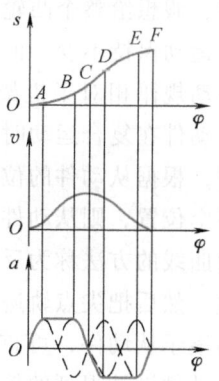

图 7.16　改进梯形加速度运动规律

7.2.2　从动件运动规律的选择与设计

选择与设计从动件的运动规律是凸轮机构设计的一项重要内容。在进行运动规律的选择与设计时，不但要考虑凸轮机构的实际工作要求，还要考虑凸轮机构的工作速度和载荷的大小、从动件系统的质量、动力特性以及加工制造等因素。具体地讲，主要需要注意以下几点。

1）从动件的最大速度 v_{max} 应尽量小。v_{max} 越大，最大动量 mv_{max} 越大，特别是当从动件系统的质量 m 较大时，过大的动量会导致凸轮机构产生极大的冲击力，因此，应限制从动件的最大速度 v_{max}。

2）从动件的最大加速度 a_{max} 应尽量小，且无突变。由于从动件的惯性力为 $F=-ma$，因此 a_{max} 越大，机构的惯性力就越大。特别是对于高速凸轮，应限制最大加速度 a_{max}，以减小机构惯性力的危害，改善凸轮机构的动力性能。

3）从动件的最大跃度 j_{max} 应尽量小。跃度是加速度的一阶导数，它反映了惯性力的变化率，直接影响着机构的振动和运动平稳性，因此其越小越好。

总之，在选择与设计从动件的运动规律时，一般都希望 v_{max}、a_{max}、j_{max} 等值尽可能小，但因为这些值之间是相互制约的，往往是此抑彼长，一般需要根据实际的工作要求，分清主次来选择特性相对比较理想的运动规律曲线。必要时，可对从动件运动规律的 v_{max}、a_{max} 和 j_{max} 等值进行优化计算。

7.3 凸轮轮廓曲线的设计

首先根据工作要求和结构条件选定凸轮机构的型式，并确定凸轮的基圆半径、滚子半径等基本尺寸，完成从动件运动规律的设计和凸轮转向的确定，然后进行凸轮轮廓曲线的设计。设计的方法有图解法和解析法，本节将分别介绍。

7.3.1 凸轮轮廓曲线设计原理——反转法

凸轮机构工作时凸轮与从动件都在运动，为了绘制凸轮轮廓，假定凸轮相对静止。根据相对运动原理，假想给整个凸轮机构附加上一个与凸轮转动方向相反（$-\omega$）的转动，此时各构件的相对运动保持不变，但凸轮相对静止，而从动件一方面和机架一起以 $-\omega$ 转动，同时还以原有运动规律相对于机架导路做往复移动，即从动件做复合运动，如图7.17所示。可以看出，从动件在复合运动时其尖点的轨迹就是凸轮的轮廓曲线。

在设计时，根据从动件的位移线图和设定的基圆半径及凸轮转向，沿反方向（$-\omega$）做出从动件的各个位置，则从动件尖点的运动轨迹，即为设计的凸轮轮廓曲线，利用这种原理绘制凸轮轮廓曲线的方法称为反转法。用反转法设计凸轮轮廓就是按对应转角沿 $-\omega$ 方向绘制从动件位置，然后把尖点轨迹用光滑曲线连接起来。

如果采用滚子从动件，可首先把滚子中心看成是尖顶从动件的尖顶，如图7.18所示，此时按尖顶从动件设计得到的轮廓线 β_0 称为理论轮廓线。然后以理论轮廓线上各点为圆心画一系列滚子圆，再绘制这些滚子圆的内包络线 β，它就是滚子从动件凸轮机构的实际轮廓线。需要注意的是，凸轮的基圆半径是指凸轮的轴心到理论轮廓线的最小向径 r_{min}。

7.3.2 凸轮轮廓曲线的设计方法

1. 用图解法设计凸轮轮廓曲线

（1）对心直动尖顶从动件盘形凸轮轮廓的设计　　当移动件的导路中心线通过凸轮回转中心时，称为对心直动从动件凸轮机构。在已知从动件的运动规律、凸轮的基圆半径 r_0、凸轮角速度 ω 和凸轮转向的条件下即可绘出凸轮的轮廓曲线。

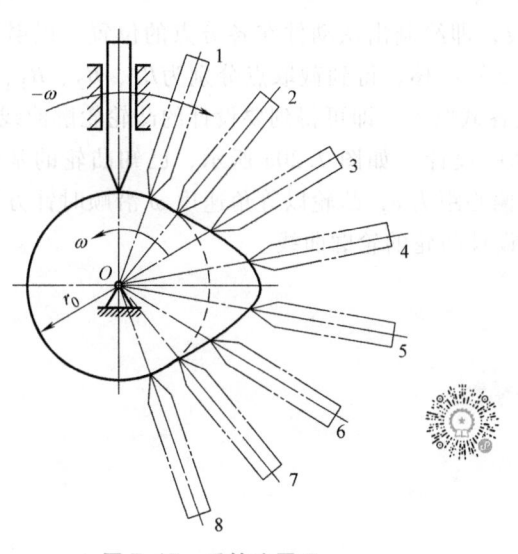

图 7.17 反转法原理   图 7.18 对心直动滚子从动件盘形凸轮

如图 7.19a 所示,设凸轮沿顺时针方向转动,基圆半径 r_0 已确定,从动件的位移线图根据工作要求已经给出,如图 7.19b 所示,要求设计直动尖顶从动件盘形凸轮的轮廓。设计步骤如下。

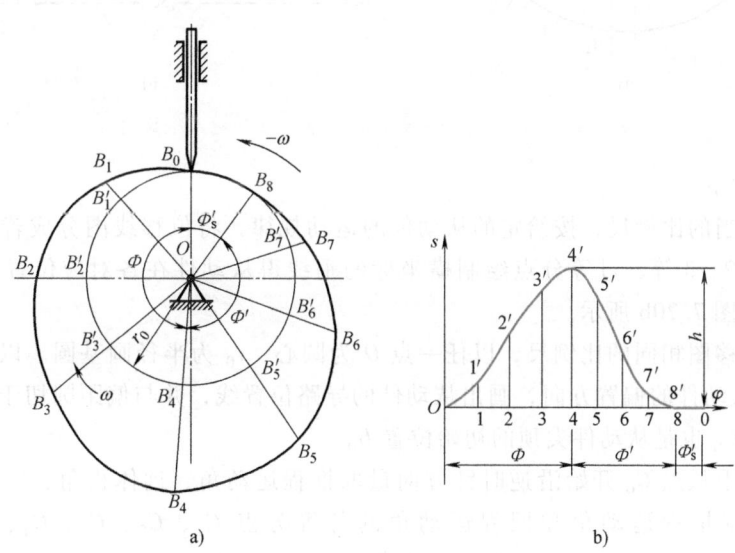

图 7.19 对心直动尖顶从动件盘形凸轮轮廓的设计

1) 确定作图比例尺,包括尺寸比例尺 u_l 和角度比例尺 u_φ。

2) 画基圆,并以能通过基圆中心的任一直线作为从动件中心线,以其与基圆交点 B_0 作为从动件尖点的起始位置。

3) 确定推程和回程的等分数,并以点 B_0 为初始点按 $-\omega$ 方向对应分段等分基圆圆周。一般先按推程运动角 Φ、远休止角 Φ_s、回程运动角 Φ'、近休止角 Φ'_s 分大段,再分别将推程运动角 Φ 和回程运动角 Φ' 细分为等分数。如图 7.19a 所示,对推程角和回程角各 4 等分,

得到等分点 B_1'、B_2'、B_3'、B_4'、B_5'、B_6'、B_7'、B_8'。

4) 通过基圆圆心向外画各等分点的射线，即绘制出从动件在各分点的位置。以射线与基圆的交点为起点顺次在各射线上截取对应点的位移，得到截取点分别为 B_1、B_2、B_3、B_4、B_5、B_6、B_7、B_8。然后以光滑曲线顺次连接各截取点，即可得到要设计的凸轮轮廓曲线。

(2) 偏置直动尖顶从动件盘形凸轮轮廓的设计 如图 7.20a 所示，已知凸轮的基圆半径为 r_0，从动件轴线偏于凸轮轴心的左侧，偏心距为 e，凸轮以等角速度 ω 沿顺时针方向转动，从动件的位移曲线如图 7.20b 所示，试设计凸轮的轮廓曲线。

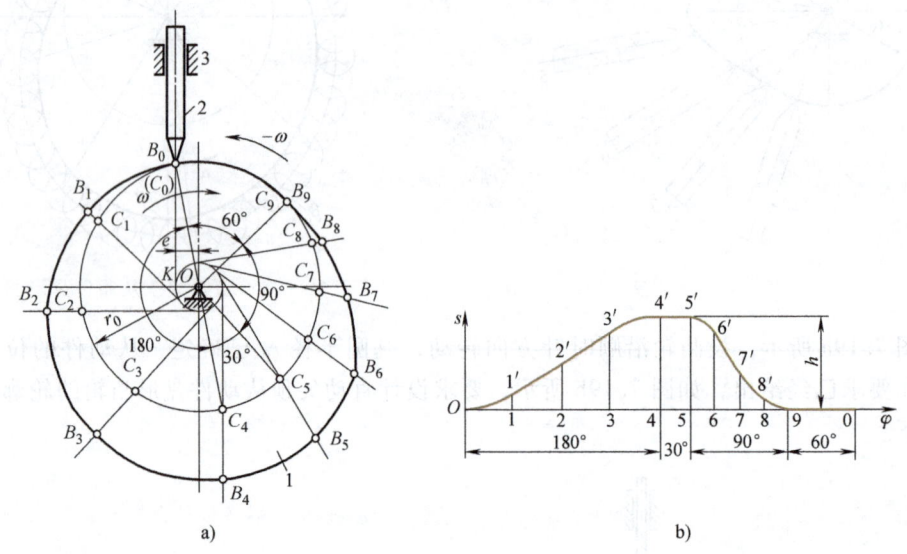

图 7.20 偏置直动尖顶从动件盘形凸轮轮廓的设计

作图步骤如下：

1) 选取适当的比例尺，按给定的从动件的运动规律，将位移线图分成若干等分，得横坐标轴上点 1、2、3 等，过等分点绘制横坐标的垂线得从动件在各对应位置时的位移 $11'$、$22'$、$33'$ 等，如图 7.20b 所示。

2) 取与位移图相同的比例尺，以任一点 O 为圆心，r_0 为半径画基圆。以 e 为半径画偏距圆，并选定从动件的偏置方向，画出从动件的导路位置线，并与偏距圆切于点 K，与基圆交于点 C_0，点 C_0 也是从动件尖顶的初始位置 B_0。

3) 在基圆上从点 C_0 开始沿逆时针方向量取推程运动角、远休止角、回程运动角及近休止角，并绘制推程运动角和回程运动角的各等分点 C_1、C_2、C_3、C_4、C_5、C_6、C_7、C_8、C_9。

4) 分别过各等分点 C_1、C_2、C_3、C_4、C_5、C_6、C_7、C_8、C_9 绘制偏距圆的一系列切线，这些切线就是从动件导路在反转过程中的一系列位置线。

5) 在偏距圆的切线上，从基圆起向外截取从动件相应的位移量 $C_1B_1 = 11'$、$C_2B_2 = 22'$、…、$C_8B_8 = 88'$，得到尖顶相对于凸轮的一系列位置 B_1、B_2、…、B_8。将 B_0、B_1、B_2、…、B_8、B_9 连成光滑的曲线，即得所求的凸轮轮廓曲线，其中等径圆弧段 B_4B_5 和 B_9B_0 分别为从动件在远、近休止时所对应的凸轮轮廓曲线。

(3) 直动滚子从动件盘形凸轮轮廓的设计 对于滚子从动件盘形凸轮机构，设计方法与上述方法基本相同。只要把从动件上的滚子中心看作尖顶,则由上述方法得出的轮廓曲线即为理论轮廓曲线,以滚子半径 r_T 为半径,以理论轮廓曲线上的各点为圆心,画一系列圆,得到这些圆所形成的内包络曲线就是设计所要求的轮廓曲线、即凸轮的实际轮廓曲线,其中 r_0 是指凸轮的轴心到理论轮廓线的最小向径。

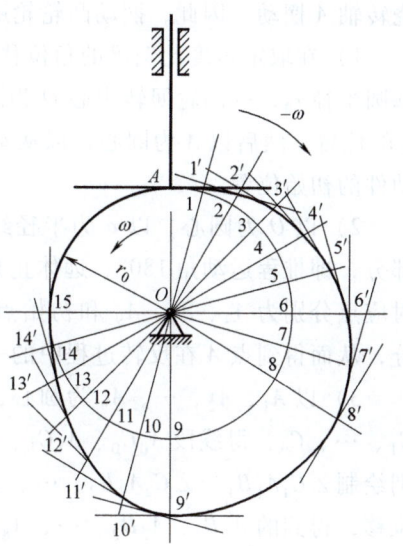

图 7.21 对心直动平底从动件盘形凸轮轮廓的设计

(4) 对心直动平底从动件盘形凸轮轮廓的设计 对心直动平底从动件盘形凸轮轮廓曲线画法与上述方法相似,图 7.21 为平底与导路方向垂直的直动从动件对心凸轮机构(也可设计成偏置式)。如果将平底与从动件导路的交点处看作尖顶从动件的尖顶,则可按前述方法找出从动件在反转过程中的一系列位置 $1'$、$2'$、$3'$、…、$14'$、15,然后过这些点绘制出一系列代表平底的直线(此处的平底垂直于导路),再画出这些直线簇的包络线就可得到凸轮的实际轮廓线。

(5) 摆动从动件盘形凸轮轮廓的设计 如图 7.22a 所示,已知凸轮沿顺时针方向以 ω 等速回转,基圆半径 r_0,从动件运动规律为 $\psi = \psi(\varphi)$,角位移线图如图 7.22b 所示。凸轮与摆动从动件的中心距 $l_{OA} = a$,摆动从动件的长度 $l_{AB} = l$,试设计该摆动从动件盘形凸轮的轮廓曲线。

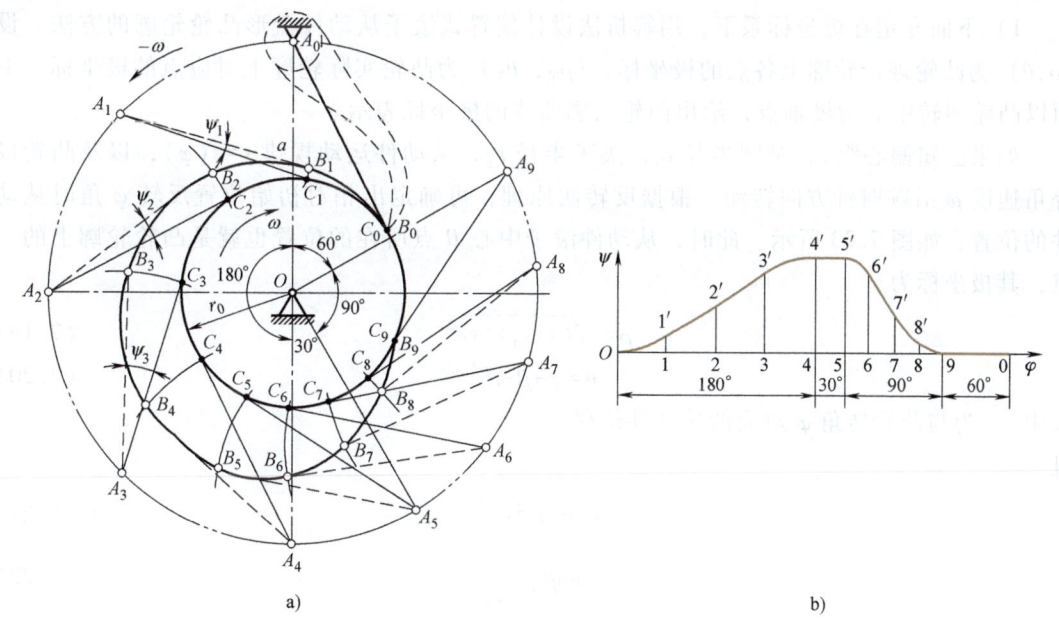

图 7.22 摆动从动件盘形凸轮轮廓的设计

同样采用反转法图解,给整个机构绕凸轮转动中心 O 加一个公共角速度 $-\omega$ 时,凸轮将固定不动,从动件的转轴 A 将以角速度 $-\omega$ 绕点 O 转动,同时从动件将仍按原有的运动规律

绕转轴 A 摆动。因此，摆动凸轮轮廓曲线可按下述步骤进行设计。

1）在取定角度比例尺的角位移线图上，将推程及回程运动角分别进行若干等分。选定基圆半径 r_0，以凸轮回转中心 O 为圆心绘制基圆。并根据已知的中心距 a，确定从动件转轴 A 的位置。然后以 A 为圆心，以从动件杆长 l 为半径画圆弧，交基圆于点 B_0。A_0B_0 即为从动件的初始位置。

2）以 O 为圆心，以 a 为半径绘制辅助圆，并自点 A 开始沿着 $-\omega$ 方向将该圆分成四个部分，即推程运动角 180°、远休止角 30°、回程运动角 90°及近休止角 60°，如图 7.22a 中各对应点分别为 A_4、A_5、A_9 和初始点 A_0。将推程和回程运动角分成与角位移线图相同的等分，从而得到点 A 在反转过程中的一系列位置 A_0、A_1、A_2、…、A_9。

3）以 A_1、A_2、…、A_9 为圆心，以从动件杆长 l 为半径，分别画圆弧，交基圆于点 C_0、C_1、…、C_9，得线段 A_0C_0、A_1C_1、…、A_9C_9，作为各分点角位移度量的起始位置。然后分别绘制 $\angle C_1A_1B_1$、$\angle C_2A_2B_2$、…、$\angle C_8A_8B_8$，其大小等于角位移线图上对应等分点处的角位移，得到的 A_1B_1、A_2B_2、…、A_8B_8，代表从动件在反转过程中依次占据的位置，点 B_0、B_1、…、B_8、B_9 即为反转过程中从动件尖端的运动轨迹。将点 B_0、B_1、…、B_8、B_9 连成光滑曲线，即得凸轮的轮廓曲线。

2. 用解析法设计凸轮轮廓曲线

图解法绘制凸轮轮廓简便、直观，但受绘图精度的影响较大，且设计结构难以直接用于数控机床加工编程，所以一般仅应用于低速或精度要求不高的场合。对于高速或精度要求较高以及需要数控机床加工的凸轮，常采用解析法设计。解析法就是利用解析式计算出凸轮上各点的位置坐标。常用的坐标系有直角坐标系和极坐标系两种。

1）下面介绍在极坐标系下，用解析法设计偏置式滚子从动件盘形凸轮轮廓的方法。设 (ρ, θ) 为凸轮理论轮廓上各点的极坐标，(ρ_T, θ_T) 为凸轮实际轮廓上对应点的极坐标。下面以凸轮回转中心为极轴点，给出凸轮轮廓曲线的极坐标表示。

如果已知偏心距 e，基圆半径 r_0，滚子半径 r_T，从动件运动规律 $s=s(\varphi)$，以及凸轮以等角速度 ω 沿顺时针方向转动。根据反转法原理，可确定出相对初始位置反转 φ 角时从动件的位置，如图 7.23 所示。此时，从动件滚子中心 B 点所在的位置也就是凸轮轮廓上的一点，其极坐标为

$$\rho = \sqrt{(s+s_0)^2 + e^2} \tag{7.19}$$

$$\theta = \varphi + \beta - \beta_0 \tag{7.20}$$

式中，s 为与凸轮转角 φ 对应的从动件位移。

且

$$s_0 = \sqrt{r_0^2 - e^2} \tag{7.21}$$

$$\tan\beta_0 = \frac{e}{s_0} \tag{7.22}$$

$$\tan\beta = \frac{e}{s_0 + s} \tag{7.23}$$

由于凸轮实际轮廓曲线是理论轮廓曲线的等距曲线，所以两轮廓曲线对应点具有相同的曲率中心和法线。如图 7.23 所示，过 B 点绘制理论轮廓的法线交滚子于 T 点，T 点就是实

际轮廓上的对应点。同时,法线 $n\!-\!n$ 与过凸轮轴心 O 且垂直于从动件导路的直线交于 P 点,P 点就是凸轮与从动悠扬的相对瞬心,且 $l_{OP}=\dfrac{v}{\omega}$。于是从图中 $\triangle OPB$ 可得

$$\lambda = \alpha + \beta$$

式中,α 为压力角,其计算公式为

$$\tan\alpha = \frac{OP\pm e}{s_2+s_0} = \frac{v/\omega \pm e}{s_2+s_0} = \frac{\mathrm{d}s/\mathrm{d}\varphi \pm e}{s_2+s_0} \quad (7.24)$$

式中,当偏心距与瞬心在凸轮回转中心的同一侧时,偏心距 e 前面的 $\pm$ 取 "$-$" 号,反之取 "$+$" 号。

实际轮廓上对应点 T 的极坐标为

$$\begin{cases} \rho_T = \sqrt{\rho^2 + r_T^2 - 2\rho r_T \cos\lambda} \\ \theta_T = \theta + \Delta\theta \end{cases} \quad (7.25)$$

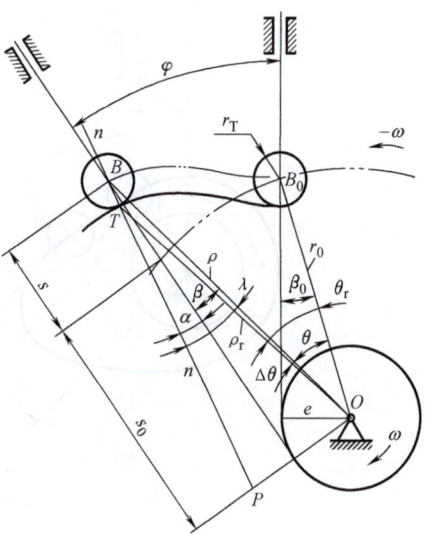

图 7.23 解析法设计凸轮轮廓原理图

其中,

$$\Delta\theta = \arctan\frac{r_T \sin\lambda}{\rho - r_T \cos\lambda} \quad (7.26)$$

在编制出相应的计算程序后,就能方便地计算出凸轮轮廓上各点的坐标,画出凸轮轮廓。解析法设计可以通过修改设计参数,比较设计结果,选择出好的设计方案。解析法可以方便实现数控机床编程加工,如在装有 CAXA 制造工程师轮件的数控铣床上,只要利用高级曲线功能分段输入凸轮各段的轮廓曲线的解析式,就可以直接加工出凸轮轮廓。

2) 在直角坐标系下,用解析法设计偏置直动滚子从动件盘形凸轮轮廓的方法。建立直角坐标系,并根据反转法建立从动件尖顶的坐标方程。

如图 7.24a 所示,建立凸轮转轴中心的角直坐标系 Oxy,图中 B_0 点为从动件推程的起始点,导路与转轴中心的距离为 e(当凸轮沿逆时针方向转动、导路右偏时,e 为正,反之,e 为负;当凸轮沿顺时针方向转动时,则与之相反),根据反转法原理,凸轮转过 φ 角时,相当于从动件及导路反转过 φ 角,滚子中心到达 B 点,位移为 s。从图中几何关系可得 B 点的坐标为

$$\begin{cases} x = (s_0+s)\sin\varphi + e\cos\varphi \\ y = (s_0+s)\cos\varphi - e\sin\varphi \end{cases} \quad (7.27)$$

式中,$s_0 = \sqrt{r_0^2 - e^2}$。式(7.27)为凸轮理论廓线方程。

如图 7.24b 所示,凸轮实际廓线上的点 $A(x_a, y_a)$ 是凸轮理论轮廓线法线上与滚子中心 $B(x, y)$ 相距 r_T 处的对应点,其坐标为

$$\begin{cases} x_a = x - r_T \cos\theta \\ y_a = y - r_T \sin\theta \end{cases} \quad (7.28)$$

式中,θ 为理论轮廓线上法线与 x 轴的夹角。

由高等数字知识可知,曲线上任意一点法线的斜率与该点处切线斜率互为负倒数,所以有:

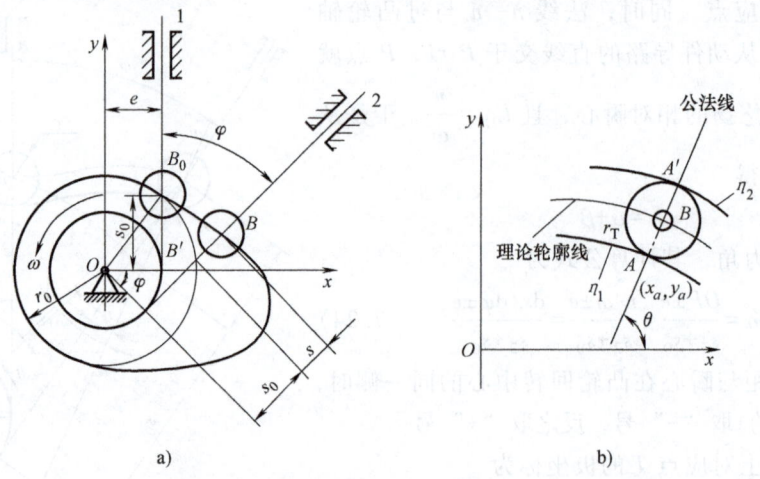

图 7.24 解析法设计凸轮轮廓原理图（直角坐标）

$$\tan\theta=\frac{\sin\theta}{\cos\theta}=-\frac{\mathrm{d}x}{\mathrm{d}y}=-\frac{\mathrm{d}x/\mathrm{d}\varphi}{\mathrm{d}y/\mathrm{d}\varphi} \quad (7.29)$$

对式（7.27）求导可得

$$\begin{cases} \dfrac{\mathrm{d}x}{\mathrm{d}\varphi}=(s_0+s)\cos\varphi+\dfrac{\mathrm{d}s}{\mathrm{d}\varphi}\sin\varphi-e\sin\varphi \\ \dfrac{\mathrm{d}y}{\mathrm{d}\varphi}=-(s_0+s)\sin\varphi+\dfrac{\mathrm{d}s}{\mathrm{d}\varphi}\cos\varphi-e\cos\varphi \end{cases} \quad (7.30)$$

综合式（7.29）、式（7.30）可得

$$\begin{cases} \sin\theta=\dfrac{\dfrac{\mathrm{d}x}{\mathrm{d}\varphi}}{\sqrt{\left(\dfrac{\mathrm{d}x}{\mathrm{d}\varphi}\right)^2+\left(\dfrac{\mathrm{d}y}{\mathrm{d}\varphi}\right)^2}} \\ \cos\theta=\dfrac{-\dfrac{\mathrm{d}y}{\mathrm{d}\varphi}}{\sqrt{\left(\dfrac{\mathrm{d}x}{\mathrm{d}\varphi}\right)^2+\left(\dfrac{\mathrm{d}y}{\mathrm{d}\varphi}\right)^2}} \end{cases} \quad (7.31)$$

代入式（7.28）即可得到凸轮实际轮廓线上点的坐标。经一系列的点计算后，可得到凸轮的实际轮廓曲线。

7.4 凸轮机构基本尺寸的设计

7.4.1 凸轮机构的压力角

1. 凸轮机构压力角的概念

从动件与凸轮接触点处所受正压力的方向（即凸轮轮廓线在接触点处的法线方向）与从动件上受力点的速度方向所夹的锐角称为凸轮机构在该位置时的压力角，并用 α 表示。

它是反映凸轮机构受力情况的一个重要参数。

（1）直动从动件凸轮机构的压力角　如图 7.25a 所示的偏置直动尖顶从动件盘形凸轮机构，由瞬心知识可知，点 P 为从动件与凸轮的相对速度瞬心。故 $v_P = v = \omega \overline{OP}$，则有 $\overline{OP} = v/\omega = ds/d\varphi$。又由图中直角三角形 BCP 可知，凸轮机构的压力角 α 与基圆半径 r_0 和偏心距 e 之间的关系为

$$\tan\alpha = \frac{|(ds/d\varphi) \mp e|}{\sqrt{r_0^2 - e^2} + s} \tag{7.32}$$

式中，s 为凸轮转过角度 φ 时从动件产生的相应位移；e 为偏心距；r_0 为基圆半径；$ds/d\varphi$ 为从动件位移对凸轮转角 φ 的导数。

式中"±"与凸轮转向和从动件偏置方向有关。当凸轮沿逆时针方向转动，从动件偏于凸轮轴心左侧时，取"+"号；当凸轮沿逆时针方向转动，从动件偏于凸轮轴心右侧时，取"-"号，如图 7.24 和图 7.25a 所示。

从式（7.32）可以看出，如果从动件的偏置方向选择不对，则增大机构推程的压力角，不仅会降低机械效率，甚至会出现机构的自锁现象。因此，正确选择偏置方向有利于减小机构推程的压力角。

此外，从式（7.32）还可以得出，在偏心距一定、从动件运动规律已知的条件下，压力角是机构位置的函数，且加大基圆半径可以减小压力角，从而改善机构的传力性能，但同时机构的尺寸也将增大。因此，设计时应当在保证凸轮机构压力角在许用范围的条件下，合理选取凸轮基圆尺寸，使机构尺寸不至于过大。

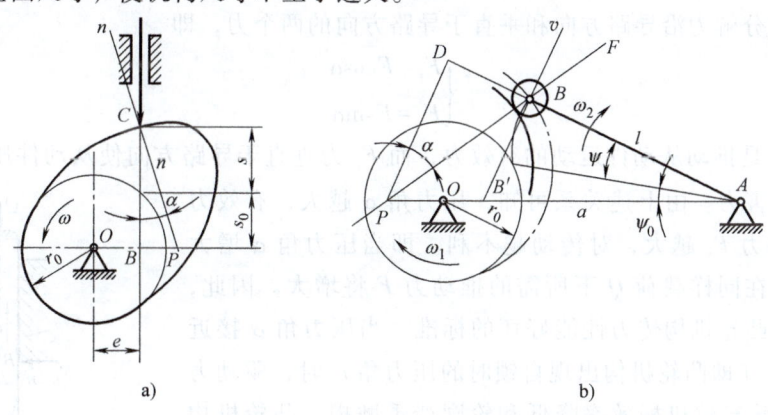

图 7.25　凸轮机构的压力角
a）偏置直动尖顶从动件盘形凸轮机构　b）摆动从动件盘形凸轮机构

（2）摆动从动件凸轮机构的压力角　如图 7.25b 所示的摆动从动件盘形凸轮机构，从动件与凸轮在任一点位置相接触，过该点画凸轮轮廓法线，交 OA 线段延长线于点 P，点 P 为凸轮与从动件的瞬心。设凸轮的转角为 φ，凸轮的角速度为 ω_1，从动件摆角为 ψ，从动件角速度为 ω_2，$\overline{OA} = a$，摆杆线型长度 $\overline{AB} = l$，则有

$$\omega_1 \overline{OP} = \omega_2 (\overline{OP} + a)$$

$$\frac{\omega_2}{\omega_1} = \frac{d\psi}{d\varphi} = \frac{\overline{OP}}{\overline{OP} + a} \tag{7.33}$$

$$\overline{OP} = \dfrac{a\dfrac{\mathrm{d}\psi}{\mathrm{d}\varphi}}{1-\dfrac{\mathrm{d}\psi}{\mathrm{d}\varphi}} \tag{7.34}$$

过瞬心 P 画摆杆 AB 的垂线，交 AB 延长线于点 D，则有

$$\tan\alpha = \dfrac{\overline{DB}}{\overline{PD}} = \dfrac{\overline{AP}\cos(\psi_0+\psi)-l}{\overline{AP}\sin(\psi_0+\psi)} \tag{7.35}$$

$$\overline{AP} = \overline{OP} + a \tag{7.36}$$

将式（7.34）、式（7.36）代入式（7.35）整理得

$$\tan\alpha = \dfrac{a\cos(\psi_0+\psi)-l\left(1-\dfrac{\mathrm{d}\psi}{\mathrm{d}\varphi}\right)}{a\sin(\psi_0+\psi)} \tag{7.37}$$

由式（7.37）可看出，凸轮的基本参数 a、l 和 ψ_0 都会影响压力角 α。ψ_0 与基圆半径 r_0 大小有关，因此当给定 l 和运动规律 $\psi=\psi(\varphi)$ 后，压力角的大小取决于基圆半径 r_0 和中心距 a。

2. 凸轮机构压力角的设计

凸轮机构压力角的选取直接影响凸轮机构工作时的受力情况。如图 7.26 所示为一偏置滚子直动从动件盘形凸轮机构在推程中的一个位置。如果不考虑摩擦力，则凸轮作用于从动件的法向力 F 的方向与从动件的运动方向间所夹的锐角 α 即为此位置时凸轮机构的压力角。法向力 F 可以分解为沿导路方向和垂直于导路方向的两个力，即

$$\begin{cases} F_{\mathrm{t}} = F\cos\alpha \\ F_{\mathrm{r}} = F\sin\alpha \end{cases} \tag{7.38}$$

显然，F_{t} 是推动从动件运动的有效力，而 F_{r} 为垂直于导路方向使从动件压紧导路而增大摩擦力的有害力。由上述关系可知，压力角 α 越大，有效力 F_{t} 越小，有害力 F_{r} 越大，对传动越不利。即当压力角 α 增大时，凸轮机构在同样载荷 Q 下所需的推动力 F 将增大。因此，压力角是衡量凸轮机构传力性能好坏的标准。当压力角 α 接近临界压力角 α_{c}（即凸轮机构出现自锁时的压力角）时，驱动力 F 急剧增加，将导致机械效率降低和轮廓严重磨损，凸轮机构将处在恶劣的工作条件下。当 $\alpha \geqslant \alpha_{\mathrm{c}}$ 时，有效力 F_{t} 将无法克服有害力 F_{r} 产生的摩擦力，这时，无论凸轮给从动件的力 F 有多大，从动件都不会运动。凸轮机构将发生自锁。因此，从减小推力和避免自锁的观点来看，压力角越小越好。

一般说来，凸轮轮廓线上不同点处的法线方向不同，所以各点的压力角是不同的。为保证凸轮机构能正常运转，应使其最大压力角 $\alpha_{\max}$ 小于临界压力角 α_{c}。在实际生产中，为了提高机械效率和改善受力情况，通常规定凸轮机构的最大压力角 $\alpha_{\max} \leqslant [\alpha]$，$[\alpha]$ 为许用压力角，其值远小于临界压力角 α_{c}。

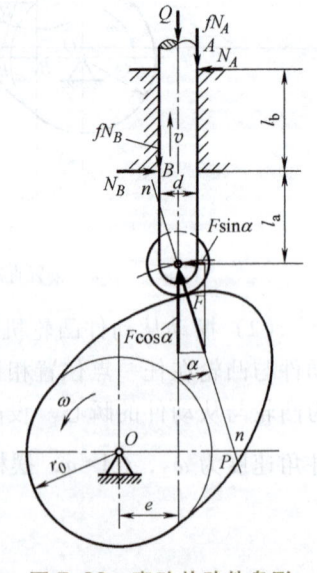

图 7.26 直动从动件盘形凸轮机构从动件受力分析

[α] 一般取值可参考表7.3。因回程时通常受力较小且一般无自锁问题，故许用压力角可取得大些。

表7.3 凸轮机构的许用压力角

封闭形式	从动件的运动形式	推程	回程
力封闭	直动从动件	[α] = 25°~35°	[α'] = 70°~80°
	摆动从动件	[α] = 35°~45°	[α'] = 70°~80°
形封闭	直动从动件	[α] = 25°~35°	[α'] = [α]
	摆动从动件	[α] = 35°~45°	

7.4.2 凸轮基圆半径的设计

对于直动从动件盘形凸轮机构，如果限定推程的压力角 $\alpha \leq [\alpha]$，则可由式（7.32）导出基圆半径的计算公式：

$$r_0 \geq \sqrt{\left(\frac{\mathrm{d}s/\mathrm{d}\varphi - e}{\tan[\alpha]} - s\right)^2 + e^2} \tag{7.39}$$

用式（7.39）求解基圆半径并不容易，因为凸轮转过不同的转角 φ，对应的基圆 r_0 值也不同，需要确定基圆半径的极值，这给实际应用带来不便。在工程实践中，凸轮基圆半径通常可采用诺模图法和根据轴径尺寸确定的方法。

诺模图法就是通过图表查找的一种方法。图7.27所示为对心直动滚子从动件盘形凸轮机构的诺模图，图中上半圆周为推程运动角，下半圆周代表最大压力角，直径则代表从动件的行程与基圆半径的比值 h/r_0，h/r_0 可以通过推程运动角与最大压力角的连线获得。

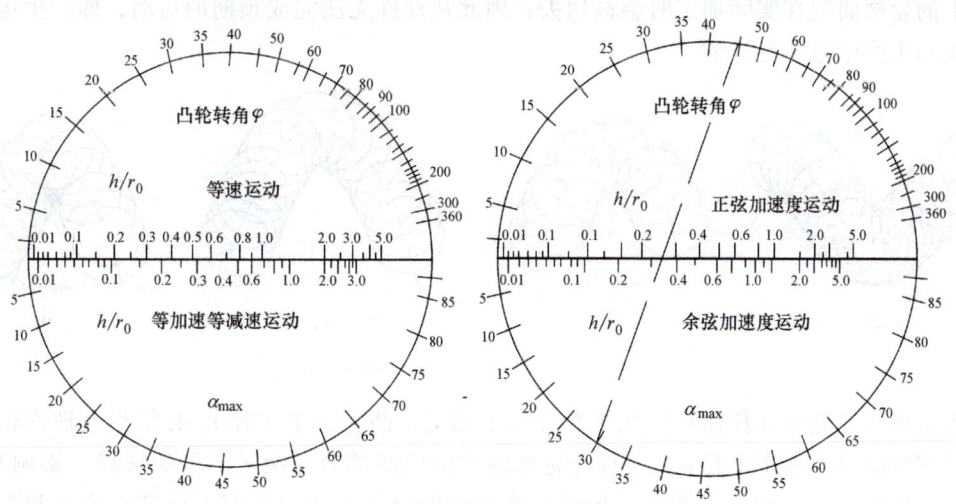

图7.27 诺模图

应用实例：一对心直动滚子从动件盘形凸轮机构，推程运动角 $\Phi = 45°$，$h = 13$mm，从动件以正弦加速度运动，要求 $\alpha_{\max} \leq 30°$，试确定凸轮的基圆半径 r_0。

画图得 $h/r_0 = 0.26$，$r_0 \geq 50$mm。

另外，基圆的半径还可以根据凸轮的结构来确定。当凸轮与轴做成一体时，凸轮工作轮廓线的最小向径应略大于轴的半径。当凸轮与轴分别加工（图 7.28）时，考虑到安装和强度问题，通常取 $d_0 = 1.75d_z + (7 \sim 10)$ mm。式中，d_z 为轴的直径，d_0 为凸轮基圆直径。

综上所述，在偏心距一定，从动件运动规律已知的条件下，加大基圆半径 r_0，可减小压力角 α，从而改善机构的传力性能；凸轮的基圆半径越小，凸轮尺寸则越小，凸轮机构越紧凑。然而，基圆半径的减小不仅受压力角的限制，同时还受凸轮结构尺寸及强度条件的限制。因此，在实际设计中，基圆半径的确定必须从凸轮机构的尺寸、受力、安装、强度等方面予以综合考虑。若仅从机构尺寸紧凑和改善受力的观点来看，基圆半径 r_0 确定的原则是：在保证 $\alpha_{\max} \leq [\alpha]$ 的条件下，应使基圆半径尽可能小。

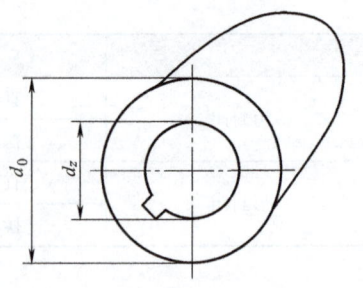

图 7.28　凸轮与轴的装配关系

7.4.3　滚子半径的设计

当采用滚子从动件时，应注意滚子半径的选取，如果滚子半径选择不当，从动件有可能实现不了预期的运动规律。如图 7.29a 所示，设理论轮廓曲线外凸部分的最小曲率半径为 $\rho_{\min}$，滚子半径为 r_T，则相应位置实际轮廓曲线的曲率半径 ρ_a 为

$$\rho_a = \rho_{\min} - r_T$$

当 $\rho_{\min} > r_T$ 时，$\rho_a > 0$，实际轮廓曲线为一平滑曲线（图 7.29b），从动件的运动不会发生失真。当 $\rho_{\min} = r_T$ 时，$\rho_a = 0$，实际轮廓曲线出现尖点（图 7.29c）。由于尖点极易磨损，磨损后会导致从动件运动失真。当 $\rho_{\min} < r_T$ 时，$\rho_a < 0$，实际轮廓曲线出现相交（图 7.29d），交点以上的轮廓曲线在实际加工时会被切去，因此从动件无法完成预期的运动，即产生运动失真，实际生产中是不允许的。

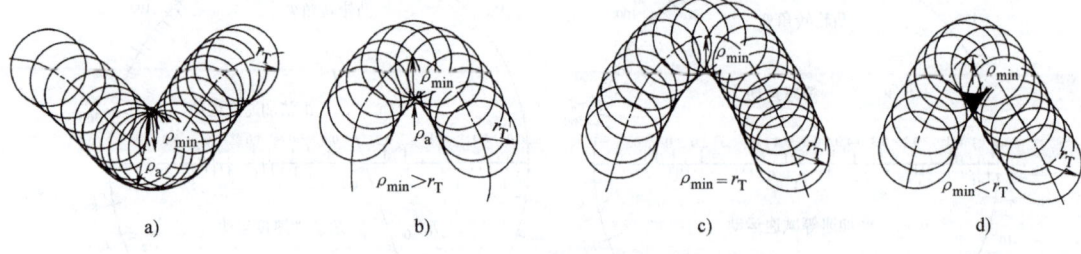

图 7.29　滚子半径对实际轮廓曲线的影响

为了使凸轮轮廓在任何位置既不变尖又不相交，凸轮滚子半径 r_T 必须小于理论轮廓曲线外凸部分的最小曲率半径 $\rho_{\min}$（理论轮廓曲线的内凹部分对滚子半径的选择无影响）。通常取 $r_T \leq 0.8\rho_{\min}$。如果 $\rho_{\min}$ 过小，致使允许选择的滚子半径太小而不能满足安装和强度要求时，应当把基圆半径加大，重新设计凸轮轮廓曲线。

7.4.4　平底从动件平底长度的设计

在设计平底从动件盘形凸轮机构时，为了保证机构在运转过程中，从动件的平底与凸轮轮廓始终保持接触，还必须确定平底的长度。由图 7.30 可知，平底长度 l 为

$$l = 2\overline{OP}_{\max} + \Delta l = 2\left(\frac{ds}{d\varphi}\right)_{\max} + \Delta l$$

附加长度 Δl 由具体的结构而定，一般取 $\Delta l = 5 \sim 7 \text{mm}$。

凸轮机构的尺寸与参数的设计和选择有时互相制约，设计时应进行整体优化，使其综合性能指标满足设计要求。

7.4.5 偏置凸轮机构偏心距的设计

从动件的偏置方向直接影响凸轮机构压力角的大小，因此，在选择从动件的偏置方向时需要遵循以下原则：尽可能减小凸轮机构推程阶段的压力角，其偏置的距离（即偏心距 e）可按式（7.27）计算。

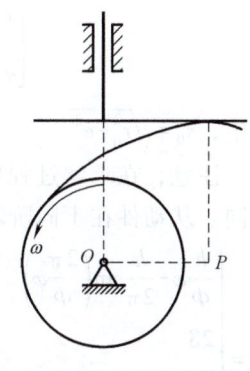

图 7.30 平底从动件平底长度的确定

$$\tan\alpha = \frac{\dfrac{ds}{d\varphi} - e}{\sqrt{r_0^2 - e^2} + s} = \frac{\dfrac{v}{\omega} - e}{s_0 + s} = \frac{v - e\omega}{(s_0 + s)\omega} \quad (7.40)$$

一般情况下，从动件运动速度的最大值发生在凸轮机构压力角最大的位置，则式（7.40）可改写为

$$\tan\alpha_{\max} = \frac{v_{\max} - e\omega}{(s_0 + s)\omega} \quad (7.41)$$

由于压力角为锐角，故 $v_{\max} - e\omega \geq 0$。由式（7.41）可知，增大偏心距，有利于减小凸轮机构推程的压力角，但偏心距的增加也有限度，其最大值应满足以下条件：

$$e_{\max} \leq \frac{v_{\max}}{\omega}$$

因此，当设计偏置式凸轮机构时，其从动件偏置方向的确定原则是：从动件应置于使推程段凸轮机构的压力角减小的方向。

综上所述，在进行凸轮机构基本尺寸的设计时，由于各参数之间有时是互相制约的，因此，应该综合考虑各种因素，使其综合性能指标满足设计要求。

例 7.1 设计一偏置直动滚子从动件盘形凸轮机构，已知从动件的行程 $h = 28\text{mm}$，在推程阶段和回程阶段分别以摆线运动规律和简谐运动规律运动，且 $\Phi = 135°$、$\Phi_s = 45°$、$\Phi' = 80°$、$\Phi'_s = 100°$。凸轮的角速度 $\omega = 12\text{rad/s}$，且以逆时针匀速转动，基圆半径 $r_0 = 65\text{mm}$；凸轮机构偏心距 $e = 12\text{mm}$，滚子半径 $r_T = 12\text{mm}$。试用解析法设计此凸轮机构的凸轮廓线。

解：（1）选择从动件的偏置方向　如图 7.31 所示建立直角坐标系 Oxy，由于题中只给出了偏心距 e 的大小，因此需要确定从动件的偏置方向，使凸轮机构在推程过程中获得较小的压力角，从而保证机构具有较好的力学性能。由式（7.27）可知，偏置直动滚子从动件盘形凸轮机构压力角的计算公式为

$$\tan\alpha = \frac{(ds/d\varphi) - e}{\sqrt{r_0^2 - e^2} + s}$$

此时，为了使凸轮机构在推程过程中获得较小的压力角，e 应取为正值，即对应的从动件为右偏置，因此该凸轮机构采用右偏置从动件。

（2）求解凸轮的理论轮廓线　由反转法及相对位置关系可知，凸轮的理论轮廓线方程为

$$\begin{cases} x=(s_0+s)\sin\varphi+e\cos\varphi \\ y=(s_0+s)\cos\varphi-e\sin\varphi \end{cases}$$

式中，$s_0=\sqrt{r_0^2-e^2}$。

注意，在求解过程中，从动件处于不同阶段，其位移方程不同。从动件在不同阶段的位移方程为

$$s=\begin{cases} \dfrac{h}{\Phi}\varphi-\dfrac{h}{2\pi}\sin\left(\dfrac{2\pi}{\Phi}\varphi\right) & \varphi\in[0°,135°] \quad \text{推程阶段} \\ 28 & \varphi\in[135°,180°] \quad \text{远休止阶段} \\ \dfrac{h}{2}+\dfrac{h}{2}\cos\left[\dfrac{\pi}{\Phi'}(\varphi-180°)\right] & \varphi\in[180°,260°] \quad \text{回程阶段} \\ 0 & \varphi\in[260°,360°] \quad \text{近休止阶段} \end{cases}$$

（3）求解凸轮的实际轮廓曲线　若该凸轮机构中的凸轮是外凸凸轮，则由式（7.28）可知，凸轮的实际轮廓曲线方程为

$$\begin{cases} x_a=x-r_T\cos\theta \\ y_a=y-r_T\sin\theta \end{cases}$$

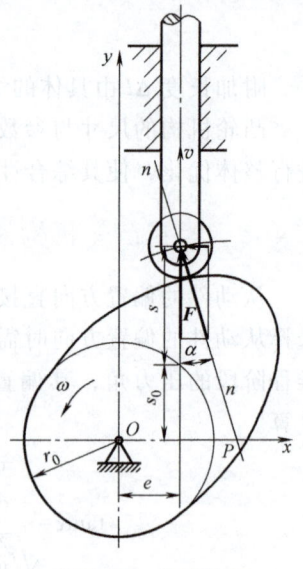

图 7.31　凸轮轮廓曲线设计实例

其中，

$$\sin\theta=\dfrac{\dfrac{dx}{d\varphi}}{\sqrt{\left(\dfrac{dx}{d\varphi}\right)^2+\left(\dfrac{dy}{d\varphi}\right)^2}}$$

$$\cos\theta=\dfrac{-\dfrac{dy}{d\varphi}}{\sqrt{\left(\dfrac{dx}{d\varphi}\right)^2+\left(\dfrac{dy}{d\varphi}\right)^2}}$$

而

$$\dfrac{dx}{d\varphi}=(s_0+s)\cos\varphi+\dfrac{ds}{d\varphi}\sin\varphi-e\sin\varphi$$

$$\dfrac{dy}{d\varphi}=-(s_0+s)\sin\varphi+\dfrac{ds}{d\varphi}\cos\varphi-e\cos\varphi$$

同样，由于位移 s 与从动件所处的运动阶段有关，所以有

$$\dfrac{ds}{d\varphi}=\begin{cases} \dfrac{h}{\Phi}-\dfrac{h}{\Phi}\cos\left(\dfrac{2\pi}{\Phi}\varphi\right) & \varphi\in[0,135°] \quad \text{推程阶段} \\ 0 & \varphi\in[135°,180°] \quad \text{远休止阶段} \\ -\dfrac{h\pi}{2\Phi'}\sin\left[\dfrac{\pi}{\Phi'}(\varphi-180°)\right] & \varphi\in[180°,260°] \quad \text{回程阶段} \\ 0 & \varphi\in[260°,360°] \quad \text{近休止阶段} \end{cases}$$

代入已知条件,并利用 Matlab 语言编程计算,得到凸轮理论轮廓曲线和实际轮廓曲线的坐标值,见表 7.4,分别将凸轮理论轮廓曲线和实际轮廓曲线上的所有坐标点光滑连接,即可得到该凸轮的理论轮廓曲线和实际轮廓曲线,如图 7.32 所示。

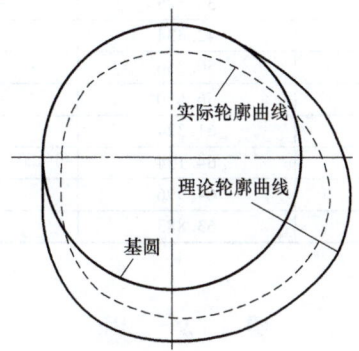

图 7.32　凸轮理论轮廓曲线和实际轮廓曲线

表 7.4　例 7.1 题的计算结果（每 10°计算一次）

凸轮转角 φ	理论轮廓曲线坐标		实际轮廓曲线坐标	
	x	y	x_a	y_a
0°	12.000	63.883	9.7850	52.089
10°	22.924	60.901	18.912	49.592
20°	33.322	56.465	27.989	45.715
30°	43.250	50.912	36.909	40.724
40°	52.844	44.309	45.585	34.753
50°	62.112	36.453	52.845	27.754
60°	70.781	27.009	61.377	19.555
70°	78.263	15.715	67.710	10.004
80°	83.748	2.5820	72.257	-0.876
90°	86.409	-12.000	74.436	-12.807
100°	85.635	-27.285	73.804	-25.277
110°	81.210	-42.328	70.167	-37.631
120°	73.359	-56.210	63.62	-49.200
130°	62.666	-68.248	54.519	-59.436
140°	49.869	-78.100	43.410	-67.986
150°	35.549	-85.573	30.945	-74.491
160°	20.149	-90.446	17.540	-78.733
170°	4.138	-92.571	3.602	-80.583
180°	-12.000	-91.883	-10.446	-79.984
190°	-27.588	-87.354	-22.548	-76.463
200°	-41.300	-78.384	-33.375	-69.373
210°	-52.012	-66.088	-42.031	-59.426
220°	-59.255	-51.948	-48.038	-47.684
230°	-63.271	-37.426	-51.47	-35.247
240°	-64.875	-23.599	-52.894	-22.920
250°	-65.136	-10.937	-53.136	-11.005
260°	-64.996	0.725	-52.997	0.591
270°	-63.883	12.000	-52.089	9.785
280°	-60.828	22.911	-49.599	18.681

(续)

凸轮转角φ	理论轮廓曲线坐标		实际轮廓曲线坐标	
	x	y	x_a	y_a
290°	-55.926	33.125	-45.601	27.010
300°	-49.324	42.334	-40.218	34.518
310°	-41.224	50.256	-33.613	40.978
320°	-31.870	56.650	-25.987	46.192
330°	-21.549	61.324	-17.571	50.003
340°	-10.573	64.134	-8.621	52.294
350°	0.725	64.996	0.591	52.997
360°	12.000	63.883	9.785	52.089

思 考 题

7.1 若凸轮沿顺时针方向转动，采用偏置直动从动件时，从动件的导路应偏于凸轮回转中心的哪一侧较合理？为什么？

7.2 凸轮理论轮廓曲线与实际轮廓曲线有何区别？所谓基圆半径是指哪一条轮廓曲线的最小向径？

7.3 选择基圆半径时，应考虑哪些因素？按什么原则选择？

7.4 平底直动从动件凸轮机构，其压力角恒为零，它还有可能自锁吗？

7.5 如果摆动尖顶从动件的推程和回程运动线图完全对称，其推程和回程的凸轮轮廓是否也对称？为什么？

7.6 当设计直动从动件盘形凸轮机构的凸轮廓线时，若机构的最大压力角超过许用值，试问可用哪几种措施来减小最大压力角？

7.7 在直动从动件盘形凸轮机构中，试问同一凸轮采用不同端部形状的从动件时，其从动件运动规律是否相同？为什么？

7.8 设计哪种类型的凸轮机构时可能出现运动失真？当出现运动失真时应该考虑用哪些方法消除？

7.9 什么是凸轮机构的压力角？它在凸轮机构的设计中有何重要意义？

习 题

7.10 图 7.33 所示凸轮机构从动件推程运动线图是由哪两种常用的基本运动规律组合而成的？并指出有无冲击。如果有冲击，哪些位置上有何种冲击？从动件运动形式为停-升-停。

7.11 用图解法求出图 7.34 所示两凸轮机构从图示位置转过 45°时的压力角。

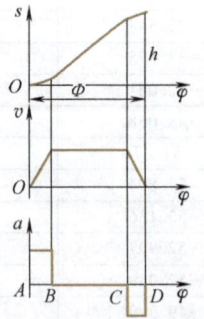

图 7.33 凸轮机构从动件推程运动线图

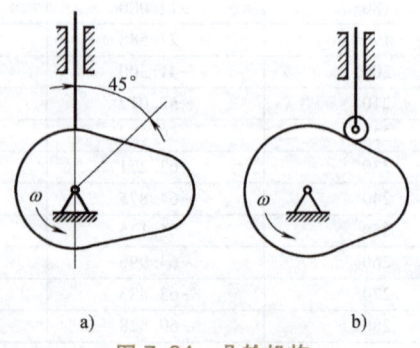

图 7.34 凸轮机构

7.12 已知一对心直动尖顶从动件盘形凸轮机构的凸轮轮廓曲线为一偏心圆,其直径 $D=50\text{mm}$,偏心距 $e=5\text{mm}$。要求:

1)画出此机构的简图(自取比例尺)。

2)画出基圆并计算 r_0。

3)在从动件与凸轮接触处画出压力角 α。

7.13 直动从动件盘形凸轮机构从动件运动规律如图 7.35 所示,已知行程 $h=40$,其中 AB 段和 CD 段均为正弦加速度运动规律。试写出从坐标原点量起的 AB 段和 CD 段的位移方程。

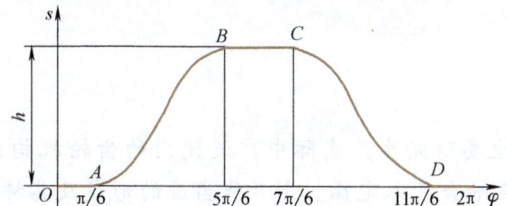

图 7.35 直动从动件盘形凸轮机构从动件运动规律

7.14 已知凸轮沿逆时针方向回转,其基圆半径 $r_0=30\text{mm}$,从动件的运动规律如下

凸轮转角	0°~180°	180°~300°	300°~360°
从动件的运动规律	等速上升 30mm	等加速等减速下降回到原处	停止不动

试设计此对心直动滚子从动件盘形凸轮的轮廓曲线。

7.15 设计一尖顶直动从动件盘形凸轮机构,要求凸轮推程角 $\Phi=175°$,从动件在推程中按照等加速等减速规律运动,其行程 $h=18\text{mm}$,最大压力角 $\alpha_{max}=16°$。试确定其凸轮的基圆半径。

7.16 图 7.36 所示的直动平底从动件盘形凸轮机构,凸轮为 $R=30\text{mm}$ 的偏心圆盘,$AO=20\text{mm}$,试求:

1)基圆半径和行程。

2)推程运动角、回程运动角、远休止角和近休止角。

3)凸轮机构的最大压力角和最小压力角。

4)从动件的位移 s、速度 v 和加速度 a 的方程。

5)若凸轮以 $\omega=10\text{rad/s}$ 回转,当 AO 为水平位置时从动件的速度。

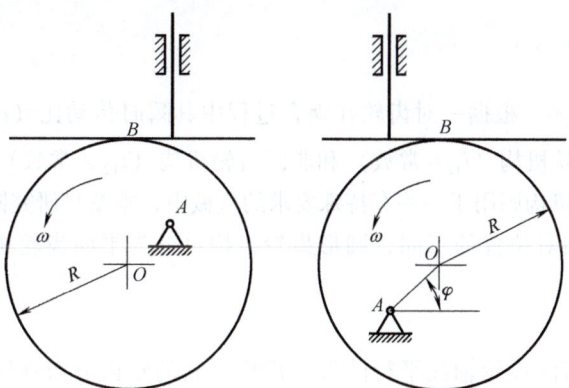

图 7.36 直动平底从动件盘形凸轮机构

第8章

齿轮机构及其设计

[**本章提要**] 本章主要研究生产实际中广泛使用的齿轮机构,并以直齿圆柱齿轮为研究重点,详细介绍齿廓啮合基本定律、渐开线齿廓的形成及其特性、渐开线标准直齿圆柱齿轮的基本参数及计算、渐开线直齿圆柱齿轮的啮合传动特点、齿轮的切削加工原理、变位齿轮的基本知识等。在此基础上,介绍斜齿圆柱齿轮、蜗轮蜗杆、锥齿轮等齿轮机构的啮合特点及几何尺寸的计算。

8.1 齿轮机构的特点及分类

齿轮机构是在各种机构中应用最为广泛的一种传动机构。它依靠轮齿齿廓直接接触来传递空间任意两轴间的运动和动力。

8.1.1 齿轮机构的特点

齿轮机构应用广泛,主要是因为其具有如下特点:传动功率和适用的速度范围大,传动比准确,传动平稳可靠,承载能力强,传动效率高,寿命长;但加工成本较高,安装精度要求较高。

8.1.2 齿轮机构的分类

齿轮机构的类型很多。根据一对齿轮在啮合过程中其瞬时传动比($i_{12} = \omega_1/\omega_2$)是否恒定,将齿轮机构分为圆形齿轮机构($i_{12}$ = 常数)和非圆齿轮机构($i_{12} \neq$ 常数)。应用最广泛的是圆形齿轮机构,而非圆齿轮机构则用于一些有特殊要求的机械中,本章只研究圆形齿轮机构。

依据齿轮两轴间相对位置的不同,圆形齿轮机构可分为平面齿轮机构和空间齿轮机构两大类。

1. 平面齿轮机构

平面齿轮机构是指两齿轮轴线平行的齿轮机构。它的轮齿分布在圆柱面上,故称为圆柱齿轮。

根据轮齿排列的方向不同,圆柱齿轮分为直齿轮(轮齿的齿向与齿轮轴线的方向一致,如图8.1a、b、c所示)、斜齿轮(轮齿的齿向相对于齿轮的轴线倾斜了一个角度,如图8.1d所示)和人字齿轮(可视为由螺旋角方向相反的两个斜齿轮所组成,如图8.1e所示)。

根据啮合的形式不同，平面齿轮机构分为外啮合齿轮机构（两轮转向相反，如图8.1a、d、e所示）、内啮合齿轮机构（两轮转向相同，如图8.1b所示）和齿轮齿条机构（齿条做直线移动，如图8.1c所示）。

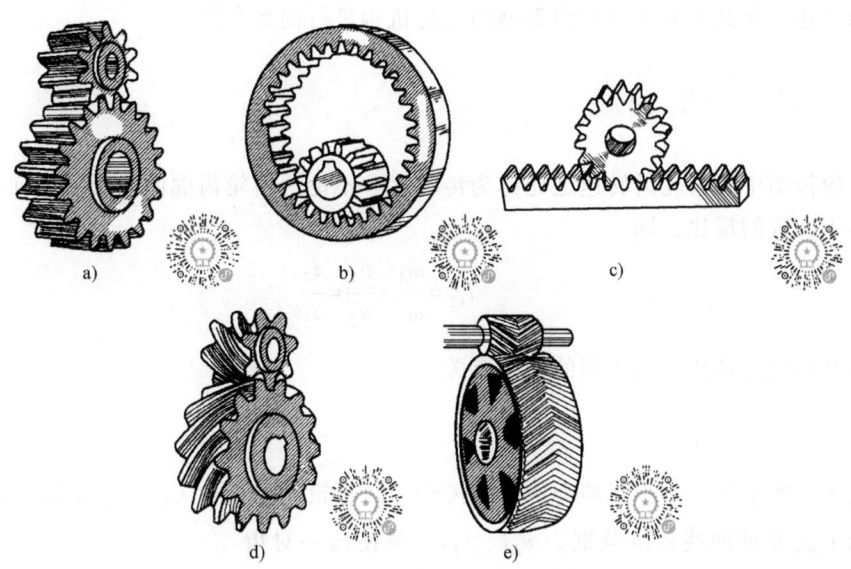

图 8.1 平面齿轮机构

2. 空间齿轮机构

空间齿轮机构是指两齿轮轴线不平行的齿轮机构。轴线不平行分为轴线相交和轴线交错两种情况，用于相交轴的是锥齿轮机构，根据轮齿排列的方向不同，锥齿轮机构又分为直齿锥齿轮机构（图8.2a）、斜齿锥齿轮机构（图8.2b）和曲线齿锥齿轮机构（图8.2c）；用于

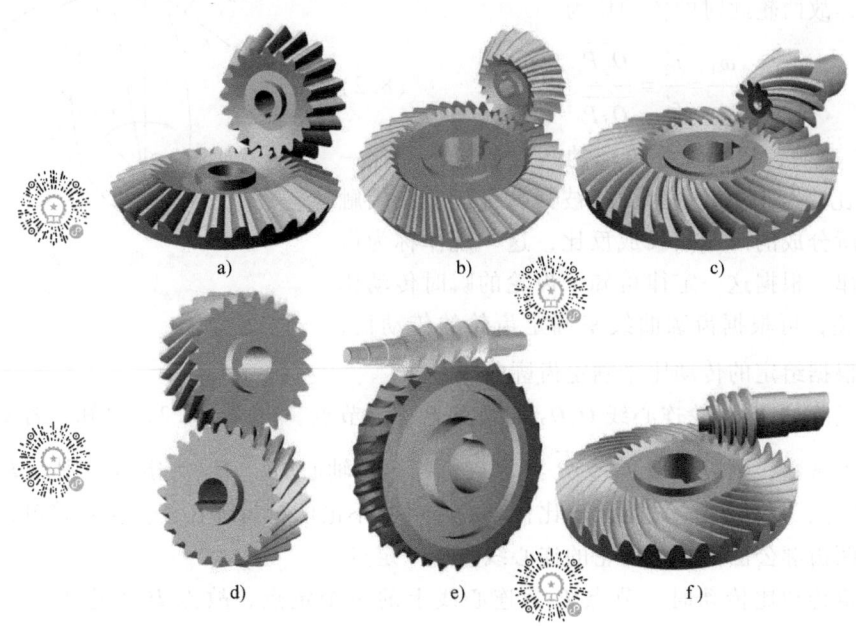

图 8.2 空间齿轮机构

交错轴的是交错轴斜齿轮机构（图8.2d）、蜗轮蜗杆机构（图8.2e）和准双曲面齿轮机构（图8.2f）。

本章以直齿圆柱齿轮外啮合齿轮机构为重点，就其啮合原理和几何尺寸计算等进行较为详细的阐述，在此基础上对其他类型的齿轮机构进行简要介绍。

8.2 齿轮的齿廓曲线

齿轮传动中两齿轮的转速之比称为传动比。不论两齿轮齿廓曲线形状如何，其平均传动比总等于齿数的反比，即

$$i_{12}=\frac{\omega_1}{\omega_2}=\frac{n_1}{n_2}=\frac{z_2}{z_1} \tag{8.1}$$

但其瞬时传动比却与齿廓的形状有关。

8.2.1 齿廓啮合基本定律

图8.3所示为一对相互啮合传动的齿轮。两轮轮齿的齿廓 C_1、C_2 在某一点 K 接触，设两齿廓上点 K 处的线速度分别为 v_{K1}、v_{K2}。要使这一对齿廓能够通过接触而传动，它们沿接触点的公法线方向的分速度应相等，否则两齿廓不是彼此分离就是相互嵌入，而不能达到正常传动的目的。两齿廓接触点间的相对速度 v_{K2K1} 只能沿两齿廓接触点处的公切线方向。

由第3章所述的瞬心概念可知，两啮合齿廓在接触点处的公法线 $n—n$ 与两齿轮连心线 O_1O_2 的交点 P 即为两齿轮的相对瞬心，故两轮此时的传动比为

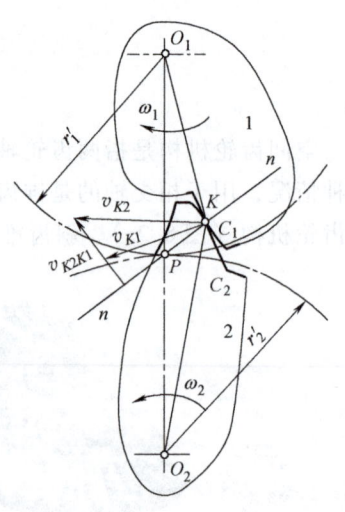

图8.3 一对相互啮合传动的齿轮

$$i_{12}=\frac{\omega_1}{\omega_2}=\frac{r'_2}{r'_1}=\frac{\overline{O_2P}}{\overline{O_1P}} \tag{8.2}$$

式（8.2）表明，相互啮合传动的一对齿轮，在任一位置时的传动比都与其连心线 O_1O_2 被其啮合齿廓在接触点处的公法线所分成的两线段长成反比，这一规律称为齿廓啮合基本定律。根据这一定律可知，齿轮的瞬时传动比与齿廓形状有关，可根据齿廓曲线来确定齿轮的传动比；反之，也可以根据给定的传动比来确定齿廓曲线。

齿廓公法线 $n—n$ 与两轮连心线 O_1O_2 的交点 P 称为节点。由式（8.2）可知，若要求两齿轮的传动比为常数，则应使 $\overline{O_2P}/\overline{O_1P}$ 为常数。若齿轮轴心 O_1、O_2 为定点，则点 P 在连心线上必为一定点。故两齿轮做定传动比传动的条件：不论两轮齿廓在任何位置接触，过接触点所形成的两齿廓公法线与两齿轮的连心线交于一定点。

由于两轮定传动比传动时，节点 P 为连心线上的一个定点，故点 P 在轮1运动平面（与轮1相固连的平面）上的轨迹是一个以 O_1 为圆心、$\overline{O_1P}$ 为半径的圆。同理，点 P 在轮2

运动平面（与轮2相固连的平面）上的轨迹是一个以 O_2 为圆心、$\overline{O_2P}$ 为半径的圆。这两个圆分别称为轮1与轮2的节圆。而由上述可知，两轮的节圆相切于点 P，且在点 P 速度相等，即在传动过程中，两齿轮的节圆相切且做纯滚动。

当要求两齿轮做变传动比传动时，节点 P 就不再是连心线上的一个定点，而是按传动比的变化规律在连心线上移动。这时点 P 在轮1、轮2运动平面上的轨迹也就不是圆，而是一条非圆曲线，称为节线。图 8.4 所示为两非圆齿轮啮合传动，其节线为椭圆。

8.2.2 齿廓曲线的选择

能按预定传动比规律相互啮合传动

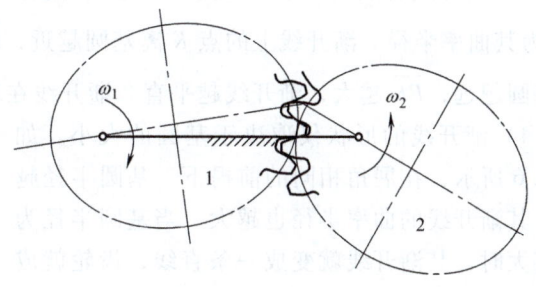

图 8.4 两非圆齿轮啮合传动

的一对齿廓称为共轭齿廓。一般来说，对于预定的传动比，只要给出一轮的齿廓曲线，就可根据齿廓啮合基本定律求出与其啮合传动的另一轮上的共轭齿廓曲线。理论上，满足齿廓啮合定律的曲线有很多，但考虑到强度、效率、寿命、设计、制造、安装、互换性和检测等因素，工程上只有极少数几种曲线可作为齿廓曲线，其中应用最广泛的是渐开线，其次是摆线（用于钟表）和变态摆线（用于摆线针轮减速器），20世纪中叶提出将圆弧和抛物线作为齿廓曲线。

渐开线齿廓的提出已有两百多年的历史，目前还没有其他曲线可以替代。这主要由于渐开线具有很好的传动性能，而且具有便于制造、安装、检测和互换使用等优点。本章只研究渐开线齿廓的齿轮。

8.3 渐开线齿廓及其啮合特点

8.3.1 渐开线的形成

如图 8.5 所示，一条直线 BK 在一定圆上做纯滚动时，其上任一点 K 的轨迹 AK 就是该圆的渐开线，该圆称为渐开线的基圆，半径用 r_b 表示，直线 BK 称为渐开线的发生线，角 θ_K 称为渐开线上点 K 的展角，r_K 为渐开线在点 K 的向径。

8.3.2 渐开线的性质

根据渐开线的形成过程可知，渐开线具有如下性质。

1) 发生线 BK 的线段长度等于基圆上被滚过的弧长，即 $\overline{BK} = \overset{\frown}{AB}$。

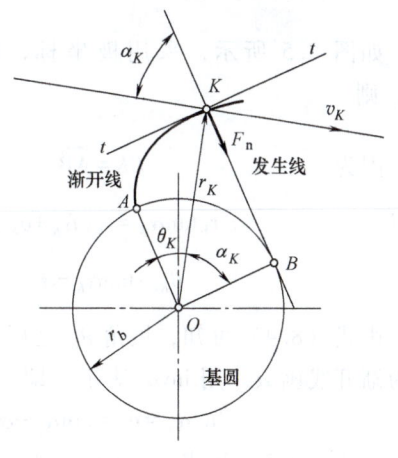

图 8.5 渐开线的形成

2）渐开线上任一点的法线必切于基圆。由于发生线沿基圆做纯滚动，故它与基圆的接触点 B 即为发生线和基圆的速度瞬心，点 K 相对于基圆的速度方向必垂直于发生线 BK，所以发生线 BK 即为渐开线在点 K 的法线。

3）渐开线各点曲率半径不同。发生线与基圆的切点 B 是渐开线在点 K 的曲率中心，则 $\overline{BK}$ 为其曲率半径。渐开线上的点 K 离基圆越近，$\overline{BK}$ 越小，渐开线越弯曲；渐开线上的点 K 离基圆越远，$\overline{BK}$ 越大，渐开线越平直。渐开线在基圆起始点 A 处的曲率半径为零。

4）渐开线的形状仅取决于基圆的大小。如图 8.6 所示，在展角相同的前提下，基圆半径越大，其渐开线的曲率半径也越大。当基圆半径为无穷大时，其渐开线就变成一条直线，齿轮就成为齿条，故齿条的齿廓曲线为直线。

5）渐开线上各点的压力角不同。如图 8.5 所示，在不考虑摩擦的情况下，齿廓在接触点 K 的正压力 F_n 方向与该点速度 v_K 方向所夹锐角 α_K，称为渐开线在该点的压力角。

由直角三角形 BOK 得

$$\cos\alpha_K = \frac{r_b}{r_K} \quad (8.3)$$

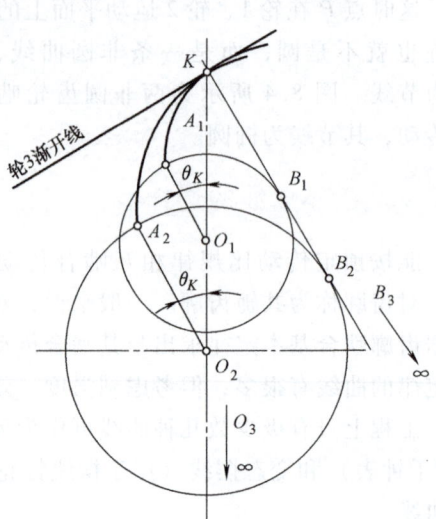

图 8.6 渐开线形状与基圆大小的关系

显然，渐开线离基圆越近，α_K 越小；渐开线离基圆越远，α_K 越大；渐开线在基圆起始点 A 处的压力角为零。

6）基圆内无渐开线。

7）同一基圆上任意两条渐开线之间的公法线长度相等。如图 8.7 所示，$\overline{A_1B_1} = \overline{A_2B_2} = \overparen{AB}$，$\overline{B_1E_1} = \overline{B_2E_2} = \overparen{BE}$。

8.3.3 渐开线方程

如图 8.5 所示，采用极坐标，极点为 O，极轴为 OA，则

因为
$$\overline{BK} = \overparen{AB}$$

所以
$$r_b\tan\alpha_K = r_b(\alpha_K + \theta_K)$$
$$\theta_K = \tan\alpha_K - \alpha_K \quad (8.4)$$

由式（8.4）可知，展角 θ_K 是压力角 α_K 的函数，称其为渐开线函数。用 $\mathrm{inv}\alpha_K$ 表示，即

$$\mathrm{inv}\alpha_K = \theta_K = \tan\alpha_K - \alpha_K \quad (8.5)$$

由式（8.3）和式（8.5）可得，渐开线的极坐标方程式为

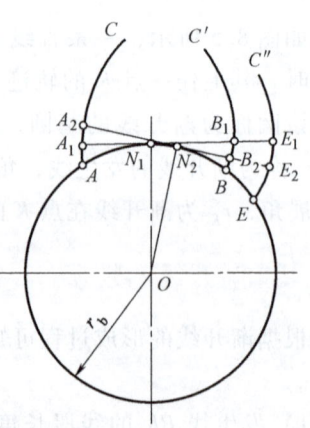

图 8.7 公法线长度关系

$$\begin{cases} r_K = r_b/\cos\alpha_K \\ \theta_K = \text{inv}\alpha_K = \tan\alpha_K - \alpha_K \end{cases} \quad (8.6)$$

计算时可根据压力角 α_K 查阅渐开线函数表（表8.1）。

表8.1 渐开线函数（$\text{inv}\alpha_K = \tan\alpha_K - \alpha_K$）表

α	次	0′	5′	10′	15′	20′	25′	30′	35′	40′	45′	50′	55′
1°	0.000	00177	00225	00281	00346	00420	00504	00598	00704	00821	00950	01092	01248
2°	0.000	01418	01603	01804	02020	02253	02503	02771	03058	03364	03689	04035	04402
3°	0.000	04790	05201	05634	06091	06573	07078	07610	08167	08751	09362	10000	10668
4°	0.000	11364	12090	12847	13634	14453	15305	16189	017107	18059	19045	20067	21125
5°	0.000	22220	23352	24522	25731	26978	28266	29594	30963	32374	33827	35324	36864
6°	0.00	03845	04008	04175	04347	04524	04706	04892	05083	05280	05481	05687	05898
7°	0.00	06115	06337	06564	06797	07035	07279	07528	07783	08044	08310	08582	08861
8°	0.00	09145	09435	09732	10034	10343	10659	10980	11308	11643	11984	12332	12687
9°	0.00	13048	13416	13792	14174	14563	14960	15363	15774	16193	16618	17051	17492
10°	0.00	17941	18397	18860	19332	19812	20299	20795	21299	21810	22330	22859	23396
11°	0.00	23941	24495	25057	25628	26208	26797	27394	28001	28618	29241	29875	30518
12°	0.00	31171	31832	32504	33185	33875	34575	35285	36005	36735	37474	38224	38984
13°	0.00	39754	40534	41325	42126	42938	43760	44593	45437	46291	47157	48033	48921
14°	0.00	49819	50729	51650	52582	53526	54482	55448	56427	57417	58420	59434	60460
15°	0.00	61498	62548	63611	64686	65773	66873	67985	69110	70248	71398	72561	73738
16°	0.0	07493	07613	07735	07857	07982	08107	08234	08362	08492	08623	08756	08889
17°	0.0	09025	09161	09299	09439	09580	09722	09866	10012	10158	10307	10456	10608
18°	0.0	10760	10915	11071	11228	11387	11547	11709	11873	12038	12205	12373	12543
19°	0.0	12715	12888	13063	13240	13418	13598	13779	13963	14148	14334	14523	14713
20°	0.0	14904	15098	15293	15490	15689	15890	16092	16296	16502	16710	16920	17132
21°	0.0	17345	17560	17777	17996	18217	18440	18665	18891	19120	19350	19583	19817
22°	0.0	20054	20292	20533	20775	21019	21266	21514	21765	22018	22272	22529	22788
23°	0.0	23049	23312	23577	23845	24114	24386	24660	24936	25214	25495	25778	26062
24°	0.0	26350	26639	26931	27225	27521	27820	28121	28424	28729	29037	29348	29660
25°	0.0	29975	30293	30613	30935	31260	31587	31917	32249	32583	32920	33260	33602
26°	0.0	33947	34294	34644	34997	35352	35709	36069	36432	36798	37166	37537	37910
27°	0.0	38287	38666	39047	39432	39819	40209	40602	40997	41395	41797	42201	42607
28°	0.0	43017	43430	43845	44264	44685	45110	45537	45967	46400	46837	47276	47718
29°	0.0	48164	48612	49064	49518	49976	50437	50901	51368	51838	52312	52788	53268
30°	0.0	53751	54238	54728	55221	55717	56217	56720	57226	57736	58249	58765	59285
31°	0.0	59809	60335	60866	61400	61937	62478	63022	63570	64122	64677	65236	65798
32°	0.0	66364	66934	67507	68084	68665	69250	69838	70430	71026	71626	72230	72838
33°	0.0	73449	74064	74684	75307	75934	76565	77200	77839	78483	79130	79781	80437
34°	0.0	81097	81760	82428	83101	83777	84457	85142	85832	86525	87223	87925	88631
35°	0.0	89342	90058	90777	91502	92230	92963	93701	94443	95190	95942	96698	97459
36°	0.0	09822	09899	09977	10055	10133	10212	10292	10371	10452	10533	10614	10696
37°	0.0	10778	10861	10944	11028	11113	11197	11283	11369	11455	11542	11630	11718
38°	0.0	11806	11895	11985	12075	12165	12257	12348	12441	12534	12627	12721	12815
39°	0.0	12911	13006	13102	13199	13297	13395	13493	13592	13692	13792	13893	13995
40°	0.0	14097	14200	14303	14407	14511	14616	14722	14829	14936	15043	15152	15261
41°	0.0	15370	15480	15591	15703	15815	15928	16041	16156	16270	16386	16502	16619
42°	0.0	16737	16855	16974	17093	17214	17335	17457	17579	17702	17826	17951	18076
43°	0.0	18202	18329	18457	18585	18714	18844	18975	19106	19238	19371	19505	19639
44°	0.0	19774	19910	20047	20185	20323	20463	20603	20743	20885	21028	21171	21315
45°	0.0	21460	21606	21753	21900	22049	22198	22348	22499	22651	22804	22958	23112
46°	0.0	23268	23424	23582	23740	23899	24059	24220	24382	24545	24709	24874	25040
47°	0.0	25206	25374	25543	25713	25883	26055	26228	26401	26576	26752	26929	27107
48°	0.0	27285	27465	27646	27828	28012	28196	28381	28567	28755	28943	29133	29324
49°	0.0	29516	29709	29903	30098	30295	30492	30691	30891	31092	31295	31498	31703
50°	0.0	31909	32116	32324	32534	32745	32957	33171	33385	33601	33818	34037	34257

(续)

α	次	0′	5′	10′	15′	20′	25′	30′	35′	40′	45′	50′	55′
51°	0.0	34478	34700	34924	35149	35376	35604	35833	36063	36295	36529	36763	36999
52°	0.0	37237	37476	37716	37958	38202	38446	38693	38941	39190	39441	39693	39947
53°	0.0	40202	40459	40717	40977	41239	41502	41767	42034	42302	42571	42843	43116
54°	0.0	43390	43667	43945	44225	44506	44789	45074	45361	45650	45940	46232	46526
55°	0.0	46822	47119	47419	47720	48023	48328	48635	48944	49255	49568	49882	50199
56°	0.0	50518	50838	51161	51486	51813	52141	52472	52805	53141	53478	53817	54159
57°	0.0	54503	54849	55197	55547	55900	56255	56612	56972	57333	57698	58064	58433
58°	0.0	58804	59178	59554	59933	60314	60697	61083	61472	61863	62257	62653	63052
59°	0.0	63454	63858	64265	64674	65086	65501	65919	66340	66763	67189	67618	68050

8.3.4 渐开线齿廓的啮合特点

（1）渐开线齿廓能保证定传动比传动　如图 8.8 所示，设 C_1、C_2 为一对渐开线齿廓，基圆半径分别为 r_{b1}、r_{b2}，两齿廓在任意点 K 啮合，过点 K 绘制两齿廓的公法线 N_1N_2，根据渐开线的性质，此公法线为两基圆的一条内公切线。由于两基圆为定圆，在同一方向的内公切线只有一条，所以不论这对齿廓在任何位置啮合，如在图中点 K' 啮合，过啮合点 K' 所绘制两齿廓的公法线仍是两基圆的内公切线 N_1N_2。故两定圆的内公切线与其连心线 O_1O_2 的交点 P 必为一定点，且 $\triangle O_1N_1P \backsim \triangle O_2N_2P$，则有

$$i_{12}=\frac{\omega_1}{\omega_2}=\frac{\overline{O_2P}}{\overline{O_1P}}=\frac{r'_2}{r'_1}=\frac{r_{b2}}{r_{b1}}=常数 \tag{8.7}$$

对于每一个具体齿轮来说，其基圆半径为常数，所以两轮基圆半径的比值为定值，故渐开线齿廓能保证定传动比传动。

（2）渐开线齿廓啮合具有可分性　实际中心距与设计中心距略有变化时，传动比仍能保持不变的特性，称为传动的可分性。因为渐开线齿轮的基圆半径不会因齿轮位置的变动而改变，所以当两轮实际安装的中心距由于制造安装等误差与所设计的中心距略有变化时，式（8.7）仍然成立，故不会影响两轮的传动比。渐开线齿廓传动的这一特性为渐开线齿轮的制造和安装带来了极大的方便。

（3）渐开线齿廓之间的正压力方向不变　两渐开线齿廓的啮合点在固定平面内的运动轨迹称为啮合线。在齿廓啮合的过程中，啮合点 K 沿啮合线移动，这条啮合线就是齿廓在啮合点的公法线，即两基圆的内公切线 N_1N_2。由于啮合线与两齿廓啮合点的公法线重合，且在齿轮传动中啮合线为一定直线，而两齿廓间的正压力又是沿啮合点的公法线方向作用的，故渐开线齿轮在传动过程中，齿廓间的正压力方向始终不变，这对于齿轮传动的平稳性是很有利的。

N_1N_2 是齿轮啮合传动过程中一条非常重要的线段，它是两齿廓在啮合点的公法线、两基圆的一条内公切线、啮合线和不计摩擦时两齿廓间的力作用线。

（4）啮合角是随中心距而定的常数，且与节圆压力角相等　如图 8.8 所示，过节点 P 画两节圆的公切

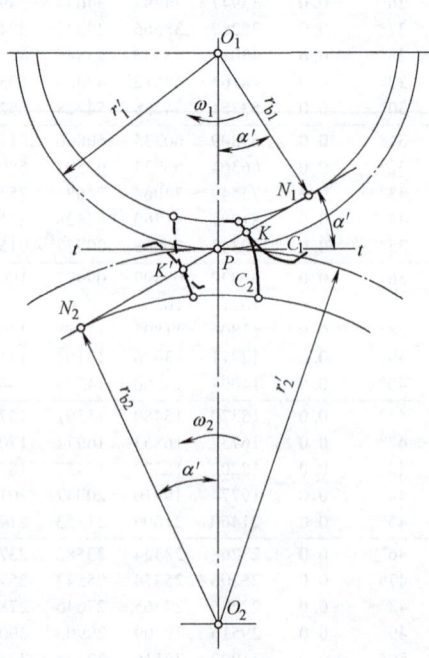

图 8.8　渐开线齿廓的啮合

线 $t—t$，其与啮合线 N_1N_2 所夹的锐角，称为啮合角，用 α' 表示。很显然，啮合角随中心距的变化而变化，中心距越大，啮合角越大，当中心距确定后，在啮合过程中啮合角是一个常数。

两齿廓在节点啮合时，$t—t$ 就是节圆上啮合点的速度方向，N_1N_2 就是啮合点的正压力方向，因此啮合角永远等于节圆上的压力角。

8.4 渐开线标准直齿圆柱齿轮的基本参数和几何尺寸计算

为了研究、设计和使用齿轮机构，应熟知齿轮各部分的名称，掌握基本参数的确定和几何尺寸的计算。本节重点讲述外齿轮的基本参数及几何尺寸计算，对于内齿轮和齿条，只简略介绍。

8.4.1 直齿圆柱外齿轮

1. 齿轮各部分的名称和符号

图 8.9 所示是一个标准直齿圆柱外齿轮的一部分，各部分的名称和符号如下。

（1）齿顶圆　过轮齿顶端的圆称为齿顶圆，其直径和半径分别用 d_a、r_a 表示。

（2）齿根圆　过轮齿槽底的圆称为齿根圆，其直径和半径分别用 d_f、r_f 表示。

（3）齿厚　任意圆周（半径用 r_i 表示）上一个轮齿两侧齿廓间的弧线长度称为该圆周上的齿厚，以 s_i 表示。

（4）齿槽宽　任意圆周上齿槽两侧齿廓间的弧线长度称为该圆周上的齿槽宽，以 e_i 表示。

（5）齿距　任意圆周上相邻两齿同侧齿廓之间的弧线长度称为该圆周上的齿距，以 p_i 表示。在同一圆周上，齿距等于齿厚与齿槽宽之和，即

$$p_i = s_i + e_i \tag{8.8}$$

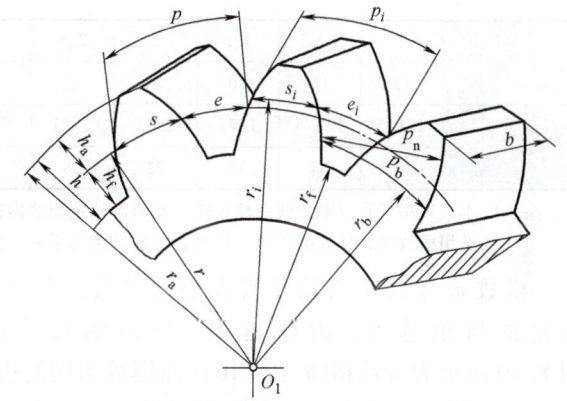

图 8.9　齿轮各部分的名称和符号

（6）法向齿距　相邻两齿同侧齿廓之间的法线长度称为法向齿距，用 p_n 表示。根据渐开线的性质，法向齿距 p_n 等于基圆齿距 p_b。

（7）分度圆　为了便于计算齿轮各部分的尺寸，在齿轮上选择的一个尺寸计算参考圆，该圆具有标准模数和标准压力角，称其为分度圆，它是齿轮设计、制造和检验的基准。其直径、半径、齿厚、齿槽宽和齿距分别用 d、r、s、e 和 p 表示。

（8）齿顶高　轮齿介于分度圆与齿顶圆之间的部分称为齿顶，其径向高度称为齿顶高，用 h_a 表示。

（9）齿根高　轮齿介于分度圆与齿根圆之间的部分称为齿根，其径向高度称为齿根高，用 h_f 表示。

（10）齿高　齿顶高与齿根高之和称为齿高，用 h 表示，显然有

$$h = h_a + h_f \tag{8.9}$$

（11）齿宽　轮齿沿轴线方向的长度，称为齿宽，用 b 表示。

2. 渐开线齿轮的基本参数

（1）齿数　齿轮在整个圆周上轮齿的总数，用 z 表示。

（2）模数　齿轮的齿距可以反映轮齿的大小。在分度圆上，有 $pz = \pi d$，因而分度圆直径为 $d = \dfrac{p}{\pi} z$，由于 π 是无理数，这不仅使计算很不方便，而且对齿轮的制造和检验也很不利。因此，为了便于齿轮设计、计算、制造和检验等，把分度圆齿距 p 和 π 的比值定义为模数，用 m 表示，即

$$m = \frac{p}{\pi} \tag{8.10}$$

故齿轮的分度圆直径为

$$d = mz \tag{8.11}$$

模数已经标准化，表 8.2 为 GB/T 1357—2008 所规定的标准模数系列。在设计齿轮时，如无特殊需要，应选用标准模数。

表 8.2　标准模数系列（GB/T 1357—2008）　　　　　　　　（单位：mm）

第一系列	1	1.25	1.5	2	2.5	3	4	5	6	8	10
	12	16	20	25	32	40	50				
第二系列	1.125	1.375	1.75	2.25	2.75	3.5	4.5	5.5	(6.5)	7	9
	11	14	18	22	28	36	45				

注：1. 本表适用于直齿渐开线圆柱齿轮，对斜齿轮是指法向模数。
　　2. 选用模数时，优先选用第一系列，其次是第二系列，括号内的模数尽量不用。

模数 m 是决定齿轮轮齿大小的参数，模数越大，齿轮的齿距越大，齿厚越大，轮齿的尺寸越大。图 8.10 所示为齿数相同（$z = 16$）而模数不同的齿轮。

（3）分度圆压力角（简称压力角）　由式（8.3）可知，同一渐开线上各点的压力角不同。通常所说的齿轮压力角是指齿廓在分度圆上的压力角，以 α 表示。根据式（8.3）有

$$\alpha = \arccos \frac{r_b}{r} \tag{8.12}$$

或

$$r_b = r\cos\alpha = \frac{mz}{2}\cos\alpha \tag{8.13}$$

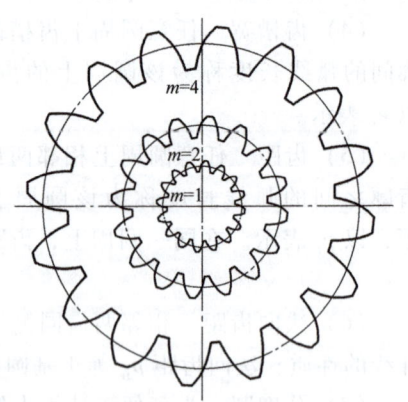

图 8.10　齿数相同（$z = 16$）而模数不同的齿轮

当模数 m、齿数 z 确定后，r 即为定值；但若压力角 α 不同，则基圆大小不同，所以 α 是决定渐开线齿廓形状的重要参数。如图 8.11a 所示，压力角 α 越大，齿根厚度 s_f 越大，轮齿抗弯强度越高；但从受力的角度来分析，如图 8.11b 所示，压力角 α 越小，有效分力 F_t 越大，压轴力 F_r 越小，对传动越有利。

综合考虑这些因素后，国家标准规定：齿轮分度圆上的压力角为标准值，其值为 20°。

但在一些特殊场合，α 也允许采用其他数值。

（4）齿顶高系数 齿轮的齿顶高 h_a 与其模数 m 的比值称为齿顶高系数，用 h_a^* 表示，即

$$h_a^* = \frac{h_a}{m} \tag{8.14}$$

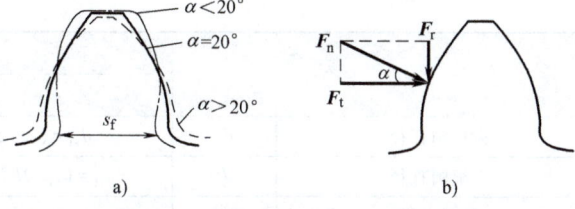

图 8.11 压力角对齿廓形状的影响

（5）顶隙系数（也称为径向间隙系数） 一对啮合传动的齿轮副中，一个齿轮的齿顶圆和另一个齿轮的齿根圆之间的径向距离称为顶隙（或径向间隙），用 c 表示；顶隙既有利于储存润滑油，又可避免两齿轮卡死。顶隙 c 与模数 m 的比值称为顶隙系数，用 c^* 表示，即

$$c^* = \frac{c}{m} \tag{8.15}$$

国家标准中规定了齿顶高系数和顶隙系数的标准值，见表 8.3。工程上多采用正常齿制，即 $h_a^* = 1$，$c^* = 0.25$。

表 8.3 标准齿顶高系数和顶隙系数

	正常齿制		短齿制		正常齿制		短齿制
	$m \geq 1\text{mm}$	$m < 1\text{mm}$			$m \geq 1\text{mm}$	$m < 1\text{mm}$	
齿顶高系数 h_a^*	1	1	0.8	顶隙系数 c^*	0.25	0.35	0.3

3. 渐开线标准齿轮

渐开线标准齿轮是指 m、α、h_a、h_f 均为标准值，而且 $s = e$ 的渐开线齿轮。标准齿轮具有如下特征：

1) 分度圆上的模数 m 和压力角 α 为标准值。
2) 分度圆上的齿厚 s 和齿槽宽 e 相等，即 $s = e = m\pi/2$。
3) 齿轮具有标准的齿顶高和齿根高，即 $h_a = h_a^* m$，$h_f = (h_a^* + c^*) m$。

不具有上述特征的齿轮称为非标准齿轮。

4. 几何尺寸的计算

为了便于计算和设计，现将渐开线标准直齿圆柱齿轮传动几何尺寸的计算公式列于表 8.4。

表 8.4 渐开线标准直齿圆柱齿轮传动几何尺寸的计算公式

名称	代号	计算公式	
		小齿轮	大齿轮
模数	m	根据齿轮受力情况和结构需要确定，选取标准值	
压力角	α	选取标准值	
分度圆直径	d	$d_1 = mz_1$	$d_2 = mz_2$
齿顶高	h_a	$h_{a1} = h_{a2} = h_a^* m$	
齿根高	h_f	$h_{f1} = h_{f2} = (h_a^* + c^*) m$	
齿高	h	$h_1 = h_2 = (2h_a^* + c^*) m$	

(续)

名称	代号	计算公式 小齿轮	计算公式 大齿轮
齿顶圆直径	d_a	$d_{a1}=(z_1+2h_a^*)m$	$d_{a2}=(z_2+2h_a^*)m$
齿根圆直径	d_f	$d_{f1}=(z_1-2h_a^*-2c^*)m$	$d_{f2}=(z_2-2h_a^*-2c^*)m$
基圆直径	d_b	$d_{b1}=d_1\cos\alpha$	$d_{b2}=d_2\cos\alpha$
齿距	p	\multicolumn{2}{c}{$p=\pi m$}	
基圆齿距(法向齿距)	p_b	$p_b=p\cos\alpha$	
齿厚	s	$s=\pi m/2$	
齿槽宽	e	$e=\pi m/2$	
任意圆齿厚(半径为r_i)	s_i	$s_i=sr_i/r-2r_i(\text{inv}\alpha_i-\text{inv}\alpha)$	
顶隙	c	$c=c^*m$	
标准中心距	a	$a=m(z_1+z_2)/2$	
节圆直径	d'	当中心距为标准中心距 a 时,$d'=d$	
传动比	i	$i_{12}=\omega_1/\omega_2=z_2/z_1=d_2'/d_1'=d_2/d_1=d_{b2}/d_{b1}$	

5. 渐开线直齿圆柱齿轮任意圆上的齿厚计算

在设计和检验齿轮时,常常需要知道齿轮某一圆周上的齿厚。例如,为了检查齿顶的强度就需要计算出齿顶圆上的齿厚,为了确定齿侧间隙就需要计算出节圆上的齿厚等。

图 8.12 所示为渐开线直齿外齿轮的一个轮齿。图中 s_i 表示任意半径 r_i 圆上的齿厚, α_i、θ_i 分别为该圆上的压力角和渐开线展角, s、r、α、θ 分别为分度圆上的齿厚、半径、压力角及渐开线展角。

由图可得
$$s_i=r_i\angle COC'$$

而
$$\angle COC'=\angle BOB'-2\angle BOC$$
$$=\frac{s}{r}-2(\theta_i-\theta)$$
$$=\frac{s}{r}-2(\text{inv}\alpha_i-\text{inv}\alpha)$$

所以
$$s_i=r_i\left[\frac{s}{r}-2(\text{inv}\alpha_i-\text{inv}\alpha)\right]$$
$$=2r_i\left(\frac{s}{2r}+\text{inv}\alpha-\text{inv}\alpha_i\right)$$

即
$$s_i=2r_i\left(\frac{s}{2r}+\text{inv}\alpha-\text{inv}\alpha_i\right) \qquad (8.16)$$

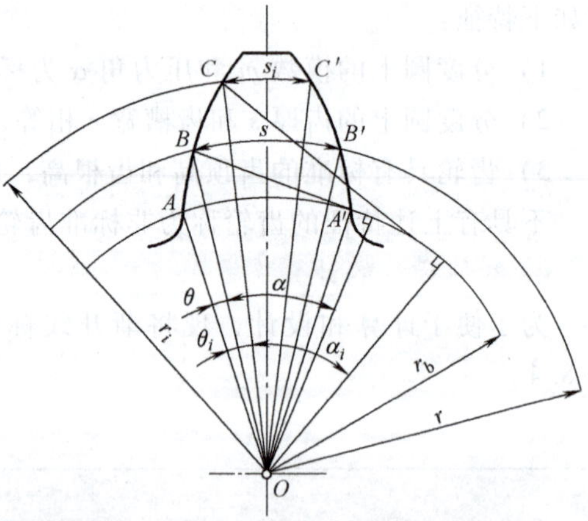

图 8.12 渐开线直齿外齿轮的一个轮齿

其中任意圆上的压力角 α_i 可通过下式求得

$$\cos\alpha_i=\frac{r_b}{r_i}=\frac{r\cos\alpha}{r_i}=\frac{mz\cos\alpha}{2r_i} \qquad (8.17)$$

$$\alpha_i=\arccos\left(\frac{mz\cos\alpha}{2r_i}\right) \qquad (8.18)$$

齿顶圆齿厚为

$$s_a = 2r_a\left(\frac{s}{2r} + \text{inv}\alpha - \text{inv}\alpha_a\right) \qquad (8.19)$$

$$\alpha_a = \arccos\left(\frac{mz\cos\alpha}{2r_a}\right) \qquad (8.20)$$

节圆齿厚为

$$s' = 2r'\left(\frac{s}{2r} + \text{inv}\alpha - \text{inv}\alpha'\right) \qquad (8.21)$$

$$\alpha' = \arccos\left(\frac{mz\cos\alpha}{2r'}\right) \qquad (8.22)$$

基圆齿厚为

$$s_b = 2r_b\left(\frac{s}{2r} + \text{inv}\alpha - \text{inv}\alpha_b\right)$$

$$\alpha_b = \arccos\left(\frac{mz\cos\alpha}{2r_b}\right)$$

又 $r_b = r\cos\alpha = \dfrac{mz}{2}\cos\alpha$，所以

$$\alpha_b = \arccos\left(\frac{2r_b}{2r_b}\right) = \arccos 1 = 0 \qquad (8.23)$$

$$s_b = 2r_b\left(\frac{s}{2r} + \text{inv}\alpha\right) = mz\cos\alpha\left(\frac{s}{2r} + \text{inv}\alpha\right) \qquad (8.24)$$

对于标准齿轮来说，由于 $s = \dfrac{1}{2}m\pi$，所以

$$s_b = mz\cos\alpha\left(\frac{\pi}{2z} + \text{inv}\alpha\right) \qquad (8.25)$$

按以上各式计算出的齿厚均为弧齿厚，但通常用量具测出的齿厚为弦齿厚。弧齿厚 s_i 和弦齿厚 $\overline{s_i}$ 的关系为

$$\overline{s_i} = 2r_i\sin\frac{s_i}{2r_i} \qquad (8.26)$$

此外，在齿轮的检验项目中，常常需要检验齿轮的固定弦齿厚。固定弦齿厚是指标准齿条的齿廓与齿轮的齿廓对称相切时，两切点之间的距离，用 $\overline{s_c}$ 来表示，如图 8.13 所示；而固定弦 AB 至齿顶的距离称为固定弦齿高，以 $\overline{h_c}$ 表示。标准齿轮的固定弦齿厚 $\overline{s_c}$ 及固定弦齿高 $\overline{h_c}$ 的计算公式为

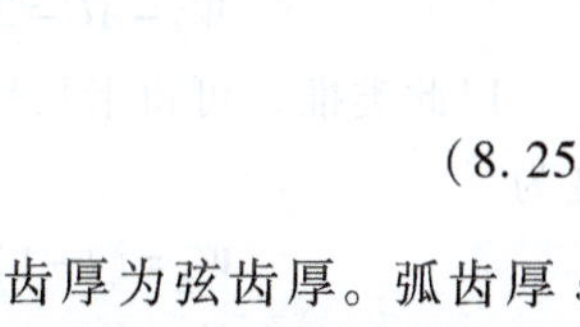

$$\overline{s_c} = \frac{1}{2}m\pi\cos^2\alpha \qquad (8.27)$$

$$\overline{h_c} = h_a^* m - \frac{1}{4}m\pi\sin\alpha\cos\alpha = h_a^* m - \frac{1}{8}m\pi\sin 2\alpha \qquad (8.28)$$

图 8.13 固定弦齿厚

对于标准齿轮，$\alpha = 20°$、$h_a^* = 1$，将其代入式（8.27）、式（8.28），得

$$\overline{s}_c = 1.387m$$
$$\overline{h}_c = 0.7476m$$

由上面两式可以看出，对于模数相同、齿数不同的标准齿轮，它们的固定弦齿厚 $\overline{s}_c$ 和固定弦齿高 $\overline{h}_c$ 为一常数。这一特性对齿轮的生产和检验是十分有利的。

6. 渐开线标准直齿圆柱外齿轮的公法线长度

齿轮的公法线长度是指卡尺所跨的几个齿最外两侧反向渐开线之间的法向距离，常用 W 表示，如图 8.14 所示。由渐开线的性质可知，渐开线的法线即为基圆的切线，所以齿轮的公法线必与基圆相切。

由图 8.14 可以看出，当卡尺跨两个齿时，其公法线长度为

$$W_2 = \overline{AB} = \overline{AD} + \overline{DB} \tag{8.29}$$

而 $\overline{AD}$ 为相邻两齿同侧齿廓间的法线距离，即法向齿距 p_n。又根据渐开线的性质，$\overline{AD} = \widehat{A'D'}$，而 $\widehat{A'D'}$ 为基圆齿距 p_b，所以 $p_n = p_b$，又因为 $\overline{DB} = \widehat{D'B'}$，$\widehat{D'B'}$ 为基圆齿厚 s_b。因此，当卡尺跨两个齿时的公法线长度为

$$W_2 = \overline{AB} = p_b + s_b \tag{8.30}$$

同理，当卡尺跨三个齿时，其公法线长度为

$$W_3 = \overline{AC} = 2p_b + s_b \tag{8.31}$$

以此类推，可得卡尺跨 k 个齿时的公法线长度为

$$W_k = (k-1)p_b + s_b \tag{8.32}$$

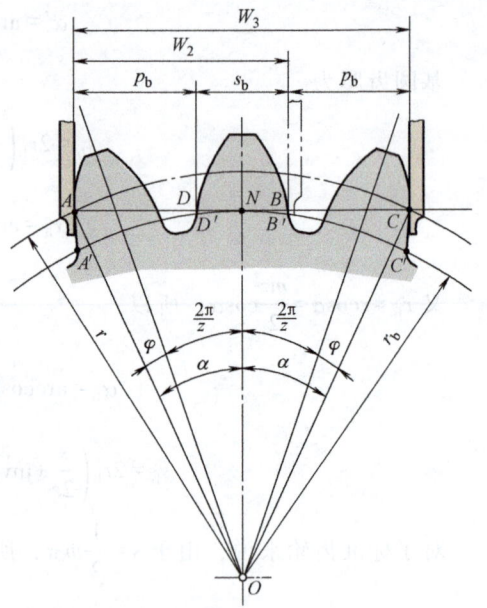

图 8.14 公法线长度

对于标准齿轮，有

$$p_b = \frac{\pi d_b}{z} = \frac{\pi d \cos\alpha}{z} = p\cos\alpha = \pi m \cos\alpha \tag{8.33}$$

$$s_b = mz\cos\alpha\left(\frac{\pi}{2z} + \text{inv}\alpha\right) \tag{8.34}$$

将式（8.33）、式（8.34）代入式（8.32），可得标准直齿圆柱外齿轮公法线长度的计算公式为

$$W_k = m\cos\alpha[(k-0.5)\pi + z\,\text{inv}\alpha] \tag{8.35}$$

由式（8.35）可知，齿轮的公法线长度与模数 m、压力角 α、跨齿数 k 及齿数 z 有关。其中，m、α 和 z 在齿轮设计出来后就已经确定。因此，对于一个具体的齿轮来说，其公法线长度可以认为只与跨齿数 k 有关。而跨齿数 k 确定得是否得当，会影响测量的准确性。k 过多时，测量点接近齿顶甚至不能与渐开线齿廓相切，而导致测量错误；k 过少时，测量点接近齿根部分，并可能碰到齿根部分的过渡曲线，致使测量的准确性差；测量效果最好的是使测量点在分度圆附近，如图 8.14 中的点 A、点 C，这时卡尺所跨轮齿所对的中心角为

$$\angle AOC = 2\alpha = (k-1)\frac{2\pi}{z} + 2\varphi \tag{8.36}$$

对于标准齿轮，有

$$\varphi = \frac{s/2}{r} = \frac{\pi m/4}{mz/2} = \frac{\pi}{2z} \tag{8.37}$$

将式（8.37）代入式（8.36），得

$$2\alpha = (k-1)\frac{2\pi}{z} + \frac{\pi}{z} \tag{8.38}$$

所以

$$k = \frac{z}{\pi}\alpha + 0.5 \tag{8.39}$$

当 $\alpha = 20°$ 时，

$$k = 0.111z + 0.5 \tag{8.40}$$

当 $\alpha = 15°$ 时，

$$k = 0.083z + 0.5 \tag{8.41}$$

如果计算出的跨齿数 k 不是整数，则要四舍五入取整，然后再用游标卡尺跨 k 个齿测量齿轮的公法线长度。

通过公法线长度的测量，可以检验齿轮的加工精度是否满足要求。此外，如果不知道齿轮的模数 m 和压力角 α 时，通过测量还可以确定出齿轮的基圆齿距 p_b，从而求出齿轮的 m 和 α，计算方法如下。

因为 $W_k = (k-1)p_b + s_b$，所以 $W_{k+1} = kp_b + s_b$，故

$$W_{k+1} - W_k = p_b = p\cos\alpha = \pi m\cos\alpha \tag{8.42}$$

由于齿轮的 m 和 α 均为标准值，所以可由此求出 m 和 α。

8.4.2 直齿圆柱内齿轮

图 8.15 所示是一个标准直齿圆柱内齿轮的一部分，它的轮齿分布在空心圆柱体的内表面上，与外齿轮相比，其具有如下特点：

1）内齿轮的齿廓内凹，内齿轮的轮齿相当于外齿轮的齿槽，内齿轮的齿槽相当于外齿轮的轮齿。

2）内齿轮的齿顶圆小于分度圆，齿根圆大于分度圆。

3）为保证内齿轮齿顶齿廓为渐开线，其齿顶圆必须大于基圆。

8.4.3 齿条

图 8.16 所示是一个标准直齿条的一部分，它可以看成由标准外齿轮演化而成，即当标准外齿轮的齿数增加到无穷大时，齿轮上的各圆都变成了直线，渐开线齿廓也变成了直线齿廓。

与齿轮相比，齿条具有如下特点：

1）齿条相当于齿数无穷多的齿轮，故齿轮中的圆在齿条中都变成了直线，即齿顶线、分度线、齿根线等。

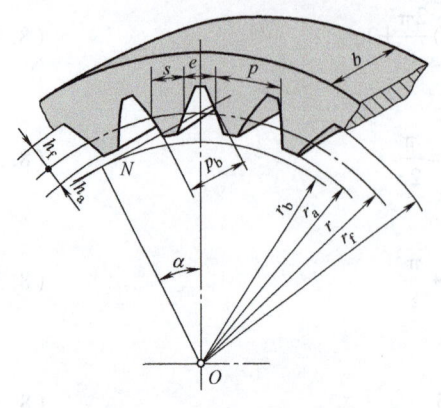

图 8.15 标准直齿圆柱内齿轮

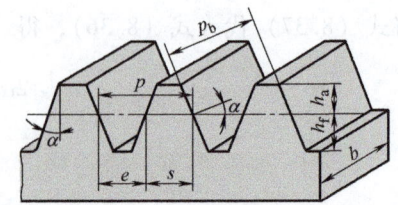

图 8.16 标准直齿条

2）齿条齿廓是直线，所以齿廓上各点法线互相平行，又由于齿条在传动时做平动，齿廓上各点速度大小、方向相同，因此齿条齿廓上各点的压力角相等，且等于齿形角 α。

3）齿条上同侧齿廓平行，与分度线平行的各直线上的齿距都相等，即 $p_i = p = \pi m$。其中齿厚和齿槽宽相等的直线称为分度线（或中线），它相当于外齿轮的分度圆，是确定齿条各部分尺寸的基准线。

标准齿条的齿顶高和齿根高的计算与外齿轮相同。

8.5 渐开线直齿圆柱齿轮的啮合传动

8.5.1 一对渐开线齿轮正确啮合的条件

如前所述，一对渐开线齿廓能够保证定传动比传动，但这并不是说任意两个渐开线齿轮都能搭配起来正确地啮合传动。如图 8.17 所示，显然齿轮 1 和齿轮 2 是无法正确啮合的。

究竟要满足什么条件两个齿轮才能正确啮合呢？

如图 8.18 所示，齿轮传动是靠分布在齿轮圆周上的轮齿依次啮合来实现的。为保证轮齿正常交替啮合，轮齿的分布必须使主、从动齿轮的法向（基圆）齿距相等，如图 8.18b 所示。否则两轮都将出现轮齿重叠现象（图 8.18a、c），进而无法装配。

因此，两齿轮的正确啮合条件为 $p_{b1} = p_{b2}$，即 $\pi m_1 \cos\alpha_1 = \pi m_2 \cos\alpha_2$。由于模数 m、压力角 α 均已标准化，要满足上式，必须有

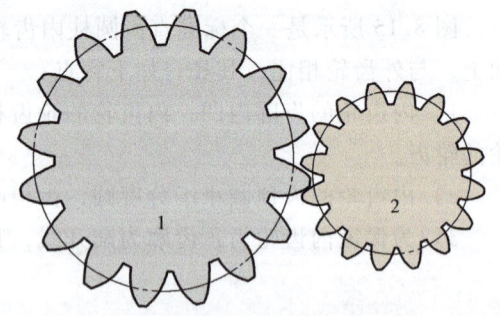

图 8.17 无法正确啮合的两齿轮

$$\begin{cases} \alpha_1 = \alpha_2 = \alpha \\ m_1 = m_2 = m \end{cases} \tag{8.43}$$

故一对渐开线齿轮正确啮合的条件是两轮的模数和压力角分别相等。

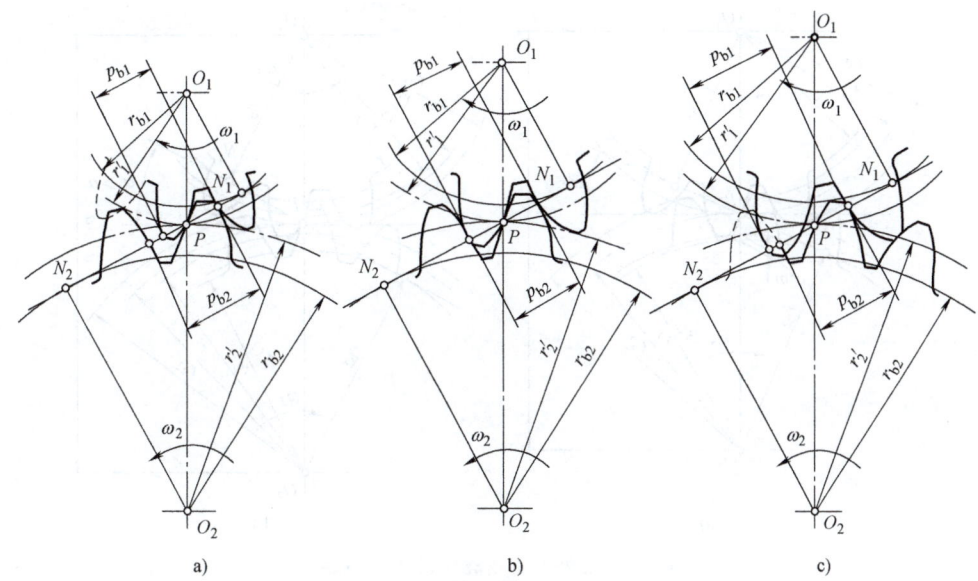

图 8.18 齿轮传动的正确啮合条件

8.5.2 齿轮传动的标准中心距及安装

渐开线齿廓齿轮传动中心距的变化虽然不影响传动比，但会改变顶隙和齿侧间隙等的大小。在确定齿轮中心距时，应满足以下两个要求：

（1）**保证两轮的顶隙为标准值**　在一对齿轮传动时，为了避免一齿轮的齿顶与另一齿轮的齿槽底部及齿根过渡曲线部分相干涉，并且为了有一定空隙以便储存润滑油，故在一轮的齿顶圆与另一轮的齿根圆之间留有一定的间隙，称为顶隙。顶隙的标准值为 $c=c^*m$。如图 8.19a 所示的标准齿轮外啮合传动，当顶隙为标准值时，两轮的中心距应为

$$\begin{aligned}
a &= r_{a1}+c+r_{f2} \\
&= (r_1+h_a^*m)+c^*m+(r_2-h_a^*m-c^*m) \\
&= r_1+r_2 \\
&= \frac{m}{2}(z_1+z_2)
\end{aligned} \quad (8.44)$$

即两轮的中心距应等于两轮分度圆半径之和，此中心距称为标准中心距。

（2）**保证两轮的理论齿侧间隙为零**　虽然在实际齿轮传动中，在两轮的非工作齿侧间总要留有一定的齿侧间隙。但齿侧间隙一般都很小，由制造公差来保证。故在计算齿轮的名义尺寸和中心距时，都是按齿侧间隙为零来考虑的。欲使一对齿轮在传动时其齿侧间隙为零，需使一个齿轮在节圆上的齿厚等于另一个齿轮在节圆上的齿槽宽。

由于一对齿轮啮合时两轮的节圆总是相切的，而当两轮按标准中心距安装时，两轮的分度圆也是相切的，即 $r_1'+r_2'=r_1+r_2$。又因 $i_{12}=\dfrac{r_2'}{r_1'}=\dfrac{r_2}{r_1}$，故此时两轮的节圆分别与其分度圆相重合。由于分度圆上的齿厚与齿槽宽相等，因此有 $s_1'=e_1'=s_2'=e_2'=\dfrac{\pi m}{2}$，故标准齿轮在按标

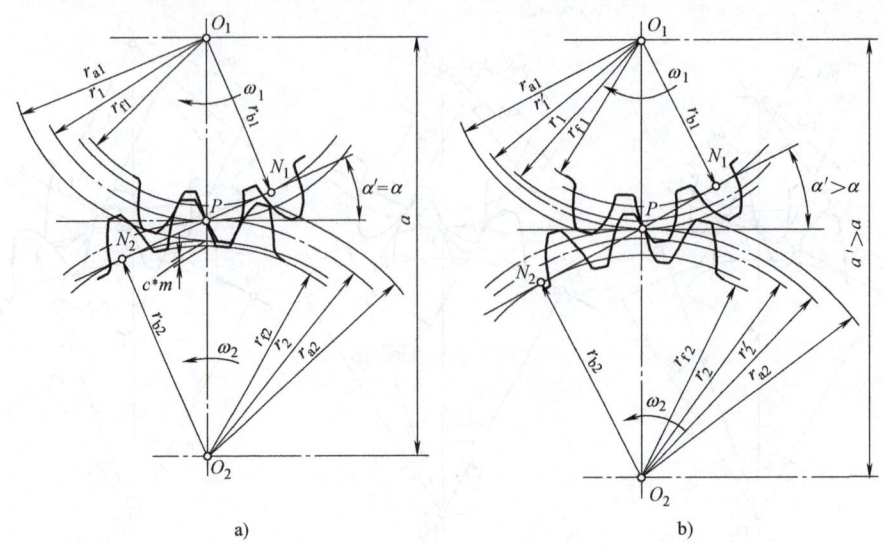

图 8.19 外啮合齿轮传动的中心距

准中心距安装时无齿侧间隙。

两齿轮在啮合传动时,其节点 P 的圆周速度方向与啮合线 N_1N_2 之间所夹的锐角,称为啮合角,通常用 α' 表示。由此可知,啮合角等于节圆压力角。当两轮按照标准中心距安装时,啮合角也等于分度圆压力角,如图 8.19a 所示。

因为齿轮的制造和安装有误差,所以实际中心距往往不等于标准中心距。若齿轮安装时的实际中心距不等于标准中心距,则称为非标准安装。如图 8.19b 所示,设实际中心距 a' 大于标准中心距 a,两轮的分度圆不再相切,而是相互分离,这时两轮的节圆半径将大于各自的分度圆半径,其啮合角 α' 也将大于分度圆的压力角 α。但根据渐开线齿轮传动的可分性,其传动比仍然保持不变。

因为 $r_b = r\cos\alpha = r'\cos\alpha'$,所以 $r_{b1} + r_{b2} = (r_1 + r_2)\cos\alpha = (r'_1 + r'_2)\cos\alpha'$,可得齿轮中心距与啮合角的关系式为

$$a'\cos\alpha' = a\cos\alpha \qquad (8.45)$$

外啮合标准齿轮标准安装和非标准安装的比较见表 8.5。

表 8.5 外啮合标准齿轮标准安装和非标准安装的比较

	标准安装	非标准安装		标准安装	非标准安装
中心距	$a' = a = r_1 + r_2 = \dfrac{m}{2}(z_1 + z_2)$	$a' = r'_1 + r'_2 > a$	啮合角	$\alpha' = \alpha$	$\alpha' > \alpha$
			侧隙	$j = 0$	$j > 0$
节圆	$r' = r$	$r' > r$	顶隙	$c = c^* m$	$c' = a' - a > c$

如图 8.20 所示的齿轮与齿条啮合传动,由于齿条的齿廓为直线,所以不论是否为标准安装,啮合线 N_1N_2 及节点 P 的位置始终保持不变。故齿轮的节圆恒与其分度圆重合,啮合角 α' 恒等于分度圆压力角 α,也等于齿条的齿形角。只是在非标准安装时,齿条的节线与其分度线将不再重合。

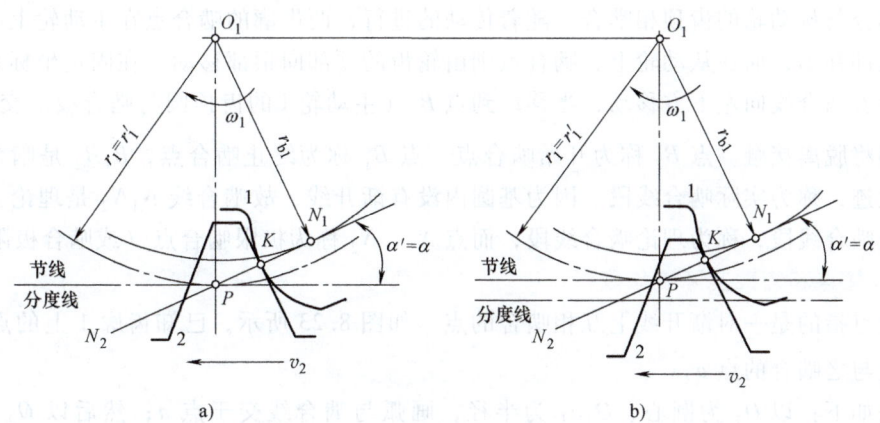

图 8.20 齿轮与齿条啮合传动
a) 标准安装 b) 非标准安装

图 8.21 所示为齿轮内啮合传动,其标准中心距为

$$a = r_2 - r_1 = m(z_2 - z_1)/2 \qquad (8.46)$$

当两轮分度圆分离时,即实际中心距小于标准中心距时,啮合角将小于分度圆压力角。

8.5.3 一对轮齿的啮合过程及连续传动条件

1. 轮齿的啮合过程

图 8.22 所示为一对外啮合渐开线直齿圆柱齿轮传动。设齿轮 1 为主动轮,齿轮 2 为从动轮,两齿轮角速度方向如图所示,直线 N_1N_2 为啮合线。

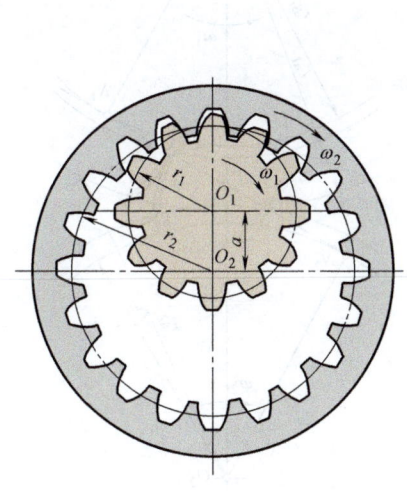

图 8.21 齿轮内啮合传动

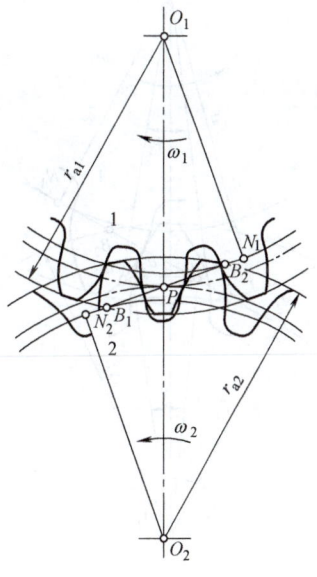

图 8.22 轮齿啮合过程

两齿轮轮齿在点 B_2（从动轮 2 的齿顶圆与啮合线 N_1N_2 的交点）开始啮合，此时主动轮的齿根部分与从动轮的齿顶相啮合。随着传动的进行，两齿廓的啮合点在主动轮上由轮齿的根部向顶部移动，而在从动轮上，啮合点则由轮齿的顶部向根部移动。在固定坐标系中，啮合点将沿着啮合线向左下方移动，当移动到点 B_1（主动轮 1 的齿顶圆与啮合线的交点）时，两轮齿即将脱离接触。点 B_2 称为开始啮合点，点 B_1 称为终止啮合点，$\overline{B_1B_2}$ 是啮合点实际走过的轨迹，称为实际啮合线段。因为基圆内没有渐开线，故啮合线 N_1N_2 是理论上可能达到的最长啮合线段，称为理论啮合线段，而点 N_1、N_2 称为极限啮合点（或啮合极限点）。

2. 共轭点和齿廓实际工作段

共轭点指的是一对渐开线上互相啮合的点。如图 8.23 所示，已知齿廓 1 上的点 a_1，求齿廓 2 上与之啮合的点 a_2。

方法如下：以 O_1 为圆心、O_1a_1 为半径，画弧与啮合线交于点 a；然后以 O_2 为圆心、O_2a 为半径，画弧与齿廓 2 相交得点 a_2；齿轮 1、2 上的点 a_1、a_2 分别转 φ_1、φ_2 后同时到达啮合线上啮合。

由前面分析可知，一对齿廓在啮合过程中，并非整个齿廓都参与啮合，只是从齿顶到齿根的一段齿廓参与啮合。齿廓实际工作段指的是齿廓上实际参加啮合的齿廓段，如图 8.24（阴影线）所示。

齿廓实际工作段的求法如下：如图 8.24 所示，对于主动轮 1 的齿廓，以 O_1 为圆心，以 O_1B_2 为半径画弧交齿廓 1 于点 a_1，则其齿廓实际工作段是从齿顶的点 b_1 到齿根的点 a_1，即 $\overline{a_1b_1}$，而点 a_1 是从动轮 2 的齿顶点 a_2 的共轭点；对于从动轮 2 的齿廓，以 O_2 为圆心，以 O_2B_1 为半径画弧交齿廓 2 于点 b_2，则其齿廓实际工作段是从齿顶的点 a_2 到齿根的点 b_2，即 $\overline{a_2b_2}$，而点 b_2 是主动轮 1 的齿顶点 b_1 的共轭点。

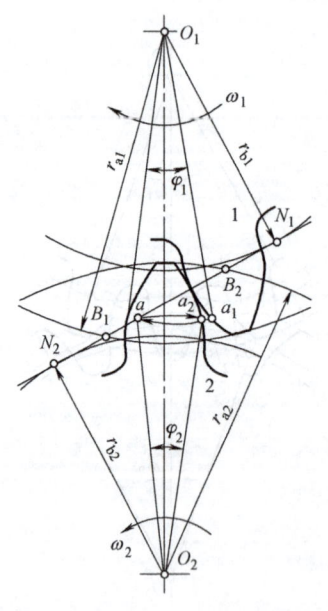

图 8.23 共轭点的求法

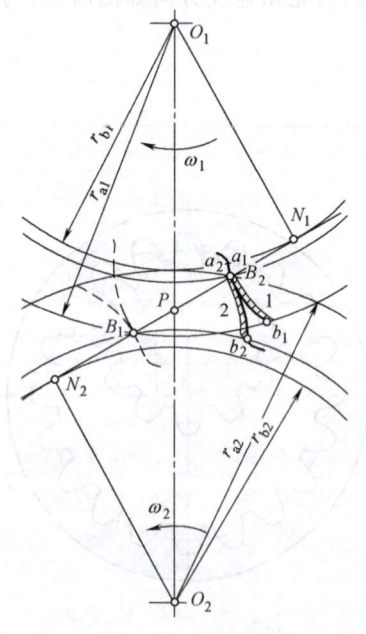

图 8.24 齿廓实际工作段的求法

例 8.1 如图 8.25 所示，齿轮、齿条啮合时，齿轮 1 主动，求啮合线及齿轮、齿条的齿廓实际工作段。

解： 由于齿轮 1 主动，主动轮的齿根、从动轮的齿顶先进入啮合，所以啮合线的方向如图 8.25 所示。

画齿轮 1 的齿顶圆、齿条 2 的齿顶线，分别与啮合线相交，得到点 B_1、B_2。以 O_1 为圆心、O_1B_2 为半径画弧，与齿廓 1 的交点 a_1 即为齿条 2 的齿顶点 a_2 的共轭点，a_1b_1 即为齿轮 1 的齿廓实际工作段；同理，过点 B_1 画 v_2 运动方向的平行线，与齿廓 2 的交点 b_2 即为齿轮 1 的齿顶点 b_1 的共轭点，a_2b_2 即为齿条 2 的齿廓实际工作段。

3. 齿轮连续传动条件

由齿轮啮合过程可以看出，一对轮齿的啮合只能使从动轮转过一定的角度，为了保证两齿轮能够连续地传动，必须要求在前一对轮齿脱离啮合前，后一对轮齿已进入啮合，此条件即为齿轮连续传动条件。

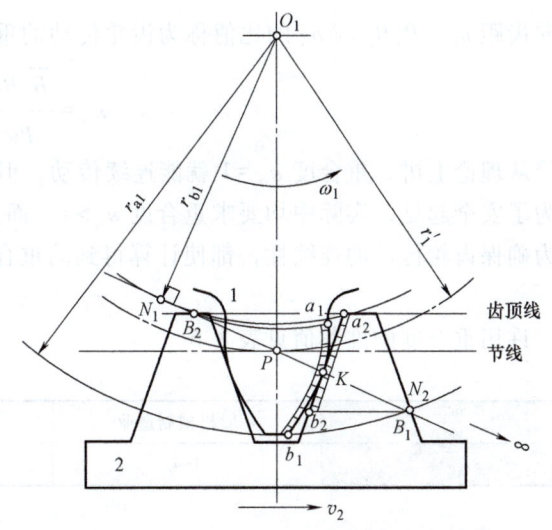

图 8.25 齿轮、齿条的齿廓实际工作段

为此，必须使实际啮合线段 $\overline{B_1B_2}$ 大于或等于齿轮的法向齿距（基圆齿距）p_b。

如图 8.26a 所示，$\overline{B_1B_2}=p_b$，前一对轮齿在点 B_1 即将脱离啮合，后一对轮齿在点 B_2 刚好进入啮合，传动刚好连续，传动过程中始终只有一对轮齿参与啮合；如图 8.26b 所示，$\overline{B_1B_2}<p_b$，前一对轮齿在点 B_1 即将脱离啮合时，后一对轮齿还没有进入啮合，传动中断，

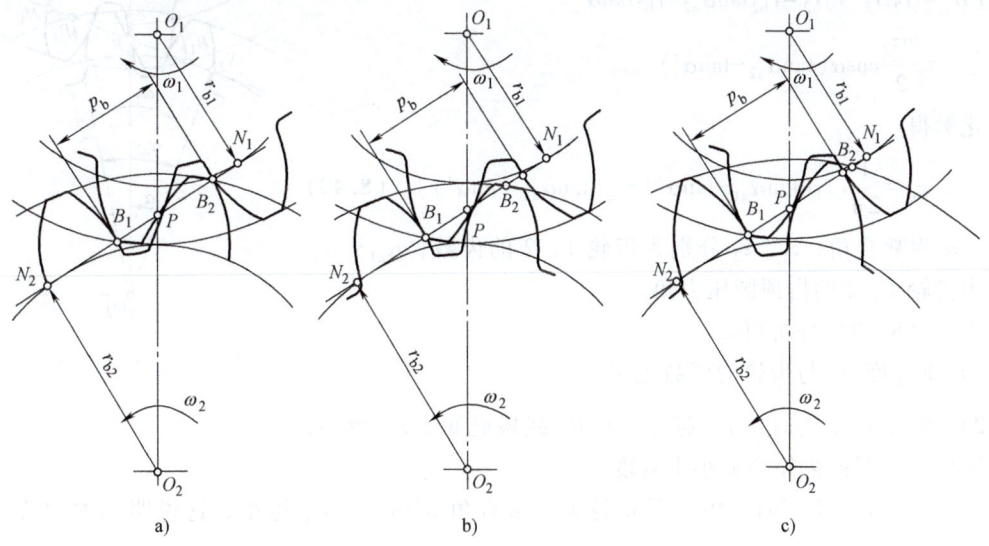

图 8.26 齿轮连续传动条件

主动轮继续转动,从动轮瞬时停止,从而造成传动比变化和冲击现象;如图 8.26c 所示,$\overline{B_1B_2} > p_b$,前一对轮齿在点 B_1 即将脱离啮合时,后一对轮齿已经进入啮合一段时间,从而保证传动的连续进行。

由上述分析可知,齿轮连续传动条件:两轮的实际啮合线段 $\overline{B_1B_2}$ 应大于或等于齿轮的法向齿距 p_b。$\overline{B_1B_2}$ 与 p_b 的比值称为齿轮传动的重合度,用 ε_α 表示,即

$$\varepsilon_\alpha = \frac{\overline{B_1B_2}}{p_b} \tag{8.47}$$

从理论上讲,重合度 $\varepsilon_\alpha = 1$ 就能连续传动,但由于齿轮的制造、安装不免存在误差,所以为了安全起见,实际中均要求重合度 $\varepsilon_\alpha > 1$。而且根据制造精度和使用要求的不同,工程上为确保齿轮传动的连续性,都使计算得到的重合度大于或等于规定的许用值 $[\varepsilon_\alpha]$,即

$$\varepsilon_\alpha \geq [\varepsilon_\alpha] \tag{8.48}$$

许用重合度的推荐值见表 8.6。

表 8.6 许用重合度的推荐值

使用场合	一般机械制造业	汽车拖拉机	金属切削机床
$[\varepsilon_\alpha]$	1.4	1.1~1.2	1.3

4. 重合度的计算

重合度的计算如图 8.27 所示。

$$\varepsilon_\alpha = \frac{\overline{B_1B_2}}{p_b} = \frac{\overline{B_1P} + \overline{PB_2}}{p_b}$$

$$\overline{B_1P} = \overline{N_1B_1} - \overline{PN_1} = r_{b1}\tan\alpha_{a1} - r_{b1}\tan\alpha'$$

$$= \frac{mz_1}{2}\cos\alpha(\tan\alpha_{a1} - \tan\alpha')$$

$$\overline{PB_2} = \overline{N_2B_2} - \overline{PN_2} = r_{b2}\tan\alpha_{a2} - r_{b2}\tan\alpha'$$

$$= \frac{mz_2}{2}\cos\alpha(\tan\alpha_{a2} - \tan\alpha')$$

联立化解得

$$\varepsilon_\alpha = \frac{1}{2\pi}[z_1(\tan\alpha_{a1} - \tan\alpha') + z_2(\tan\alpha_{a2} - \tan\alpha')] \quad (8.49)$$

式中,α' 为啮合角;z_1、z_2 分别为齿轮 1、2 的齿数;α_{a1}、α_{a2} 分别为齿轮 1、2 的齿顶圆压力角。

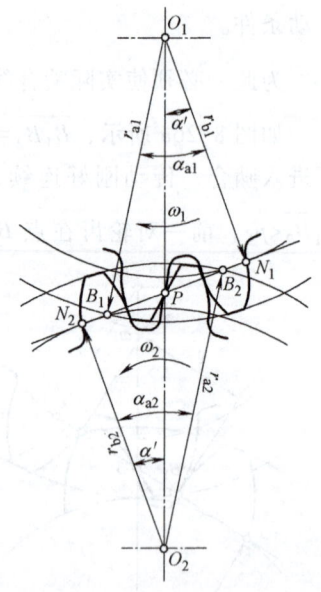

图 8.27 重合度的计算

由式(8.49)分析可知:

1) 重合度 ε_α 与齿轮的模数无关。

2) 当 z、α' 不变时,h_a^* 越小,$\overline{B_1B_2}$ 线段越短,ε_α 越小,这说明用短齿制的齿轮会减小重合度。

3) 当 z、h_a^* 不变时,中心距 a' 越大,啮合角 α' 越大,ε_α 越小,这说明加大中心距会减小重合度。

4) 当 α'、h_a^* 不变时，齿数越多，ε_α 越大，这说明增加齿数会增大重合度。因为齿条的齿数为无穷大，故设想两轮的齿数均趋于无穷大，即两齿轮均变为齿条时，其重合度 ε_α 趋于极限值 $\varepsilon_{\alpha\max}$，见表 8.7。

表 8.7 重合度 ε_α 的极限值 $\varepsilon_{\alpha\max}$

α	20°		15°	
h_a^*	1	0.8	1	0.8
$\varepsilon_{\alpha\max}$	1.981	1.585	2.546	2.18

5) ε_α 的物理意义。重合度的大小表示同时参与啮合的轮齿对数的平均值。若 $\varepsilon_\alpha = 1$，则说明在传动过程中始终有一对轮齿啮合；若 $\varepsilon_\alpha > 1$，则说明在实际啮合线段 $\overline{B_1B_2}$ 的长度上，平均有 ε_α 对轮齿啮合，即部分长度上是两对轮齿啮合，其余长度上是一对轮齿啮合。如图 8.28 所示，在 B_1C 和 B_2D 两个区域内，有两对轮齿同时啮合，故称为双齿啮合区；在 CD 区域内，只有一对轮齿啮合，故称为单齿啮合区。

由式（8.47）得 $\overline{B_1B_2} = \varepsilon_\alpha p_b$，在实际啮合线段 $\overline{B_1B_2}$ 上，双齿啮合区的长度为 $2(\varepsilon_\alpha - 1)p_b$，单齿啮合区的长度为 $(2-\varepsilon_\alpha)p_b$。

如图 8.28 所示，设 $\varepsilon_\alpha = 1.4$，则

从时间上看，双齿啮合所占的时间比例为

$$\frac{(\varepsilon_\alpha - 1)p_b}{p_b} = \frac{1.4-1}{1} \times 100\% = 40\%$$

单齿啮合所占的时间比例为

$$\frac{(2-\varepsilon_\alpha)p_b}{p_b} = \frac{2-1.4}{1} \times 100\% = 60\%$$

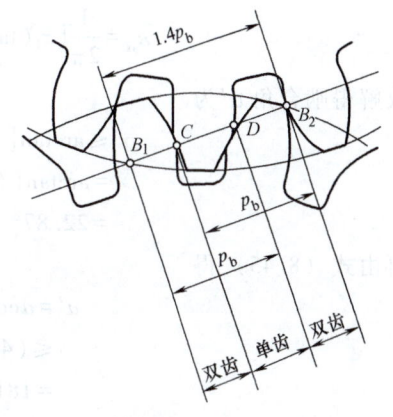

图 8.28 齿轮传动的单、双齿啮合区

从整个实际啮合线段 $\overline{B_1B_2}$ 的长度上看，双齿啮合区所占的长度比例为

$$\frac{2(\varepsilon_\alpha - 1)p_b}{\varepsilon_\alpha p_b} = \frac{2\times(1.4-1)}{1.4} \times 100\% = 57.14\%$$

单齿啮合区所占的长度比例为

$$\frac{(2-\varepsilon_\alpha)p_b}{\varepsilon_\alpha p_b} = \frac{2-1.4}{1.4} \times 100\% = 42.86\%$$

重合度 ε_α 越大，表明同时参与啮合的轮齿对数越多，齿轮的传动平稳性越好，承载能力越强。因此，重合度 ε_α 是衡量齿轮传动质量的重要指标之一。

例 8.2 有一对渐开线标准直齿圆柱外啮合齿轮，已知 $z_1 = 19$、$z_2 = 52$、$\alpha = 20°$、$m = 5$mm、$h_a^* = 1$，试求：

1) 按标准中心距安装时，这对齿轮传动的重合度 ε_α。
2) 保证这对齿轮能连续传动，其允许的最大中心距 a'。

解：1) 两轮的分度圆半径、齿顶圆半径、齿顶圆压力角分别为

$$r_1 = mz_1/2 = 5\text{mm} \times 19/2 = 47.5\text{mm}$$
$$r_2 = mz_2/2 = 5\text{mm} \times 52/2 = 130\text{mm}$$
$$r_{a1} = r_1 + h_a^* m = (47.5 + 1 \times 5)\text{mm} = 52.5\text{mm}$$
$$r_{a2} = r_2 + h_a^* m = (130 + 1 \times 5)\text{mm} = 135\text{mm}$$
$$\alpha_{a1} = \arccos(r_1 \cos\alpha/r_{a1}) = \arccos(47.5 \times \cos20°/52.5) = 31.77°$$
$$\alpha_{a2} = \arccos(r_2 \cos\alpha/r_{a2}) = \arccos(130 \times \cos20°/135) = 25.19°$$

又因为两齿轮按标准中心距安装,故 $\alpha' = \alpha$。由式(8.49)可得

$$\varepsilon_\alpha = \frac{1}{2\pi}[z_1(\tan\alpha_{a1} - \tan\alpha') + z_2(\tan\alpha_{a2} - \tan\alpha')]$$
$$= \frac{1}{2\pi}[19 \times (\tan31.77° - \tan20°) + 52 \times (\tan25.19° - \tan20°)]$$
$$= 1.65$$

2) 保证这对齿轮能连续传动,必须要求其重合度 $\varepsilon_\alpha \geq 1$,即

$$\varepsilon_\alpha = \frac{1}{2\pi}[z_1(\tan\alpha_{a1} - \tan\alpha') + z_2(\tan\alpha_{a2} - \tan\alpha')] \geq 1$$

故解得啮合角 α' 为

$$\alpha' \leq \arctan[(z_1\tan\alpha_{a1} + z_2\tan\alpha_{a2} - 2\pi)/(z_1 + z_2)]$$
$$= \arctan[(19 \times \tan31.77° + 52 \times \tan25.19° - 2\pi)/(19 + 52)]$$
$$= 22.87°$$

再由式(8.45)得

$$a' = a\cos\alpha/\cos\alpha' = (r_1 + r_2)\cos\alpha/\cos\alpha'$$
$$\leq (47.5 + 130)\text{mm} \times \cos20°/\cos22.87°$$
$$= 181.02\text{mm}$$

即能保证这对齿轮连续传动的最大中心距为 181.02mm。

8.6 渐开线齿廓的切制原理与根切现象

8.6.1 齿廓切制的基本原理

现在齿轮加工的方法有很多,如铸造、模锻、冷轧、热轧、切削加工和 3D 打印等,目前最常用的是切削加工法。就其原理来说,切削加工法又可分为仿形法和展成法两种。

1. 仿形法

仿形法是在铣床上,采用切削刃形状与被切齿轮的齿槽两侧齿廓形状相同的铣刀,逐个齿槽进行切制。采用的刀具有盘状铣刀和指形齿轮铣刀。

图 8.29a、b 分别为盘状铣刀和指形齿轮铣刀加工齿轮的情况,刀具的旋转运动为切削运动;被加工齿轮轮坯沿齿槽方向的移动为进给运动,切完一个齿后,轮坯转过一定的角度,再切第二个齿,这就是轮坯的分度运动。

渐开线的形状取决于基圆的大小,而基圆直径 $d_b = mz\cos\alpha$,故当模数 m 和压力角 α 一定时,渐开线的形状随齿数 z 的多少而变化,z 不同则需不同的刀具,而这在实际中是难以

办到的。在工程中,加工同样 m、α 的齿轮时,一般只配置一套(8 把或 15 把)刀具来加工所有齿数的齿轮。一组铣刀(8 把)加工齿轮的齿数范围见表 8.8。

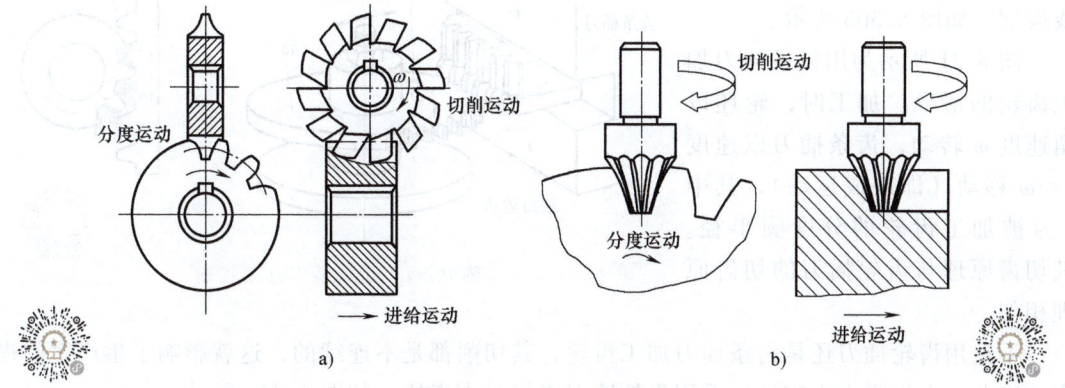

图 8.29 仿形法加工齿轮

a)盘状铣刀加工 b)指形齿轮铣刀加工

表 8.8 一组铣刀(8 把)加工齿轮的齿数范围

刀号	1	2	3	4	5	6	7	8
加工齿数范围	12~13	14~16	17~20	21~25	26~34	35~54	55~134	≥135

每个刀号的刀具按该组最小的齿数设计(如 3 号刀,加工 17~20 个齿,按 $z=17$ 设计),因此加工其他齿数的齿轮时,存在齿形误差、分度误差等。

仿形法加工齿轮精度较低,而且生产效率也较低;但此方法不需专用齿轮加工设备,生产成本低。故该方法一般只用于单件、小批量生产及精度要求不高的齿轮加工或齿轮修配。

2. 展成法

展成法也称为包络法或共轭法,是目前齿轮加工中最常用的一种方法,如插齿、滚齿、磨齿、剃齿等都属于这种方法。展成法是利用齿廓啮合基本定律来切制齿廓的。假想将一对相啮合的齿轮(或齿轮与齿条)之一作为刀具,而另一个作为轮坯,并使两者仍按原传动比传动,同时刀具做切削运动,则在轮坯上便可加工出与刀具齿廓共轭的齿轮齿廓。该方法常用的刀具有齿轮型刀具和齿条型刀具两大类。

图 8.30a 所示为用齿轮插刀加工齿轮的情形。齿轮插刀可视为一个具有切削刃的外齿轮,其模数和压力角均与被加工齿轮相同。加工时,插刀沿轮坯轴线方向做往复切削运动,同时,插刀与轮坯按恒定的传动比 $i=\omega_刀/\omega_坯=z_坯/z_刀$ 做展成运动。在切削过程中,插刀还需向轮坯中心做径向进给运动,以便切出轮齿的高度。此外,为防止插刀向上退刀时擦伤已切好的齿面,轮坯还需做小距离的让刀

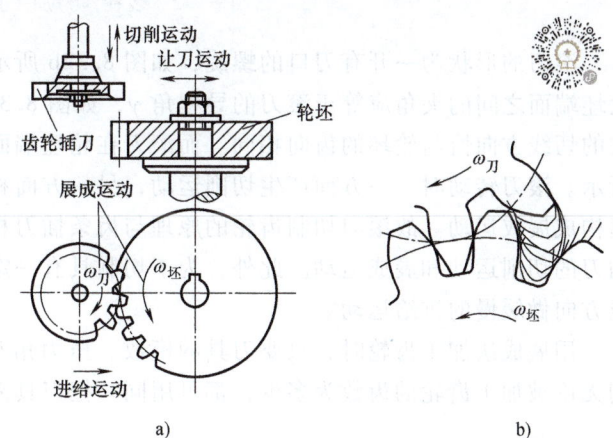

图 8.30 齿轮插刀加工齿轮及渐近线齿廓

a)齿轮插刀加工齿轮 b)渐开线齿廓

运动。这样，刀具的渐开线齿廓就在轮坯上切出与其共轭的渐开线齿廓，如图 8.30b 所示。

图 8.31 所示为用齿条插刀加工齿轮的情形。加工时，轮坯以角速度 ω 转动，齿条插刀以速度 $v=r\omega$ 移动（即展成运动），其中 r 为被加工齿轮的分度圆半径。其切齿原理与齿轮插刀的切齿原理相似。

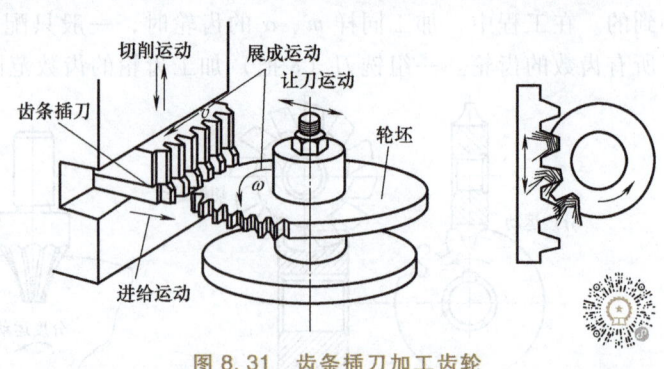

图 8.31 齿条插刀加工齿轮

不论用齿轮插刀还是齿条插刀加工齿轮，其切削都是不连续的，这就影响了生产率的提高。因此，在生产中更广泛地采用齿轮滚刀来加工直齿轮，如图 8.32a 所示。

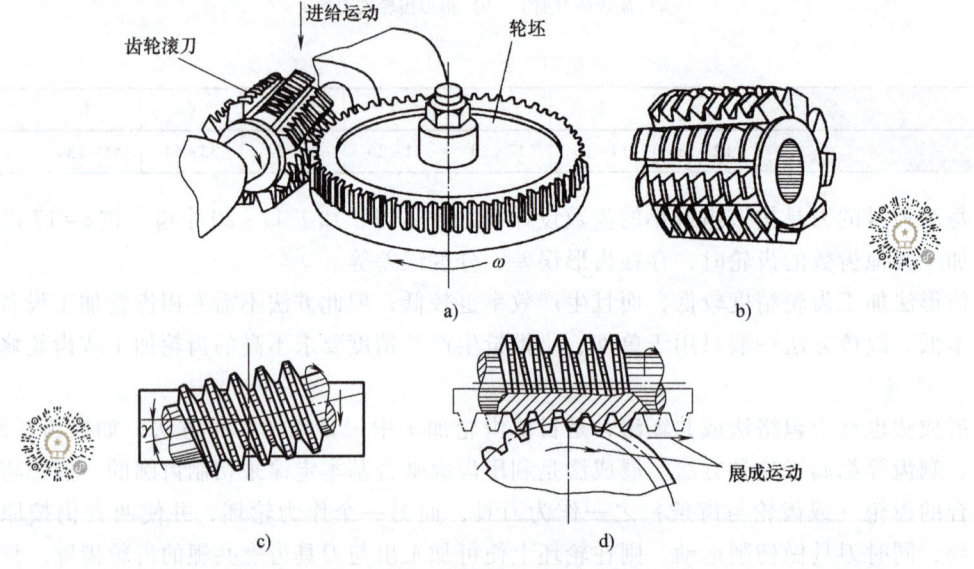

图 8.32 齿轮滚刀加工直齿轮

滚刀的形状为一开有刀口的螺旋，如图 8.32b 所示。滚刀加工直齿轮时，滚刀的轴线与轮坯端面之间的夹角应等于滚刀的导程角 γ，如图 8.32c 所示。这样，在切削啮合处滚刀螺纹的切线方向恰与轮坯的齿向相同。而滚刀在轮坯端面上的投影相当于一个齿条如图 8.32d 所示。滚刀转动时，一方面产生切削运动，另一方面相当于齿条在移动，从而与轮坯转动一起构成展成运动。故滚刀切制齿轮的原理与齿条插刀相似，只不过用滚刀的螺旋运动代替了插刀的切削运动和展成运动。此外，为了切制具有一定轴向宽度的齿轮，滚刀还需沿轮坯轴线方向做缓慢的进给运动。

用展成法加工齿轮时，只要刀具的模数、压力角与被切齿轮的模数、压力角分别相等，则无论被加工齿轮的齿数为多少，都可用同一把刀具来加工。

8.6.2 用齿条型刀具通过展成法加工标准齿轮时应满足的条件

用齿条型刀具通过展成法加工齿轮时应满足两个条件，即运动条件和位置条件。

(1) 运动条件 这个条件是保证齿轮轮坯的节圆与齿条刀具的节线做纯滚动,即

$$v_{刀} = r\omega_{坯} = \frac{mz}{2}\omega_{坯} \tag{8.50}$$

则

$$z = \frac{2v_{刀}}{m\omega_{坯}} \tag{8.51}$$

由式(8.51)可以看出,用展成法加工齿轮时,被加工齿轮的齿数是由刀具移动速度和轮坯转动角速度的比值来确定的,即由机床传动系统决定的。

(2) 位置条件 这个条件决定了刀具和轮坯的相对安装位置,应保证刀具节线与轮坯节圆始终相切。

图8.33所示为轮坯1与刀具2的相对位置。令轮坯中心到刀具中线的距离为L,则有:

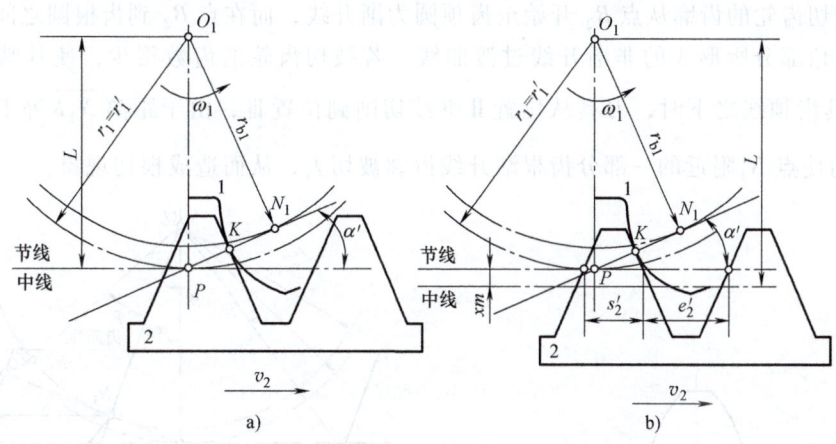

图8.33 齿条型刀具加工齿轮时的相对位置
a) 刀具的节线与中线重合,加工标准齿轮 b) 刀具的节线与中线不重合,加工变位齿轮

1) 若$L = r_1$,如图8.33a所示,轮坯的分度圆与刀具中线相切,这时刀具的节线与中线重合,轮坯的分度圆与节圆重合。对于刀具来说,在中线上(或者在节线上),齿厚等于齿槽宽,即$s_2 = e_2$,$s_2' = e_2'$,那么由于刀具节线与轮坯节圆做纯滚动,所以加工出来的齿轮,在节圆上(或者在分度圆上)齿槽宽等于齿厚,即$e_1' = s_1'$,$e_1 = s_1$,这样加工出来的齿轮是标准齿轮。

2) 若$L \neq r_1$,如图8.33b所示,轮坯的分度圆与刀具中线不相切,这时刀具的节线与中线不重合,轮坯的分度圆仍与节圆重合。对于刀具来说,在中线上,齿厚等于齿槽宽,但在节线上齿厚不等于齿槽宽,即$s_2 = e_2$,$s_2' \neq e_2'$,那么由于刀具节线与轮坯节圆做纯滚动,所以加工出来的齿轮,在节圆上齿槽宽不等于齿厚,即$e_1' \neq s_1'$,其分度圆上的齿槽宽也就不等于齿厚,即$e_1 \neq s_1$,这样加工出来的齿轮就不是标准齿轮,而称为变位齿轮。令刀具中线和节线之间的距离为xm,x称为变位系数。于是

$$L = r_1 + xm \tag{8.52}$$

与轮坯分度圆相切并做纯滚动的是刀具节线而不是中线。

有关变位齿轮的内容在8.7节中详述。

8.6.3 渐开线齿廓的根切现象和标准齿轮不发生根切的最少齿数

1. 渐开线齿廓的根切现象及其原因

在用展成法加工标准齿轮时，有时会发生齿根的渐开线被切去一部分的现象，这种现象称为根切现象，如图 8.34 所示。发生严重根切的齿轮会使轮齿抗弯强度下降，而且因为根切使渐开线被切去一部分，从而使齿轮传动的重合度下降，传动比发生变化，影响传动的平稳性。一般情况下，应尽量避免根切现象的发生。

下面以齿条型刀具为例来说明产生根切现象的原因。图 8.35 所示为用标准齿条型刀具切制标准齿轮的情况，刀具的分度线与被切齿轮的分度圆相切，B_1B_2 为啮合线。刀具的切削刃将从啮合线上点 B_1（位置 I）处开始形成被切齿轮的渐开线齿廓，切至啮合线与刀具齿顶线的交点 B_2 处，被切齿轮齿廓的渐开线部分已全部形成。若点 B_2 位于啮合极限点 N_1 之下，则被切齿轮的齿廓从点 B_2 开始至齿顶圆为渐开线，而在点 B_2 到齿根圆之间为一段由刀具齿顶圆角部分所形成的非渐开线过渡曲线。若被切齿轮的齿数很少，使其啮合极限点 N_1 落在刀具齿顶线之下时，刀具从位置 II 继续切削到位置 III，由于距离 $\overline{N_1K}$ 等于弧线距离 $\overparen{N_1N_1'}$，因而使点 N_1' 附近的一部分齿根渐开线齿廓被切去，从而造成根切现象。

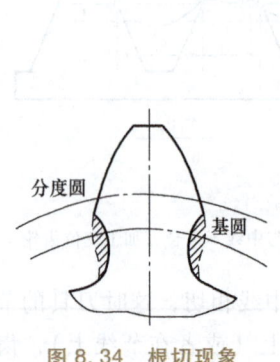

图 8.34 根切现象

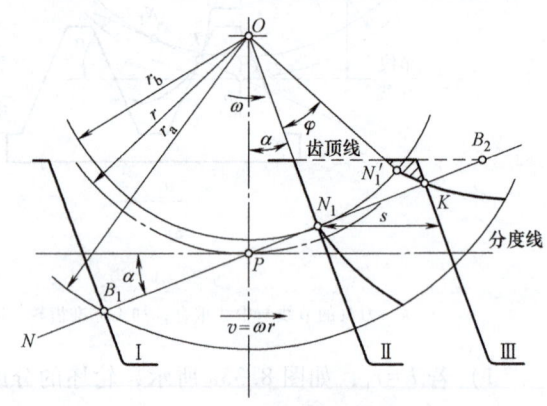

图 8.35 齿轮发生根切的原因

2. 标准齿轮不发生根切的最少齿数

为了避免产生根切现象，则啮合极限点 N_1 必须位于刀具齿顶线之上。即应使

$$\overline{PN_1}\sin\alpha \geq h_a^* m$$

由图 8.35 可知，$\overline{PN_1} = r\sin\alpha = \dfrac{mz}{2}\sin\alpha$，则

$$z \geq \frac{2h_a^*}{\sin^2\alpha}$$

即被切齿轮不发生根切的最少齿数为

$$z_{\min} = \frac{2h_a^*}{\sin^2\alpha} \tag{8.53}$$

由式（8.53）可以看出，$z_{\min}$ 与压力角 α、齿顶高系数 h_a^* 有关，表 8.9 为不同压力角

和齿顶高系数时不发生根切的最少齿数。

表 8.9 不发生根切的最少齿数 z_{min}

α	20°		15°	
h_a^*	1	0.8	1	0.8
z_{min}	17	14	30	24

3. 避免发生根切现象的方法

从以上分析可知，用展成法切削齿轮产生根切的原因是刀具齿顶线超过了极限啮合点。因此，要避免根切就必须使刀具齿顶线不超过啮合极限点。

若要加工齿数小于最少齿数且不发生根切的齿轮，有两种方法。一种方法是修改齿轮设计参数，减小齿顶高系数 h_a^* 和增大压力角 α。理论上来说，减小齿顶高系数 h_a^* 和增大压力角 α 可以减小 z_{min}，但齿顶高系数 h_a^* 和压力角 α 是标准值，如果随意改变，就得采用非标准刀具进行加工，这在生产上不仅不方便，而且会大大增加产品的成本，所以一般不采用。另一种方法是改变刀具与轮坯的相对位置，使刀具的齿顶线不超过极限啮合点，称为变位修正法。

8.7 渐开线变位齿轮简介

8.7.1 变位齿轮的概念

标准齿轮传动虽具有设计简单、互换性好等一系列优点，但也有一些不足。例如：

1) 当标准齿轮的齿数 $z<z_{min}$ 时，用展成法加工的齿轮将产生根切。

2) 不适用于实际中心距 a' 不等于标准中心距 a 的场合。若 $a'<a$，则无法安装；若 $a'>a$，则齿廓间存在侧隙，造成反向冲击、回差等，且重合度也随之降低，影响传动的平稳性。

3) 在一对大小齿轮相互啮合的标准齿轮传动中，由于小齿轮齿廓渐开线的曲率半径较小，齿根厚度也较薄，轮齿抗弯强度较低，而每个轮齿参与啮合的次数又较多，所以容易损坏，从而影响整个齿轮传动的承载能力和寿命。

为了改善标准齿轮的上述不足之处，有必要对齿轮进行科学的修正，以适应工程实际要求。现在最为广泛采用的是变位修正法。

如果需要制造齿数少于 z_{min}（见表 8.9）而又不产生根切现象的齿轮，最好的方法是在加工齿轮时，将齿条型刀具由标准位置相对于轮坯中心向外移出一段距离 xm（由图 8.36 中的虚线位置移至实线位置），从而使刀具的齿顶线不超过点 N_1，这样就不会发生根切现象。这种用改变刀具与轮坯的相对位置来切制齿轮的方法，即为变位修正法。这时，刀具的分度线与齿轮轮坯的分度圆不再相切，所加工出来的齿轮 $s \neq e$，它已不是标准齿轮，称其为变位齿轮。

齿条型刀具移动的距离 xm 称为径向变位量，其中 m 为模数，x 称为径向变位系数（简称变位系数）。当刀具相对于齿轮轮坯中心移远时，称为正变位，x 为正值，这样加工出来的齿轮称为正变位齿轮；如果被切齿轮的齿数比较多，为了满足齿轮传动的某些要求，有时刀具也可以由标准位置移近被切齿轮的中心，此时称为负变位，x 为负值，这样加工出来的齿轮称为负变位齿轮。

8.7.2 避免发生根切的最小变位系数

如图 8.36 所示，当刀具的齿顶线超过了极限啮合点 N_1 时，渐开线齿廓就发生根切现象。如果移动刀具位置，使其齿顶刚好通过极限啮合点 N_1，就可以得到不发生根切时刀具的最小变位系数 $x_{\min}$，即不发生根切，应使

$$h_a^* m - xm \leq \overline{N_1 N} = r\sin^2\alpha$$

$$h_a^* m - xm \leq \frac{mz}{2}\sin^2\alpha$$

可解得

$$x \geq h_a^* \frac{z_{\min} - z}{z_{\min}}$$

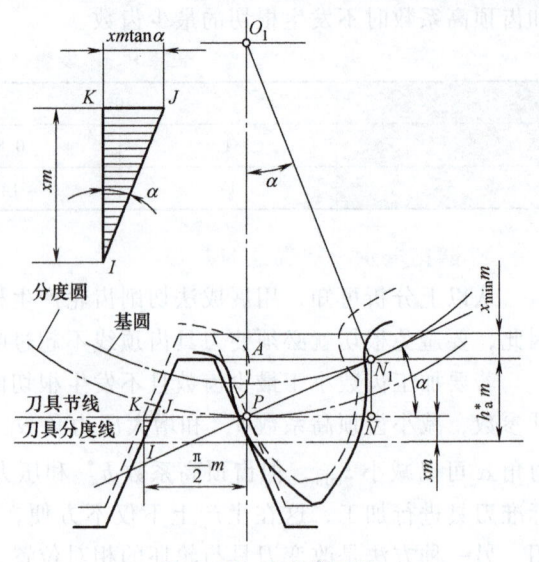

图 8.36 变位修正法

所以不发生根切的最小变位系数为

$$x_{\min} = h_a^* \frac{z_{\min} - z}{z_{\min}} \tag{8.54}$$

由式（8.54）可知：

1）当被加工齿轮的齿数 $z < z_{\min}$ 时，$x_{\min} > 0$，此时被加工齿轮应进行正变位，且只有变位系数 $x \geq x_{\min}$ 才能保证加工出来的齿轮不发生根切现象。

2）当被加工齿轮的齿数 $z = z_{\min}$ 时，$x_{\min} = 0$，此时被加工齿轮可以不进行变位，采用标准齿轮，就不会发生根切现象。但若为了改善齿轮的啮合性能，也可以进行正变位。

3）当被加工齿轮的齿数 $z > z_{\min}$ 时，$x_{\min} < 0$，此时并不表示被加工齿轮必须进行负变位，而是表示齿轮可以承受一定的负变位，只要 $x \geq x_{\min}$，被加工齿轮便不会发生根切现象。当然也可采用标准齿轮或正变位齿轮。

8.7.3 变位齿轮的几何尺寸

如图 8.36 所示，对于正变位齿轮，由于与被切齿轮分度圆相切的已不再是刀具的中线，而是刀具节线。刀具节线上的齿槽宽较分度线上的齿槽宽增大了 $2\overline{KJ}$，由于轮坯分度圆与刀具节线做纯滚动，故知其齿厚也增大了 $2\overline{KJ}$。而由 $\triangle IJK$ 可知，$\overline{KJ} = xm\tan\alpha$。因此，正变位齿轮的齿厚为

$$s = \pi m/2 + 2\overline{KJ} = (\pi/2 + 2x\tan\alpha)m \tag{8.55}$$

又由于齿条型刀具的齿距恒等于 πm，故知正变位齿轮的齿槽宽为

$$e = (\pi/2 - 2x\tan\alpha)m \tag{8.56}$$

又由图 8.36 可见，当刀具采取正变位 xm 后，切出的正变位齿轮的齿根高较标准齿轮减小了 xm，即

$$h_f = h_a^* m + c^* m - xm = (h_a^* + c^* - x)m \tag{8.57}$$

而其齿顶高，若暂不计它对顶隙的影响，为了保持齿高不变，应较标准齿轮增大 xm，这时其齿顶高为

$$h_a = h_a^* m + xm = (h_a^* + x)m \quad (8.58)$$

其齿顶圆半径为

$$r_a = r + (h_a^* + x)m \quad (8.59)$$

对于负变位齿轮，上述公式同样适用，只需注意其变位系数 x 为负即可。

8.7.4 变位齿轮和标准齿轮的齿形比较

用同一把刀具加工同一齿数的变位齿轮和标准齿轮，仅仅是刀具与轮坯的相对位置发生了改变，刀具并没有改变，所以刀具的 m、α、h_a^*、c^* 都没发生变化，且刀具移动的速度 $v_{刀}$ 和轮坯转动的角速度 $\omega_{坯}$ 不变，加工出来的齿轮的齿数 z 就不改变。在这种情况下，加工出来的齿轮的分度圆直径 d、基圆直径 d_b、分度圆齿距 p、基圆齿距 p_b 等都不会改变。主要是刀具径向位置改变，刀具的中线与节线不再重合，所以刀具节线上的齿厚 s' 不等于齿槽宽 e'，加工出来的齿轮在分度圆上的齿厚 s 也不等于槽宽 e，而且齿轮的齿顶高和齿根高也发生了变化。总结如下：

1）渐开线形状不变。将相同模数、压力角及齿数的变位齿轮与标准齿轮的尺寸相比较，如图 8.37 所示。标准齿轮和变位齿轮的齿廓是同一基圆上生成的渐开线，但各自截取了分度圆附近不同的段。

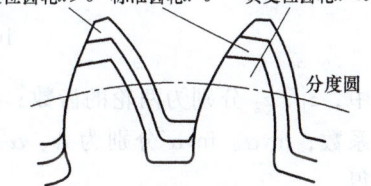

图 8.37 变位齿轮和标准齿轮的齿形比较

2）具有相同的基本参数。标准齿轮和变位齿轮具有相同的基本参数 z、m、α、h_a^*、c^*，但变位齿轮又多了一个基本参数，即变位系数 x。

3）与标准齿轮相比较，变位齿轮的几何参数发生了一些变化，见表 8.10。

表 8.10 变位齿轮与标准齿轮几何参数对比

标准齿轮 ($x=0$)	z	m	α	h_a^*	c^*	s	e	p	h_a	h_f	h	r_a	r_f	r	r_b	$p_b(p_n)$
正变位 ($x>0$)	=	=	=	=	=	↑	↓	=	↑	↓	=	↑	↑	=	=	=
负变位 ($x<0$)	=	=	=	=	=	↓	↑	=	↓	↑	=	↓	↓	=	=	=

注：1. 表中"="表示不变，"↑"表示变大，"↓"表示变小。
2. 在工程实际变位齿轮传动中，变位齿轮齿高 h 会稍有减小，见后面小节中的叙述。

8.7.5 变位齿轮传动

1. 变位齿轮传动的正确啮合条件及连续传动条件

变位齿轮传动的正确啮合条件及连续传动条件与标准齿轮传动相同。

2. 变位齿轮传动的中心距

无论是标准齿轮啮合，还是变位齿轮啮合，理论上都要求齿轮在啮合过程中无齿侧间

隙，同时还要求顶隙为标准顶隙。根据这两个条件，可得出一对变位齿轮传动的参数和几何尺寸关系。

（1）保证无侧隙啮合　由前所述，齿轮无侧隙啮合的几何条件是，一个齿轮节圆上的齿厚等于另一个齿轮节圆上的齿槽宽，即 $s_1' = e_2'$ 或 $s_2' = e_1'$，由此可得节圆上的齿距为

$$p' = s_1' + e_1' = s_1' + s_2' \tag{8.60}$$

由式（8.21）得

$$s_1' = 2r_1'\left(\frac{s_1}{2r_1} + \text{inv}\alpha - \text{inv}\alpha'\right), s_2' = 2r_2'\left(\frac{s_2}{2r_2} + \text{inv}\alpha - \text{inv}\alpha'\right)$$

由式（8.55）得

$$s_1 = m\left(\frac{\pi}{2} + 2x_1\tan\alpha\right), s_2 = m\left(\frac{\pi}{2} + 2x_2\tan\alpha\right)$$

由式（8.3）得

$$r_b = r_K\cos\alpha_K = r\cos\alpha = \frac{pz}{2\pi}\cos\alpha = r'\cos\alpha' = \frac{p'z}{2\pi}\cos\alpha'$$

即

$$p' = p\frac{\cos\alpha}{\cos\alpha'} = m\pi\frac{\cos\alpha}{\cos\alpha'}$$

将以上各参数代入式（8.60），得无侧隙啮合方程

$$\text{inv}\alpha' = \frac{2(x_1+x_2)}{z_1+z_2}\tan\alpha + \text{inv}\alpha \tag{8.61}$$

式中，z_1、z_2 分别为两轮的齿数；α 为分度圆压力角；α' 为啮合角；x_1、x_2 分别为两轮的变位系数；$\text{inv}\alpha$、$\text{inv}\alpha'$ 分别为 α、α' 的渐开线函数，其值可由渐开线函数表查得，也可计算求得。

式（8.61）表明，若两轮变位系数之和（x_1+x_2）不等于零，则其啮合角 α' 将不等于分度圆压力角 α。此时，两轮的实际中心距 a' 将不等于标准中心距 a，其差值即为两齿轮分度圆之间的距离，故中心距变动系数 y 为

$$y = \frac{a'-a}{m} \tag{8.62}$$

所以

$$a' = a + ym \tag{8.63}$$

若 $y>0$，表示两齿轮的分度圆分离，$\alpha'>\alpha$、$a'>a$；若 $y=0$，表示两齿轮的分度圆相切，分度圆与节圆重合，$\alpha'=\alpha$、$a'=a$；若 $y<0$，表示两齿轮的分度圆相交，$\alpha'<\alpha$、$a'<a$。

（2）保证顶隙为标准值　若保证两变位齿轮具有标准齿高及标准顶隙，则中心距 a'' 为

$$a'' = r_{a1} + r_{f2} + c^*m$$
$$= r_1 + h_a^*m + x_1m + r_2 - (h_a^* + c^*)m + x_2m + c^*m$$
$$= r_1 + r_2 + (x_1+x_2)m$$

即

$$a'' = a + (x_1+x_2)m \tag{8.64}$$

显然若要保证无侧隙及标准顶隙传动，则应满足式（8.63）和式（8.64），同时使 $a'' = a'$，即 $y = x_1+x_2$。但实际上只要 $x_1+x_2 \neq 0$，总有 $x_1+x_2 > y$，即 $a''>a'$。也就是说，若变位齿轮传动的中心距取为 a''，则虽能保证标准顶隙，但侧隙就不为零；若中心距取为 a'，则虽

能保证齿轮无侧隙啮合，但顶隙不是标准值。

工程上为了解决这一矛盾，采用如下办法：两轮按无侧隙中心距 $a' = a + ym$ 安装，而将两轮的齿顶高各缩短 Δym，以满足标准顶隙要求。Δy 称为齿顶高降低系数，Δy 恒为正，其值为

$$\Delta y = (x_1 + x_2) - y \tag{8.65}$$

这时，齿轮的齿顶高为

$$h_a = h_a^* m + xm - \Delta ym = (h_a^* + x - \Delta y)m \tag{8.66}$$

齿轮的齿高为

$$h = h_a + h_f = (2h_a^* + c^* - \Delta y)m \tag{8.67}$$

齿轮的齿顶圆半径为

$$r_a = r + h_a = r + (h_a^* + x - \Delta y)m \tag{8.68}$$

Δy 对齿根高和齿根圆没有影响。由式（8.65）可以看出，齿顶高降低系数 Δy 与两齿轮的变位系数 x_1 和 x_2 有关，其是一对啮合齿轮共有的参数。对于每对变位齿轮，都需要根据两个齿轮的变位系数，计算齿顶高降低系数，因此变位齿轮需要成对设计，也就是说变位齿轮不像标准齿轮那样具有互换性。

例 8.3 设一对外啮合齿轮的齿数为 $z_1 = 12$，$z_2 = 15$，$\alpha = 20°$，$m = 4\text{mm}$，$h_a^* = 1$，$c^* = 0.25$，试设计该对齿轮，使两轮刚好没有根切，并计算两轮的齿顶圆半径。

解：由式（8.53）、式（8.54）确定两齿轮刚好不发生根切的最小变位系数 x_1、x_2，即

$$x_1 = x_{1\min} = h_a^* \frac{z_{\min} - z_1}{z_{\min}} = \frac{17 - 12}{17} = 0.2941$$

$$x_2 = x_{2\min} = h_a^* \frac{z_{\min} - z_2}{z_{\min}} = \frac{17 - 15}{17} = 0.1176$$

由式（8.61），计算啮合角 α'

$$\text{inv}\alpha' = \frac{2(x_1 + x_2)}{z_1 + z_2} \tan\alpha + \text{inv}\alpha$$

$$= \frac{2 \times (0.2941 + 0.1176)}{12 + 15} \tan 20° + \text{inv} 20°$$

$$= 0.026005$$

查渐开线函数表，得 $\alpha' = 23°54'$。

由式（8.45），计算中心距 a'

$$a' = a \frac{\cos\alpha}{\cos\alpha'} = \frac{m}{2}(z_1 + z_2) \frac{\cos\alpha}{\cos\alpha'} = 55.502\text{mm}$$

由式（8.62），计算中心距变动系数 y

$$y = \frac{a' - a}{m} = 0.3755$$

由式（8.65），计算齿顶高降低系数 Δy

$$\Delta y = (x_1 + x_2) - y = 0.0363$$

由式（8.68），计算齿顶圆半径 r_{a1}、r_{a2}

$$r_{a1} = r_1 + h_{a1} = r_1 + (h_a^* + x_1 - \Delta y)m = 29.0312\text{mm}$$

$$r_{a2} = r_2 + h_{a2} = r_2 + (h_a^* + x_2 - \Delta y)m = 34.3252 \text{mm}$$

3. 变位齿轮传动的类型及其特点

按相互啮合的两齿轮的变位系数之和（x_1+x_2）的不同，可将变位齿轮传动分为以下三种基本类型。

1) $x_1+x_2=0$，且 $x_1=x_2=0$，此类齿轮传动称为标准齿轮传动。

2) $x_1+x_2=0$，但 $x_1=-x_2\neq 0$，此类齿轮传动称为等变位齿轮传动（又称为高度变位齿轮传动）。根据式（8.61）、式（8.45）、式（8.62）和式（8.65），得

$$\alpha'=\alpha, \ a'=a, \ y=0, \ \Delta y=0$$

即其啮合角等于分度圆压力角，实际中心距等于标准中心距，节圆与分度圆重合，齿顶高不需要降低。

对于等变位齿轮传动，为了延长传动齿轮的寿命，小齿轮应采用正变位，大齿轮应采用负变位，使大、小齿轮的强度趋于接近，从而使整对齿轮的传动能力提高。

3) $x_1+x_2\neq 0$，此类齿轮传动称为不等变位齿轮传动（又称为角度变位齿轮传动）。当 $x_1+x_2>0$ 时，称为正传动；当 $x_1+x_2<0$ 时，称为负传动。

① 正传动。由于此时 $x_1+x_2>0$，根据式（8.61）、式（8.45）、式（8.62）和式（8.65），得

$$\alpha'>\alpha, \ a'>a, \ y>0, \ \Delta y>0$$

即在正传动中，其啮合角 α' 大于分度圆压力角 α，实际中心距 a' 大于标准中心距 a，两轮的分度圆分离，齿顶高需缩减。

正传动的优点是可以减小齿轮机构的尺寸，能使齿轮机构的承载能力有较大提高。正传动的缺点是重合度减小较多。

② 负传动。由于 $x_1+x_2<0$，故其

$$\alpha'<\alpha, \ a'<a, \ y<0, \ \Delta y>0$$

负传动的优缺点正好与正传动的优缺点相反，即其重合度略有增加，但轮齿的强度有所下降，所以负传动只用于配凑中心距这种特殊需要的场合中。

综上所述，采用变位修正法来制造渐开线齿轮，不仅可以避免根切，还可以运用这种方法来提高齿轮机构的承载能力、配凑中心距和减小机构的几何尺寸等，并且仍采用标准刀具，并不增加制造的困难。正因为如此，其在各重要传动中被广泛地采用。

4. 变位齿轮传动的设计步骤

为了便于设计计算，现将外啮合直齿圆柱齿轮各种传动类型的主要计算公式列于表 8.11 中。

表 8.11 外啮合直齿圆柱齿轮各种传动类型的主要计算公式

名称	符号	标准齿轮传动	等变位齿轮传动	不等变位齿轮传动
变位系数	x	$x_1=x_2=0$	$x_1=-x_2$ $x_1+x_2=0$	$x_1+x_2\neq 0$
节圆直径	d'	$d'_i=d_i=z_im(i=1,2)$		$d'_i=d_i\cos\alpha/\cos\alpha'$
啮合角	α'	$\alpha'=\alpha$		$\cos\alpha'=(a\cos\alpha)/a'$
齿顶高	h_a	$h_a=h_a^* m$	$h_{ai}=(h_a^*+x_i)m$	$h_{ai}=(h_a^*+x_i-\Delta y)m$
齿根高	h_f	$h_f=(h_a^*+c^*)m$		$h_f=(h_a^*+c^*-x_i)m$

(续)

名称	符号	标准齿轮传动	等变位齿轮传动	不等变位齿轮传动
齿顶圆直径	d_a		$d_{ai} = d_i + 2h_{ai}$	
齿根圆直径	d_f		$d_{fi} = d_i - 2h_{fi}$	
中心距	a	$a = (d_1+d_2)/2$		$a' = (d'_1+d'_2)/2$
中心距变动系数	y		$y = 0$	$y = (a'-a)/m$
齿顶高降低系数	Δy		$\Delta y = 0$	$\Delta y = x_1+x_2-y$

标准齿轮机构的设计问题比较简单。变位齿轮机构的设计问题主要是确定变位齿轮的基本参数，然后进行几何尺寸的计算。在确定基本参数时，齿数是根据传动比和有关的限制条件等确定的，模数是根据强度条件从标准中选定的，而齿顶高系数、顶隙系数和压力角是标准值，不需要计算，直接选定即可。因此，变位齿轮机构的设计计算主要是根据给定的原始参数及使用条件，选择合适的传动类型，确定合理的变位系数，然后进行几何尺寸计算。

根据工程实际，一对外啮合直齿圆柱齿轮机构的设计大致分为下列三种情况。

（1）中心距没有限制，且已知参数为 m、α、z_1、z_2、h_a^*、c^*

1）确定传动类型。

① 若 $z_1+z_2 > 2z_{\min}$，三种传动类型均可选用，即标准齿轮传动、等变位齿轮传动和不等变位齿轮传动，但一般选用正传动或等变位齿轮传动。

② 若 $z_1+z_2 < 2z_{\min}$，则必须选用正传动，且须保证 $x \geq x_{\min}$。

2）选定变位系数 x_1、x_2。

3）根据表 8.11 中所列公式计算齿轮机构的几何尺寸。

4）验算重合度和齿顶厚度，保证 $\varepsilon_\alpha \geq [\varepsilon_\alpha]$ 和 $s_a \geq 0.25m$。

（2）给定中心距，且已知参数为 m、α、z_1、z_2、h_a^*、c^*、a'

1）根据给定实际中心距 a' 和标准中心距 a，确定传动类型。

① 若 $a' > a$，采用正传动。

② 若 $a' = a$，采用标准齿轮传动或等变位齿轮传动。

③ 若 $a' < a$，采用负传动。

2）由式（8.45）计算啮合角 α'。

3）由式（8.61）计算变位系数的和 (x_1+x_2)。

4）分配两轮的变位系数，满足 $x_1 \geq x_{1\min}$ 和 $x_2 \geq x_{2\min}$。

5）根据表 8.11 中所列公式计算齿轮机构的几何尺寸。

6）验算重合度和齿顶厚度，保证 $\varepsilon_\alpha \geq [\varepsilon_\alpha]$ 和 $s_a \geq 0.25m$。

（3）给定中心距，且已知参数为 m、α、i_{12}、h_a^*、c^*、a'

1）确定两轮齿数 z_1、z_2。由于 $a = \dfrac{m}{2}(z_1+z_2)$，令 $a \approx a'$，则 $z_1 \approx \dfrac{2a}{(1+i_{12})m}$，因为齿数为整数，故在计算出 z_1 后，将其圆整，再求 z_2。应当注意：当 z_1 取整时应舍去小数部分，这样齿轮机构为正传动，否则为负传动。

2）按第（2）类情况的设计步骤进行。

5. 几个问题的说明

1）正、负变位与正、负传动是两个不同的概念。正、负变位是针对一个齿轮来说的，而正、负传动是针对一对传动齿轮来说的,也就是说,正传动中也可能有负变位齿轮,负传动中也可能有正变位齿轮。

2)标准齿轮和零变位齿轮是不同的。标准齿轮是变位系数 $x=0$ 的齿轮,由于与该齿轮啮合的也是标准齿轮,所以 $x_1+x_2=0$,因此有 $r'=r$,$\alpha'=\alpha$,$a'=a$,$y=0$,$\Delta y=0$,也就是说,标准齿轮的齿顶高不需降低。零变位齿轮则是在变位齿轮传动中,其中一个齿轮的变位系数 $x=0$,由于另一个与其啮合的齿轮是变位齿轮,所以 $x_1+x_2\neq 0$,因此有 $r'\neq r$,$\alpha'\neq\alpha$,$a'\neq a$,$y\neq 0$,$\Delta y\neq 0$,也就是说,这个齿轮虽然变位系数等于零,但它不是标准齿轮,因为它的齿顶高有所降低。

8.8 斜齿圆柱齿轮传动

8.8.1 斜齿轮齿廓曲面的形成及啮合特点

由于直齿圆柱齿轮的齿向是平行于轴线的,所以在垂直于齿轮轴线的任意平面(端面)上齿轮的啮合情况完全相同,因此在讨论直齿圆柱齿轮时都将它简化为平面问题来研究。

1. 齿廓曲面的形成

如果考虑齿轮的宽度,则直齿圆柱齿轮的齿面是这样形成的:发生面与基圆柱相切于 NN 线,当发生面沿基圆柱做纯滚动时,发生面上任一与基圆柱平行的直线 KK 的轨迹形成直齿圆柱齿轮的齿廓曲面,简称为渐开面,如图 8.38a 所示。

斜齿圆柱齿轮的齿面形成与直齿圆柱齿轮类似,只不过发生面上的直线 KK 不再与齿轮轴线平行,而是倾斜了一个角度 β_b,当发生面沿基圆柱做纯滚动时,直线 KK 的轨迹形成斜齿圆柱齿轮的齿廓曲面,称为渐开螺旋面,如图 8.38b 所示。

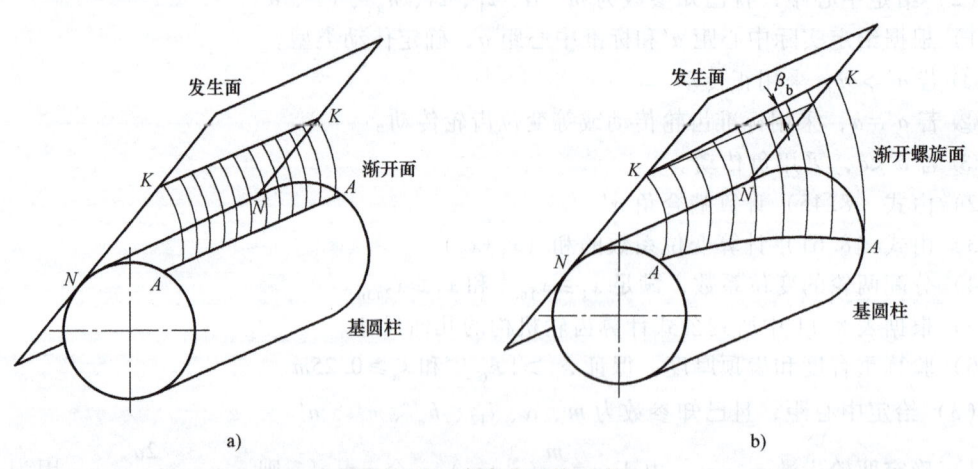

图 8.38 齿廓曲面的形成
a) 直齿圆柱齿轮的齿廓曲面 b) 斜齿圆柱齿轮的齿廓曲面

2. 啮合特点

一对直齿圆柱齿轮啮合时,两轮齿廓曲面的接触线是与轴线平行的直线,如图 8.39a 所示;而一对斜齿圆柱齿轮啮合时,两轮齿廓曲面的接触线是斜直线,如图 8.39b 所示。因此,与直齿轮相比,斜齿轮具有如下特点:

1) 两齿廓的接触线与齿轮轴线成 β_b 角,接触线长度由短变长进入啮合,由长变短退出啮合,因而传动较直齿轮平稳,冲击、振动和噪声较小。

2) 轮齿是螺旋形的,所以在啮合区内,齿面上的接触线的总长度要比直齿轮的长,这会降低齿面的接触应力,从而提高齿轮的承载能力。

由于具有以上这些特点,斜齿轮机构被广泛应用于高速、重载的传动中。但是,由于斜齿轮的齿面接触线是与轴线不平行的斜直线,因而在传动时会产生一个轴向分力,这将对支承结构的设计和传动效率产生影响。

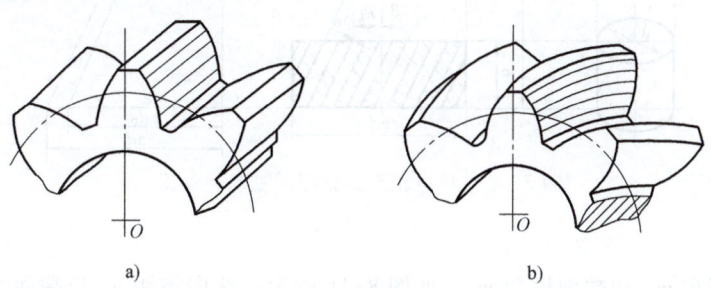

图 8.39 齿面接触线
a) 直齿圆柱齿轮 b) 斜齿圆柱齿轮

8.8.2 斜齿圆柱齿轮的基本参数及几何尺寸计算

在斜齿轮上,与轴线垂直的平面称为端面,其上的参数以下标"t"表示;与轮齿螺旋线方向垂直的方向称为法向,其上的参数以下标"n"表示。这两个面上轮齿的齿形是不同的。由于在加工斜齿轮时,刀具的刀刃位于法面内,且沿着螺旋线的方向进给,所以斜齿轮的法向参数应是与刀具参数相同的标准值。但是,由于斜齿轮的法向截面不是圆,只有在端面上才是圆形,相当于一对直齿圆柱齿轮的啮合传动,为能方便利用直齿轮几何尺寸计算公式,斜齿轮的几何尺寸均在端面计算,因此,必须建立法向参数与端面参数的换算关系。

1. 分度圆柱螺旋角 β 与基圆柱螺旋角 β_b

斜齿轮的齿廓曲面和其分度圆柱面相交的螺旋线的切线,与齿轮轴线之间所夹的锐角称为斜齿轮分度圆柱上的螺旋角(简称为斜齿轮的螺旋角)。齿轮螺旋的旋向有左、右之分,故螺旋角 β 也有正、负之别,如图 8.40 所示。

图 8.41 所示为斜齿轮沿其分度圆柱的展开图,图中阴影部分为轮齿,空白部分为齿槽。b 为齿轮宽度,l 为螺旋线导程。由于各圆柱的直径不同,而渐开螺旋面在各圆柱上的导程相同,故各圆柱上的螺旋角是不同的。基圆柱和分度圆柱上的螺旋角分别为 β_b、β,如图 8.41 所示。

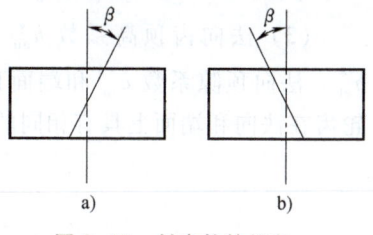

图 8.40 斜齿轮的旋向
a) 右旋 b) 左旋

由图 8.41 可得,$\tan\beta_b = \dfrac{\pi d_b}{l}$,$\tan\beta = \dfrac{\pi d}{l}$,所以有 $\dfrac{\tan\beta_b}{\tan\beta} = \dfrac{d_b}{d} = \cos\alpha_t$,即

$$\tan\beta_b = \tan\beta\cos\alpha_t \tag{8.69}$$

式中,α_t 为端面分度圆压力角。

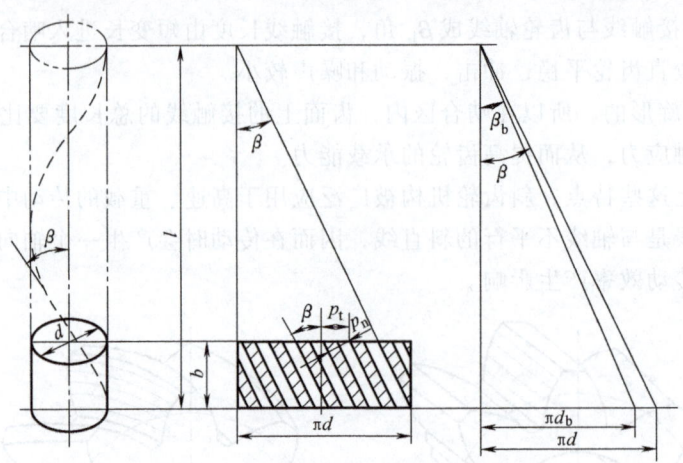

图 8.41 斜齿轮沿其分度圆柱的展开图

2. 法向参数与端面参数的关系

（1）法向模数 m_n 和端面模数 m_t 如图 8.41 所示，法向齿距 p_n 与端面齿距 p_t 的关系为

$$p_n = p_t\cos\beta = \pi m_n = \pi m_t \cos\beta$$

故得

$$m_n = m_t \cos\beta \tag{8.70}$$

（2）法向压力角 α_n 和端面压力角 α_t 为方便分析斜齿轮法向压力角 α_n 和端面压力角 α_t 的关系，这里借助于斜齿条，如图 8.42 所示，$\triangle a'b'c$ 在法向上，$\triangle abc$ 在端面上，由图可得

$$\tan\alpha_n = \tan\angle a'b'c = \frac{\overline{a'c}}{\overline{a'b'}},\quad \tan\alpha_t = \tan\angle abc = \frac{\overline{ac}}{\overline{ab}}$$

由于 $\overline{ab} = \overline{a'b'}$，$\overline{a'c} = \overline{ac}\cos\beta$，所以

$$\tan\alpha_n = \tan\alpha_t \cos\beta \tag{8.71}$$

斜齿轮在其端面上的分度圆直径为

$$d = zm_t = zm_n/\cos\beta \tag{8.72}$$

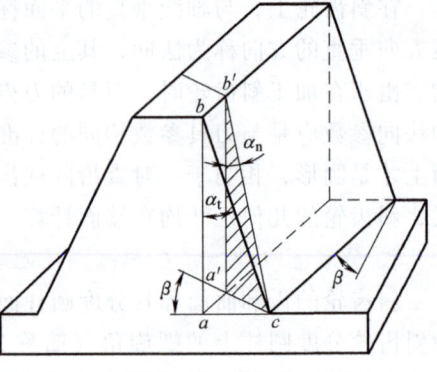

图 8.42 斜齿条

（3）法向齿顶高系数 h_{an}^* 和端面齿顶高系数 h_{at}^*、法向顶隙系数 c_{an}^* 和端面顶隙系数 c_{at}^* 由于轮齿在法向和端面上具有相同的高度，故有

$$h_a = h_{an}^* m_n = h_{at}^* m_t$$
$$c = c_n^* m_n = c_t^* m_t$$

由式（8.70），可得

$$h_{at}^* = h_{an}^* \cos\beta \tag{8.73}$$
$$c_t^* = c_n^* \cos\beta \tag{8.74}$$

3. 斜齿圆柱齿轮几何尺寸计算

斜齿轮几何尺寸在端面与直齿轮完全相同，故分度圆直径按端面模数计算，即

$$d = m_t z = \frac{m_n z}{\cos\beta} \tag{8.75}$$

斜齿轮的标准中心距为

$$a = \frac{1}{2}(d_1+d_2) = \frac{1}{2}m_t(z_1+z_2) = \frac{m_n}{2\cos\beta}(z_1+z_2) \tag{8.76}$$

由式（8.76）可知，可以用改变螺旋角 β 的方法来调整中心距的大小。故斜齿轮的中心距常进行圆整，以利于加工。

斜齿轮也可借助于变位修正的方法来满足各种不同要求。其端面变位系数 x_t 与法向变位系数 x_n 的关系为

$$x_t = x_n \cos\beta \tag{8.77}$$

外啮合平行轴斜齿圆柱齿轮机构几何尺寸计算公式见表 8.12。

表 8.12 外啮合平行轴斜齿圆柱齿轮机构几何尺寸计算公式

基本参数		$z_1, z_2, m_n, \alpha_n, h_{an}^*, c_n^*, \beta_1, \beta_2$	
名称	符号	计算公式	
螺旋角	β	$\beta_1 = \beta_2$（旋向相反）	
基圆柱螺旋角	β_b	$\tan\beta_b = \tan\beta \cos\alpha_t$	
端面模数	m_t	$m_t = \dfrac{m_n}{\cos\beta}$	
端面压力角	α_t	$\tan\alpha_t = \dfrac{\tan\alpha_n}{\cos\beta}$	
端面齿顶高系数	h_{at}^*	$h_{at}^* = h_{an}^* \cos\beta$	
端面顶隙系数	c_t^*	$c_t^* = c_n^* \cos\beta$	
端面变位系数	x_t	$x_t = x_n \cos\beta$	
当量齿数	z_v	$z_v = \dfrac{z}{\cos^3\beta}$	
分度圆直径	d	$d = m_t z = \dfrac{m_n z}{\cos\beta}$	
标准中心距	a	$a = \dfrac{d_1+d_2}{2} = \dfrac{1}{2}m_t(z_1+z_2) = \dfrac{m_n}{2\cos\beta}(z_1+z_2)$	
实际中心距	a'	$a' = a\dfrac{\cos\alpha_t}{\cos\alpha_t'}$	
齿顶高	h_a	$h_a = m_t(h_{at}^* + x_t) = m_n(h_{an}^* + x_n)$	
齿根高	h_f	$h_f = m_t(h_{at}^* + c_t^* - x_t) = m_n(h_{an}^* + c_n^* - x_n)$	
齿顶圆直径	d_a	$d_a = d + 2h_a$	
齿根圆直径	d_f	$d_f = d - 2h_f$	
基圆直径	d_b	$d_b = d\cos\alpha_t$	
法向齿距	p_n	$p_n = \pi m_n$	
端面齿距	p_t	$p_t = \pi m_t = \dfrac{p_n}{\cos\beta}$	
基圆柱端面齿距	p_{bt}	$p_{bt} = p_t \cos\alpha_t$	
法向齿厚	s_n	$s_n = \left(\dfrac{\pi}{2} + 2x_n \tan\alpha_n\right) m_n$	
端面齿厚	s_t	$s_t = \left(\dfrac{\pi}{2} + 2x_t \tan\alpha_t\right) m_t$	
最少齿数	z_{min}	$z_{min} = z_{vmin} \cos^3\beta$	

8.8.3 斜齿圆柱齿轮的当量齿轮与当量齿数

斜齿轮的当量齿轮是一个虚拟的直齿轮，其齿形与斜齿轮的法向齿形相当，其齿数用 z_v 表示，称为当量齿数。引入当量齿轮的目的有两个：一是在用仿形法加工斜齿轮时，齿轮铣刀沿螺旋线齿槽方向进给，齿轮的法向齿形与刀具的齿形一致，可以利用当量齿数来选择刀具型号；二是在计算斜齿轮的强度时，可以利用直齿轮的强度计算公式与结论。

过斜齿轮分度圆上的一点 C 用轮齿法向截面 n—n 截得分度圆柱的剖面为一椭圆面，如图 8.43 所示，它的长半轴为 $a = \dfrac{d}{2\cos\beta} = \dfrac{r}{\cos\beta}$，短半轴为 $b = r$。点 C 附近的一段椭圆曲线与以椭圆该点处的曲率半径 ρ 为半径所画的圆弧非常接近，因此可以虚拟一个以 ρ 为分度圆半径、斜齿轮的 m_n 为模数、α_n 为压力角的直齿圆柱齿轮，其齿形与斜齿轮的法向齿形相当，此虚拟的直齿圆柱齿轮称为斜齿轮的当量齿轮，其齿数为当量齿数。

椭圆在点 C 处的曲率半径为 $\rho = \dfrac{a^2}{b} = \dfrac{r}{\cos^2\beta}$，又 $\rho = r_v = \dfrac{m_n z_v}{2}$，所以

$$z_v = \dfrac{2r_v}{m_n} = \dfrac{2\rho}{m_n} = \dfrac{2r}{m_n \cos^2\beta} = \dfrac{m_n z}{m_n \cos^3\beta} = \dfrac{z}{\cos^3\beta} \quad (8.78)$$

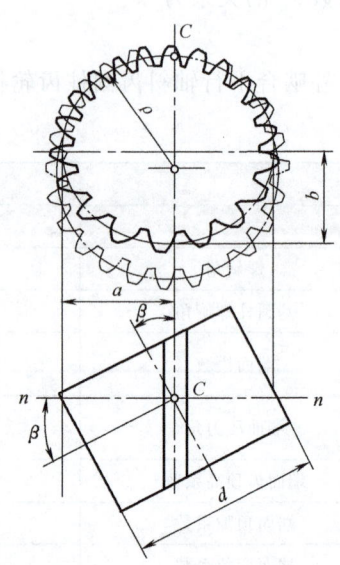

图 8.43 斜齿轮的当量齿轮

显然，当量齿数 z_v 不为整数，且大于实际齿数 z。

渐开线标准斜齿圆柱齿轮不发生根切的最少齿数也可由式（8.78）求得，即

$$z_{\min} = z_{v\min}\cos^3\beta \quad (8.79)$$

式中，$z_{v\min}$ 为当量直齿圆柱齿轮不发生根切的最少齿数。

8.8.4 一对斜齿轮的啮合传动

1. 正确啮合条件

斜齿轮的正确啮合条件：除了模数及压力角应分别相等外，它们的螺旋角还必须匹配。即一对斜齿轮的正确啮合条件为

$$m_{n1} = m_{n2} = m$$
$$\alpha_{n1} = \alpha_{n2} = \alpha$$
$$\beta_1 = \pm\beta_2$$

式中，"+"表示两斜齿轮旋向相同，用于内啮合；"−"表示两斜齿轮旋向相反，用于外啮合。

2. 斜齿轮传动的重合度

图 8.44a 所示为直齿轮传动的啮合面，L 为其啮合区，故直齿轮传动的重合度为

$$\varepsilon_\alpha = \dfrac{L}{p_{bt}}$$

式中，p_{bt} 为端面上的法向齿距。

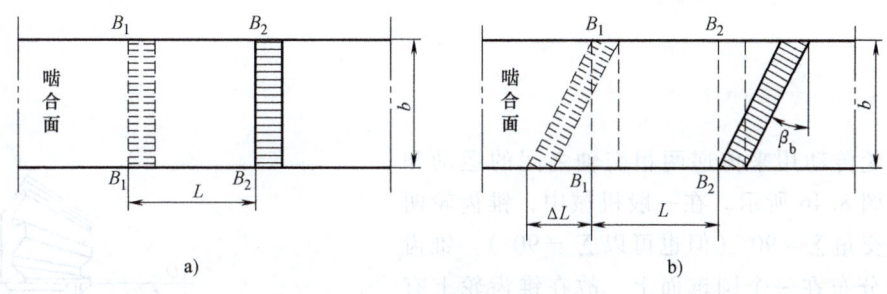

图 8.44　斜齿轮传动的重合度
a) 直齿轮　b) 斜齿轮

图 8.44b 为斜齿轮的啮合情况，由于其轮齿是倾斜的，故其啮合区长为 $L+\Delta L$，其总的重合度 ε_γ 为

$$\varepsilon_\gamma = \frac{L+\Delta L}{p_{bt}} = \varepsilon_\alpha + \varepsilon_\beta \tag{8.80}$$

式中，ε_α 为端面重合度，类似于直齿轮传动，其计算公式为

$$\varepsilon_\alpha = \frac{1}{2\pi}\left[z_1(\tan\alpha_{at1}-\tan\alpha_t') + z_2(\tan\alpha_{at2}-\tan\alpha_t')\right] \tag{8.81}$$

ε_β 为轴面重合度（纵向重合度），其计算公式为

$$\varepsilon_\beta = \frac{\Delta L}{p_{bt}} = \frac{b\tan\beta_b}{p_{bt}} = \frac{b\sin\beta}{m_n\pi} \tag{8.82}$$

由式 (8.80) 可知，斜齿轮的重合度比直齿轮的大，且随齿宽 b 和螺旋角 β 的增大而增大，但 β 过大又会产生较大的轴向力。

3. 斜齿轮传动的优、缺点

与直齿轮传动比较，斜齿轮传动具有下列主要优点：

1) 啮合性能好，传动平稳，噪声小。

2) 重合度大，降低了每对轮齿的载荷，提高了承载能力。

3) 不发生根切的最少齿数较小，结构较紧凑。

4) 中心距 a 与螺旋角 β 有关，不用变位，即可用 β 来凑配中心距。

斜齿轮传动的主要缺点是存在轴向力，如图 8.45a 所示。为控制过大的轴向力，一般取 $\beta = 8° \sim 20°$。若采用人字齿轮，如图 8.45b 所示，其所产生的轴向力可互相抵消，故其螺旋角可取为 $\beta = 25° \sim 40°$，但人字齿轮的制造比较困难。

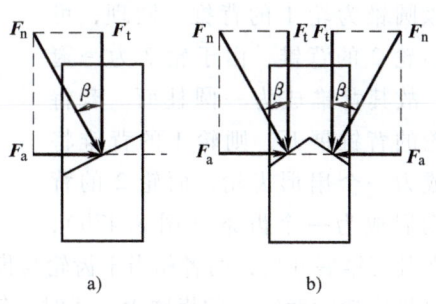

图 8.45　斜齿轮和人字齿轮的轴向力
a) 斜齿轮　b) 人字齿轮

8.9 直齿锥齿轮传动

8.9.1 锥齿轮传动概述

锥齿轮传动用来传递两相交轴之间的运动和动力,如图 8.46 所示。在一般机械中,锥齿轮两轴之间的交角 $\Sigma = 90°$(但也可以 $\Sigma \neq 90°$)。锥齿轮的轮齿分布在一个圆锥面上,故在锥齿轮上有齿顶圆锥、分度圆锥和齿根圆锥等。又因锥齿轮是一个锥体,从而有大端和小端之分。为了计算和测量的方便,也为了计算和测量的误差较小,通常取锥齿轮大端的参数为标准值,即大端的模数按表 8.13 选取,其压力角一般为 20°,齿顶高系数 $h_a^* = 1.0$,顶隙系数 $c^* = 0.2$。

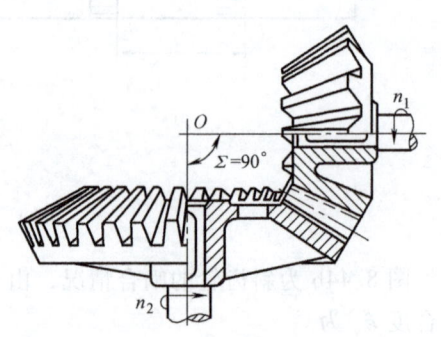

图 8.46 锥齿轮传动

表 8.13 锥齿轮标准模数(摘自 GB/T 12368—1990)   (单位:mm)

| ...1 | 1.125 | 1.25 | 1.375 | 1.5 | 1.75 | 2 | 2.25 | 2.5 | 2.75 | 3 | 3.25 | 3.5 | 3.75 | 4 | 4.5 | 5 | 5.5 | 6 | 6.5 | 7 |
| 8 | 9 | 10 | ... | | | | | | | | | | | | | | | | | |

下面只讨论直齿锥齿轮传动。

8.9.2 直齿锥齿轮的背锥及当量齿轮

图 8.47a 所示为一对特殊的锥齿轮传动。其中轮 1 的齿数为 z_1,分度圆半径为 r_1,分度圆锥角为 δ_1;轮 2 的齿数为 z_2,分度圆半径为 r_2,分度圆锥角 $\delta_2 = 90°$,其分度圆锥表面为一平面,这种齿轮称为冠轮。

过轮 1 大端节点 P,画其分度圆锥母线 OP 的垂线,交其轴线于点 O_1,再以点 O_1 为锥顶,以 O_1P 为母线,画一圆锥与轮 1 的大端相切,称该圆锥为轮 1 的背锥。同理,可绘出轮 2 的背锥,由于轮 2 为一冠轮,故其背锥成为一圆柱面。若将两轮的背锥展开,则轮 1 的背锥将展成为一个扇形齿轮,而轮 2 的背锥则展成为一个齿条(图 8.47b),

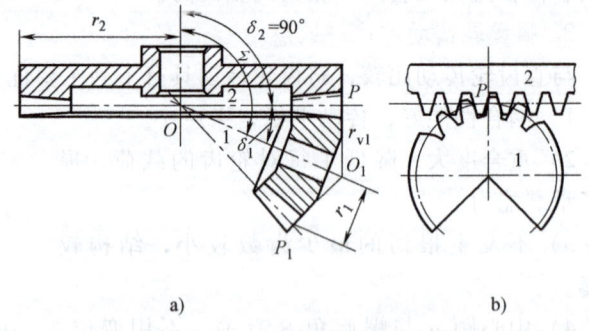

图 8.47 锥齿轮的当量齿轮

即在其背锥展开后,两者相当于齿轮与齿条啮合传动。根据前面所述的展成原理可知,当齿条(即冠轮的背锥)的齿廓为直线时,轮 2 在背锥上的齿廓为渐开线。

设想把展成的扇形齿轮的缺口补满,则将获得一个圆柱齿轮。这个假想的圆柱齿轮称为锥齿轮的当量齿轮,其齿数 z_v 称为锥齿轮的当量齿数。当量齿轮的齿形和锥齿轮在背锥上的齿形（即大端齿形）是一致的，故当量齿轮的模数和压力角与锥齿轮大端的模数和压力角是一致的。至于当量齿数，则可按下述计算求得。

由图 8.47 可见，轮 1 的当量齿轮的分度圆半径为

$$r_{v1} = O_1 P = r_1 / \cos\delta_1 = z_1 m / (2\cos\delta_1)$$

又知

$$r_{v1} = z_{v1} m / 2$$

故得

$$z_{v1} = z_1 / \cos\delta_1$$

对于任一锥齿轮有

$$z_v = z / \cos\delta \qquad (8.83)$$

借助锥齿轮当量齿轮的概念，可以把圆柱齿轮传动的一些结论直接应用于锥齿轮传动。例如：根据一对圆柱齿轮的正确啮合条件可知，一对锥齿轮的正确啮合条件应为两轮大端的模数和压力角分别相等⊖；一对锥齿轮传动的重合度可以近似地按其当量齿轮传动的重合度来计算；为了避免轮齿的根切，锥齿轮不产生根切的最少齿数 $z_{min} = z_{vmin} \cos\delta$；等等。

8.9.3 直齿锥齿轮传动几何参数和尺寸计算

由于锥齿轮以大端参数为标准值，故在计算其几何尺寸时，也应以大端为准。如图 8.48 所示，两锥齿轮的分度圆直径分别为

$$d_1 = 2R\sin\delta_1, d_2 = 2R\sin\delta_2 \quad (8.84)$$

式中，R 为分度圆锥顶到大端的距离，称为锥距；δ_1、δ_2 分别为两锥齿轮的分度圆锥角（简称分锥角）。

两轮的传动比为

$$i_{12} = \omega_1 / \omega_2 = z_2 / z_1 = d_2 / d_1 = \sin\delta_2 / \sin\delta_1$$
$$(8.85)$$

当两锥齿轮之间的轴交角 $\Sigma = 90°$ 时，则因 $\delta_1 + \delta_2 = 90°$，式（8.85）变为

$$i_{12} = \omega_1 / \omega_2 = z_2 / z_1 = d_2 / d_1 = \cot\delta_1 = \tan\delta_2$$
$$(8.86)$$

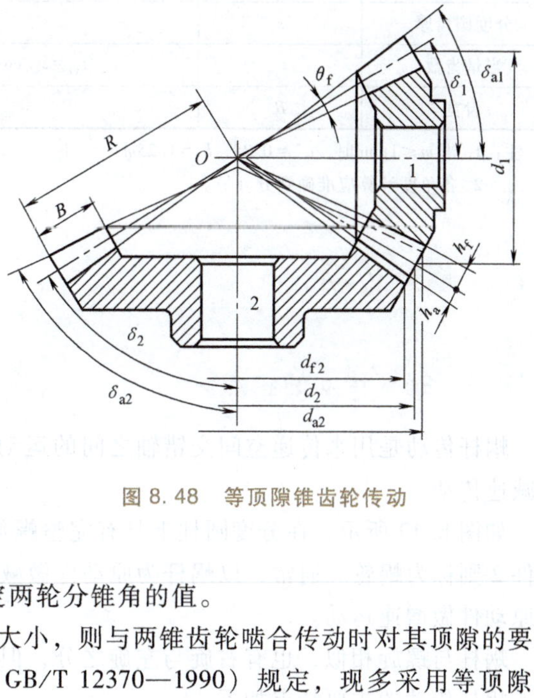

图 8.48 等顶隙锥齿轮传动

在设计锥齿轮传动的几何参数时，可根据给定的传动比 i_{12}，按式（8.86）确定两轮分锥角的值。

至于锥齿轮齿顶圆锥角和齿根圆锥角的大小，则与两锥齿轮啮合传动时对其顶隙的要求有关。根据国家标准（GB/T 12369—1990、GB/T 12370—1990）规定，现多采用等顶隙锥齿轮传动，如图 8.48 所示。其两轮的顶隙从齿轮大端到小端是相等的，两轮的分度圆锥及齿根圆锥的锥顶重合于一点。但两轮的齿顶圆锥，因其母线各自平行于与之啮合传动的另一锥齿轮的齿根圆锥的母线，故其锥顶就不再与分度圆锥的锥顶相重合。这种锥齿轮相当于降

⊖ 对于标准直齿锥齿轮传动，还应保证两轮的分度圆锥共顶。

低了轮齿小端的齿顶高,从而减小了齿顶过尖的可能性;且齿根圆的半径较大,有利于提高轮齿的承载能力、刀具寿命和储油润滑。

标准直齿锥齿轮传动几何尺寸的计算公式列于表 8.14。

表 8.14 标准直齿锥齿轮传动几何尺寸的计算公式($\Sigma = 90°$)

名称	代号	计算公式 小齿轮	计算公式 大齿轮
分锥角	δ	$\delta_1 = \arctan(z_1/z_2)$	$\delta_2 = 90° - \delta_1$
齿顶高	h_a	$h_a = h_a^* m = m$	
齿根高	h_f	$h_f = (h_a^* + c^*)m = 1.2m$	
分度圆直径	d	$d_1 = mz_1$	$d_2 = mz_2$
齿顶圆直径	d_a	$d_{a1} = d_1 + 2d_a\cos\delta_1$	$d_{a2} = d_2 + 2d_a\cos\delta_2$
齿根高直径	d_f	$d_{f1} = d_1 - 2h_f\cos\delta_1$	$d_{f2} = d_2 - 2h_f\cos\delta_2$
锥距	R	$R = m\sqrt{z_1^2 + z_2^2}/2$	
齿根角	θ_f	$\tan\theta_f = h_f/R$	
顶锥角	δ_a	$\delta_{a1} = \delta_1 + \theta_f$	$\delta_{a2} = \delta_2 + \theta_f$
根锥角	δ_f	$\delta_{f1} = \delta_1 - \theta_f$	$\delta_{f2} = \delta_2 - \theta_f$
顶隙	c	$c = c^* m$(一般取 $c^* = 0.2$)	
分度圆齿厚	s	$s = \pi m/2$	
当量齿数	z_v	$z_{v1} = z_1/\cos\delta_1$	$z_{v2} = z_2/\cos\delta_2$
齿宽	B	$B \leq R/3$(取整)	

注:1. 当 $m \leq 1mm$ 时,$c^* = 0.25$,$h_f = 1.25m$。
2. 各角度计算应准确到分(′)。

8.10 蜗杆传动

8.10.1 蜗杆传动的特点

蜗杆传动是用来传递空间交错轴之间的运动和动力的。最常用的是两轴交错角 $\Sigma = 90°$ 的减速传动。

如图 8.49 所示,在分度圆柱上具有完整螺旋齿的构件 1 称为蜗杆,而与蜗杆相啮合的构件 2 则称为蜗轮。通常,以蜗杆为原动件做减速运动。当其反行程不自锁时,也可以蜗轮为原动件做增速运动。

蜗杆与螺旋相似,也有右旋与左旋之分,但通常取右旋居多。

蜗杆传动的主要特点如下:

1) 由于蜗杆的轮齿是连续不断的螺旋齿,故传动特别平稳,啮合冲击及噪声都小。所以在现代一些不需很大减速比的超静传动中也常采用蜗杆传动。

2) 由于蜗杆的齿数(头数)少,故单级传动可获得较大的传动比(可达 1000),且结构紧凑。在做减速传动时,传动比 $i_{12} = 5 \sim 70$。在做增速传动时,传动比 $i_{21} = 1/15 \sim 1/5$。

3）由于蜗轮蜗杆啮合轮齿间的相对滑动速度较大，摩擦磨损大，传动效率较低，易出现发热现象，故常需用较贵的减摩耐磨材料来制造蜗轮，成本较高。

4）当蜗杆的导程角 γ_1 小于啮合轮齿间的当量摩擦角 φ_v 时，机构反行程具有自锁性。在此情况下，只能由蜗杆带动蜗轮（此时效率小于 50%），而不能由蜗轮带动蜗杆。

蜗杆传动的类型很多，其中阿基米德蜗杆传动是最基本的，下面仅就这种蜗杆传动做简略介绍。

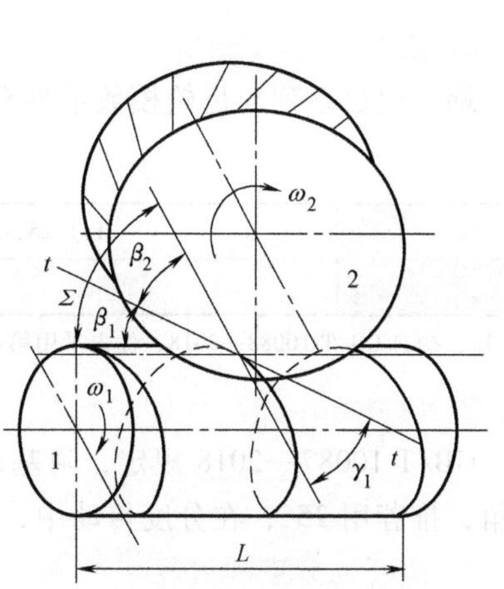

8.10.2 蜗轮蜗杆正确啮合的条件

图 8.49 蜗杆传动

图 8.50 所示为蜗轮与阿基米德蜗杆啮合的情况。过蜗杆的轴线绘制一平面垂直于蜗轮的轴线，该平面对于蜗杆是轴面，对于蜗轮是端面，这个平面称为蜗杆传动的中间平面。在此平面内蜗杆的齿廓相当于齿条，蜗轮的齿廓相当于一个齿轮，即在中间平面上两者相当于齿条与齿轮啮合。因此，蜗轮蜗杆的正确啮合条件为蜗杆的轴面模数 m_{x1} 和压力角 α_{x1} 分别等于蜗轮的端面模数 m_{t2} 和压力角 α_{t2}，且均取为标准值 m 和 α，即

$$m_{x1} = m_{t2} = m, \alpha_{x1} = \alpha_{t2} = \alpha \tag{8.87}$$

当蜗杆与蜗轮的轴线交错角 $\Sigma = 90°$ 时，还需保证蜗杆的导程角等于蜗轮的螺旋角，即 $\gamma_1 = \beta_2$，且两者螺旋线的旋向相同。

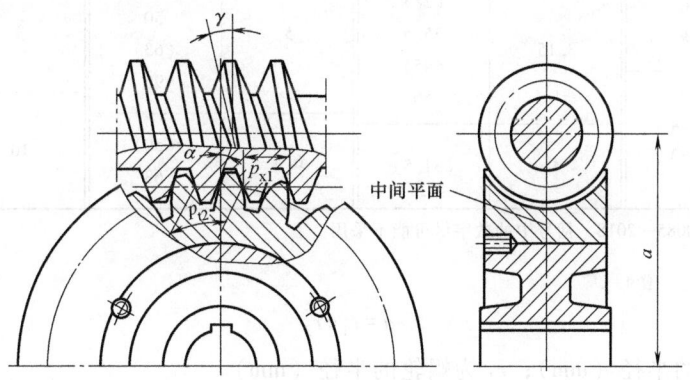

图 8.50 阿基米德蜗轮蜗杆啮合传动

8.10.3 蜗杆传动的主要参数及几何尺寸

1. 齿数

蜗杆的齿数也称为蜗杆的头数，用 z_1 表示。一般可取 $z_1 = 1 \sim 10$，推荐取 $z_1 = 1$、2、4、6。当要求传动比大或反行程具有自锁性时，常取 $z_1 = 1$，即单头蜗杆；当要求具有较高传动效率时，则 z_1 应取大值。蜗轮的齿数 z_2 则可根据传动比计算而得。对于动力传动，一般推荐 $z_2 = 29 \sim 70$。

2. 模数

蜗杆模数系列与齿轮模数系列有所不同。蜗杆模数系列见表8.15。

表 8.15 蜗杆模数 m 值

第一系列	1,1.25,1.6,2,2.5,3.15,4,5,6.3,8,10,12.5,16,20,25,31.5,40
第二系列	1.5,3,3.5,4.5,5.5,6,7,12,14

注：摘自 GB/T 10088—2018，优先采用第一系列。

3. 压力角

GB/T 10087—2018 规定，阿基米德蜗杆的压力角 $\alpha = 20°$。在动力传动中，允许增大压力角，推荐用 25°；在分度传动中，允许减小压力角，推荐用 15°或 12°。

4. 蜗杆的分度圆直径

因为在用蜗轮滚刀切制蜗轮时，滚刀的分度圆直径必须与工作蜗杆的分度圆直径相同，为了限制蜗轮滚刀的数目，国家标准规定将蜗杆的分度圆直径标准化，且与其模数相匹配。d_1 与 m 匹配的标准系列见表8.16。

表 8.16 蜗杆分度圆直径与其模数的匹配标准系列

m	d_1	m	d_1	m	d_1	m	d_1
1	18	2.5	(22.4) 28 (35.5) 45	4	40 (50) 71	6.3	50 63 (80) 112
1.25	20 22.4						
1.6	20 28	3.15	(28) 35.5 (45) 56	5	(40) 50 (63) 90	8	(63) 80 (100) 140
2	(18) 22.4 (28) 35.5	4	(31.5)	6.3	(50) 63	10	(71) 90 (112) 160

注：摘自 GB/T 10085—2018，括号中的数字尽可能不采用。

5. 蜗杆传动的中心距

$$a = r_1 + r_2 \quad (8.88)$$

式中，r_1 为蜗杆的半径（mm）；r_2 为蜗轮的半径（mm）。

思 考 题

8.1 齿轮传动要匀速、连续、平稳地进行必须满足哪些条件？

8.2 渐开线具有哪些重要的性质？渐开线齿轮传动具有哪些优点？

8.3 标准中心距的标准齿轮传动具有哪些特点？

8.4 什么是齿轮传动的重合度？重合度的大小与齿数 z、模数 m、压力角 α、齿顶高系数 h_a^*、顶隙系数 c^* 及中心距 a 之间有何关系？

8.5 齿轮齿条啮合传动有何特点？为什么说齿轮与齿条啮合传动无论是否为标准安装，啮合线的位置都不会改变？

8.6 节圆与分度圆、啮合角与压力角有什么区别？

8.7 什么是根切？它有何危害，如何避免？

8.8 齿轮为什么要进行变位修正？齿轮正变位后和变位前比较，参数 z、m、α、h_a、h_f、d、d_a、d_f、d_b、s、e 有什么变化？

8.9 为什么斜齿轮的标准参数要规定在法向上，而其几何尺寸却要按端面来计算？

8.10 什么是斜齿轮的当量齿轮？为什么要提出当量齿轮的概念？

8.11 斜齿轮传动具有哪些优点？可用哪些方法来调整斜齿轮传动的中心距？

8.12 蜗杆传动可用作增速传动吗？

8.13 什么是直齿锥齿轮的背锥和当量齿轮？一对锥齿轮大端的模数和压力角分别相等是否是其能正确啮合的充要条件？

8.14 试问当渐开线标准齿轮的齿根圆与基圆重合时，其齿数应为多少？当齿数大于以上求得的齿数时，试问基圆与齿根圆哪个大？

习　题

8.15 试确定图 8.51a 所示传动中蜗轮的转向，以及图 8.51b 所示传动中蜗杆和蜗轮的螺旋线的旋向。

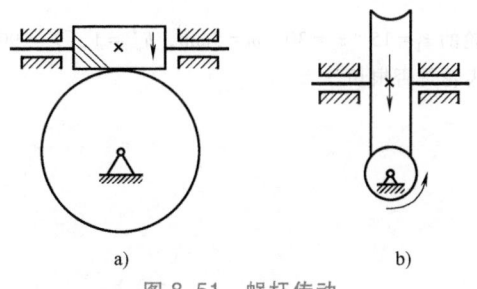

图 8.51　蜗杆传动

8.16 图 8.52 中的 C、C'、C'' 为由同一基圆上所生成的几条渐开线。试证明其任意两条渐开线（不论是同向的还是反向的）沿公法线方向对应两点之间的距离处处相等。

8.17 如图 8.53 所示，已知基圆半径 $r_b = 50$mm，求：

1) 当 $r_K = 65$mm 时，渐开线的展角 θ_K、渐开线的压力角 α_K 和曲率半径 ρ_K。

2) 当 $\theta_K = 5°$ 时，渐开线的压力角 α_K 及向径 r_K 的值。

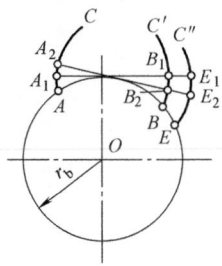

图 8.52　渐开线的公法线

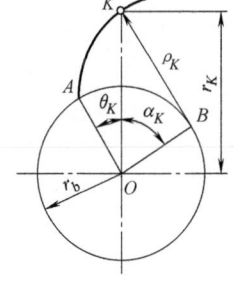

图 8.53　渐开线函数

8.18 设有一渐开线标准齿轮，$z = 26$，$m = 3$mm，$h_a^* = 1$，$\alpha = 20°$，求其齿廓曲线在分度圆和齿顶圆上的曲率半径及齿顶圆压力角。

8.19 已知一对渐开线标准外啮合直齿圆柱齿轮传动的模数 $m = 5$mm，压力角 $\alpha = 20°$，中心距 $a = $

350mm，传动比 $i_{12}=9/5$，试求两轮的齿数、分度圆直径、齿顶圆直径、基圆直径以及分度圆上的齿厚和齿槽宽。

8.20 已知一对标准外啮合直齿圆柱齿轮传动的 $\alpha=20°$、$m=5$mm、$z_1=19$、$z_2=42$，试求其重合度 ε_α。问当有一对轮齿在节点 P 处啮合时，是否还有其他轮齿也处于啮合状态；当有一对轮齿在点 B_1 处啮合时，情况又如何？（参看图 8.27）

8.21 设有一对外啮合齿轮的 $z_1=30$，$z_2=40$，$m=20$mm，$\alpha=20°$，$h_a^*=1$。试求：

1）当 $a'=725$mm 时，两轮的啮合角 α'。

2）当啮合角 $\alpha'=22°30'$时，中心距 a'。

8.22 一对齿数皆为 30 的外啮合标准直齿圆柱齿轮传动，压力角为 20°，模数为 8mm，采用非标准中心距安装，其重合度为 1.3，求其实际中心距与啮合角。

8.23 已知一对正常齿制外啮合渐开线标准斜齿圆柱齿轮传动，其中心距 $a=250$mm，齿数 $z_1=23$，$z_2=98$，法向模数 $m_n=4$mm，试计算其螺旋角、端面模数、分度圆直径、齿顶圆直径、齿根圆直径及当量齿数。

8.24 试设计一对外啮合圆柱齿轮，已知 $z_1=21$，$z_2=32$，$m_n=2$mm，实际中心距为 55mm，问：

1）该对齿轮能否采用标准直齿圆柱齿轮传动？

2）若采用标准斜齿圆柱齿轮传动来满足中心距要求，其分度圆螺旋角 β、分度圆直径 d_1、d_2 和节圆直径 d_1'、d_2'各为多少？

8.25 已知一对直齿锥齿轮的 $z_1=15$，$z_2=30$，$m=5$mm，$h_a^*=1$，$\Sigma=90°$，试确定该对锥齿轮的几何尺寸（按表 8.14），并回答小齿轮是否根切。

第9章

齿轮系及其设计

[**本章提要**] 齿轮系广泛应用于各种机械传动中,是机械原理课程中比较重要的一章。本章将重点介绍定轴轮系、周转轮系和复合轮系传动比的计算方法以及行星轮系设计的基本知识。

9.1 齿轮系的概念及分类

第8章介绍了一对齿轮的啮合传动及其设计,这是最简单的齿轮传动机构。但在实际机械中,常常需要用一系列的齿轮来进行传动,以实现增速、减速、换向以及运动的合成和分解等目的。如汽车的变速器就采用齿轮系来实现变速、换向的功能,即在主轴转速不变的情况下,从动轴可以获得多种转速;在行星减速器中仅用四个齿轮,就能实现大传动比的减速传动;又如纺织机械利用行星轮系行星轮上各点的运动轨迹是各种摆线的特性,纺织出各种美丽的图案。齿轮系在农业机械中也得到了广泛的应用,如行星搅拌机构的搅拌桨固连在行星轮上,利用行星轮具有自转和公转的特性,使搅拌效果更好;在马铃薯挖掘机构中,利用行星轮的运动特性使固连在行星轮上的挖叉方向始终不变;在旋耕机、花生收获机等农业机械中常采用齿轮系作为传动装置。现代尖端的机器人手腕机构由空间复合轮系组成,它能模仿人做滚转、俯仰和偏摆运动,在一定范围内完成所需要的复杂运动等。人们把这种在实际机械中由一系列齿轮所组成的传动系统称为齿轮系,简称轮系。

齿轮系的类型有很多,其组合型式更是多种多样。通常根据轮系运转时,其各个齿轮轴线的位置相对机架是否固定以及轮系的组成,而将轮系分为定轴轮系、周转轮系和复合轮系。

在轮系运转时,若其各个齿轮轴线的位置相对机架都是固定不动的,这种轮系就称为定轴轮系,如图9.1所示。

在轮系运转时,若其中至少有一个齿轮几何轴线的位置不固定,而是绕着另一个齿轮的轴线转动,这种轮系就称为周转轮系。如图9.2所示的轮系运转时,齿轮2的轴线O_2O_2并不固定,而是绕着齿轮1的轴线O_1O_1转动,所以此轮系是一个周转轮系。

在实际机械中,除了采用单一的定轴轮系和周转轮系外,还常常采用由定轴轮系和周转轮系或者由几个周转轮系组合而成的复杂轮系,这种轮系称为复合轮系。

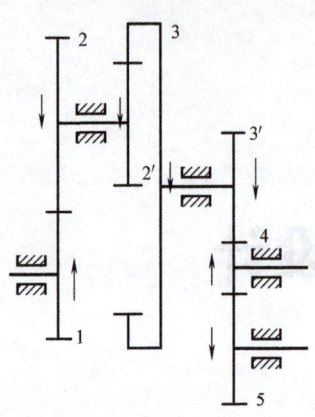
图9.1 定轴轮系

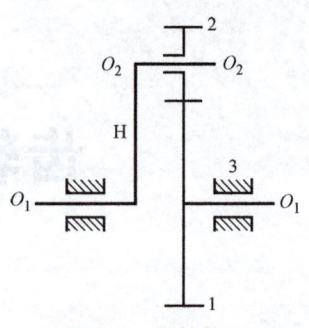
图9.2 周转轮系

9.2 定轴轮系的传动比

一对齿轮啮合传动时,其传动比是指两轮的角速度之比,而轮系运转时,其传动比则是指轮系首、末两构件的角速度之比。计算轮系的传动比时,包括其大小的计算以及首、末两轮转向关系的确定。

9.2.1 传动比的大小

以图9.1所示的定轴轮系为例,研究定轴轮系的传动比计算方法。设齿轮1为首轮,齿轮5为末轮,且设 ω_1、ω_2、$\omega_{2'}$、ω_3、$\omega_{3'}$、ω_4、ω_5 及 z_1、z_2、$z_{2'}$、z_3、$z_{3'}$、z_4、z_5 为各轮的角速度和齿数,则此定轴轮系的传动比为 $i_{15}=\dfrac{\omega_1}{\omega_5}$。轮系中各对啮合齿轮的传动比大小分别为

$$i_{12}=\frac{\omega_1}{\omega_2}=\frac{z_2}{z_1},\ i_{2'3}=\frac{\omega_{2'}}{\omega_3}=\frac{z_3}{z_{2'}},\ i_{3'4}=\frac{\omega_{3'}}{\omega_4}=\frac{z_4}{z_{3'}},\ i_{45}=\frac{\omega_4}{\omega_5}=\frac{z_5}{z_4}$$

将以上各式两边分别相乘,可得

$$i_{12}i_{2'3}i_{3'4}i_{45}=\frac{\omega_1}{\omega_2}\frac{\omega_{2'}}{\omega_3}\frac{\omega_{3'}}{\omega_4}\frac{\omega_4}{\omega_5}=\frac{z_2}{z_1}\frac{z_3}{z_{2'}}\frac{z_4}{z_{3'}}\frac{z_5}{z_4}$$

因为 $\omega_2=\omega_{2'}$,$\omega_3=\omega_{3'}$,所以

$$i_{15}=\frac{\omega_1}{\omega_5}=i_{12}i_{2'3}i_{3'4}i_{45}=\frac{z_2 z_3 z_4 z_5}{z_1 z_{2'} z_{3'} z_4}$$

由上式可知,定轴轮系的传动比的大小等于组成该轮系的各对啮合齿轮传动比的连乘积,也等于各对啮合齿轮中所有从动轮齿数的连乘积与所有主动轮齿数的连乘积之比,即

$$\text{定轴轮系的传动比}=\frac{\text{所有从动轮齿数的连乘积}}{\text{所有主动轮齿数的连乘积}} \tag{9.1}$$

9.2.2 首、末轮转向关系的确定

对于任何定轴轮系,传动比大小确定之后,首、末两轮的转向关系可以用画箭头的方法

来确定,箭头的指向表示齿轮可见侧的圆周速度方向。

因两轮转向关系与啮合类型和齿轮类型有关,且两轮啮合传动时,在节点处具有相同的速度大小和方向,所以,一对平行轴外啮合圆柱齿轮转向相反,可用两个指向相反的箭头表示;而一对平行轴内啮合圆柱齿轮的转向相同,可用两个指向相同的箭头表示;对于一对相交轴锥齿轮传动,表示两者转向的箭头总是同时指向节点或同时背离节点;对于蜗杆传动,因为蜗轮蜗杆旋向相同,可首先判断蜗杆的旋向,然后用相应的左手或右手定则确定蜗轮的旋向。在图 9.1 所示的定轴轮系中,设首轮 1 的转向如图中箭头所示,然后根据运动传递的顺序依次标出表示各个齿轮转向的箭头,从而确定轮系末轮的转向。由图 9.1 可见,该轮系首、末两轮的转向相反。

在轮系中,若首、末两轮轴线互相平行,则按箭头确定轮系首、末轮转向关系后,如果两轮转向相同,则其传动比为"+",反之为"-"。

但要注意,若首、末两轮的轴线不平行,就不能说两轮转向是相同还是相反,其传动比就不能用"+""-"号来表示,两者转向关系只能用画箭头的方法在图中标出。

图 9.1 所示定轴轮系中的齿轮 4 同时和齿轮 3′ 及 5 啮合,其对于齿轮 3′ 来说是从动轮,而对于齿轮 5 来说是主动轮,齿轮 4 齿数的多少并不影响轮系传动比的大小,却改变了从动轮 5 的转向。这种仅仅起着中间过渡和改变从动轮转向作用的齿轮称为惰轮或过轮。

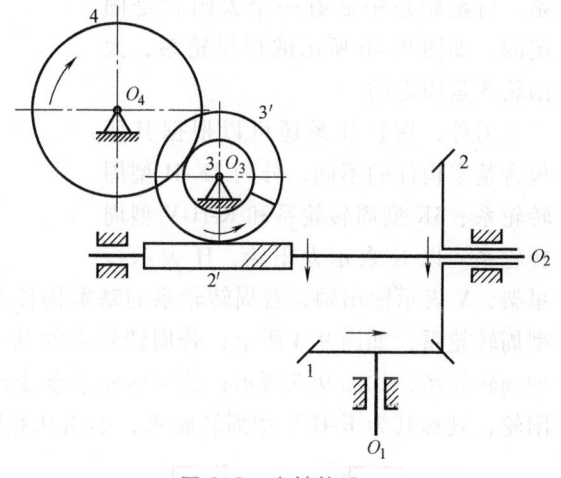

图 9.3 定轴轮系

例 9.1 在图 9.3 所示的定轴轮系中,各轮齿数为 $z_1=15$, $z_2=30$, $z_{2'}=2$, $z_3=28$, $z_{3'}=30$, $z_4=45$, 主动轮的转速 $n_1=100$ r/min, 转向如图所示。求从动轮 4 的转速 n_4。

解: 在图 9.3 所示的定轴轮系中,因各个齿轮轴线的位置都是固定不动的,所以此轮系是定轴轮系,由式(9.1)得轮系的传动比大小为

$$i_{14}=\frac{\omega_1}{\omega_4}=\frac{n_1}{n_4}=\frac{z_2 z_{3'} z_4}{z_1 z_{2'} z_3}$$

即

$$n_4=n_1\frac{z_1 z_{2'} z_3}{z_2 z_{3'} z_4}=100\text{r/min}\times\frac{15\times2\times28}{30\times30\times45}\approx2.07\text{r/min}$$

因为主动轮 1 和从动轮 4 的轴线不平行,所以齿轮 4 的转向只能用箭头在图上表示,如图 9.3 所示。

9.3 周转轮系的传动比

9.3.1 周转轮系的组成

如图 9.4a 所示为一周转轮系,其中齿轮 1 和齿轮 3 绕固定轴线 OO 转动(轴线 OO 为主

轴线），称其为太阳轮。而齿轮 2 和构件 H 用转动副相连，它一方面绕自己的轴线 O_2O_2 转动（自转），另一方面又随着构件 H 绕固定轴线 OO 转动（公转），它的运动就像行星的运动一样，故称其为行星轮。支持行星轮运动的构件 H 称为行星架、系杆或转臂。在周转轮系中，把轴线与主轴线重合且承受外力矩的构件（也称为输入和输出构件）称为周转轮系的基本构件，图 9.4a 所示周转轮系中的太阳轮和行星架都是基本构件。

9.3.2 周转轮系的分类

周转轮系的分类方法有很多，常按其自由度的数目进行划分。若周转轮系的自由度为 2，即 $F=2$，则称其为差动轮系，差动轮系中所有太阳轮均可运动，如图 9.4a 所示的差动轮系，太阳轮 1 和 3 均可绕轴线 OO 转动；若周转轮系的自由度为 1，即 $F=1$，则称其为行星轮系，行星轮系中必有一个太阳轮是固定的，如图 9.4b 所示的行星轮系，太阳轮 3 是固定的。

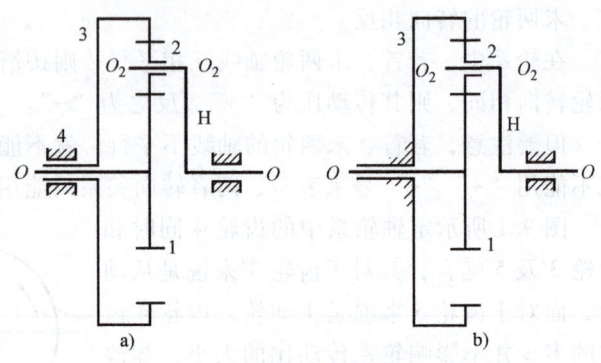

图 9.4　周转轮系
a）差动轮系　b）行星轮系

另外，周转轮系还可以根据其所包含基本构件的不同，分为 2K-H 型周转轮系、3K 型周转轮系和 K-H-V 型周转轮系。以 K 表示太阳轮，H 表示行星架，V 表示输出轴，若周转轮系的基本构件是两个太阳轮和一个行星架，则称其为 2K-H 型周转轮系，如图 9.4 所示；若周转轮系的基本构件是三个太阳轮和行星架，则称其为 3K 型周转轮系，如图 9.5 所示；若周转轮系承受外力矩的基本构件是行星架、输出轴和一个太阳轮，则称其为 K-H-V 型周转轮系，如图 9.6 所示。

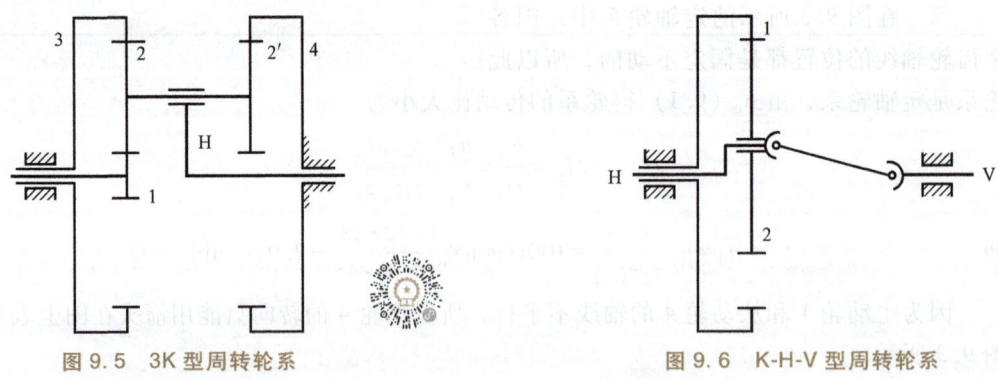

图 9.5　3K 型周转轮系　　　　图 9.6　K-H-V 型周转轮系

9.3.3 周转轮系传动比的计算

1. 转化轮系传动比的计算

在周转轮系中，行星轮的运动是自转与公转两种运动合成的复杂运动，所以周转轮系的传动比不能直接用定轴轮系传动比的计算方法来求解。为了求解周转轮系的传动比，应设法使周转轮系转化为定轴轮系,也就是使行星架固定不动,这样就可以按照定轴轮系传动比的计算方法来求周转轮系的传动比。根据相对运动原理,若给整个周转轮系加上一个绕主轴线 OO 且与行星架 H 的角速度大小相等、方向相反的公共角速度 $-\omega_H$,这时周转轮系中各构件之间的相对运动并没有改变,而行星架的角速度变为 $\omega_H - \omega_H = 0$,即行星架"静止不动"。这样周转轮系转化成定轴轮系,这种经转化而得到的假想定轴轮系称为原周转轮系的转化轮系(或转化机构)。

以图 9.4a 所示差动轮系为例,设 ω_1、ω_2、ω_3 及 ω_H 为齿轮 1、2、3 及行星架 H 的绝对角速度。现给整个周转轮系加上一个角速度 $-\omega_H$,其各构件的角速度变化见表 9.1。

表 9.1 各构件的角速度变化

构件代号	在周转轮系中的绝对角速度	在转化轮系中的角速度
1	ω_1	$\omega_1^H = \omega_1 - \omega_H$
2	ω_2	$\omega_2^H = \omega_2 - \omega_H$
3	ω_3	$\omega_3^H = \omega_3 - \omega_H$
H	ω_H	$\omega_H^H = \omega_H - \omega_H = 0$

在表 9.1 中,$\omega_H^H = \omega_H - \omega_H = 0$ 表明,在转化轮系中行星架静止不动,而周转轮系转化成如图 9.7 所示的定轴轮系。ω_1^H、ω_2^H、ω_3^H、ω_H^H 表示构件 1、2、3 及行星架 H 在转化轮系中的角速度,即相对于构件 H 的相对角速度,则转化轮系的传动比为

$$i_{13}^H = \frac{\omega_1^H}{\omega_3^H} = \frac{\omega_1 - \omega_H}{\omega_3 - \omega_H} = \frac{n_1 - n_H}{n_n - n_H} = -\frac{z_2 z_3}{z_1 z_2} = -\frac{z_3}{z_1}$$

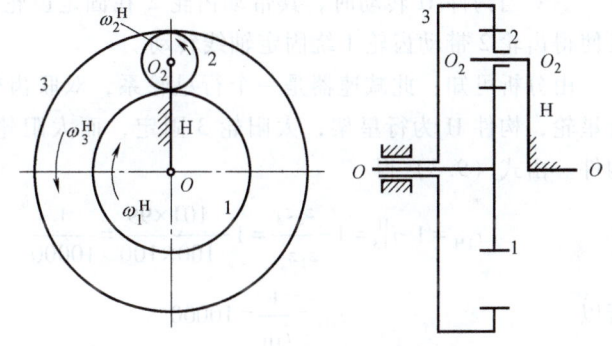

图 9.7 周转轮系的转化轮系

上式表明,当各轮齿数已知时,在三个活动构件 1、3 及行星架 H 中,必须知道任意两个构件的运动,才能求出第三个构件的运动。

同理,如果周转轮系中两个太阳轮分别为 1 和 n,行星架为 H,则其转化轮系传动比计算的一般表达式应为

$$i_{1n}^H = \frac{\omega_1^H}{\omega_n^H} = \frac{\omega_1 - \omega_H}{\omega_n - \omega_H} = \frac{n_1 - n_H}{n_n - n_H} = \pm \frac{\text{在转化轮系中由 1 至 } n \text{ 各从动轮齿数的连乘积}}{\text{在转化轮系中由 1 至 } n \text{ 各主动轮齿数的连乘积}} \tag{9.2}$$

如果周转轮系中太阳轮 n 固定,即 $\omega_n = 0$,此时的周转轮系为行星轮系,则由式(9.2)可得

$$i_{1n}^H = \frac{\omega_1 - \omega_H}{0 - \omega_H} = 1 - i_{1H}$$

即

$$i_{1H} = 1 - i_{1n}^H \tag{9.3}$$

2. 应用转化轮系传动比公式时应注意的事项

应用式(9.2)时应注意以下问题:

1) 式 (9.2) 只适用于首、末两轮轴线互相平行的平面周转轮系在转化轮系中任意两轮传动比的计算，而对于由锥齿轮组成的空间周转轮系只适用于基本构件而不适用于行星轮。

2) i_{1n} 与 i_{1n}^H 的意义完全不同。i_{1n} 表示周转轮系中齿轮 1 与齿轮 n 的实际传动比；而 i_{1n}^H 表示转化轮系中齿轮 1 与齿轮 n 的传动比，其大小和相对转向按定轴轮系来处理。

3) 周转轮系中各构件的实际转向关系不能在图中用画箭头的方法直接判断，只能由计算结果的正负号来确定。

4) 式 (9.2) 中齿数比前的符号，可用画箭头的方法在图中确定，它是由齿轮 1 与齿轮 n 在转化轮系中回转的方向是相同还是相反决定的。

5) 周转轮系中各已知构件的角速度代入公式时，必须连同符号（代表其实际转向）一起代入。若已知两构件的角速度方向相同，则均以正值代入或均以负值代入；若已知两构件的角速度方向相反，则一个用正值而另一个用负值代入。

例 9.2 图 9.8 所示为一减速器中的轮系。已知各轮齿数 $z_1=100$，$z_2=101$，$z_{2'}=100$，$z_3=99$，设构件 H 为主动件，齿轮 1 为从动件，求轮系的传动比 i_{H1}。

解： 当构件 H 转动时，其带动齿轮 $2'$ 在固定齿轮 3 上滚动，又使得齿轮 2 带动齿轮 1 绕固定轴线转动。

由分析可知：此减速器是一个行星轮系，双联齿轮 2—$2'$ 为行星轮，构件 H 为行星架，太阳轮 3 固定，而太阳轮 1 为活动构件。由式 (9.3) 得

$$i_{1H} = 1 - i_{13}^H = 1 - \frac{z_2 z_3}{z_1 z_{2'}} = 1 - \frac{101 \times 99}{100 \times 100} = \frac{1}{10000}$$

所以

$$i_{H1} = \frac{1}{i_{1H}} = 10000$$

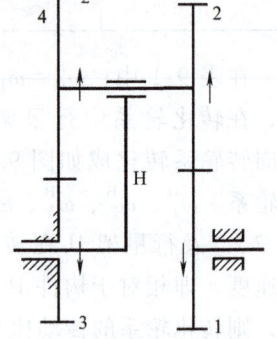

图 9.8 圆柱齿轮周转轮系

上式齿数比前的正号是其在转化轮系中用画箭头的方法确定的。

由上述结论可知，周转轮系只用少数几个齿轮就可以获得很大的传动比。

例 9.3 图 9.9 所示为一锥齿轮周转轮系。已知 $z_1=34$，$z_2=28$，$z_{2'}=12$，$z_3=17$，$n_1=200$r/min，$n_3=160$r/min，且 n_1 与 n_3 转向相同，求此轮系 n_H 的大小和方向。

解： 这个轮系是由锥齿轮 1、2、$2'$、3 及行星架 H 和机架 4 组成的差动轮系。由式 (9.2) 可得

$$i_{13}^H = \frac{n_1 - n_H}{n_3 - n_H} = -\frac{z_2 z_3}{z_1 z_{2'}} = -\frac{28 \times 17}{34 \times 12} = -1.17$$

$$n_H = \frac{n_3 i_{13}^H - n_1}{i_{13}^H - 1} = \frac{160 \times (-1.17) - 200}{-1.17 - 1}\text{r/min}$$

$$= 178.43\text{r/min}$$

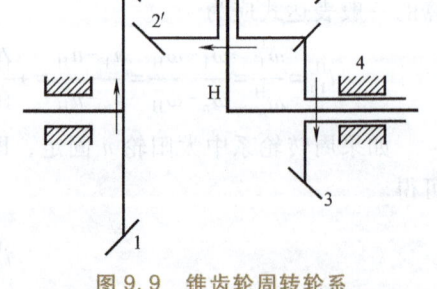

图 9.9 锥齿轮周转轮系

由于 n_1 与 n_3 转向相同，用同号（式中均用正值）代入公式，因为 n_H 计算结果为正，说明 n_H 与 n_1 和 n_3 同向。

9.4 复合轮系的传动比

定轴轮系和周转轮系属于两种基本轮系。实际机械传动中，除广泛应用基本轮系外，还经常用到复合轮系。如前所述，复合轮系是由定轴轮系和周转轮系或者由几个基本周转轮系组合而成的轮系。对于复合轮系传动比的计算，不能把它当作基本轮系简单套用某一个公式，而必须首先弄清楚它是由哪几个基本轮系组合而成的，然后对各个基本轮系按各自的传动比计算方法列式，最后根据它们之间的组合方式联立求解，才能求出复合轮系的传动比。

因此，计算复合轮系的传动比，关键在于将各基本轮系正确地划分开来，而正确划分的关键是找出各个基本周转轮系。找基本周转轮系的一般方法如下：首先找出行星轮，即回转轴线并不固定而是绕另一齿轮的回转轴线转动的齿轮；其次找行星架，即支承行星轮做自转和公转的构件（行星架不一定是简单的杆状）；最后找出和行星轮相啮合的太阳轮，其回转轴线和行星架的轴线重合。每一个行星架，连同其上的行星轮和与行星轮相啮合的太阳轮便构成一个基本的周转轮系。照这样逐一找出复合轮系中的所有基本周转轮系（注意：一般每个行星架对应一个基本的周转轮系），剩下的部分便是一个或几个定轴轮系。

例 9.4 在图 9.10 所示的复合轮系中，$z_1 = 20$，$z_2 = 40$，$z_{2'} = 20$，$z_3 = 30$，$z_4 = 80$，试求传动比 i_{1H}。

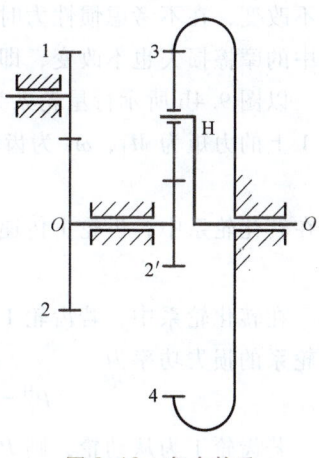

图 9.10 复合轮系

解: 1) 划分轮系，该轮系是由齿轮 1、齿轮 2 和机架形成的定轴轮系以及由齿轮 2′、齿轮 3、齿轮 4、行星架 H 和机架形成的周转轮系复合而成的复合轮系。

2) 分别计算定轴轮系和周转轮系。

定轴轮系：$i_{12} = \dfrac{\omega_1}{\omega_2} = -\dfrac{z_2}{z_1} = -\dfrac{40}{20} = -2$

周转轮系：$i_{2'4}^H = \dfrac{\omega_{2'}^H}{\omega_4^H} = -\dfrac{z_3 z_4}{z_{2'} z_3} = -\dfrac{z_4}{z_{2'}} = -\dfrac{80}{20} = -4$

$= \dfrac{\omega_{2'} - \omega_H}{\omega_4 - \omega_H} = 1 - i_{2'H}$

所以，$i_{2'H} = 1 - i_{2'4}^H = 1 - (-4) = 5$

3) 联立求解。$i_{1H} = i_{12} i_{2'H} = -2 \times 5 = -10$，且齿轮 1 与行星架 H 的转向相反。

9.5 行星轮系的设计

9.5.1 行星轮系的效率计算

为了提高机械的传动效率，在设计行星轮系时，必须进行效率的计算。

所谓机械效率是机械的输出功率与输入功率的比值，若以 P_d 表示输入功率，P_r 表示输

出功率，P_f 表示摩擦损失功率，则其机械效率的表达式为

$$\eta = \frac{P_r}{P_d} \tag{9.4}$$

因为机械在稳定运转时，输入功率等于输出功率与摩擦损失功率之和，即

$$P_d = P_r + P_f \tag{9.5}$$

所以式（9.4）可表示为

$$\eta = \frac{P_r}{P_d} = \frac{P_r}{P_r + P_f} = \frac{1}{1 + \frac{P_f}{P_r}} \tag{9.6}$$

或

$$\eta = \frac{P_d - P_f}{P_d} = 1 - \frac{P_f}{P_d} \tag{9.7}$$

由此可知，若已知机械的输入功率 P_d 或输出功率 P_r 时，要求机械的效率，关键是求出机械的摩擦损失功率 P_f。

行星轮系的效率与轮齿之间啮合的摩擦、轴承中的摩擦以及润滑油的油阻等有密切的关系。而这些摩擦又与运动副元素之间的摩擦系数、相对运动速度以及所传递的功率有关。而行星轮系转化为定轴轮系后，和原行星轮系相比，各构件的相对运动没有改变，摩擦系数也不改变，在不考虑惯性力时，各运动副中的作用力也不发生改变，所以行星轮系的转化轮系中的摩擦损失也不改变，即 $P_f = P_f^H$，P_f^H 为转化轮系中的摩擦损失功率。

以图 9.4b 所示行星轮系为例，应用转化轮系法讨论行星轮系效率的计算。设作用于齿轮 1 上的力矩为 M_1，ω_1 为齿轮 1 的角速度，则齿轮 1 传递的功率为

$$P_1 = M_1 \omega_1 \tag{9.8}$$

而在转化轮系中，齿轮 1 传递的功率为

$$P_1^H = M_1(\omega_1 - \omega_H) = P_1(1 - i_{H1}) \tag{9.9}$$

在转化轮系中，若齿轮 1 为主动轮，则 P_1^H 为输入功率，即 $P_1^H > 0$，由式（9.7）可得转化轮系的损失功率为

$$P_f^H = P_f = P_1^H(1 - \eta_{1n}^H) = M_1(\omega_1 - \omega_H)(1 - \eta_{1n}^H) \tag{9.10}$$

若齿轮 1 为从动轮，则 P_1^H 为输出功率，即 $P_1^H < 0$，由式（9.6）可得转化轮系的损失功率为

$$P_f^H = P_f = P_1^H\left(\frac{1}{\eta_{1n}^H} - 1\right) = M_1(\omega_1 - \omega_H)\left(\frac{1}{\eta_{1n}^H} - 1\right) \tag{9.11}$$

式（9.10）、式（9.11）中，η_{1n}^H 是行星轮系转化后所得定轴轮系的效率，而定轴轮系的效率是轮系中各对啮合齿轮效率的连乘积，一对齿轮的效率可通过理论计算或实验直接获得。一对齿轮啮合的效率通常大于 90%，由此可知，式（9.10）和式（9.11）的值相差很小。为了便于计算，在转化轮系中，齿轮 1 不论是主动轮还是从动轮，其损失功率均可按式（9.10）来计算，并取 P_1^H 为绝对值，即

$$P_f = P_f^H = |P_1^H|(1 - \eta_{1n}^H) = |M_1(\omega_1 - \omega_H)|(1 - \eta_{1n}^H) = |P_1(1 - i_{H1})|(1 - \eta_{1n}^H) \tag{9.12}$$

在行星轮系中，若齿轮 1 为主动轮，则将式（9.12）代入式（9.7），可得原行星轮系

的效率为

$$\eta_{1H} = 1 - \left|1 - \frac{1}{i_{1H}}\right|(1-\eta_{1n}^H) \tag{9.13}$$

若齿轮 1 为从动轮，则将式（9.12）代入式（9.6），可得原行星轮系的效率为

$$\eta_{H1} = \frac{1}{1+|1-i_{H1}|(1-\eta_{1n}^H)} \tag{9.14}$$

由上述公式可知，行星轮系的效率是其传动比的函数，效率与传动比的变化曲线如图 9.11 所示。图中实线为 η_{1H}-i_{1H} 关系图，虚线为 η_{H1}-i_{H1} 关系图。

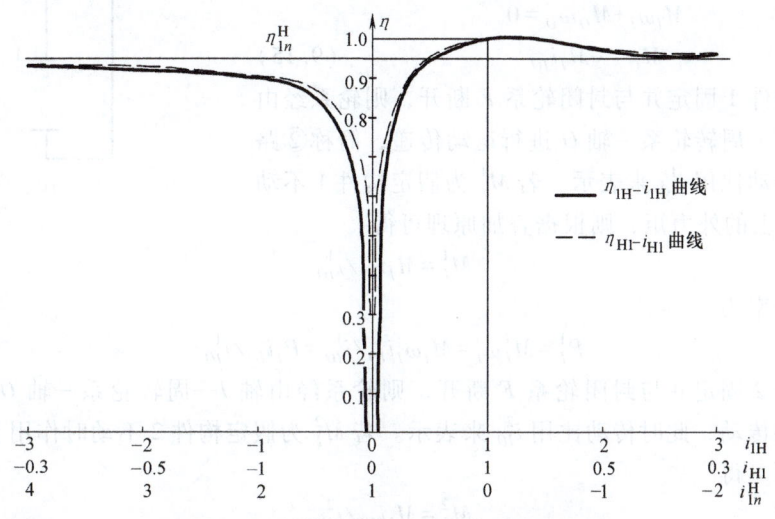

图 9.11　行星轮系的效率与传动比曲线图

将 $i_{1n}^H>0$ 的周转轮系称为正号机构，$i_{1n}^H<0$ 的周转轮系称为负号机构。由图 9.11 可以看出，负号机构的效率比正号机构的效率高，且高于其转化轮系的效率 η_{1n}^H，所以负号机构多用于动力传动中。

从图 9.11 中可以看出，当齿轮 1 为主动件，且 $i_{1H}\to 0$ 时（即增速比 $|1/i_{1H}|$ 足够大时），其效率 $\eta_{1H}\le 0$，此时轮系将发生自锁。

9.5.2　行星轮系的类型选择及设计的基本知识

1. 行星轮系的类型选择

行星轮系的类型很多，在同一载荷和传动比的条件下，可用不同的结构型式来满足要求。所以在设计行星轮系时，就要根据具体要求，考虑到轮系的传动比、效率、外形轮廓尺寸等因素。选择轮系类型时，要注意以下两点。

（1）必须满足轮系传动比的要求　选择轮系的类型时，首先要满足轮系传动比的要求。在满足传动比要求的前提下，尽可能使其具有较高的效率。由于负号机构的传动效率较高，故如果所设计的轮系是用来传递动力时，应尽可能选用负号机构。当单级负号机构的传动比不能满足要求时，可与定轴轮系或几个负号机构串联起来使用，必要时也可采用 3K 型轮系。正号机构一般只用在对效率要求不高的运动传动中。

（2）注意轮系中功率的流动方向　由于在封闭式行星轮系中，如果参数或类型选择不

当，就会形成只在轮系内部循环的功率流，即封闭功率流。封闭功率流对轮系传动极为不利，它将使轮系摩擦增大、强度降低。所以设计时要根据需要，避免这类问题的产生。

以图 9.12 为例，现用一轮系 F 将差动轮系的三个基本构件 1、2、H 中的任意两个联系起来，就构成一个封闭式行星轮系。在此封闭式行星轮系中，设 I 为输入轴，O 为输出轴，M_I、M_O 分别为作用于输入轴 I 和输出轴 O 上的外力矩，$i_{IO}=\omega_I/\omega_O$ 为轮系的传动比。在不考虑摩擦时，力矩与传动比之间的关系为

$$M_I\omega_I+M_O\omega_O=0$$

即
$$M_O=-M_I i_{IO} \tag{9.15}$$

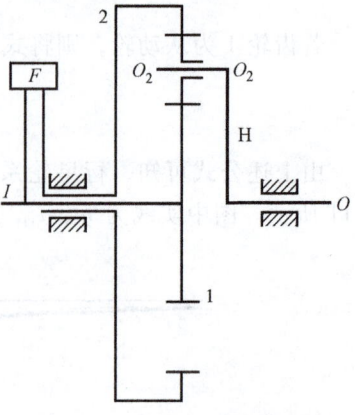

图 9.12 封闭式行星轮系

假设将构件 1 固定并与封闭轮系 F 断开，则轮系经由轴 I—轮系 F—周转轮系—轴 O 进行运动传递，简称②路传动，此时传动比用 i_{IO}^1 来表示。若 M_I^1 为假定构件 1 不动时作用于轴 I 上的外力矩，则根据叠加原理可得

$$M_I^1=M_I i_{IO}/i_{IO}^1$$

则②路传动功率为

$$P_I^1=M_I^1\omega_I=M_I\omega_I i_{IO}/i_{IO}^1=P_I i_{IO}/i_{IO}^1 \tag{9.16}$$

如将构件 2 固定并与封闭轮系 F 断开，则轮系经由轴 I—周转轮系—轴 O 进行运动传递，简称①路传动，此时传动比用 i_{IO}^2 来表示。若 M_I^2 为假定构件 2 不动时作用于轴 I 上的外力矩，则同样可得

$$M_I^2=M_I i_{IO}/i_{IO}^2$$

则 1 路传动功率为

$$P_I^2=M_I^2\omega_I=M_I\omega_I i_{IO}/i_{IO}^2=P_I i_{IO}/i_{IO}^2 \tag{9.17}$$

又
$$P_I=P_I^1+P_I^2 \tag{9.18}$$

将式（9.16）、式（9.17）代入式（9.18），可得

$$i_{IO}=i_{IO}^1 i_{IO}^2/(i_{IO}^1+i_{IO}^2) \tag{9.19}$$

由式（9.16）、式（9.17）、式（9.19）可知：

1) 当两分路传动比同号时，行星轮系的总输入功率 P_I 与两分路 P_I^1 和 P_I^2 同号，表示轮系的功率流由轴 I 输入，分两路传递到轴 O，此时轮系中没有封闭功率流。

2) 当两分路传动比异号时，行星轮系的总输入功率 P_I 与两分路 P_I^1 和 P_I^2 不能都同号，若 P_I 与 P_I^1 同号，则 P_I^2 为封闭功率流；若 P_I 与 P_I^2 同号，则 P_I^1 为封闭功率流。

2. 行星轮系中各轮齿数的确定

由于行星轮系输入轴与输出轴的几何轴线重合，且太阳轮周围均布着几个完全相同的行星轮，所以在设计行星轮系时，其各轮齿数和行星轮的个数需满足以下四个条件才能使轮系得以正确装配，实现预期的运动。现以图 9.4b 为例加以说明。

（1）传动比条件 传动比条件是所设计的行星轮系能保证实现给定的传动比。

因为
$$i_{1H}=1-i_{13}^H=1+\frac{z_3}{z_1}$$

所以传动比条件为

$$\frac{z_3}{z_1} = i_{1H} - 1 \tag{9.20}$$

（2）**同心条件** 同心条件是行星轮系能保证太阳轮与行星架的轴线重合。对于图 9.4b 所示的轮系，则需满足齿轮 1 和齿轮 2 的中心距等于齿轮 3 和齿轮 2 的中心距，$r_1' + r_2' = r_3' - r_2'$，即 $r_3' = r_1' + 2r_2'$。当采用标准齿轮传动或等变位齿轮传动时，前式变为

$$z_3 = z_1 + 2z_2 \tag{9.21}$$

（3）**均布装配条件** 为了改善轮系的受力情况，一般采用多个行星轮均布在两太阳轮之间。所以设计轮系时，行星轮的个数和各轮的齿数需满足一定的条件，否则就不能装配。均布装配条件是 m 个行星轮能够均匀地装入两个太阳轮之间。以图 9.13 所示为例来分析正确均布装配的条件。假设太阳轮 3 固定，且轮系需安装 m 个行星轮，现在位置 O_2 处装入第一个行星轮，因相邻两行星轮所夹的中心角为 $\frac{2\pi}{m}$，故太阳轮 1 转过 α_1 时，行星架正好转过 $\alpha_H = \frac{2\pi}{m}$ 到达位置 $O_{2'}$，则根据传动比公式可得

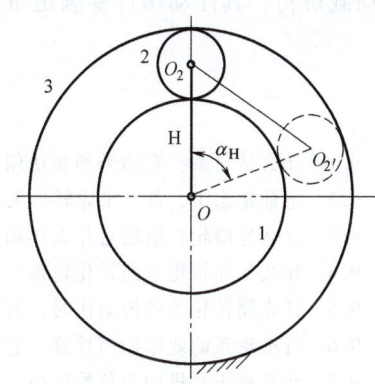

图 9.13 行星轮系的均布装配、邻接条件

$$i_{1H} = \frac{\omega_1}{\omega_H} = \frac{\alpha_1}{\alpha_H} = 1 + \frac{z_3}{z_1}$$

则

$$\alpha_1 = i_{1H}\alpha_H = \left(1 + \frac{z_3}{z_1}\right)\alpha_H = \frac{2\pi\left(1 + \frac{z_3}{z_1}\right)}{m}$$

如果这时太阳轮 1 恰好转过整数 n 个轮齿，即

$$\alpha_1 = n\frac{2\pi}{z_1}$$

则齿轮 1、齿轮 3 的相对位置与太阳轮 1 转过 α_1 之前完全相同，所以此时在位置 $O_{2'}$ 处可装入第二个行星轮，其余以此类推。

联立以上两式，可得

$$n = \frac{z_1 + z_3}{m} \tag{9.22}$$

式（9.22）表明，两太阳轮的齿数之和应是行星轮个数的整数倍，此即行星轮能够均布装配的条件。

（4）**邻接条件** 邻接条件是为保证行星轮系正常运转，相邻两行星轮的齿顶圆不得互相碰撞。由图 9.13 可知，相邻两行星轮的中心距 $\overline{O_2O_{2'}}$ 应大于两轮齿顶圆半径之和 d_{a2}，即 $\overline{O_2O_{2'}} > d_{a2}$ 才能保证两轮不互相碰撞。对于标准齿轮传动有

$$2(r_1 + r_2)\sin\frac{\pi}{m} > d_2 + 2h_a$$

则

$$z_2 < \frac{z_1 \sin\frac{\pi}{m} - 2h_a^*}{1 - \sin\frac{\pi}{m}} \tag{9.23}$$

对于双排行星轮系，也可推导出相应的关系式，此处不再赘述。

3. 行星轮系的均载设计

行星轮系的特点是采用多个行星轮共同分担载荷，以减小其上的作用力，还可以使轮系的惯性力得以平衡。但实际上，往往由于加工精度和装配误差，会使行星轮受力不均匀，降低了机构的承载力和使用寿命。为了克服这一现象，常将轮系中的某些构件做成浮动的，如在轮系运转时，各行星轮受力不均匀，则其可在一定范围内自由浮动，减轻机构受力不均的现象。这种使各行星轮受力均匀的机构就称为均载机构。

均载机构的类型很多，包括杠杆连动均载机构、弹性件均载机构和浮动型均载机构，其中浮动型均载机构有太阳轮浮动的、行星轮浮动的、行星架浮动的或几个构件同时浮动的，其各有特点。在设计使用时，均载机构具有效率高、结构简单、缓冲减振等特点，对于浮动型均载机构，其浮动构件要满足重量轻、承载力大的要求。

思 考 题

9.1 什么是轮系？它的类型和功用有哪些？

9.2 定轴轮系中，首、末轮转向关系如何确定？

9.3 什么是惰轮？惰轮有什么作用？

9.4 什么是周转轮系的转化轮系？

9.5 计算周转轮系的传动比时，有哪些步骤？需要注意什么？

9.6 行星轮系的效率如何计算？它与哪些因素有关？

9.7 什么是正号机构和负号机构？各有什么特点？各用于什么场合？

9.8 设计行星轮系时，应考虑哪些方面？

习 题

9.9 图 9.14 所示为一手摇提升装置，已知 $z_1 = 18$，$z_2 = 60$，$z_{2'} = 15$，$z_3 = 40$，$z_{3'} = 1$，$z_4 = 60$，$R = 30$ mm。试求当使重物上升 3 mm 时，手柄转过的角度及转向。

9.10 图 9.15 所示为一机械式手表，已知各轮齿数 $z_1 = 72$，$z_2 = 12$，$z_3 = 64$，$z_4 = z_6 = 8$，$z_5 = 60$，$z_7 =$

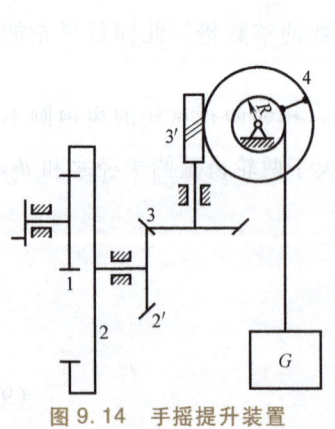

图 9.14 手摇提升装置

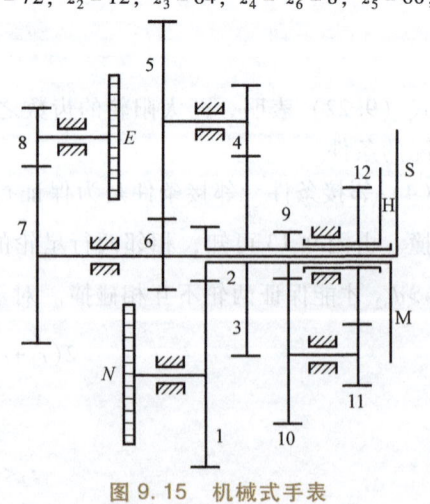

图 9.15 机械式手表

N—发条 E—擒纵轮 H—时针 M—分针 S—秒针

60，$z_8 = 6$，$z_9 = 8$，$z_{10} = z_{12} = 24$，$z_{11} = 6$，试求秒针与分针、分针与时针的传动比。

9.11 图 9.16 所示为自动化照明灯具的传动装置，已知输入轴的转速 $n_1 = 20 \text{r/min}$，各轮齿数为 $z_1 = 58$，$z_2 = z_{2'} = 18$，$z_3 = z_{3'} = 42$，$z_4 = 116$，求箱体 A 的转速 n_A。

9.12 图 9.17 所示为输送带的行星减速器，已知 $z_1 = 12$，$z_2 = 30$，$z_{2'} = 28$，$z_3 = 70$，$z_4 = 68$，$n_1 = 1400 \text{r/min}$，求输出轴的转速 n_4。

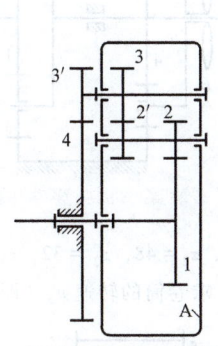

图 9.16 自动化照明灯具的传动装置

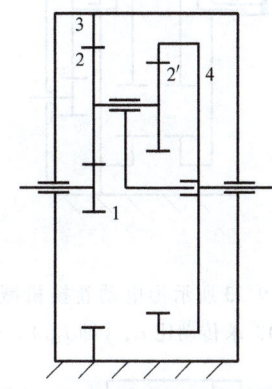

图 9.17 输送带的行星减速器

9.13 在图 9.18 所示马铃薯的挖掘机构中，齿轮 1 固定不动，挖叉 W 固定在最外边的齿轮 3 上。挖薯时，十字架 4 回转而挖叉却始终保持一定的方向，问各轮的齿数关系应如何？

9.14 图 9.19 所示为一锥齿轮周转轮系，已知 $z_1 = 34$，$z_2 = 28$，$z_{2'} = 12$，$z_3 = 17$，$n_1 = 200 \text{r/min}$，$n_3 = 160 \text{r/min}$，方向如图所示，求此轮系中 n_H 的大小及转向。

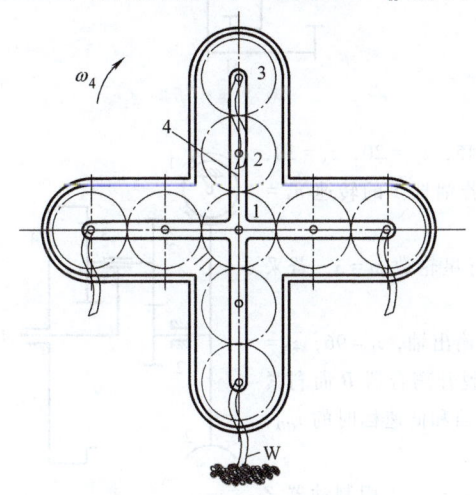

图 9.18 马铃薯的挖掘机构

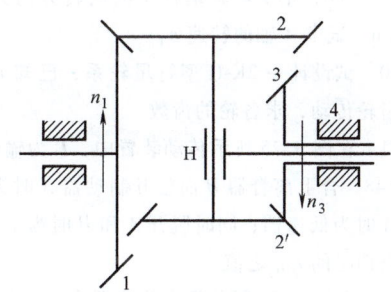

图 9.19 锥齿轮周转轮系

9.15 图 9.20 所示为一自行车里程表机构，齿轮 1 的轴即为车轮轴。已知各轮的齿数 $z_1 = 19$，$z_3 = 21$，$z_{3'} = 22$，$z_4 = 25$，$z_5 = 27$。设轮胎受压变形后车轮的有效直径约为 0.7m。当自行车行驶 1500m 时，表上的指针刚好回转一圈，求齿轮 2 的齿数。

9.16 图 9.21 所示为双螺旋桨飞机减速器中的齿轮机构，已知 $z_1 = 28$，$z_2 = 18$，$z_3 = 64$，$z_4 = 30$，$z_5 = 16$，$z_6 = 62$，$n_1 = 15000 \text{r/min}$，试求 n_A 和 n_B 的大小和方向。

9.17 图 9.22 所示为磨床砂轮架微动进给机构，$z_1 = z_2 = z_4 = 20$，$z_3 = 60$，丝杠导程为 4mm，进给时，齿轮 1 与齿轮 2 啮合；退回时，齿轮 1 与齿轮 4 啮合，求进给、退回过程中，手轮转一圈时，砂轮架横向移动的距离分别为多少？若手轮圆周刻度为 200 格，则进给时，手轮每转一格砂轮架移动量是多少？

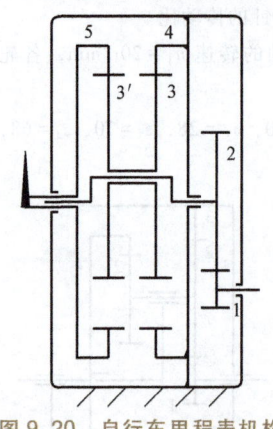
图 9.20 自行车里程表机构

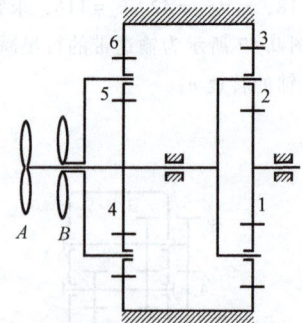
图 9.21 双螺旋桨飞机减速器中的齿轮机构

9.18 图 9.23 所示为电动卷扬机减速器,已知各轮齿数 $z_1=24$,$z_2=48$,$z_{2'}=32$,$z_3=90$,$z_{3'}=30$,$z_4=25$,$z_5=80$,求传动比 i_{15}(即 i_{1H})。若电动机转速 $n_1=1500$r/min,求卷筒的转速 n_5(即 n_H)。

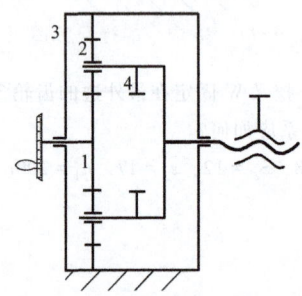
图 9.22 磨床砂轮架微动进给机构

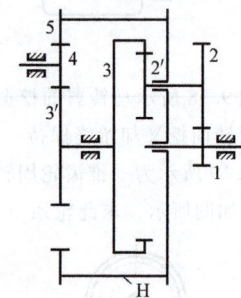
图 9.23 电动卷扬机减速器

9.19 在图 9.24 所示轮系中,各轮齿数分别为 $z_2=45$,$z_{2'}=20$,$z_3=30$,$z_{3'}=25$,$z_4=80$,单头右旋蜗杆 1 的回转方向如图所示,若蜗杆 1 的转速 $n_1=1450$r/min。试求 A 轴的转速 n_A。

9.20 试设计一 2K-H 型行星轮系,已知 $i_{1H}=5.5$,行星轮数 $m=3$,若采用标准齿轮传动,求各轮的齿数。

9.21 在图 9.25 所示传动装置中,C 为输入轴,D 为输出轴,$z_1=96$,$z_2=24$,$z_3=48$。合上离合器 B 而松开制动器 A 时为高速档;脱开离合器 B 而刹紧制动器 A 时为低速档;同时脱开 A 和 B 时为空档。求高速档和低速档时的 i_{CD},并讨论空档时的 i_{CD} 之值。

9.22 在图 9.26 所示复式差速器中,已知 $z_1=z_2$,$z_3=z_4$。当用制动器 Z 刹住齿轮 4 时,要求坦克能立即向右急转弯,这时右后轴 I 的转速为零;当用制动器 Z' 刹住齿轮 3 时,要求坦克能立即向左急转弯,这时左后轴 II 的转速为零。试求该差速器各轮齿数之间应满足的关系。

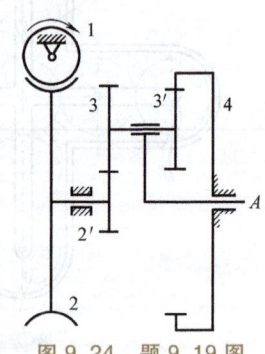
图 9.24 题 9.19 图

9.23 在图 9.27 所示汽车齿轮变速器的传动装置中,牙嵌离合器的右半与齿轮 1 固连在输入轴 I 上,左半则与双联齿轮 2-3 用导向键与输出轴 II 相连。齿轮 4、5、6、8 固连在轴 IV 上,而齿轮 7 固连在轴 III 上。各轮齿数分别为 $z_1=19$,$z_2=26$,$z_3=36$,$z_4=38$,$z_5=31$,$z_6=21$,$z_7=12$,$z_8=14$,齿轮 1 和 4 及齿轮 7 和 8 分别啮合,设输入轴转速 $n_1=1500$r/min。当拨动双联齿轮到四种不同位置时,求出相应的输出轴转速 n_{II}。

1)向右移动双联齿轮,使牙嵌离合器的左、右两半接合。

2) 向左移动双联齿轮，使齿轮 2 与 5 啮合。
3) 向左移动双联齿轮，使齿轮 3 与 6 啮合。
4) 再向左移动双联齿轮，使齿轮 3 与 7 啮合。

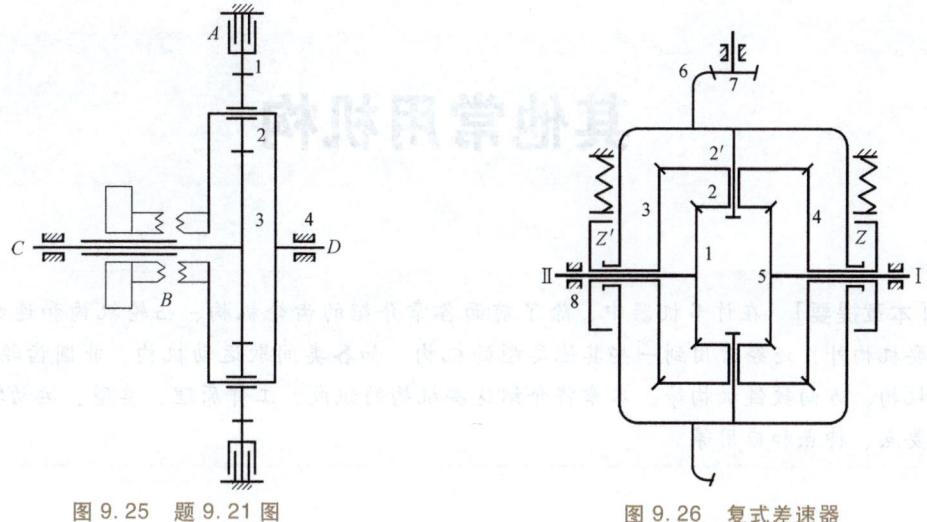

图 9.25 题 9.21 图   图 9.26 复式差速器

9.24 图 9.28 所示为一种摩擦滚珠轴承减速器，已知直径 d_1，d_2，d_3，d_4，求传动比 i_{IO}。（提示：这种减速器可看成是一种特殊的行星轮系，可按行星轮系传动比的计算方法计算。）

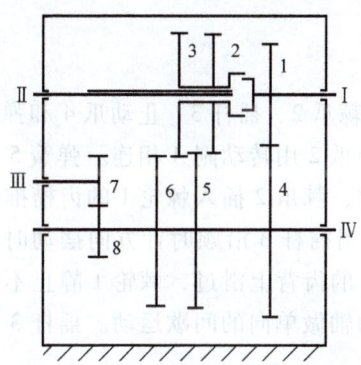   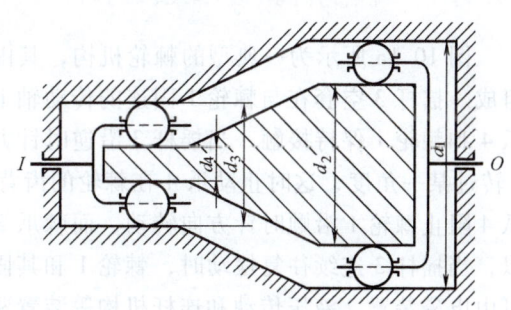

图 9.27 汽车齿轮变速器的传动装置   图 9.28 摩擦滚珠轴承减速器

第10章

其他常用机构

[本章提要]　在许多机器中，除了前面各章介绍的齿轮机构、凸轮机构和连杆机构等主要机构外，还经常用到一些其他类型的机构，如各类间歇运动机构、非圆齿轮机构、螺旋机构、万向铰链机构等。本章将介绍这些机构的组成、工作原理、类型、运动特性及设计要点、特点和应用等。

10.1 棘轮机构

10.1.1 棘轮机构的组成及工作原理

图 10.1a 所示为一典型的棘轮机构，其由棘轮 1、棘爪 2、摇杆 3、止动爪 4 和弹簧 5 等组成。摇杆 3 空套在与棘轮 1 固连的传动轴上，并与棘爪 2 用转动副 A 相连。弹簧 5 使止动爪 4 和棘轮 1 保持接触。当摇杆 3 沿逆时针方向摆动时，棘爪 2 插入棘轮 1 的齿槽推动棘轮 1 转过某一角度，这时止动爪 4 在棘轮的齿背上滑过。当摇杆 3 沿顺时针方向摆动时，止动爪 4 阻止棘轮 1 沿顺时针方向转动，而棘爪 2 在棘轮 1 的齿背上滑过，棘轮 1 静止不动。所以，当摇杆 3 连续往复摆动时，棘轮 1 和其固连的传动轴做单向的间歇运动。摇杆 3 的摆动可由电磁装置、液压传动和连杆机构等装置驱动获得。

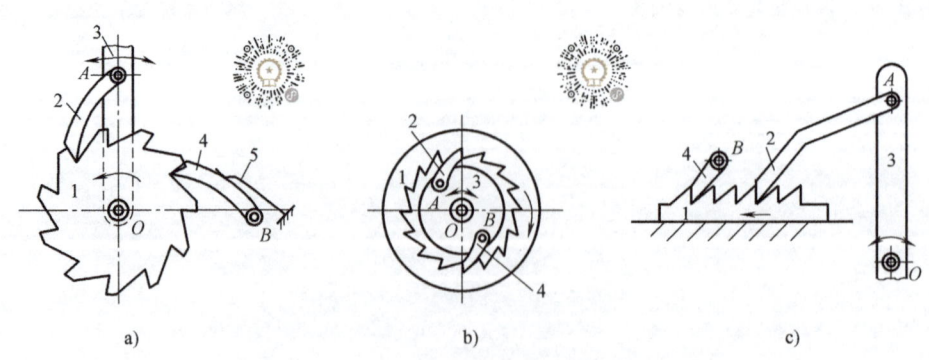

图 10.1　齿啮式棘轮机构
a) 外接棘轮机构　b) 内接棘轮机构　c) 齿条式棘轮机构
1—棘轮（棘条）　2—棘爪　3—摇杆　4—止动爪　5—弹簧

10.1.2 棘轮机构的类型、特点及应用

根据棘轮的结构特点和工作原理，常用的棘轮机构有以下两大类。

1. 齿啮式棘轮机构

齿啮式棘轮机构分为外接棘轮机构（图10.1a）和内接棘轮机构（图10.1b）两种型式。当棘轮的直径趋于无穷大时，棘轮变为棘条（图10.1c），此时棘轮的单向间歇转动变为单向间歇移动。外接棘轮机构应用较为广泛，而内接棘轮机构具有结构紧凑、外形尺寸小等特点。

根据棘轮机构的运动情况，棘轮机构又可分为单动式、双动式和可变向棘轮机构。图10.1所示为单动式棘轮机构，这种棘轮机构的特点是：当摇杆向某一方向摆动时，棘轮也向同样的方向转过一个角度；当摇杆向相反方向摆动时，棘轮静止不动。而图10.2所示为双动式棘轮机构，这种棘轮机构的特点是：摇杆往复摆动时都能使棘轮向同一个方向转动。上述棘轮机构均为单向式棘轮机构，即棘轮只能向一个方向转动。图10.3所示为可变向棘轮机构，这种机构的特点是棘轮的齿为矩形齿，而棘爪可以翻转。当棘爪处在图示位置 A 时，棘轮沿顺时针方向做间歇运动；而当把棘爪翻转到虚线所示位置 B 时，棘轮沿逆时针方向做间歇运动。

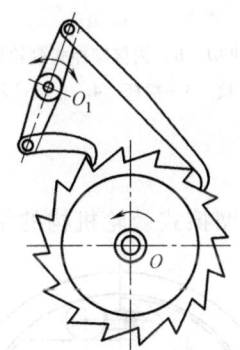

图 10.2 双动式棘轮机构

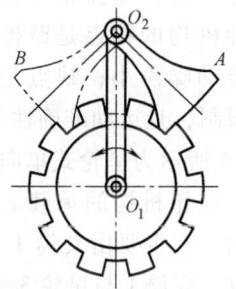

图 10.3 双向式棘轮机构

图10.4所示为一牛头刨床工作台的横向进给机构，运动由齿轮1和齿轮2啮合传递到曲柄摇杆机构，摇杆6的往复摆动使其上的棘爪5推动棘轮4做单向间歇运动，棘轮4又与丝杠固连，从而使工作台做横向间歇进给运动。若改变曲柄的长度，则可以调节工作台的进给量；若将棘爪5绕自身轴线翻转180°后放下，则可改变工作台的进给方向。

齿啮式棘轮机构结构简单、制造方便且运动可靠，棘轮转角可在较大范围内实现有级调节，它可通过调整曲柄长度从而调整摇杆摆角来实现，或在棘轮上加一个遮板，通过改变遮板的位置，使棘爪行程的一部分在遮板上滑过，不与棘轮齿

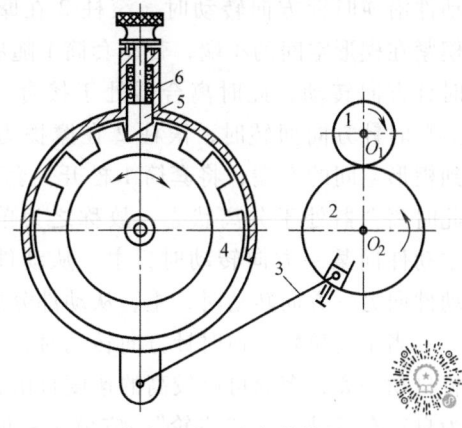

图 10.4 牛头刨床工作台的横向进给机构

1—小齿轮　2—大齿轮　3—连杆
4—棘轮　5—棘爪　6—摇杆

接触,从而改变棘轮转角。其缺点是当棘爪在棘轮齿背上滑过时,产生噪声、冲击和磨损且传动平稳性较差,常用在制动、进给和转位、超越等低速、轻载的场合实现间歇运动控制。

在起重机、电梯、绞盘等机械设备中,常采用棘轮机构防止提升的重物因意外而下降。

2. 摩擦式棘轮机构

图 10.5 所示为摩擦式棘轮机构,其工作原理与齿啮式棘轮机构相同,只是以凸块代替棘爪,以无齿摩擦轮代替棘轮。摩擦式棘轮机构又分为外接摩擦式棘轮机构(图 10.5a)和内接摩擦式棘轮机构(图 10.5b)。在图 10.5a 中,当摇杆 3 沿逆时针方向转动时,凸块 2 楔紧摩擦轮,它们之间产生的摩擦力使摩擦轮与摇杆一起沿逆时针方向转动;当摇杆 3 沿顺时针方向转动时,止动凸块 4 楔紧摩擦轮,阻止摩擦轮沿顺时针方向转动,凸块 2 在摩擦轮 1 上打滑,摩擦轮 1 静止不动。所以,当摇杆 3 往复摆动时,摩擦轮 1 做单向的间歇运动。这种机构的特点是摩擦轮转角可无级调节,传动噪声小;缺点是承载能力受到一定的限制,且运动准确性较差。

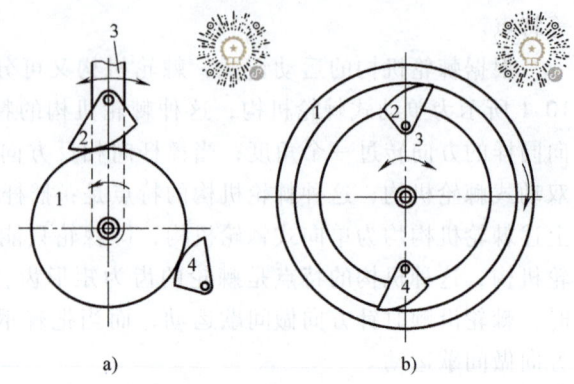

图 10.5 摩擦式棘轮机构

a) 外接摩擦式棘轮机构 b) 内接摩擦式棘轮机构
1—摩擦轮 2—凸块 3—摇杆 4—止动凸块

图 10.6 所示为星轮式单向离合器或超越离合器。它改进了摩擦式棘轮机构的结构,提高了摩擦式棘轮机构的承载能力,可看作是内接摩擦式棘轮机构。它主要由套筒 1、滚柱 2、星轮 3 和弹簧顶杆 4 组成,套筒 1 与星轮 3 之间形成楔形空间,弹簧的作用是将滚柱 2 紧紧压在楔形空间中。当星轮 3 为主动件沿逆时针方向转动时,滚柱 2 在摩擦力的作用下楔紧在楔形空间的小端,带动套筒 1 随星轮 3 一起沿逆时针方向转动,此时离合器处于接合状态;当星轮 3 沿顺时针方向回转时,滚柱 2 在摩擦力的作用下被推到楔形空间的大端,将套筒 1 松开,套筒 1 静止不动,此时离合器处于分离状态,故称之为单向离合器。即主动件向某一方向转动时,主、从动件接合;而当主动件向另一方向转动时,主、从动件分离。

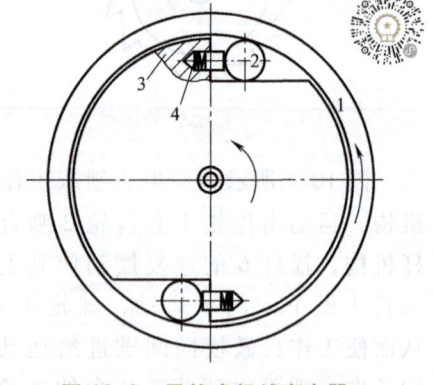

图 10.6 星轮式超越离合器

1—套筒 2—滚柱 3—星轮 4—弹簧顶杆

当主动星轮沿逆时针方向转动时,如果套筒沿逆时针方向转动的速度更快,套筒与星轮将自动分离,套筒可以较高的速度自由转动,故此机构也可用作超越离合器。图 10.7 所示为自行车后轴上的"飞轮",它就是一种超越离合器,运动过程中即使不蹬脚踏板,后轮 3 的转速也可以超越链轮 1 的转速,实现不蹬脚踏板的自由滑行。超越离合器常用于汽车、机床等设备中。

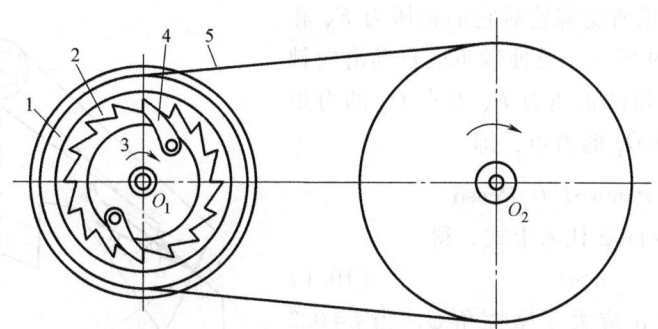

图 10.7 自行车后轮轴上的棘轮机构
1—链轮 2—棘轮 3—后轮 4—棘爪 5—链条

10.1.3 棘轮机构的设计

齿啮式棘轮机构的设计主要包括以下几个方面的内容。

1. 棘轮齿形的选择

常见的棘轮齿形如图 10.8 所示。单向式棘轮机构一般采用不对称梯形齿,当棘轮承受载荷不大时,也可采用不对称三角形齿或不对称圆弧齿;对于双向式棘轮机构一般采用对称梯形齿或对称矩形齿。

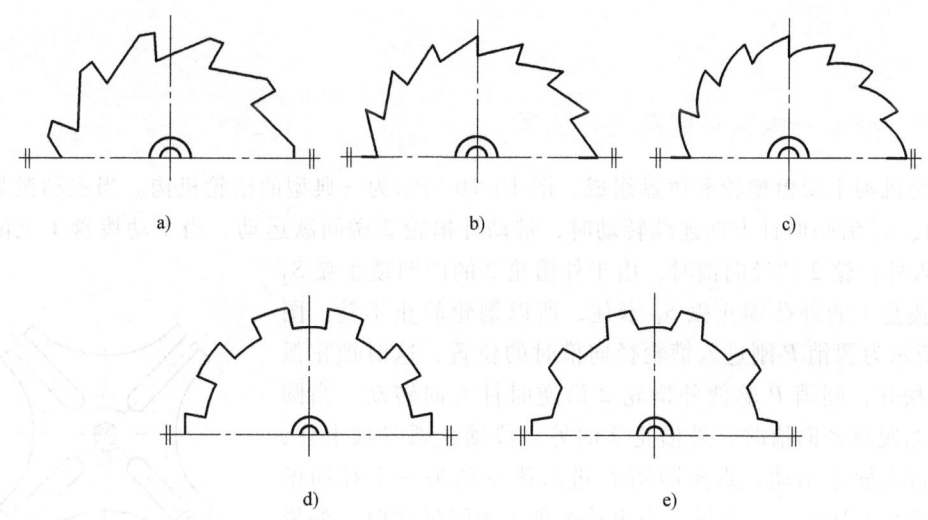

图 10.8 常见的棘轮齿形
a) 不对称梯形齿 b) 不对称三角形齿 c) 不对称圆弧齿 d) 对称矩形齿 e) 对称梯形齿

2. 棘轮齿面倾斜角的确定

在设计棘轮机构时,为保证机构正常工作,工作行程中棘爪应能自动滑向棘轮齿槽底部。在图 10.9 所示的棘轮机构中,O_1 和 O_2 分别是棘爪和棘轮的回转中心,设棘爪顶端与棘轮齿顶在点 P 接触,α 为棘轮齿工作面与向径 O_2P 的夹角,即棘轮齿面倾斜角。工作时为了使棘爪所受的力最小,应使 O_1P 垂直于 O_2P,即 $\angle O_1PO_2 = 90°$,若不计棘爪重力及轴颈的摩擦，此时棘爪所受棘轮对它的正压力 F_N 和摩擦力 F_f 如图 10.9 所示。要使棘爪能自动滑向棘轮齿槽底部，则必须使正压力 F_N 对点 O_1 的力矩大于摩擦力 F_f 对点 O_1 的力矩，即

$$F_N\overline{O_1P}\sin\alpha > F_f\overline{O_1P}\cos\alpha$$

将 $F_f = F_N f$，$f = \tan\varphi$ 代入上式，得

$$\alpha > \varphi \tag{10.1}$$

即棘轮齿面倾斜角 α 应大于摩擦角 φ，当 $f = 0.2$ 时，$\varphi = 11°30'$，通常取 $\alpha = 20°$。

与齿轮一样，棘轮的大小以模数来表示，但棘轮的标准模数定在齿顶圆上，即 $m = \dfrac{d_a}{z}$。棘轮的齿数 z 与棘轮最小转角 θ 有关，即 $z = \dfrac{2\pi}{\theta}$，它是由工艺条件确定的，选择齿数时，考虑到棘轮齿的强度，齿距不能太小，一般情况可取 $z = 8 \sim 30$。

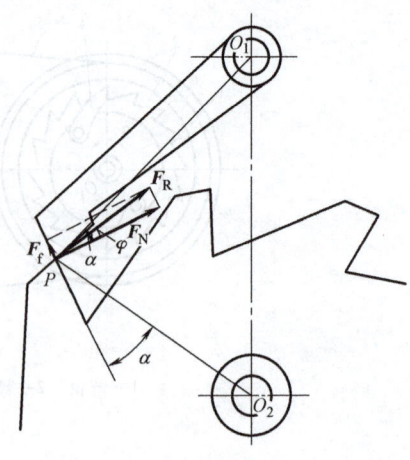

图 10.9 棘爪受力分析

至于棘轮机构的其他参数和几何尺寸可参阅有关机械设计手册。

10.2 槽轮机构

10.2.1 槽轮机构的组成及工作原理

槽轮机构主要由槽轮和拨盘组成，图 10.10 所示为一典型的槽轮机构。当主动拨盘 1 以等角速度 ω_1 沿顺时针方向连续转动时，带动外槽轮 2 做间歇运动。当主动拨盘 1 上的圆销 P 未进入外槽轮 2 的径向槽时，由于外槽轮 2 的内凹锁止弧 S_2 被主动拨盘 1 的外凸锁止弧 S_1 卡住，所以槽轮静止不动。图 10.10 所示为圆销 P 刚进入槽轮径向槽时的位置，这时锁止弧 S_2 刚被松开，圆销 P 驱使外槽轮 2 沿逆时针方向转动。当圆销 P 开始脱离径向槽时，外槽轮 2 的另一段锁止弧又被卡住，使槽轮再次静止不动，直至圆销 P 进入槽轮的另一个径向槽时，又重复上述运动。这样，当主动拨盘 1 连续转动时，外槽轮 2 便做单向的间歇运动。

10.2.2 槽轮机构的类型及应用

若主动拨盘和槽轮在相互平行的平面内运动，则称之为平面槽轮机构。平面槽轮机构分为外槽轮机构（图 10.10）和内槽轮机构（图 10.11）。外槽轮机构的径向槽是自圆心向外开口的，同齿轮外啮合一样，槽轮与拨盘的转向相反；而内槽轮机构的径向槽是自圆心向内开口的，同齿轮内啮合一样，槽轮

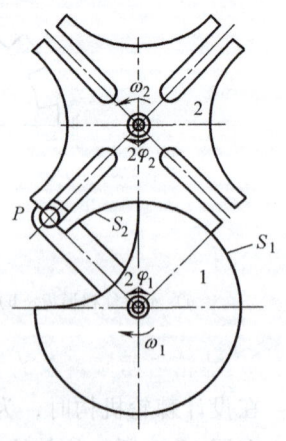

图 10.10 外槽轮机构
1—主动拨盘　2—外槽轮

与拨盘的转向相同。它们均用于平行轴间的间歇传动，但外槽轮机构应用较广泛。

图 10.12 所示为槽轮机构在转塔自动车床刀架转位机构中的应用情况。槽轮 3 与刀架 4 固装在同一根轴上，槽轮 3 上的 6 个径向槽与刀架上的 6 种刀具的位置相对应，拨盘 1 转动一周，其上的圆销进入槽轮一次，使槽轮转过 60°，刀架也随着转过 60°，从而将下一道工序的刀具转到工作位置上。图 10.13 所示为外槽轮机构在电影放映机中的应用情况。当主动拨盘 1 连续转动时，槽轮 2 做间歇运动，当槽轮 2 转动时，胶片上就滚过一个画面，当槽轮停歇时，胶片上的画面就停留在图示方框中，这样靠视觉暂留人们就看到了连续的画面。

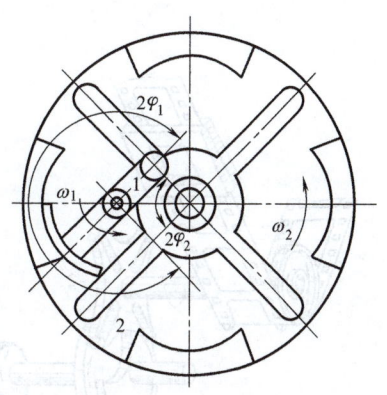

图 10.11 内槽轮机构
1—拨盘　2—内槽轮

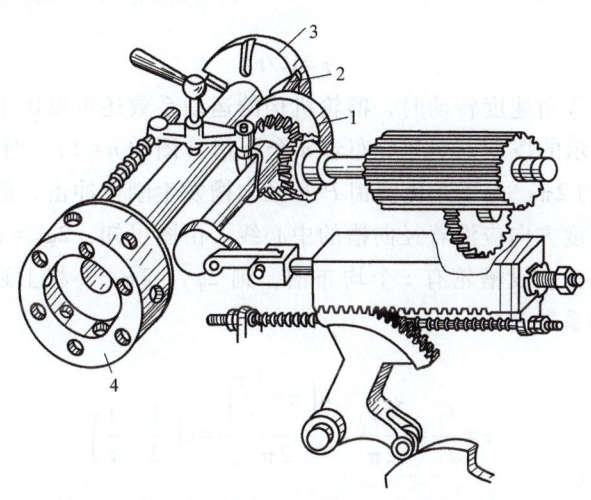

图 10.12 转塔自动车床刀架转位机构
1—拨盘　2—销子　3—槽轮　4—刀架

图 10.14 所示为球面槽轮机构，它用于两相交轴间的间歇传动。从动槽轮 2 呈半球形，槽和锁止弧分布在半球上，主动拨轮 1 的轴线、从动槽轮 2 的轴线和销子 3 的轴线汇交于球心，且不在同一平面内，所以又称为空间槽轮机构。当主动拨轮 1 连续转动时，球面槽轮 2 便做单向的间歇运动。

10.2.3　槽轮机构的设计

1. 普通平面槽轮机构的运动系数 τ

若槽轮上的各槽是均匀分布的，则称之为普通槽轮机构。由于槽轮的运动是周期性的间歇运动，如图 10.10 所示的外槽轮机构，在一个运动循环中，外槽轮 2 的运动时间 t_2 与主动拨盘 1 的运动时间 t_1 之比，称为槽轮机构的运动系数，用 τ 来表示，即

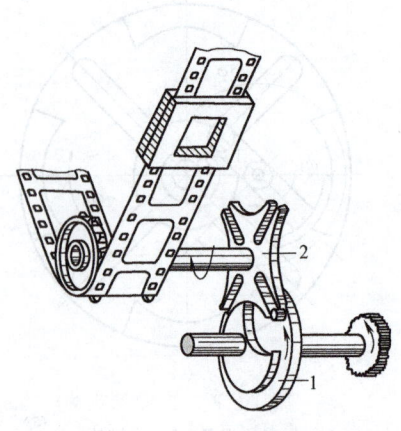
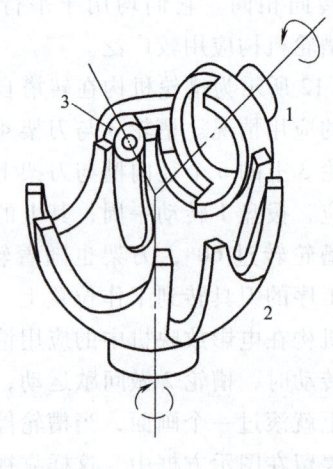

图 10.13　电影放映机中的槽轮机构　　　　　图 10.14　球面槽轮机构
1—主动拨盘　2—槽轮　　　　　　　1—主动拨盘　2—从动槽轮（球面槽轮）　3—销子

$$\tau = t_2/t_1 \tag{10.2}$$

当主动拨盘 1 以等角速度转动时，槽轮机构的运动系数还可以用主动拨盘的转角之比来表示。设图 10.10 所示的拨盘上均匀分布着 n 个圆销（图中 $n=1$），时间 t_2 与 t_1 所对应的拨盘转角分别为 $2n\varphi_1$ 与 2π。为了避免圆销 P 和径向槽发生刚性冲击，圆销开始进入或脱离径向槽的瞬间，其线速度方向应沿着径向槽的中心线。由图可知，$2\varphi_1 = \pi - 2\varphi_2$。其中，$2\varphi_2$ 为槽轮相邻径向槽的夹角。设槽轮有 z 个均布槽，则 $2\varphi_2 = 2\pi/z$，将上述关系代入式（10.2）得外槽轮机构的运动系数为

$$\tau = \frac{t_2}{t_1} = \frac{2n\varphi_1}{2\pi} = \frac{n\left(\pi - \dfrac{2\pi}{z}\right)}{2\pi} = n\left(\frac{1}{2} - \frac{1}{z}\right) \tag{10.3}$$

因为运动系数 τ 应大于零，所以外槽轮的槽数 z 应大于或等于 3；又由式（10.3）可知，对于单销普通外槽轮机构，其运动系数 τ 总小于 0.5；若要使 τ 大于 0.5，即要使槽轮的运动时间大于其静止时间，必须增加圆销数目；由于槽轮是做间歇运动的，一定存在停歇时间，所以运动系数 τ 总小于 1，因此主动拨盘的圆销数与槽轮的槽数需满足

$$n < \frac{2z}{z-2} \tag{10.4}$$

那么，在设计槽轮机构时，应先确定槽轮槽数，然后根据式（10.4）确定圆销数。如当 $z=3$ 时，圆销的数目 $n=1\sim 5$；当 $z=4$ 或 5 时，圆销的数目 $n=1\sim 3$；当 $z\geqslant 6$ 时，圆销的数目 $n=1\sim 2$。

在一个运动循环中，若要求槽轮 n 次停歇时间不相等，则应将圆销不均匀地分布在主动拨盘上；若要求槽轮每次运动时间不相等，则应使各个圆销的回转半径也互不相等。

对于图 10.11 所示的单销内槽轮机构，在一个运动循环中，内槽轮 2 转动时，对应拨盘 1 的转角为

$$2\varphi_1 = 2\pi - (\pi - 2\varphi_2) = \pi + 2\varphi_2 = \pi + \frac{2\pi}{z}$$

其运动系数为

$$\tau = \frac{2\varphi_1}{2\pi} = \frac{1}{2} + \frac{1}{z} \tag{10.5}$$

由式（10.5）可知，对于内槽轮机构，其运动系数 τ 总大于 0.5；由于槽轮是做间歇运动的，其运动系数 τ 总小于 1，所以槽轮槽数应大于 2。假设拨盘上均布着 n 个圆销，则运动系数 $\tau = \frac{2n\varphi_1}{2\pi} = n\left(\frac{1}{2} + \frac{1}{z}\right) = \frac{n(2+z)}{2z}$，因 $\tau<1$，且 $z>2$，所以内槽轮机构只能有一个圆销。

2. 普通平面槽轮机构的运动特性

平面槽轮机构的运动特性主要分析当拨盘以等角速度 ω_1 转动时，槽轮的角速度 ω_2 和角加速度 α_2 的变化规律。如图 10.15 所示为外槽轮机构在运动过程中的任意位置，设槽轮与拨盘的中心距为 a，圆销 P 的回转半径为 R_1，则在图示位置有

$$R_1 \sin\varphi_1 = \overline{O_2P} \sin\varphi_2$$

$$R_1 \cos\varphi_1 + \overline{O_2P} \cos\varphi_2 = a$$

式中，φ_1、φ_2 分别为拨盘和槽轮的位置角。将两式联立消去 $\overline{O_2P}$，并令 $R_1/a = \lambda$，可得

$$\varphi_2 = \arctan\frac{\lambda\sin\varphi_1}{1-\lambda\cos\varphi_1} \tag{10.6}$$

将式（10.6）对时间 t 求一阶导数和二阶导数，则可得槽轮的角速度 ω_2 和角加速度 α_2 分别为

$$\omega_2 = \frac{\lambda(\cos\varphi_1 - \lambda)}{\lambda^2 - 2\lambda\cos\varphi_1 + 1}\omega_1 \tag{10.7}$$

$$\alpha_2 = \frac{\lambda(\lambda^2 - 1)\sin\varphi_1}{(\lambda^2 - 2\lambda\cos\varphi_1 + 1)^2}\omega_1^2 \tag{10.8}$$

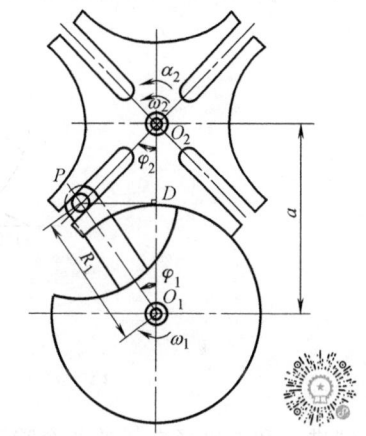

图 10.15 外槽轮机构运动分析

由图 10.15 可得，$\lambda = \frac{R_1}{a} = \sin\varphi_2 = \sin\frac{\pi}{z}$，所以由式（10.7）和式（10.8）可知，当 ω_1 一定时，槽轮的角速度 ω_2 和角加速度 α_2 不仅是主动拨盘转角 φ_1 的函数，而且与槽轮的槽数 z 有关。图 10.16 和图 10.17 所示分别为槽轮机构在不同槽数 z 时的角速度 ω_2 和角加速度 α_2 的变化曲线。由图可知，在运动的前半段，角速度 ω_2 逐渐增加，所以在前半段运动时间内，槽轮角加速度 α_2 为正；在运动的后半段，角速度 ω_2 逐渐减小，所以在后半段运动时间内，槽轮角加速度 α_2 为负。由图 10.17 还可看出，在圆销进入和退出径向槽的两个瞬时，槽轮的角加速度有突变，即在这两个瞬时，槽轮机构有柔性冲击。且槽数越少，柔性冲击越大；槽数越多，柔性冲击越小。因此，在设计时，槽轮的槽数不宜太少，但也不宜太多，因为当 $z \geq 9$ 时，运动系数 τ 的变化不大，起不到明显的作用，而槽轮的尺寸变得较大，惯性力矩也增大，所以，一般取槽轮槽数 $z = 4 \sim 8$。

四槽内槽轮机构的角速度 ω_2 和角加速度 α_2 变化曲线如图 10.18 所示。由图可知，在圆

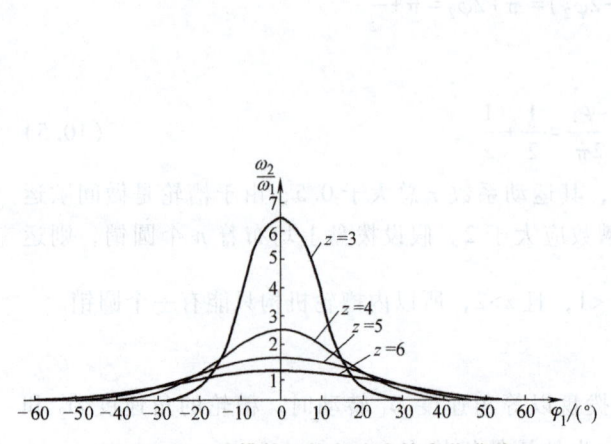

图 10.16　外槽轮机构角速度的变化曲线

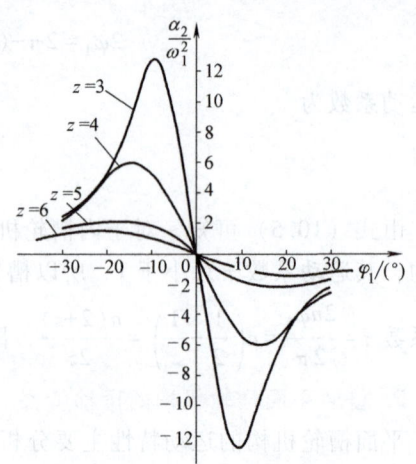

图 10.17　外槽轮机构角加速度的变化曲线

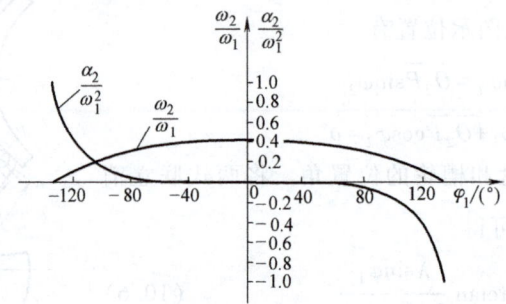

图 10.18　四槽内槽轮机构的角速度、角加速度变化曲线

销进入和退出径向槽的两个瞬时，槽轮的角加速度也有突变，但当 $|\varphi_1| \to 0$ 时，角加速度的数值迅速下降并趋于零，由此可见，内槽轮机构的运动平稳性比外槽轮机构要好。

至于槽轮机构的几何尺寸计算可参阅有关机械设计手册。

10.3　凸轮式间歇运动机构

10.3.1　凸轮式间歇运动机构的组成及工作特点

凸轮式间歇运动机构由主动凸轮和从动盘组成。如图 10.19 所示，凸轮式间歇运动机构的从动盘 2 的端面上，沿圆周方向均匀分布着若干个柱销，主动件为带有螺旋槽的圆柱凸轮 1。当主动凸轮 1 转过凸轮曲线槽所对应的角度时，凸轮曲线槽推动柱销，使从动盘 2 转过一个角度 $2\pi/z$（式中，z 为柱销数目）；当主动凸轮 1 继续转动时，从动盘 2 静止不动，并由凸轮的曲线槽来定位。当第二个柱销与凸轮曲线槽作用时，开始进入第二个运动循环。这样，当主动凸轮 1 连续转动时，从动盘 2 实现了单向间歇运动。凸轮式间歇运动机构的特点是运动可靠，传动平稳，动力特性较好，冲击小，适用于高速运动的场合，而且只要凸轮的轮廓曲线设计合理，就可以实现从动盘理想的预期运动规律。从动盘的转位精度靠凸轮的曲线槽来完成，不需要专门的定位装置。因此，它是一种理想的高速转位（分度）机构。其缺点是对凸轮加工精度要求较高,装配调整也比较困难。

10.3.2 凸轮式间歇运动机构的类型及应用

常见的凸轮式间歇运动机构有以下三种型式:

(1) 圆柱凸轮间歇运动机构(图10.19) 这种机构实际上是摆动从动件圆柱凸轮机构,只有推程和远休止运动。为了实现从动盘的单向间歇运动,凸轮曲线槽是开口的,这与普通圆柱凸轮不同。摆杆长度为柱销几何中心所在圆周的半径。在设计时,可按摆动从动件圆柱凸轮机构的设计方法进行。一般取凸轮为单头,从动盘的柱销数为 $z_2 \geq 6$。这种机构常用于两交错轴间的分度传动和间歇转位的机械当中,如在拉链嵌齿机、火柴包装机、钻孔攻丝机等机械中实现高速的分度传动。

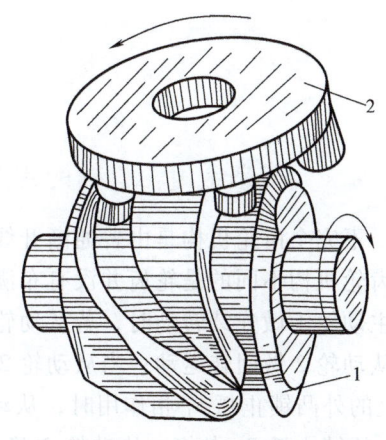

图 10.19 圆柱凸轮式间歇运动机构
1—圆柱凸轮(主动凸轮) 2—从动盘

(2) 蜗杆凸轮间歇运动机构(图10.20) 柱销均匀分布在从动盘2的圆柱面上,就像蜗轮的齿,主动件为圆弧蜗杆式凸轮1,当凸轮1做连续回转运动时,从动盘2做单向间歇回转运动。在设计时,蜗杆凸轮通常也采用单头,从动盘上的柱销数一般也取 $z_2 \geq 6$。这种机构可以通过调整凸轮与从动盘的中心距,消除柱销与凸轮接触面之间的间隙,从而保证传动精度。这种机构具有良好的动力学性能,也常用于两交错轴间的分度传动,如在制瓶机、高速压力机等高速、高精度的分度转位机械中得到广泛的应用。

(3) 共轭凸轮间歇运动机构(图10.21) 这种机构用于传递两平行轴间的运动。当机构的轴线水平时,凸轮1分为前后两片,且完全相同,只是安装时错开一定的相位角。在从动盘2的两个端面上各装有几个均匀分布的滚子,图中实线表示在前面,虚线表示在后面。当凸轮1旋转时,前后凸轮的轮廓分别与相应的滚子接触,推动从动盘2转动;当凸轮的圆弧廓线部分与滚子接触时,从动盘2静止不动。这种机构动力性能较好,常用在自动分度机械中。

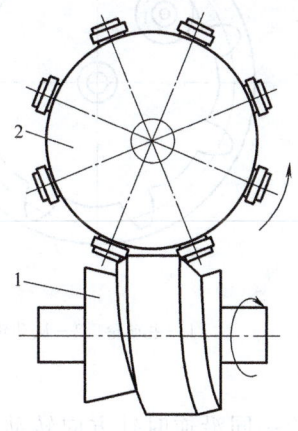

图 10.20 蜗杆凸轮间歇运动机构
1—圆弧蜗杆式凸轮 2—从动盘

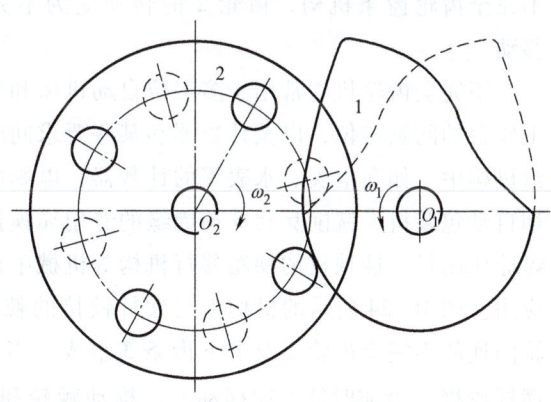

图 10.21 共轭凸轮间歇运动机构
1—主动共轭凸轮 2—从动盘

10.4 不完全齿轮机构

10.4.1 不完全齿轮机构的组成及工作特点

不完全齿轮机构是由普通渐开线齿轮机构演变而来的一种间歇运动机构。它与普通渐开线齿轮机构不同的是轮齿并没有布满整个圆周。如图 10.22 所示，当主动轮 1 做连续转动时，若从动轮 2 与主动轮 1 的轮齿相啮合，则从动轮 2 做回转运动；当从动轮 2 上的内凹锁止弧 S_2 和主动轮 1 上的外凸锁止弧 S_1 相作用时，从动轮 2 上的锁止弧 S_2 被主动轮 1 上的锁止弧 S_1 卡住，从动轮 2 静止不动，停歇在预定的位置。这样，在主动轮 1 连续转动时，从动轮 2 做间歇回转运动。图示当主动轮转一周时，从动轮只转 1/3 周，从动轮每转一周停歇 3 次。

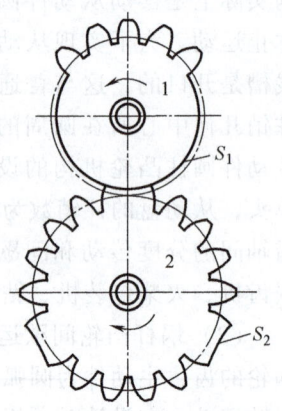

图 10.22 外啮合不完全齿轮机构
1—主动轮 2—从动轮

不完全齿轮机构与其他间歇运动机构相比，具有结构简单、制造方便和承载力大等特点，且在主动轮的一个运动循环中，从动轮的停歇次数及停歇时间，从动轮每次运动的转角等允许调整的幅度大，设计较灵活。但是，从动轮在每次运动的开始和结束的瞬时，角速度有突变，冲击较大，所以一般只适用于低速、轻载的场合。

10.4.2 不完全齿轮机构的类型及应用

不完全齿轮机构的类型有外啮合不完全齿轮机构和内啮合不完全齿轮机构，分别如图 10.22 和图 10.23 所示。与普通渐开线齿轮一样，外啮合不完全齿轮机构两轮转向相反，而内啮合不完全齿轮机构两轮转向相同。当齿轮 2 的直径趋于无穷大时，则演变成不完全齿轮齿条机构，齿轮 2 的转动变为不完全齿条的移动。

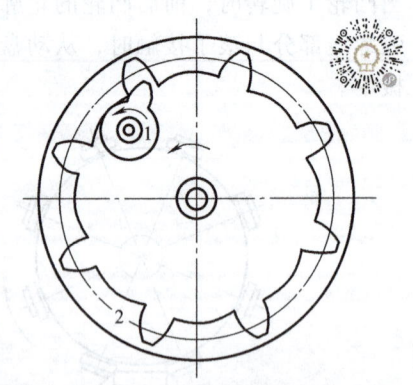

图 10.23 内啮合不完全齿轮机构
1—主动轮 2—从动轮

不完全齿轮机构常用于多工位自动机床和半自动机床工作台的间歇转位，以及计数器和某些要求间歇运动的进给机构中。如在电表、水表等的计数器，电影放映机，卷烟自动包装机，铣削乒乓球拍周缘的专用靠模铣床，蜂窝煤球压制机，插秧机的秧箱移行机构等机械中得到广泛的应用。图 10.24 所示的机构由与摆杆铰接的棘爪 1、与棘轮固连的不完全齿轮 2 及上下齿条 3 组成。当棘爪 1（与摆杆铰接）沿逆时针方向摆动时，推动棘轮和不完全齿轮一同沿逆时针方向转动，不完全齿轮与上齿条啮合，使上齿条向左移动，当向左到达图示终止位置时，不完全齿轮与下齿条啮合，使下齿条向右移动；当棘爪 1 沿顺时针方向摆动时，棘轮和不完全齿轮静止不动，上、下齿条都停歇不动。这样，不完全齿轮交替地与上、下齿条相啮合时，使得齿条做往复间歇移动。

图 10.25 所示为压制蜂窝煤球的间歇运动机构。工作台 1 用五个工位来完成煤粉的填装、压制、退煤等动作，因此要求工作台做间歇转动，工作台每次转动 1/5 周后需停歇一段时间。为此，主动轮 4 采用不完全齿轮，通过中间齿轮 3 的传动，将间歇运动传递到工作台上的一个大齿圈 2，从而使工作台完成所需的间歇运动。

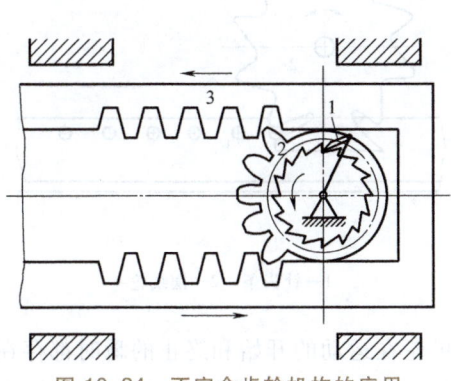

图 10.24 不完全齿轮机构的应用
1—棘爪　2—不完全齿轮　3—齿条

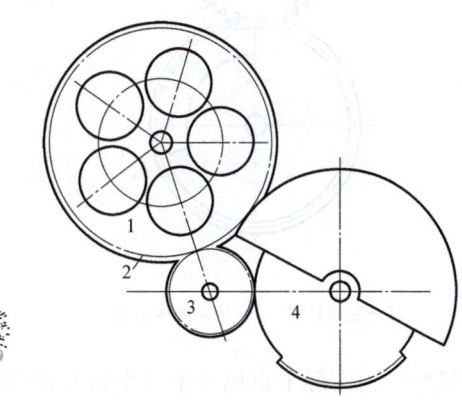

图 10.25 压制蜂窝煤球的间歇运动机构
1—工作台　2—大齿圈　3—中间齿轮　4—不完全齿轮

不完全齿轮机构在传动过程中，从动轮在运动的开始和终止的瞬时都存在刚性冲击，所以不适用于高速传动。为了减小冲击，可在两轮上加装瞬心线附加杆，如图 10.26 所示瞬心线附加杆 A 和 B 分别固定在主动轮 1 和从动轮 2 上。在主动轮的首齿与从动轮的齿啮合之前，瞬心线附加杆 A 和 B 首先接触，使从动轮的角速度从一个较小的值逐渐增加，直到所需要的定值角速度，此时瞬心线附加杆 A 和 B 脱离接触。当主动轮的末齿脱离啮合时，可以借助另外一对瞬心线附加杆（图 10.26 中未画出）使从动轮的角速度从定值角速度逐渐减小为零。这样，在整个运动周期中，速度变化平稳，从而减小冲击。

在不完全齿轮机构传动中，为保证主动轮的首齿不与从动轮发生碰撞，并能顺利进入啮合状态，需将主动轮首齿的齿顶高做适当的削减。同时，为了保证从动轮停歇在预定位置，主动轮末齿的齿顶高也需要做适当的削减。

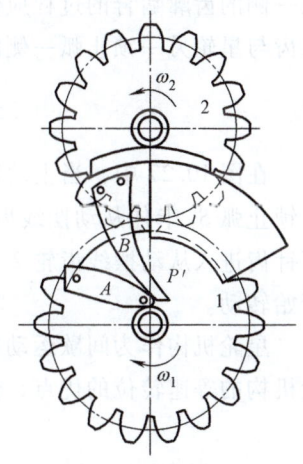

图 10.26 带瞬心线附加杆的不完全齿轮机构
1—主动轮　2—从动轮

10.5 星轮机构

10.5.1 星轮机构的组成及啮合特点

星轮机构主要由主动针轮 1 和从动摆线齿轮 2 组成，如图 10.27 所示。主动针轮 1 是一个不完全针轮，其上有若干个针齿（图示为 7 个）和一个外凸锁止弧 S_1，从动摆线齿轮 2

上每隔若干摆线齿就有一个内凹锁止弧 S_2，其常被称作星轮。图 10.28 所示的星轮齿条机构是星轮机构的一种演变型式。

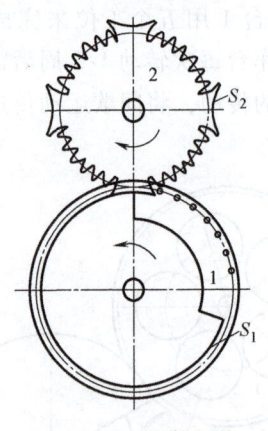

图 10.27　星轮机构
1—主动针轮　2—从动摆线齿轮

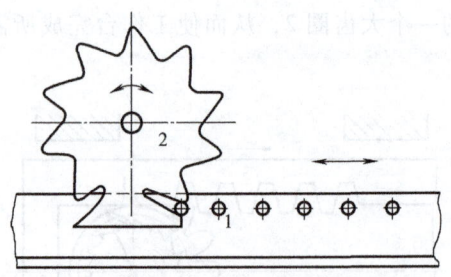

图 10.28　星轮齿条机构
1—针齿条　2—摆线轮

星轮机构实际上也属于不完全齿轮机构，所以星轮在运动的开始和终止的瞬时都存在刚性冲击，为此，在设计星轮锁止弧 S_2 两侧的齿槽时，必须能够使针轮 1 的首、末两针齿沿切线进入或退出锁止弧 S_2 两侧的齿槽，这样可减小冲击。另外，针轮 1 的首齿与星轮锁止弧一侧的齿廓啮合的过程应使星轮由静止逐渐加速，直至两轮进入等速啮合为止，而针轮的末齿与星轮另一锁止弧一侧的齿廓啮合的过程应使星轮逐渐减速，直至停歇为止。

10.5.2　星轮机构的传动特点

在图 10.27 中，当主动针轮 1 连续转动时，若针齿未进入从动摆线齿轮 2 的齿槽时，外凸锁止弧 S_1 卡住从动摆线齿轮 2 上的内凹锁止弧 S_2，使星轮即从动摆线齿轮 2 静止不动；若针齿进入从动摆线齿轮 2 上的内凹锁止弧 S_2 一侧的齿槽时，锁止弧 S_2 被松开，带动星轮开始转动。

星轮机构作为间歇运动机构，适应性较广，既具有槽轮机构的起动运动特性，又具有齿轮机构的等速转位的优点，但星轮加工制造较困难。

10.6　非圆齿轮机构

由第 8 章所述的齿廓啮合基本定律可知，若要求两轮按定传动比传动，当两轮中心距不变时，节点必须是一定点，此时节线是圆形的。如果要求两轮的传动比按一定的规律变化，即节点不再是一定点，而是按传动比的变化规律在两轮连心线上移动，此时节点在两轮运动平面上的轨迹即节线就不是圆形的，而是一条非圆曲线。常用的非圆齿轮节线有椭圆形、卵形、对数螺线和偏心圆等。非圆齿轮机构就是一种用于变传动比传动的齿轮机构。

10.6.1　椭圆齿轮机构的运动情况及特点

图 10.29 所示的椭圆齿轮机构由两个完全相同的椭圆齿轮组成，两轮的回转中心分别在

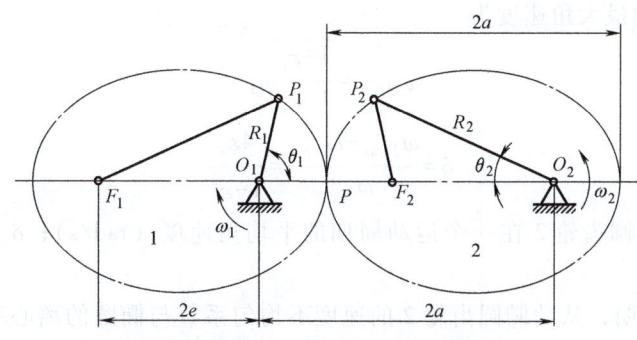

图 10.29 非圆齿轮机构的运动情况
1—主动椭圆齿轮　2—从动椭圆齿轮

各自的一个焦点 O_1 和 O_2 上，且两轮中心距离等于椭圆的长轴 $2a$，保证了两轮的椭圆节线相切。

设椭圆齿轮机构的主动轮 1 等速转过 θ_1 时，从动轮 2 转过 θ_2，这时，轮 1 上的点 P_1 将与轮 2 上的点 P_2 在中心线 O_1O_2 上啮合。由于两椭圆完全相同，所以令

$$\overline{F_1P_1}=\overline{O_2P_2}=R_2 \quad \overline{F_2P_2}=\overline{O_1P_1}=R_1$$

则在 $\triangle O_1P_1F_1$ 中，由余弦定律可得

$$R_2^2=R_1^2+(2e)^2-4R_1e\cos(180°-\theta_1)$$

式中，$2e$ 为椭圆焦距；R_1、R_2 分别为轮 1、轮 2 在轮 1 转过 θ_1 时的向径。

将椭圆的离心率 $\varepsilon_e=\dfrac{e}{a}$ 及 $R_1=2a-R_2$ 代入上式，经整理可得

$$R_2=\frac{a(1+\varepsilon_e^2+2\varepsilon_e\cos\theta_1)}{1+\varepsilon_e\cos\theta_1}$$

$$R_1=\frac{a(1-\varepsilon_e^2)}{1+\varepsilon_e\cos\theta_1}$$

则椭圆齿轮机构的传动比为

$$i_{12}=\frac{\omega_1}{\omega_2}=\frac{R_2}{R_1}=\frac{1+\varepsilon_e^2+2\varepsilon_e\cos\theta_1}{1-\varepsilon_e^2} \tag{10.9}$$

式（10.9）表明，椭圆齿轮机构的传动比与椭圆齿轮的离心率 ε_e 有关，且随着主动轮 1 的转角做周期性的变化。

当 $\theta_1=0°$ 时，图示位置两轮的传动比最大，即

$$(i_{12})_{\max}=\frac{1+\varepsilon_e}{1-\varepsilon_e}$$

由此可得从动轮 2 的最小角速度为

$$\omega_{2\min}=\frac{1-\varepsilon_e}{1+\varepsilon_e}\omega_1$$

当 $\theta_1=180°$ 时，两轮的传动比最小，即

$$(i_{12})_{\min}=\frac{1-\varepsilon_e}{1+\varepsilon_e}$$

由此可得从动轮 2 的最大角速度为

$$\omega_{2\max} = \frac{1+\varepsilon_e}{1-\varepsilon_e}\omega_1$$

则

$$\delta = \frac{\omega_{2\max} - \omega_{2\min}}{\omega_{2m}} = \frac{4\varepsilon_e}{1-\varepsilon_e^2} \tag{10.10}$$

式中，ω_{2m} 为从动椭圆齿轮 2 在一个运动周期的平均角速度（rad/s）；δ 为从动椭圆齿轮 2 的速度不均匀系数。

式（10.10）表明，从动椭圆齿轮 2 的速度不均匀系数与椭圆的离心率有关，且离心率越大，不均匀系数也越大。

10.6.2 非圆齿轮机构的应用

非圆齿轮机构的特点是传动比按一定规律变化，因此在自动机床、印刷机械、纺织机械等机械中有广泛的应用。图 10.30 所示为自动车床的转位机构，当主动椭圆齿轮 1 沿逆时针方向转动时，与从动椭圆齿轮 2 固连的曲柄带动槽轮 3 沿逆时针方向转动，槽轮在曲柄速度最高的时候开始转动，以缩短转动时间，增加停歇时间，即增加有效工作时间，从而提高机械的效率。在有些场合，使槽轮在曲柄速度最低的时候转动，以减小冲击和振动。

如图 10.31 所示，利用椭圆齿轮带动曲柄滑块机构，使压力机工作行程的速度减小，而增大空行程的速度，缩短空行程的时间，从而提高机械的工作效率。在印刷机的送纸机构中，利用一对椭圆齿轮根据机构的要求改变送纸的速度，以免纸在送进时被压皱。在实现非线性函数的电位计机构中，利用非圆齿轮简化线圈架的形状，使电位计再现非线性函数。

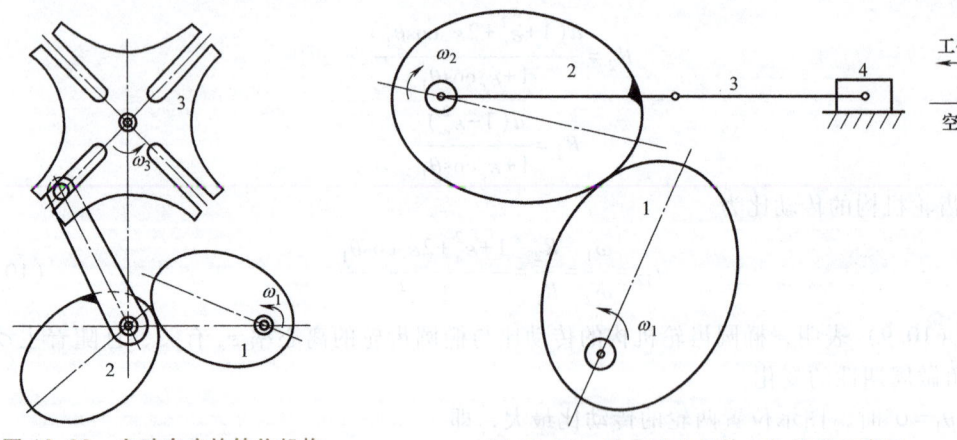

图 10.30 自动车床的转位机构
1—主动椭圆齿轮 2—从动椭圆齿轮 3—槽轮

图 10.31 卧式压力机的工作原理示意图
1、2—椭圆齿轮 3—连杆 4—滑块

10.7 螺旋机构

由螺旋副连接两构件构成的机构称为螺旋机构。螺旋机构主要由螺杆和螺母组成。通常根据机构中含有螺旋副的个数分为单螺旋机构和双螺旋机构。下面对这两种机构的工作原理做简要的介绍。

10.7.1 单螺旋机构

图 10.32 所示的单螺旋机构由螺杆 1、螺母 2 和机架 3 组成。运动副 A 为螺旋副,运动副 B 为移动副,运动副 C 为转动副。当螺杆 1 转过角度 φ 时,螺母 2 将沿螺杆轴向移动一段距离 l,其值为

$$l = S_A \frac{\varphi}{2\pi} \tag{10.11}$$

式中,S_A 为螺旋副 A 的导程(mm)。

这种机构常用于台虎钳、切削机构的进刀机构、千斤顶及机床夹具中。如图 10.33 所示螺旋式机床夹具就是单螺旋机构的应用实例。螺杆 1 和夹爪 2 的内螺纹构成螺旋副。夹具体 5 分别通过轴 A 和轴 B 与夹爪 2 和 4 连接。滑杆 6 两端分别与夹爪 4 和螺杆 1 接触。当螺杆 1 转动时,推动滑杆 6 向左移动,使夹爪 4 绕轴 B 沿顺时针方向转动,同时夹爪 2 绕轴 A 沿逆时针方向转动,于是工件 3 被夹紧。

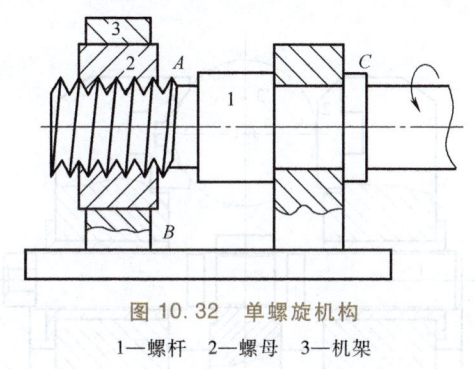

图 10.32 单螺旋机构
1—螺杆 2—螺母 3—机架

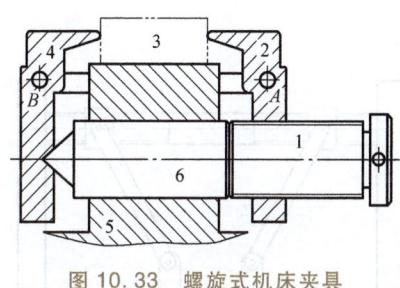

图 10.33 螺旋式机床夹具
1—螺杆 2、4—夹爪 3—工件
5—夹具体 6—滑杆

10.7.2 双螺旋机构

若将图 10.32 所示单螺旋机构中的转动副 C 改为螺旋副,则变为图 10.34 所示的双螺旋机构。设螺旋副 A 与螺旋副 C 的旋向相同,则当螺杆 1 转过角度 φ 时,螺母 2 沿螺杆轴向移动的距离 l 为

$$l = (S_C - S_A) \frac{\varphi}{2\pi} \tag{10.12}$$

式中,S_A 和 S_C 分别为螺旋副 A 和 C 的导程(mm)。

由式(10.12)可知,当 S_C 和 S_A 相差很小时,螺母 2 沿螺杆轴向移动的距离可以极小。所以这种螺旋机构又常称为微动螺旋机构,常用于测微计、分度机构及调节机构中。如图 10.35 所示为调节镗刀进刀量的微调机构。

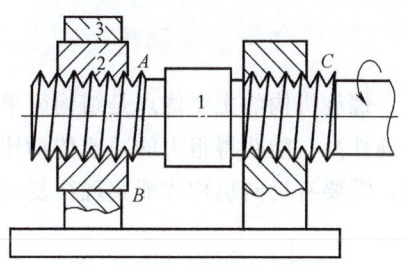

图 10.34 双螺旋机构
1—螺杆 2—螺母 3—机架

若图 10.34 所示的双螺旋机构中螺旋副 A 与 C 的旋向相反,则当螺杆 1 转过角度 φ 时,螺母 2 沿螺杆轴向移动的距离 l 为

$$l = (S_C + S_A) \frac{\varphi}{2\pi} \tag{10.13}$$

这种螺旋机构称为复式螺旋机构。图 10.36 所示为复式螺旋压榨机构。螺杆 1 两端分别与螺母 2、3 组成螺旋副，两螺旋副旋向相反，而导程相同。当螺杆 1 转动时，螺母 2、3 很快地靠近，再通过连杆 4、6 使压板 5 向下运动，压榨物件。图 10.37 所示为台虎钳定心夹紧机构，螺杆 1 两端的螺旋副旋向相反，当螺杆 1 转动时，夹爪 2、4 分别向左、右移动，从而将工件 3 松开或夹紧，并能适应不同直径的工件。

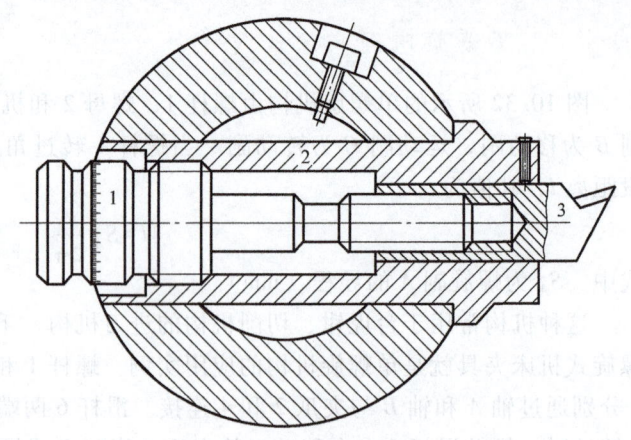

图 10.35　镗刀微调机构
1—螺杆　2—刀套　3—镗刀

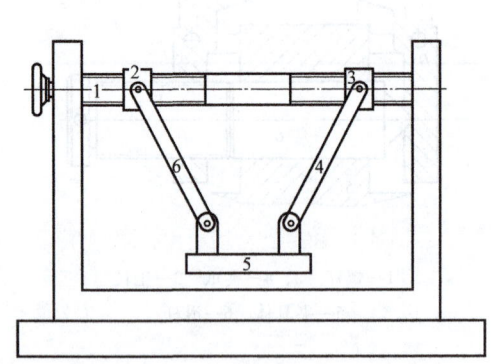

图 10.36　复式螺旋压榨机构
1—螺杆　2、3—螺母　4、6—连杆　5—压板

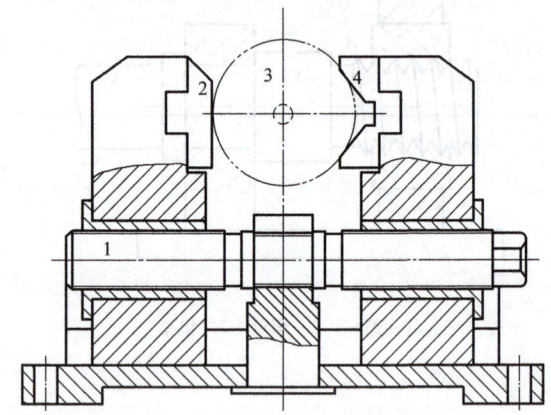

图 10.37　台虎钳定心夹紧机构
1—螺杆　2、4—夹爪　3—工件

10.7.3　螺旋机构的传动特点

螺旋机构的主要优点是结构简单、制造方便；能够将回转运动变为直线移动，而且运动准确性高；能获得很大的减速传动比且传递平稳、无噪声；可传递很大的轴向力；具有自锁性，需要有反向机构才能实现往复运动。主要缺点是机械效率较低。

10.8　万向铰链机构

万向铰链机构又称万向联轴器。它可用于传递两相交轴间的运动和动力，而且在传动过程中两轴之间的夹角可以变动，是一种常用的变角传动机构。它广泛应用于汽车、机床等机械传动系统中，在汽车变速器与后桥主传动器之间采用万向铰链机构可以自动调节由于道路不平引起的两轴相对位置的变化。万向铰链机构可分为单万向铰链机构和双万向铰链机构。下面对这两种机构的运动进行简单的分析。

10.8.1 单万向铰链机构

图 10.38 所示为一单万向铰链机构。主动轴 1 和从动轴 2 的端部各带有一叉形结构，分别用铰链 A 和 B 与十字形构件 3 相连，主动轴 1 和从动轴 2 又分别用铰链 C 和 D 与机架 4 相连。铰链 C 和 A、铰链 A 和 B 以及铰链 B 和 D 的回转轴线分别互相垂直，并交于十字形构件 3 的中心点 O。主动轴 1 和从动轴 2 所夹的锐角为 α。

由图 10.38 可知，当主动轴 1 回转一周时，从动轴 2 也必然随之回转一周，但是两轴的瞬时角速度却并不恒相等，即主动轴 1 做等速回转时，从动轴 2 做变角速度转动。下面就两个特殊位置对从动轴 2 的角速度变化情况进行分析。

如图 10.39a 所示，当轴 1 的叉平面垂直于图纸平面时，轴 2 的叉平面则在图纸平面上。设此时轴 1 和轴 2 的角速度分别为 ω_1 和 ω_2'。

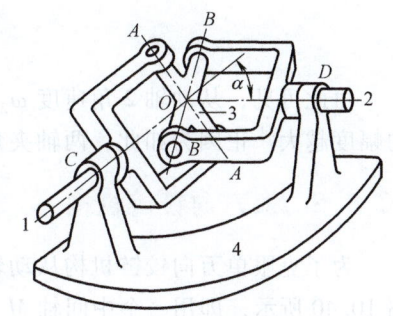

图 10.38 单万向铰链机构
1—主动轴　2—从动轴
3—十字形构件　4—机架

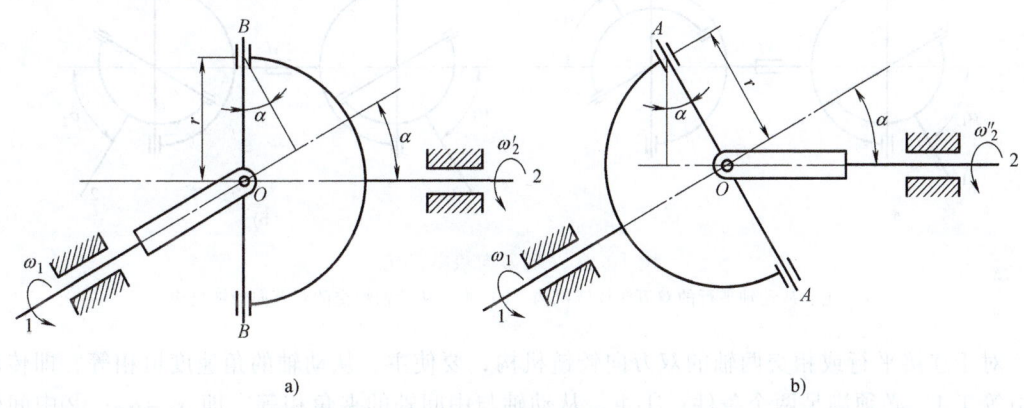

图 10.39 万向铰链机构的运动分析

首先分析十字形构件 3 上的点 B，若将点 B 看作轴 1 上的点，则点 B 的速度为

$$v_{B1} = \omega_1 r \cos\alpha$$

式中，r 为十字形构件 3 上的点 B 或点 A 到中心点 O 的距离；α 为主、从动轴所夹的锐角。

若将点 B 看作轴 2 上的点，则点 B 的速度为

$$v_{B2} = \omega_2' r$$

显然，同一点的速度应相等，即

$$v_{B1} = v_{B2}$$

则
$$\omega_2' = \omega_1 \cos\alpha \qquad (10.14)$$

当两轴由图 10.39a 所示的位置转过 90°时，变为图 10.39b 所示的情况，轴 1 的叉平面转到图纸平面上，而轴 2 的叉平面则垂直于图纸平面，设此时轴 2 的角速度为 ω_2''。

同理，分析十字形构件 3 上的点 A，可得

$$\omega_2'' = \frac{\omega_1}{\cos\alpha} \tag{10.15}$$

当两轴再转过 90°时，又恢复到图 10.39a 所示的情况。由此可知，当主动轴 1 以角速度 ω_1 等速回转时，从动轴 2 角速度 ω_2 的变化范围为

$$\omega_1 \cos\alpha \leqslant \omega_2 \leqslant \frac{\omega_1}{\cos\alpha} \tag{10.16}$$

由此可见，从动轴 2 角速度 ω_2 变化的幅度与两轴所夹的锐角 α 有关。α 越大，其变化的幅度越大。正因为如此，两轴夹角不宜过大，一般 $\alpha \leqslant 35° \sim 45°$。

10.8.2 双万向铰链机构

为了克服单万向铰链机构从动轴变速转动的缺点，机器中常常采用双万向铰链机构，如图 10.40 所示，即用一个中间轴 M 和两个单万向铰链机构将输入轴和输出轴连接起来，中间轴 M 做成两部分用滑键连接，以自动调节两轴之间的距离。

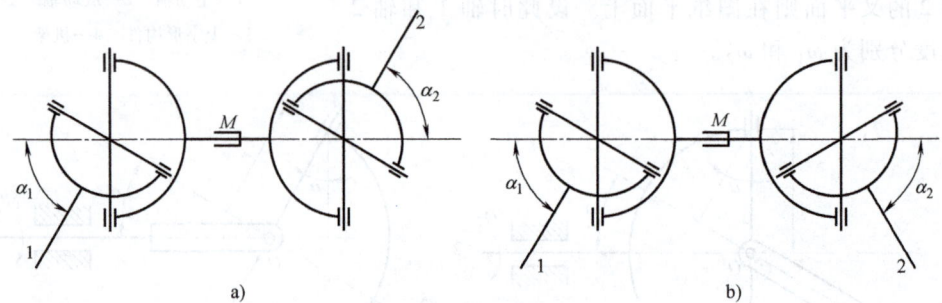

图 10.40　双万向铰链机构
a) 主、从动轴平行的双万向铰链机构　b) 主、从动轴相交的双万向铰链机构

对于连接平行或相交两轴的双万向铰链机构，要使主、从动轴的角速度恒相等，即传动比恒等于 1，必须满足两个条件：①主、从动轴与中间轴的夹角相等，即 $\alpha_1 = \alpha_2$；②中间轴两端的叉平面必须位于同一平面内。

思　考　题

10.1　什么是间歇运动机构？有哪些机构能实现间歇运动？

10.2　从运动学的观点，比较各种间歇运动机构的异同点，并说明各适用于什么场合？

10.3　齿啮式棘轮机构转角的有级改变如何实现？

10.4　棘轮机构作为超越机构时有什么运动特点？

10.5　为避免槽轮机构的圆销在开始进入和退出径向槽时产生的冲击，在设计时应注意哪些问题？

10.6　为什么槽轮机构的运动系数 τ 不能大于 1？它有什么实际意义？又如何提高运动系数 τ？

10.7　不完全齿轮机构在运动的开始和结束的瞬时会发生冲击，为减小冲击，在设计时应注意什么？

10.8　椭圆齿轮机构的瞬时传动比与哪些因素有关？

10.9　试举例说出双万向铰链机构的两个应用场合。

10.10　什么是微动螺旋？什么是复式螺旋？

10.11　你能举出几个间歇运动机构在农业机械中应用的例子吗？

习 题

10.12 设计一外槽轮机构,要求槽轮运动时间等于停歇时间,试求出槽轮的槽数和拨盘的销数。

10.13 转塔自动车床刀架的外槽轮机构中,已知槽轮的槽数 $z=6$,槽轮静止时间 $t=\dfrac{5}{6}$ s,运动时间是静止时间的两倍,试求:

1) 槽轮机构的运动系数 τ。

2) 圆销数。

10.14 已知外槽轮机构的槽数 $z=4$,主动件 1 的角速度 $\omega_1=20$ rad/s,试求主动件 1 在什么位置时槽轮的角加速度最大?并求出最大值。

10.15 某自动机的工作台用不完全齿轮机构来实现其间歇转位运动,设该机械有 n 个工位,若主、从动齿轮上补全的齿数相等(即假想齿数相等),试证明从动轮的运动时间与停歇时间之比为 $\dfrac{1}{n-1}$。

10.16 牛头刨床工作台的横向进给螺杆的导程 $S=2$ mm,与螺杆固连的棘轮齿数 $z=30$,问棘轮的最小转角 θ 和牛头刨的最小横向进给量 l 分别是多少?

10.17 如图 10.41 所示的螺旋机构中,构件 1 与机架 3 组成移动副 C,构件 1 与构件 2 组成螺旋副 A,构件 2 与机架 3 组成螺旋副 B,其导程 $S_B=2.7$ mm,右旋。求当构件 2 转一圈,构件 1 向右移动 0.3 mm 时,螺旋副 A 的导程 S_A 为多少?是右旋还是左旋?

10.18 在单万向联轴器中,当轴 1 以 $\omega_1=1800$ r/min 等角速度转动时,轴 2 变速转动,且最高角速度 $\omega_2=1935$ r/min,试求:

1) 轴 2 的最低角速度 $\omega_{2\min}$。

2) 轴 2 处于最高角速度和最低角速度时,轴 1 的叉平面分别在什么位置?

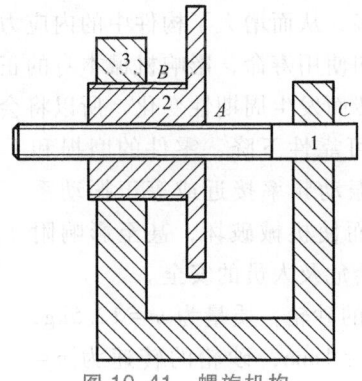

图 10.41 螺旋机构

第11章

机械的平衡

[**本章提要**] 机械运转时，构件由于结构或制造等原因将产生惯性力及惯性力偶矩，利用平衡设计和平衡试验的方法对惯性力及惯性力偶矩进行完全平衡或部分平衡，是减轻机械振动和噪声，改善机械工作性能，延长使用寿命的重要措施之一。本章主要介绍机械平衡的基本概念，刚性转子的静、动平衡计算，刚性转子的静、动平衡试验，转子的许用不平衡量，平面机构惯性力的完全平衡以及部分平衡。

11.1 概述

当机械运转时，组成机械的构件由于材质不均、几何形状不对称、毛坯缺陷、加工和装配误差等原因，会产生不平衡的离心惯性力及惯性力偶矩，这必将在运动副中产生附加的动压力，其值往往比静压力大得多，从而增大了构件中的内应力和运动副中的摩擦，加剧了运动副的磨损，降低了机械效率和使用寿命，影响机械本身的正常工作。而且由于这些惯性力与惯性力偶矩一般随着机械运转而发生周期性变化，所以将会引起机械及其基础产生强迫振动，使机械本身的工作精度和可靠性下降，零件的磨损和疲劳加剧，并产生噪声。若该振动频率接近或等于振动系统的固有频率，则将引起共振而使机械破坏，甚至影响附近的工作机械及厂房建筑，还会危及人员的安全。

如图 11.1 所示为磨削工件的砂轮，质量为 $m=12.5\text{kg}$，其质心偏离回转轴线的距离 $r=1\text{mm}$，砂轮的转速为 $n=6000\text{r/min}$，则作用在轴承上的离心惯性力的大小为

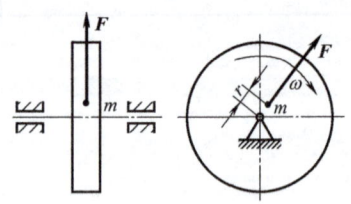

图 11.1 砂轮示意图

$$F = mr\omega^2 = mr\left(\frac{\pi n}{30}\right)^2 = 4934.83\text{N}$$

其值约是砂轮本身重力的 40 倍，且力 F 的方向随着转子的转动而发生周期性变化。由此可知，所产生的不平衡惯性力对机械运转有很大的影响。

如图 11.2 所示的内燃机曲轴，由于结构上对回转轴线不对称，所以曲轴运转时除产生不平衡的离心惯性力外，还会

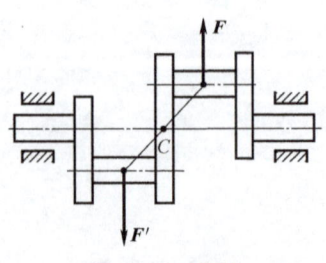

图 11.2 曲轴

产生不平衡的惯性力偶矩。

11.1.1 机械平衡的目的

研究机械平衡的目的是研究惯性力及惯性力偶矩的分布及其变化规律,并采取相应的措施对其进行平衡,从而消除或尽量减小惯性力及惯性力偶矩的不良影响,以减轻机械振动,降低噪声,提高机械的工作性能,延长机械的使用寿命并改善现场的工作环境。机械的平衡问题在设计高速、重型及精密机械时具有特别重要的意义。

应当指出,任何事物都是一分为二的,有一些机械是利用构件产生的不平衡惯性力及惯性力偶矩所引起的振动来工作的,如振动筛、振实机、按摩机、蛙式打夯机、振动打桩机、振动运输机等。那么,如何合理地利用构件产生的不平衡惯性力及惯性力偶矩是这类机械应考虑的问题。

11.1.2 机械平衡的内容

组成机械或机构的构件按照运动形式可分为三种:做定轴转动的构件,做往复直线运动的构件和做一般平面运动的构件。要想达到机械的平衡,就必须平衡这三类构件的惯性力,因此机械的平衡实质是构件惯性力和惯性力偶矩的平衡。由于构件的结构及运动形式的不同,所产生的惯性力和平衡方法也不同。

1. 机械平衡的分类

(1) 转子的平衡　机械中绕固定轴线回转的构件称为转子或回转件,如砂轮、飞轮以及汽轮机、发电机、电动机、离心机等中的转子。依据平衡时是否考虑转子的弹性变形,可将转子分为刚性转子和挠性转子两类。

1) 刚性转子的平衡。在一般机械中,转子宽径比(轴向宽度 b 与其直径 d 之比)较小,刚性较好,其共振转速较高,而且通常其转速较低,一般低于 $(0.6 \sim 0.75)n_{C1}$ (其中 n_{C1} 为第一阶临界转速),在此情况下,转子产生的弹性变形很小,可忽略不计,故把这类转子称为刚性转子。这类转子的平衡问题用理论力学中的力系平衡理论处理即可得到理想结果,这类平衡问题称为刚性转子的平衡。

刚性转子中,对于轴向宽度较小的盘类构件,其质量可近似地认为是分布在与其轴线垂直的同一平面内。若这类转子的质心不在其回转轴线上,则当转子回转时便将产生离心惯性力,且所产生的离心惯性力也在该平面内,而不会形成惯性力偶矩,这类构件只需平衡其不平衡惯性力即可,这类平衡问题称为刚性转子的静平衡。

轴向尺寸较大的刚性转子,其质量的分布不能再近似地认为是位于垂直于回转轴线的同一回转面内,而应视为分布于若干个不同的回转平面内。若这类转子的质心不在其回转轴线上,则当转子回转时除将产生不平衡的惯性力外,还会产生不平衡的惯性力偶矩。这类构件不但要平衡不平衡的惯性力,还需使不平衡的惯性力偶矩达到平衡,这类平衡问题称为刚性转子的动平衡。

2) 挠性转子的平衡。机械中还有一类转子,其工作转速往往很高,一般接近其第一阶临界转速,且其质量和跨度很大,而径向尺寸相对较小,导致其共振转速降低。如汽轮机、航空涡轮发动机、电动机等中的大型转子,在工作过程中转子将会产生较大的弯曲变形,从而使其惯性力显著增大。在这种状态下工作的转子称为挠性转子。挠性转子的平衡原理是基于弹性梁的横向振动理论，由于这个问题涉及弹性动力学问题，需做专门研究，本章不做讨论。

（2）机构的平衡 若机构中含有做往复直线运动或一般平面运动的构件，其产生的惯性力和惯性力偶矩无法在构件内部平衡，必须对整个机构进行研究。由于各运动构件产生的惯性力、惯性力偶矩可合成为一个作用于机架上的总惯性力及一个总惯性力偶矩，故可设法使总惯性力与总惯性力偶矩在机架上得以完全或部分的平衡。这类平衡问题称为机构的平衡。

2. 机械平衡的方法

（1）平衡设计 机械的设计阶段，除应保证其满足工作要求及制造工艺要求外，还应在结构上采取措施，以消除或减少可能导致有害振动的不平衡惯性力与惯性力偶矩。该过程称为机械的平衡设计。

机械平衡时，如果只要求其惯性力达到平衡，则称之为静平衡；如果不仅要求其惯性力达到平衡，而且要求惯性力偶矩也达到平衡，则称之为动平衡。

静平衡仅消除了惯性力的影响，经过静平衡的转子不一定能满足动平衡的条件，在机械设计时要予以注意。

（2）平衡试验 经平衡设计的机械，尽管理论上已经达到平衡，但由于制造误差、装配误差及材质不均匀等非设计因素的影响，实际生产出来的机械往往达不到原始的设计要求，仍会产生不平衡现象。这种不平衡在设计阶段是无法确定和消除的，必须采用试验的方法予以平衡。

平衡试验也相应地分为静平衡试验和动平衡试验。对于尺寸很大且无法在实验机上进行平衡的机械，还有一些高速、高精密机械，由于运输、蠕变和工作温度过高或电磁场的影响等原因，仍会发生微小变形而造成不平衡，这时可进行现场平衡。

11.2 刚性转子的平衡计算

对于不平衡的转子，首先需根据转子的结构和质量分布等情况进行平衡计算，使所设计的转子在工作时其惯性力及惯性力偶矩在理论上达到平衡，这一过程称为转子的平衡设计或平衡计算。

11.2.1 静平衡计算

对于宽径比 $b/d \leqslant 0.2$ 的盘类构件，如齿轮、带轮、叶轮、砂轮、飞轮和盘形凸轮等，由于其轴向宽度较小，质量可近似地认为是分布在与其轴线垂直的同一平面内。若这类转子的质心不在其回转轴线上，则当转子回转时便将产生离心惯性力，因而产生不平衡现象。由于这类转子的质量可近似地认为分布在垂直于轴线的同一平面内，因而其所产生的惯性力也在该平面内，而不会形成惯性力偶矩，所以这类转子的不平衡现象称为静不平衡。

刚性转子的静平衡就是利用在刚性转子上加一平衡质量（或在相反方向减一平衡质量），使其产生的离心惯性力与原有不平衡质量所产生的离心惯性力的矢量和为零，从而使转子得以平衡。即平衡条件为

$$\boldsymbol{F}_b + \sum \boldsymbol{F}_i = 0 \tag{11.1}$$

式中,F_b 为平衡质量所产生的离心惯性力;$\sum F_i$ 为原有不平衡质量所产生的离心惯性力的合力。式(11.1)可写成

$$m_b r_b \omega^2 + \sum m_i r_i \omega^2 = 0$$

当转子以等角速度 ω 回转时,可消去 ω^2,得

$$m_b r_b + \sum m_i r_i = 0 \tag{11.2}$$

式中,m_b、m_i 分别为平衡质量以及原有各不平衡质量;r_b、r_i 分别为平衡质量以及原有各不平衡质量的矢径。

式(11.2)中质量与矢径的乘积称为质径积,用 W 表示,它相对地表达了各质量在同一转速下的离心惯性力的大小和方向。式(11.2)还可表示为

$$W_b + \sum W_i = 0$$

综上可知,刚性转子静平衡的条件是:分布于该转子回转平面内的各个偏心质量的离心惯性力(或质径积)的矢量和为零。

当刚性转子达到静平衡后,其质心位于回转轴线上。

如图 11.3a 所示的转子中,设已知三个不平衡质量的大小分别为 m_1、m_2 和 m_3,其矢径的大小分别为 r_1、r_2 和 r_3,方向如图 11.3a 所示,求应加的平衡质量 m_b 的大小和方位。

由式(11.2)得

$$m_b r_b + m_1 r_1 + m_2 r_2 + m_3 r_3 = 0$$

式中,只有平衡质量的质径积未知,其大小和方位可用图解法或解析法予以确定。

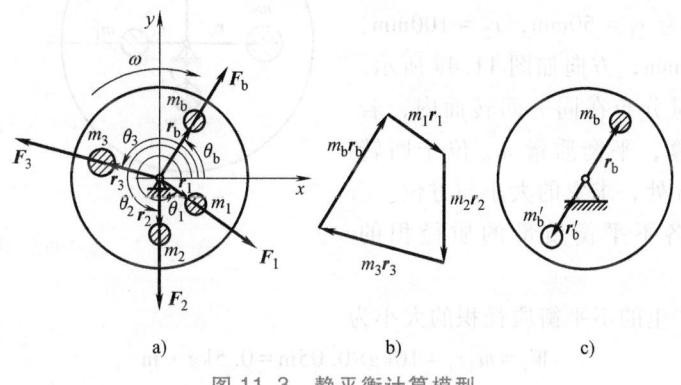

图 11.3 静平衡计算模型

(1)图解法 如图 11.3b 所示,按矢径 r_1、r_2、r_3 的方向依次绘制矢量 $m_1 r_1$、$m_2 r_2$、$m_3 r_3$,最后将 $m_3 r_3$ 的矢端与 $m_1 r_1$ 的尾部相连。这个封闭矢量即代表平衡质量的质径积 $m_b r_b$。

根据转子的结构情况选定 r_b 值之后,平衡质量 m_b 的大小就随之而定,其方位则由矢径 r_b 确定。一般规定与 x 轴正向的夹角为方位角,且从 x 轴正向沿逆时针方向计量。

为了使转子得到平衡,也可在平衡矢径 r_b 的反方向 r'_b 处去掉相应的一部分材料 m'_b,如图 11.3c 所示,只要保证 $m_b r_b + m'_b r'_b = 0$ 即可。

(2)解析法 如图 11.3a 所示建立直角坐标系 Oxy,设各个偏心质量相对直角坐标系的方位分别为 r_1、θ_1,r_2、θ_2,r_3、θ_3,设平衡质量的方位为 r_b、θ_b。

根据力系平衡方程式(11.1)可得

$$\begin{cases} F_b\cos\theta_b + F_1\cos\theta_1 + F_2\cos\theta_2 + F_3\cos\theta_3 = 0 \\ F_b\sin\theta_b + F_1\sin\theta_1 + F_2\sin\theta_2 + F_3\sin\theta_3 = 0 \end{cases} \quad (11.3)$$

式 (11.3) 可写成

$$\begin{cases} m_b r_b\cos\theta_b + m_1 r_1\cos\theta_1 + m_2 r_2\cos\theta_2 + m_3 r_3\cos\theta_3 = 0 \\ m_b r_b\sin\theta_b + m_1 r_1\sin\theta_1 + m_2 r_2\sin\theta_2 + m_3 r_3\sin\theta_3 = 0 \end{cases} \quad (11.4)$$

解此方程，可求出应加的平衡质量的质径积 $m_b \boldsymbol{r}_b$ 的大小为

$$m_b r_b = \sqrt{\left(-\sum_{i=1}^{3} m_i r_i\cos\theta_i\right)^2 + \left(-\sum_{i=1}^{3} m_i r_i\sin\theta_i\right)^2} \quad (11.5)$$

根据转子的结构情况选定 r_b 的值之后，平衡质量 m_b 的大小即可确定。

平衡质量所在方位角 θ_b 为

$$\theta_b = \arctan\left[\dfrac{-\sum_{i=1}^{3} m_i r_i\sin\theta_i}{-\sum_{i=1}^{3} m_i r_i\cos\theta_i}\right] \quad (11.6)$$

根据式中分子分母的正负号可确定方位角所在的象限。

例 11.1 如图 11.4a 所示的盘形回转件上有 4 个偏心质量，已知各偏心质量分别为 $m_1 = 10\text{kg}$，$m_2 = 14\text{kg}$，$m_3 = 16\text{kg}$，$m_4 = 10\text{kg}$。矢径的大小分别为 $r_1 = 50\text{mm}$，$r_2 = 100\text{mm}$，$r_3 = 75\text{mm}$，$r_4 = 50\text{mm}$，方向如图 11.4a 所示。设所有不平衡质量分布在同一回转面内，若对转子进行静平衡，平衡质量 m_b 位于回转件半径 $r_b = 100\text{mm}$ 处，求它的大小与方位。

解：先求出各不平衡质量的质径积的大小。

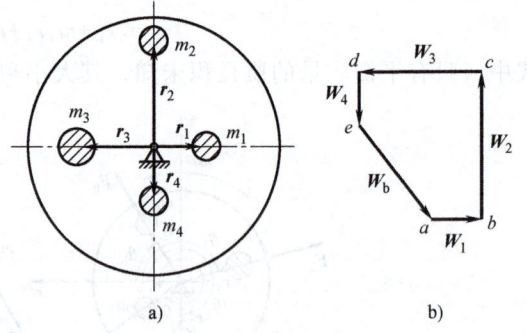

图 11.4 静平衡计算实例

偏心质量 1 产生的不平衡质径积的大小为

$$W_1 = m_1 r_1 = 10\text{kg} \times 0.05\text{m} = 0.5\text{kg}\cdot\text{m}$$

偏心质量 2 产生的不平衡质径积的大小为

$$W_2 = m_2 r_2 = 14\text{kg} \times 0.1\text{m} = 1.4\text{kg}\cdot\text{m}$$

偏心质量 3 产生的不平衡质径积的大小为

$$W_3 = m_3 r_3 = 16\text{kg} \times 0.075\text{m} = 1.2\text{kg}\cdot\text{m}$$

偏心质量 4 产生的不平衡质径积的大小为

$$W_4 = m_4 r_4 = 10\text{kg} \times 0.05\text{m} = 0.5\text{kg}\cdot\text{m}$$

其方向同各自的矢径方向。由静平衡条件得

$$m_b \boldsymbol{r}_b + m_1 \boldsymbol{r}_1 + m_2 \boldsymbol{r}_2 + m_3 \boldsymbol{r}_3 + m_4 \boldsymbol{r}_4 = 0$$

用图解法求解，取 $\mu_W(\text{kg}\cdot\text{m/mm})$，如图 11.4b 所示。由图 11.4b 量得 $\overline{ea}$，由此可得平衡质径积的大小为 $m_b r_b = \overline{ea}\cdot\mu_W = 1.14\text{kg}\cdot\text{m}$，由 $r_b = 100\text{mm}$，可计算得到应加的平衡质量为 $m_b = m_b r_b / r_b = 1.14\text{kg}\cdot\text{m}/0.1\text{m} = 11.4\text{kg}$，方位角为 $308°$。

由此可见，对于静不平衡的转子，不论它有多少个偏心质量，只需在同一平衡面内增加或除去一个平衡质量即可获得平衡，故工业上也称为单面平衡。

如图 11.5 所示的单缸内燃机曲轴的平衡，由于对称的中分面是连杆的运动平面，在这个平面内无法安装或去除平衡质量。只能在其两边的回转面内各加 1 个平衡质量，以达到平衡的目的。

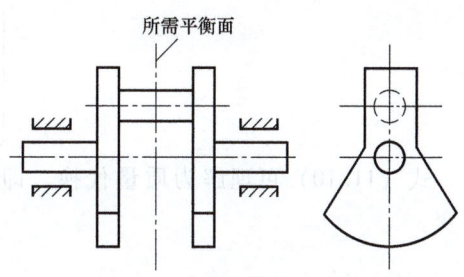

图 11.5　单缸内燃机曲轴

根据理论力学中一个力可以分解为与其相平行的两个分力的原理，在对称的中分面内需加的平衡质量所产生的离心惯性力就可以分解为与该平面平行的两个平面内且与原离心惯性力平行的两个离心惯性力。

推广到一般情形。设在所需平衡面内加的平衡质量为 m_b，矢径为 r_b，所产生的离心惯性力为 F_b。设在与所需平衡面平行的两个平面 T' 和 T'' 内实际所加的平衡质量分别为 m_b' 和 m_b''，矢径分别为 r_b' 和 r_b''，所产生的离心惯性力分别为 F_b' 和 F_b''，T' 和 T'' 与所需平衡面的距离分别为 l' 和 l''，如图 11.6 所示。由于 F_b、F_b' 和 F_b'' 平行，且 F_b' 和 F_b'' 为 F_b 的分力，则有

$$F_b = F_b' + F_b'' \tag{11.7}$$

以及

$$\begin{cases} F_b' = \dfrac{l''}{l} F_b \\ F_b'' = \dfrac{l'}{l} F_b \end{cases} \tag{11.8}$$

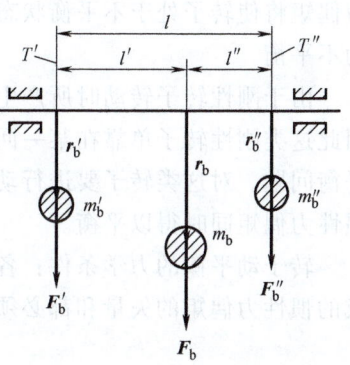

图 11.6　平行力的合成与分解

式（11.8）说明，在所需平衡面内加的平衡质量 m_b 所产生的离心惯性力 F_b，完全可以用分解到与该平面平行的两平面 T'、T'' 内的 F_b' 和 F_b'' 代替，它们的平衡效果是一样的。

以上结论同样适用于不平衡质量所产生的离心惯性力。即在与回转轴线垂直的平面内的不平衡质量所产生的离心惯性力，可以用分解到与该平面平行的两平面 T'、T'' 内的两个不平衡离心惯性力代替，它们的不平衡效果是一样的。以上离心惯性力的等效替换也称为惯性力分解法。

式（11.7）还可以写为

$$m_b r_b \omega^2 = m_b' r_b' \omega^2 + m_b'' r_b'' \omega^2$$

由于离心力与 ω^2 成正比，因此上述离心惯性力的等效替代条件可用质径积等效的条件表示，即质径积 $m_b' r_b'$ 和 $m_b'' r_b''$ 的合矢量等于 $m_b r_b$。

根据平行矢量的分解或合成方法，得

$$\begin{cases} m_b' r_b' = \dfrac{l''}{l} m_b r_b \\ m_b'' r_b'' = \dfrac{l'}{l} m_b r_b \end{cases} \tag{11.9}$$

若 $r_b' = r_b'' = r_b$，则式（11.9）变为

$$\begin{cases} m'_b = \dfrac{l''}{l} m_b \\ m''_b = \dfrac{l'}{l} m_b \end{cases} \qquad (11.10)$$

式（11.10）可理解为质量代换。即用质量 m'_b 和 m''_b 代换原质量 m_b 后，其平衡效果不变。

11.2.2 动平衡计算

对于宽径比 $b/d>0.2$ 的刚性转子，如多缸发动机曲轴、电动机转子、汽轮机转子以及机床主轴等，由于其轴向尺寸较大，其质量的分布不能再近似地认为是位于同一回转面内，而应视为分布于若干个不同的回转平面内。这时，即使转子的质心位于其回转轴线上，满足静平衡的条件，但由于各偏心质量所产生的离心惯性力不在同一回转平面内，所形成的惯性力偶矩将使转子处于不平衡状态。这种不平衡现象只有在转子运转时方能显示出来，故称为动不平衡。

由于刚性转子转动时所产生的离心惯性力系不再是一个平面汇交力系，而是空间力系。因此这类刚性转子单靠在某一回转面加一平衡质量来达到静平衡的方法不能解决转动时的不平衡问题。对这类转子要进行动平衡设计，必须使转子在运转时各偏心质量产生的惯性力和惯性力偶矩同时得以平衡。

转子动平衡的力学条件：各偏心质量所产生的离心惯性力的矢量和以及这些惯性力所构成的惯性力偶矩的矢量和都必须为零，即

$$\sum \boldsymbol{F} = 0, \quad \sum \boldsymbol{M} = 0 \qquad (11.11)$$

如图 11.7a 所示的转子中，设已知偏心质量 m_1、m_2、m_3 分别位于垂直于轴线的三个平行的回转平面 1、2、3 内，它们的矢径分别为 r_1、r_2、r_3。当此转子以等角速度 ω 回转时，这些偏心质量所产生的离心惯性力 $\boldsymbol{F}_1$、$\boldsymbol{F}_2$、$\boldsymbol{F}_3$ 将形成一空间力系。为了使该空间力系得以平衡，根据转子的结构情况，选定两个平衡基面 T' 和 T''，设 T' 与 T'' 相距 l，平面 1、2、3 到平面 T' 和 T'' 的距离分别为 l'_1 和 l''_1，l'_2 和 l''_2，l'_3 和 l''_3。

由式（11.10）可知，分布在平面 1、2、3 上的偏心质量 m_1、m_2、m_3，完全可以用平衡基面 T'、T'' 上的 m'_1 和 m''_1，m'_2 和 m''_2，m'_3 和 m''_3 代替，它们的不平衡效果是一样的。其中

$$\begin{cases} m'_i = \dfrac{l''_i}{l} m_i \\ m''_i = \dfrac{l'_i}{l} m_i \end{cases} \quad (i=1,2,3)$$

式中，m'_i 和 m''_i 的矢径 r'_i 和 r''_i 满足 $r'_i = r''_i = r_i$（$i=1,2,3$）。平衡基面 T'、T'' 内由 m'_1、m'_2、m'_3 和 m''_1、m''_2、m''_3 所产生的离心惯性力分别为

$$\boldsymbol{F}'_1 = m'_1 \boldsymbol{r}_1 \omega^2$$
$$\boldsymbol{F}'_2 = m'_2 \boldsymbol{r}_2 \omega^2$$
$$\boldsymbol{F}'_3 = m'_3 \boldsymbol{r}_3 \omega^2$$
$$\boldsymbol{F}''_1 = m''_1 \boldsymbol{r}_1 \omega^2$$

$$F_2'' = m_2'' r_2 \omega^2$$
$$F_3'' = m_3'' r_3 \omega^2$$

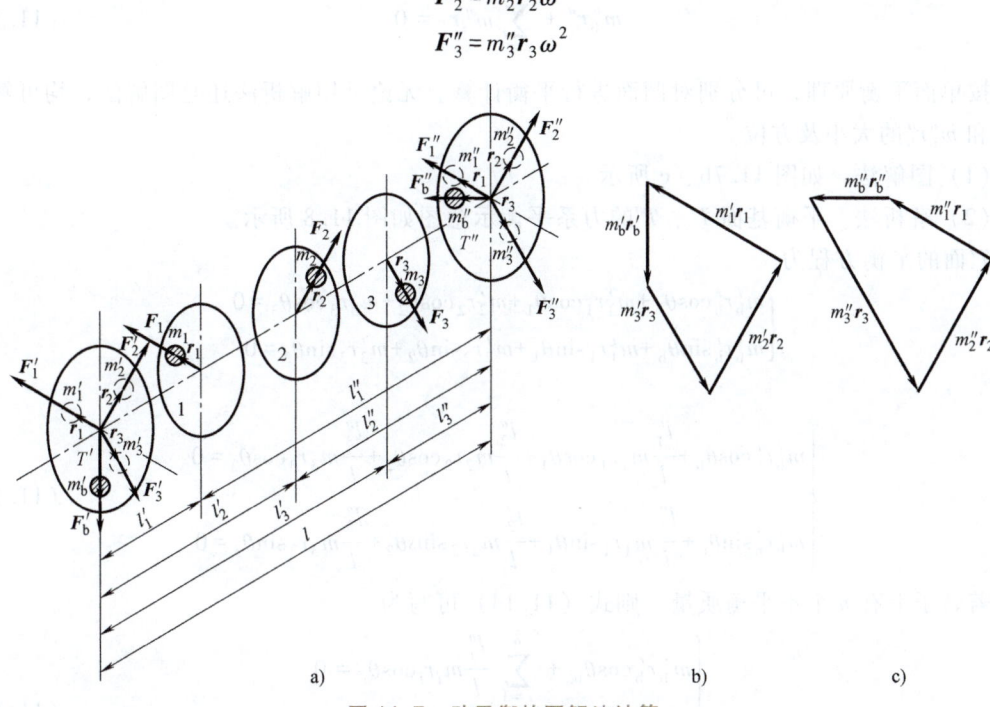

图 11.7 动平衡的图解法计算

这样就把空间力系的平衡问题转化为两个平衡基面内的汇交力系的平衡问题。在平衡基面 T' 内加上（或减去）平衡质量 m_b'，产生离心惯性力 F_b'，使平衡基面 T' 内离心惯性力（或质径积）的矢量和为零。则在平衡基面 T' 内有

$$F_b' + F_1' + F_2' + F_3' = 0$$

或

$$m_b' r_b' + m_1' r_1 + m_2' r_2 + m_3' r_3 = 0$$

若转子上有 n 个不平衡质量，则以上两式可写为

$$F_b' + \sum_{i=1}^n F_i' = 0$$

或

$$m_b' r_b' + \sum_{i=1}^n m_i' r_i = 0 \qquad (11.12)$$

同理，在平衡基面 T'' 内有

$$F_b'' + F_1'' + F_2'' + F_3'' = 0$$

或

$$m_b'' r_b'' + m_1'' r_1 + m_2'' r_2 + m_3'' r_3 = 0$$

若转子上有 n 个不平衡质量，则以上两式可写为

$$F_b'' + \sum_{i=1}^n F_i'' = 0$$

或

$$m''_b r''_b + \sum_{i=1}^{n} m''_i r_i = 0 \quad (11.13)$$

按单面平衡原理,可分别对两面进行平衡计算。无论是用解析法还是图解法,均可解出 $m'_b r'_b$ 和 $m''_b r''_b$ 的大小及方位。

(1) 图解法 如图 11.7b、c 所示。

(2) 解析法 平衡基面 T'、T'' 的力系平衡示意图如图 11.8 所示。

T' 面的平衡方程为

$$\begin{cases} m'_b r'_b \cos\theta_b + m'_1 r_1 \cos\theta_1 + m'_2 r_2 \cos\theta_2 + m'_3 r_3 \cos\theta_3 = 0 \\ m'_b r'_b \sin\theta_b + m'_1 r_1 \sin\theta_1 + m'_2 r_2 \sin\theta_2 + m'_3 r_3 \sin\theta_3 = 0 \end{cases}$$

即

$$\begin{cases} m'_b r'_b \cos\theta_b + \dfrac{l''_1}{l} m_1 r_1 \cos\theta_1 + \dfrac{l''_2}{l} m_2 r_2 \cos\theta_2 + \dfrac{l''_3}{l} m_3 r_3 \cos\theta_3 = 0 \\ m'_b r'_b \sin\theta_b + \dfrac{l''_1}{l} m_1 r_1 \sin\theta_1 + \dfrac{l''_2}{l} m_2 r_2 \sin\theta_2 + \dfrac{l''_3}{l} m_3 r_3 \sin\theta_3 = 0 \end{cases} \quad (11.14)$$

若转子上有 n 个不平衡质量,则式(11.14)可写为

$$\begin{cases} m'_b r'_b \cos\theta_b + \sum_{i=1}^{n} \dfrac{l''_i}{l} m_i r_i \cos\theta_i = 0 \\ m'_b r'_b \sin\theta_b + \sum_{i=1}^{n} \dfrac{l''_i}{l} m_i r_i \sin\theta_i = 0 \end{cases} \quad (11.15)$$

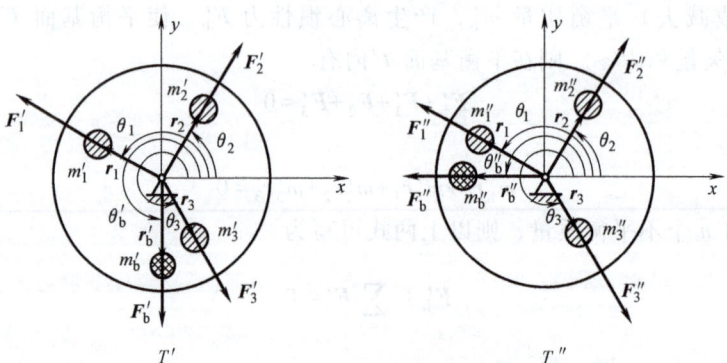

图 11.8 动平衡的解析法计算

于是,可求出 T' 面内应加平衡质量的质径积的大小和方位角分别为

$$m'_b r'_b = \sqrt{\left(-\sum_{i=1}^{n} \dfrac{l''_i}{l} m_i r_i \cos\theta_i\right)^2 + \left(-\sum_{i=1}^{n} \dfrac{l''_i}{l} m_i r_i \sin\theta_i\right)^2} \quad (11.16)$$

$$\theta'_b = \arctan \dfrac{-\sum_{i=1}^{n} \dfrac{l''_i}{l} m_i r_i \sin\theta_i}{-\sum_{i=1}^{n} \dfrac{l''_i}{l} m_i r_i \cos\theta_i} \quad (11.17)$$

同理,T'' 面的平衡方程为

$$\begin{cases} m''_b r''_b \cos\theta_b + m''_1 r_1 \cos\theta_1 + m''_2 r_2 \cos\theta_2 + m''_3 r_3 \cos\theta_3 = 0 \\ m''_b r''_b \sin\theta_b + m''_1 r_1 \sin\theta_1 + m''_2 r_2 \sin\theta_2 + m''_3 r_3 \sin\theta_3 = 0 \end{cases}$$

即

$$\begin{cases} m''_b r''_b \cos\theta_b + \dfrac{l'_1}{l} m_1 r_1 \cos\theta_1 + \dfrac{l'_2}{l} m_2 r_2 \cos\theta_2 + \dfrac{l'_3}{l} m_3 r_3 \cos\theta_3 = 0 \\ m''_b r''_b \sin\theta_b + \dfrac{l'_1}{l} m_1 r_1 \sin\theta_1 + \dfrac{l'_2}{l} m_2 r_2 \sin\theta_2 + \dfrac{l'_3}{l} m_3 r_3 \sin\theta_3 = 0 \end{cases} \quad (11.18)$$

若转子上有 n 个不平衡质量，则式（11.18）可写为

$$\begin{cases} m''_b r''_b \cos\theta_b + \sum_{i=1}^{n} \dfrac{l'_i}{l} m_i r_i \cos\theta_i = 0 \\ m''_b r''_b \sin\theta_b + \sum_{i=1}^{n} \dfrac{l'_i}{l} m_i r_i \sin\theta_i = 0 \end{cases} \quad (11.19)$$

于是，可求出 T'' 面内应加平衡质量的质径积的大小和方位角分别为

$$m''_b r''_b = \sqrt{\left(-\sum_{i=1}^{n} \dfrac{l'_i}{l} m_i r_i \cos\theta_i\right)^2 + \left(-\sum_{i=1}^{n} \dfrac{l'_i}{l} m_i r_i \sin\theta_i\right)^2} \quad (11.20)$$

$$\theta''_b = \arctan\left[\dfrac{-\sum_{i=1}^{n} \dfrac{l'_i}{l} m_i r_i \sin\theta_i}{-\sum_{i=1}^{n} \dfrac{l'_i}{l} m_i r_i \cos\theta_i}\right] \quad (11.21)$$

例 11.2 如图 11.9a 所示，某转子上有 4 个偏心质量，$m_1 = m_2 = m_3 = m_4 = 1\text{kg}$，若已知 $r_1 = r_2 = r_3 = r_4 = 100\text{mm}$，$a = 80\text{mm}$，$b = 50\text{mm}$，$c = 110\text{mm}$，$d = 50\text{mm}$，$e = 40\text{mm}$。试分析应如何才能使转子得到平衡？

解： 1）由于转子的各偏心质量所产生的离心惯性力不在同一回转面内，所以它是动不平衡转子。为使其达到平衡，必须选择两个平衡基面，并在两个平衡基面内分别加上（或去掉）平衡质量，以达到惯性力和惯性力偶矩的完全平衡。考虑结构原因，现取 T'、T'' 平面为平衡基面，如图所示。T'、T'' 距两支承的距离为 $f = g = 30\text{mm}$，且平衡质量的质心至回转轴线的距离为 $r'_b = r''_b = 100\text{mm}$。

2）将各偏心质量等效代换到平衡基面 T'、T'' 内，得

$$m'_1 = \dfrac{l''_1}{l} m_1 = \dfrac{b+c+d-g}{a+b+c+d-f-g} \quad m_1 = \dfrac{50+110+50-30}{80+50+110+50-30-30} \times 1\text{kg} = 0.783\text{kg}$$

$$m''_1 = m_1 - m'_1 = (1-0.783)\text{kg} = 0.217\text{kg}$$

$$m'_2 = \dfrac{l''_2}{l} m_2 = \dfrac{d-g}{a+b+c+d-f-g} \quad m_2 = \dfrac{50-30}{80+50+110+50-30-30} \times 1\text{kg} = 0.087\text{kg}$$

$$m''_2 = m_2 - m'_2 = (1-0.087)\text{kg} = 0.913\text{kg}$$

$$m'_3 = \dfrac{l''_3}{l} m_3 = \dfrac{c+d-g}{a+b+c+d-f-g} \quad m_3 = \dfrac{110+50-30}{80+50+110+50-30-30} \times 1\text{kg} = 0.565\text{kg}$$

$$m''_3 = m_3 - m'_3 = (1-0.565)\text{kg} = 0.435\text{kg}$$

$$m'_4 = \dfrac{l''_4}{l} m_4 = \dfrac{e+g}{a+b+c+d-f-g} \quad m_4 = \dfrac{40+30}{80+50+110+50-30-30} \times 1\text{kg} = 0.304\text{kg}$$

$$m_4'' = m_4 - m_4' = (1+0.304)\text{kg} = 1.304\text{kg}$$

它们的方位如图 11.9b 所示。

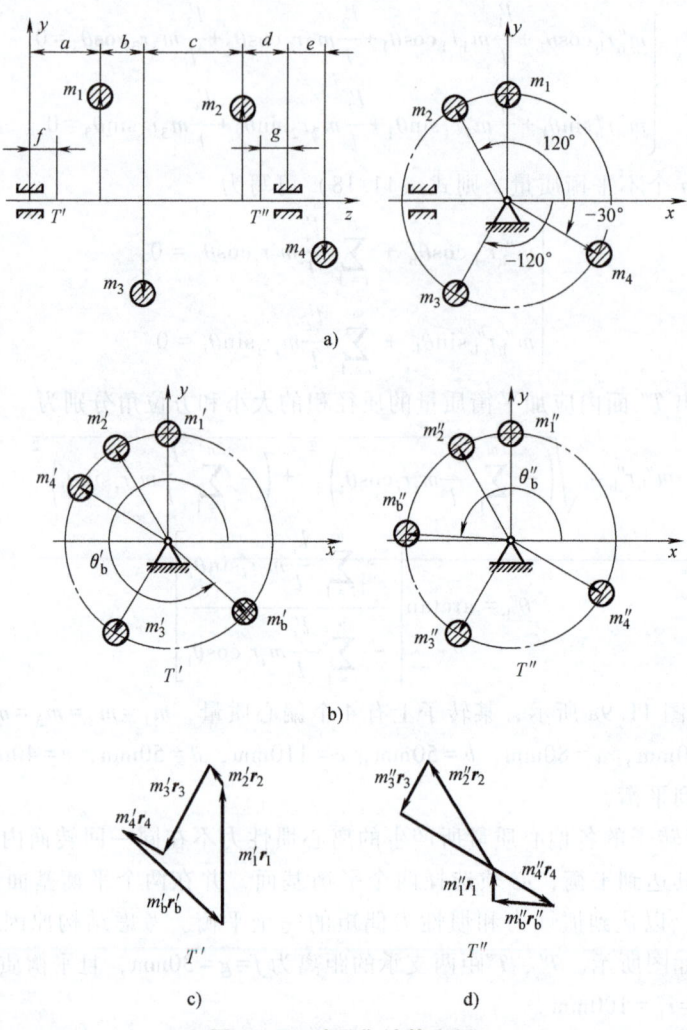

图 11.9 动平衡计算实例

3) 计算 T'、T'' 面内各偏心质量的质径积。

T' 面内

$$W_1' = m_1' r_1 = 0.783\text{kg} \times 0.1\text{m} = 0.0783\text{kg} \cdot \text{m}$$
$$W_2' = m_2' r_2 = 0.087\text{kg} \times 0.1\text{m} = 0.0087\text{kg} \cdot \text{m}$$
$$W_3' = m_3' r_3 = 0.565\text{kg} \times 0.1\text{m} = 0.0565\text{kg} \cdot \text{m}$$
$$W_4' = m_4' r_4 = 0.304\text{kg} \times 0.1\text{m} = 0.0304\text{kg} \cdot \text{m}$$

T'' 面内

$$W_1'' = m_1'' r_1 = 0.217\text{kg} \times 0.1\text{m} = 0.0217\text{kg} \cdot \text{m}$$
$$W_2'' = m_2'' r_2 = 0.913\text{kg} \times 0.1\text{m} = 0.0913\text{kg} \cdot \text{m}$$
$$W_3'' = m_3'' r_3 = 0.435\text{kg} \times 0.1\text{m} = 0.0435\text{kg} \cdot \text{m}$$
$$W_4'' = m_4'' r_4 = 1.304\text{kg} \times 0.1\text{m} = 0.1304\text{kg} \cdot \text{m}$$

4) 确定 T'、T'' 面内平衡质量的大小和方位。

① 图解法。由式（11.12）可得平衡基面 T' 内的平衡方程为
$$m'_b\bm{r}'_b + m'_1\bm{r}_1 + m'_2\bm{r}_2 + m'_3\bm{r}_3 + m'_4\bm{r}_4 = 0$$

取比例尺 $\mu_W = 0.003\text{kg}\cdot\text{m/mm}$，绘制矢量图如图 11.9c 所示，由图可得
$$m'_b r'_b = 26\text{mm} \times 0.003\text{kg}\cdot\text{m/mm} = 0.08\text{kg}\cdot\text{m}$$

$$m'_b = \frac{0.08\text{kg}\cdot\text{m}}{0.1\text{m}} = 0.8\text{kg}$$

方位：与 x 轴夹角为 $318°$。

同理，由式（11.13）可得平衡基面 T'' 内的平衡方程为
$$m''_b\bm{r}''_b + m''_1\bm{r}_1 + m''_2\bm{r}_2 + m''_3\bm{r}_3 + m''_4\bm{r}_4 = 0$$

取比例尺 $\mu_W = 0.003\text{kg}\cdot\text{m/mm}$，绘制矢量图如图 11.9d 所示，由图可得
$$m''_b r''_b = 16.5\text{mm} \times 0.003\text{kg}\cdot\text{m/mm} = 0.05\text{kg}\cdot\text{m}$$

$$m''_b = \frac{0.05\text{kg}\cdot\text{m}}{0.1\text{m}} = 0.5\text{kg}$$

方位：与 x 轴夹角为 $173°$。

② 解析法。由式（11.14）可得 T' 面的平衡方程为
$$\begin{cases} m'_b r'_b \cos\theta_b + m'_1 r_1 \cos\theta_1 + m'_2 r_2 \cos\theta_2 + m'_3 r_3 \cos\theta_3 + m'_4 r_4 \cos\theta_4 = 0 \\ m'_b r'_b \sin\theta_b + m'_1 r_1 \sin\theta_1 + m'_2 r_2 \sin\theta_2 + m'_3 r_3 \sin\theta_3 + m'_4 r_4 \sin\theta_4 = 0 \end{cases}$$

于是，可求出 T' 面内应加平衡质量的质径积为
$$m'_b r'_b = \sqrt{\left(\sum_{i=1}^{4} m'_i r_i \cos\theta_i\right)^2 + \left(\sum_{i=1}^{4} m'_i r_i \sin\theta_i\right)^2} = \sqrt{\left(\sum_{i=1}^{4} W'_i \cos\theta_i\right)^2 + \left(\sum_{i=1}^{4} W'_i \sin\theta_i\right)^2}$$
$$= \sqrt{[(-0.0087-0.0565)\times 0.5 - 0.0304\times 0.866]^2 + [0.0783 + (0.0087-0.0565)\times 0.866 + 0.0304\times 0.5]^2}\text{kg}\cdot\text{m}$$
$$= 0.0787\text{kg}\cdot\text{m}$$

平衡基面 T' 内的平衡质量为
$$m'_b = \frac{0.0787\text{kg}\cdot\text{m}}{0.1\text{m}} = 0.787\text{kg}$$

方位角为
$$\theta'_b = \arctan\frac{-\sum_{i=1}^{4} W'_i \sin\theta_i}{-\sum_{i=1}^{4} W'_i \cos\theta_i} = \arctan\frac{0.0783 + (0.0087 - 0.0565)\times 0.866 + 0.0304\times 0.5}{(-0.0087 - 0.0565)\times 0.5 - 0.0304\times 0.866} = 318.52°$$

同理，可求出 T'' 面内应加平衡质量的质径积为
$$m''_b r''_b = \sqrt{\left(\sum_{i=1}^{4} m''_i r_i \cos\theta_i\right)^2 + \left(\sum_{i=1}^{4} m''_i r_i \sin\theta_i\right)^2} = \sqrt{\left(\sum_{i=1}^{4} W''_i \cos\theta_i\right)^2 + \left(\sum_{i=1}^{4} W''_i \sin\theta_i\right)^2}$$
$$= \sqrt{[(-0.0913-0.0435)\times 0.5 - 0.1304\times 0.866]^2 + [0.0217 + (0.0913-0.0435)\times 0.866 + 0.1304\times 0.5]^2}\text{kg}\cdot\text{m}$$
$$= 0.0456\text{kg}\cdot\text{m}$$

平衡基面 T'' 内的平衡质量为
$$m''_b = \frac{0.0456\text{kg}\cdot\text{m}}{0.1\text{m}} = 0.456\text{kg}$$

方位角为

$$\theta_b'' = \arctan \frac{-\sum_{i=1}^{4} W_i'' \sin\theta_i}{-\sum_{i=1}^{4} W_i'' \cos\theta_i} = \arctan \frac{0.0217 + (0.0913 - 0.0435) \times 0.866 + 0.1304 \times 0.5}{(-0.0913 - 0.0435) \times 0.5 - 0.1304 \times 0.866}$$

$$= 177.39°$$

由以上分析知，对于任何动不平衡的刚性转子，无论其具有多少个不平衡质量，以及分布于多少个回转平面内，都只需在选定的两个垂直于回转轴线的平衡基面内分别增加或减去一个适当的平衡质量，即可得到平衡，故动平衡在工业上也称为双面平衡。

11.3 刚性转子的平衡试验

静、动平衡计算是针对结构上的不平衡而进行的，经平衡设计的刚性转子理论上是完全平衡的，但由于制造误差、安装误差以及材质不均匀等原因，实际生产出来的转子在运转的过程中还可能出现不平衡现象。这种不平衡在设计阶段是无法用计算的方法得以解决和消除的，需要利用试验的方法对其做进一步的平衡。所谓平衡试验，是用试验的方法确定出转子的不平衡量的大小和方位，然后利用增加或除去平衡质量的方法予以平衡。根据回转件质量分布的特点，平衡试验也相应地分为静平衡试验和动平衡试验两种。

11.3.1 静平衡试验

对于宽径比 $b/d \leqslant 0.2$ 的刚性转子，由于其质量可近似地认为是分布在与其回转轴线垂直的同一平面内，可进行静平衡试验。静平衡试验一般在静平衡试验仪上进行。常用的静平衡试验仪如图 11.10 所示，称为导轨式静平衡试验仪，其主要部分为水平安装的两条相互平行的钢制导轨。

试验时，将一个具有偏心质量的圆盘状转子的轴颈置于静平衡试验仪导轨上，由于转子的偏心质量对其回转中心会产生一个重力矩作用，使转子在导轨上滚动，直至质心落在轴线的铅垂下方时转子才停止滚动，因为此时重力矩为零。

图 11.10 导轨式静平衡试验仪

为了使转子平衡，待转子停止滚动后，可在过转子轴心的铅垂线上方试加一个平衡质量，再重复试验，逐步调整所加平衡质量的大小及位置，直至将转子以不同的位置放在导轨上都能保持静止时，说明质心已落到轴线上，转子就达到了静平衡。这时所加平衡质量与其回转半径的乘积即为该回转件达到静平衡所需增加平衡质量的质径积的大小。根据实际情况也可在径向相反位置按同等大小的质径积去掉质量使回转件达到静平衡。

导轨式静平衡试验仪简单可靠，能达到较高的平衡精度，故目前仍被广泛采用。其缺点是安装时必须使两导轨相互平行而且在同一水平面内，故安装和调整较麻烦。

如图 11.11 所示为滚轮式（或滚盘式）静平衡试验仪，被平衡回转件的轴放置于由两个圆盘组成的支承上，圆盘可绕其几何中心转动，因此回转件可以自由转动。试验程序与导轨式静平衡试验仪相同。滚动式静平衡仪的安装和调整较简单，且其一端的支承高度可做成可调的，故能平衡两端轴径不等的回转件。但由于其摩擦面间的摩擦力较导轨式的大，所以精度不如导轨式静平衡仪。

11.3.2 动平衡试验

对于宽径比 $b/d > 0.2$ 的刚性转子，以及有特殊要求的重要回转件必须进行动平衡试验。

转子的动平衡试验一般需在专用的动平衡机上进行。转子不平衡而产生的离心惯性力和惯性力偶矩，将使转子的支承产生强迫振动，转子支承处振动的强弱反映了转子不平衡量的大小。各类动平衡机的工作原理都通过测量转子支承处的振动强度和相位来测定转子不平衡量的大小与方位。转子的平衡试验包括不平衡量的测量和校正两个步骤，动平衡机通常主要用于不平衡量的测量，而不平衡量的校正则往往借助于钻床、铣床和点焊机等其他辅助设备，或用手工方法完成。有些动平衡机已将校正装置做成机器的一个部分。现代的动平衡机大多采用光电测量技术测定转子不平衡量的大小和方位。

图 11.11 滚轮式静平衡试验仪

动平衡机按支承特性不同，又可分为软支承动平衡机和硬支承动平衡机。支承刚度小的称为软支承动平衡机，这种动平衡机的平衡转速频率高于转子-支承系统固有频率，传感器检测出的信号与支承的振动位移成正比。支承刚度大的称为硬支承动平衡机，这种平衡机的平衡转速的频率低于转子-支承系统固有频率，传感器检测出的信号与支承的振动力成正比。图 11.12 所示为一种软支承式电测动平衡机工作原理示意图。它由驱动系统、试件的支承系统和不平衡量的测量指示系统三个主要部分组成。

驱动系统常采用变速电动机 1，经过一级带传动 2，借助万向联轴器 3 来驱动试件（转子）4。试件的支承系统是由支承座和弹簧 5 组成的一个弹性系统。试件旋转后产生的不平衡惯性力使支承振动，支承系统能保证支承按一定方向振动，以便传感器 6、7 拾取振动信号。振动信号经传感器输入测量装置中的解算电路 8，经解算电路 8 处理后把振动信号解算得到的不平衡质径积的大小，经放大器 9 放大后再指示在表头 10 上。而不平衡量引起的振动相位信号，则与光电头 11 采集的基准信号同时输入鉴相器 12 中进行比较处理，然后在表头 13 中指示出此不平衡质径积的相位。

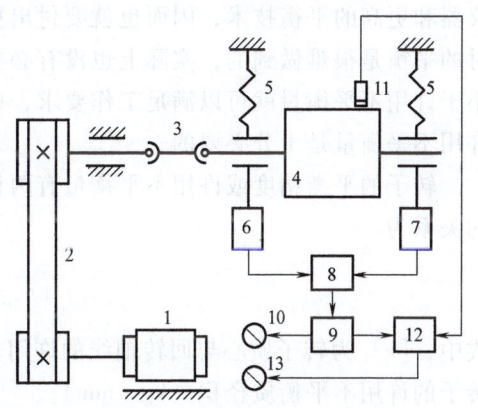

图 11.12 动平衡机工作原理示意图
1—变速电动机 2—一级带传动 3—万向联轴器
4—试件（转子） 5—弹簧 6、7—传感器
8—解算电路 9—放大器 10、13—表头
11—光电头 12—鉴相器

这类动平衡机灵敏度较高，能使试件达到相当高的平衡精度。它通常用于中小型转子的动平衡试验。

随着科技水平的不断发展，动平衡试验设备也在不断发展，目前比较先进的动平衡试验机是激光动平衡试验机。将一个动不平衡转子放到激光动平衡试验机上，就会自动显示转子不平衡量的大小和方位以及需要减去平衡质量的大小和方位，并且能够通过激光在一些非工作面上直接去除平衡质量，使转子达到动平衡。

11.3.3 现场平衡

对于尺寸很大的转子，如航空发动机转子、汽轮机转子和长江三峡大坝发电机组转子等，在试验机上进行平衡是很困难的。另外，有些高速转子和工作精度要求很高的转子，虽然在制造期间已经做过平衡试验并达到良好的平衡状态，但由于运输、蠕变和工作温度过高或电磁场的影响等原因，仍会发生微小变形而造成不平衡。在这些情况下，一般可进行现场平衡。现场平衡就是通过直接测量机器中转子支架的振动，来确定转子不平衡量的大小和方位，进而确定应增加或去除平衡质量的大小和方位，从而使转子得以平衡。

11.4 转子的许用不平衡量

经过平衡计算和平衡试验增加（或去除）了相应的平衡质量的转子，由于试验设备和测试技术不可能绝对准确，所以平衡只是相对的，而不平衡是绝对的。但只要不平衡量满足设计要求，就认为它是平衡的。也就是说，经过平衡计算和平衡试验后还会有一些残余的不平衡量。而要减小这些残存的不平衡量，就需要使用更精密的平衡试验设备、更先进的测试仪器和更高的平衡技术，因而也就要付出更高的平衡费用，从而使转子的成本增加。由于绝对的平衡是很难做到的，实际上也没有必要做到转子的完全平衡，只要转子的残余不平衡量小于许用不平衡量就可以满足工作要求，所以根据转子的工作要求规定其合适的平衡精度或许用不平衡量是十分必要的。

转子的平衡精度或许用不平衡量有两种表示方法：许用质径积法和许用偏心距法，两者的关系为

$$[e] = \frac{[mr] \times 1000}{m} \tag{11.22}$$

式中，$[e]$ 为转子质心与回转轴线的许用偏心距（μm）；m 为转子的质量（kg）；$[mr]$ 为转子的许用不平衡质径积（kg·mm）。

质径积是与转子质量有关的相对量。通常，对于具体给定的转子，用许用不平衡质径积法较好，因为它直观、方便，便于平衡操作，缺点是不能反映转子和平衡机的平衡精度。而偏心距是一个与转子质量无关的绝对量，为了便于直接比较，在衡量转子平衡的优劣程度或衡量平衡的检测精度时，用许用偏心距法较好。

由于转子不平衡所产生的动力效应不仅与偏心距有关，还与转子的工作转速有关。所以工程上常用 $[e]\omega$ 值来描述刚性转子的平衡精度，其表达式为

$$A = \frac{[e]\omega}{1000} \tag{11.23}$$

式中，A 为转子的平衡精度（mm/s）；ω 为转子转动的角速度（rad/s）。

关于转子的许用不平衡量，目前我国尚未制定统一的标准。表 11.1 为国际标准化组织（ISO）制定的《刚性转子平衡精度标准》中给出的各种典型转子的平衡精度等级与对应的许用不平衡量，表中数值越小，平衡精度越高。

表 11.1 各种类型刚性回转件的平衡精度

平衡等级 G	平衡精度 A/ (mm/s)	典型转子举例
G4000	4000	刚性安装的具有奇数气缸的低速船用柴油机曲轴驱动装置
G1600	1600	刚性安装的大型二冲程发动机曲轴驱动装置
G630	630	刚性安装的大型四冲程发动机曲轴驱动装置，弹性安装的船用柴油机曲轴驱动装置
G250	250	刚性安装的高速四缸柴油机曲轴驱动装置
G100	100	六缸和六缸以上高速柴油机曲轴驱动装置，汽车和机车的发动机整机
G40	40	汽车车轮、轮辋、车轮总成、驱动轴；弹性安装的六缸和六缸以上高速四冲程发动机曲轴驱动装置；汽车和摩托车的发动机曲轴驱动装置
G16	16	特殊要求的驱动轴（螺旋桨轴、万向联轴器轴），破碎机械和农业机械的零部件，汽车和摩托车用发动机特殊零部件；特殊要求的六缸和六缸以上发动机的曲轴驱动装置
G6.3	6.3	作业机械的回转零部件；船用主汽轮机的齿轮、风扇；航空用燃汽轮机转子部件；泵的叶轮；离心机的鼓轮；机床及一般机械的回转零部件；普通电动机转子；特殊要求的发动机回转零部件
G2.5	2.5	燃汽轮机和汽轮机的转子部件，刚性汽轮发电机的转子；透平压缩机转子；机床主轴和驱动部件；特殊要求的大型和中型电动机转子，小型电动机转子，透平驱动泵
G1.0	1.0	磁带记录仪及录音机驱动部件；磨床驱动部件；特殊要求的微型电动机转子
G0.4	0.4	精密磨床的主轴、砂轮盘及电动机转子；陀螺仪

注：1. 曲轴传动装置包括曲轴、飞轮、离合器、带轮、减振器、连杆旋转部分等。
2. 低速柴油机的活塞速度小于 9m/s，而高速柴油机的活塞速度大于 9m/s。

根据表 11.1 中数据，通过计算可得到转子的许用偏心距和许用质径积。许用偏心距为

$$[e] = \frac{A \times 1000}{\omega} \quad (11.24)$$

许用质径积为

$$[mr] = [e]m \quad (11.25)$$

对静不平衡的转子，由于转子的不平衡质量与所增加（或去除）的平衡质量分布在同一个平面内，故转子质心与回转中心之间的最大距离应控制在许用偏心距 $[e]$ 之内，其许用质径积为 $[mr]$；对动不平衡的转子，需先求出质心所在平面的许用偏心距 $[e]$，再求许用质径积 $[mr]$，这是总的许用质径积，还需将其分解到两个平衡基面内。分解方法和力的平行分解方法类似。设转子质量为 m，其质心与平衡基面 I 的距离为 a，与平衡基面 II 的距离为 b，则平衡基面 I、II 内的许用质径积分别为

$$[mr]_{\text{I}} = \frac{[e]mb}{1000(a+b)} \quad (11.26)$$

$$[mr]_{\text{II}} = \frac{[e]ma}{1000(a+b)} \quad (11.27)$$

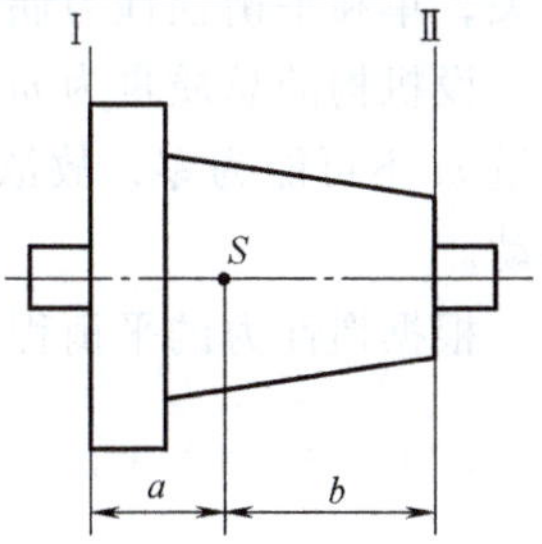

例 11.3 如图 11.13 所示，某转子的质量 $m = 30$kg，转速 $n = 3000$r/min，需进行动平衡试验。平衡基面 I、II 与转子质心 S 的轴向距离分别为 $a = 100$mm，$b = 200$mm，根据生产要求平衡

图 11.13 许用质径积求解

精度等级为 G6.3。试求两个平衡基面的许用不平衡量。

解： 转子转动的角速度为

$$\omega = \frac{\pi n}{30} = \frac{3.14 \times 3000}{30} \mathrm{rad/s} = 314 \mathrm{rad/s}$$

质心所在平面的许用偏心距为

$$[e] = \frac{A \times 1000}{\omega} = \frac{6.3 \times 1000}{314} \mu\mathrm{m} = 20 \mu\mathrm{m}$$

平衡基面 I 内的许用质径积为

$$[mr]_\mathrm{I} = \frac{m[e]b}{1000(a+b)} = \frac{30 \times 20 \times 200}{1000(100+200)} \mathrm{kg \cdot mm} = 0.4 \mathrm{kg \cdot mm}$$

平衡基面 II 内的许用质径积为

$$[mr]_\mathrm{II} = \frac{m[e]a}{1000(a+b)} = \frac{30 \times 20 \times 100}{1000(100+200)} \mathrm{kg \cdot mm} = 0.2 \mathrm{kg \cdot mm}$$

对静不平衡的转子，只要剩余不平衡量小于许用不平衡量，就可认为转子是平衡的；就动不平衡转子而言，如果转子的两个平衡基面内的剩余不平衡量都小于许用不平衡量，就可认为转子是平衡的。因为绝对平衡的转子是不存在的，不可能也没必要去追求绝对平衡的转子，只要其满足平衡精度即可。当然，随着科技的不断发展，设备的不断更新，平衡的精度也会不断提高。

11.5 平面机构的平衡

在含有往复直线运动或一般平面运动构件的机构中，由于做往复直线运动或一般平面运动的构件的质心位置随原动件的运动而变化，质心处的加速度大小和方向也在变化，故质心处的惯性力和惯性力偶矩也随原动件的运动发生变化。因此，该类构件上的惯性力不能在构件本身加以平衡，其惯性力的不平衡都反映在机架上，所以必须对整个机构进行平衡。

机构各构件在运动时所产生的惯性力和惯性力偶矩可以合成为一个通过机构质心的总惯性力和一个总惯性力偶矩，并全部由基座承受，所以平面机构的平衡就要设法平衡这个总惯性力和总惯性力偶矩。

机构处于平衡状态的条件是作用于机构总质心的总惯性力和总惯性力偶矩分别为零。即

$$F = 0, \quad M = 0 \tag{11.28}$$

总惯性力偶矩对基座的影响还与作用于该机构上的驱动力矩和阻抗力矩有关，故总惯性力偶矩的平衡还需结合驱动力矩和阻抗力矩一并进行。而驱动力矩和阻抗力矩与机械的工况有关，单独平衡惯性力偶矩往往没有意义，所以只讨论总惯性力的平衡问题。

设机构的总质量为 m，机构总质心 S 的加速度为 a，则机构的总惯性力 $F = -ma$。由于质量 m 不可能为零，故欲使机构的总惯性力 $F = 0$，必须使 $a = 0$，即应使机构的总质心静止不动。

根据惯性力的平衡程度，机构的平衡可分为惯性力的完全平衡与部分平衡。

11.5.1 完全平衡

机构的完全平衡，是指机构的总惯性力恒为零。为了达到机构的完全平衡，可采用对称

（或平衡）机构使机构总惯性力为零，也可利用在机构上加减平衡质量，使机构的总质心落在机架上静止不动。

（1）利用对称（或平衡）机构进行机构的完全平衡 如图 11.14 所示的偏置曲柄滑块机构 ABC，若考虑各构件的质量，则机构在运动过程中会产生惯性力，这个惯性力最终反映到铰链（或轴承） A 上。为了使偏置曲柄滑块机构各构件的惯性力在铰链 A 处所引起的动压力获得完全平衡，可采用增加一对点 A 完全对称的机构，即曲柄滑块机构 $AB'C'$。这时整个机构的质心在点 A 不动，机构的惯性力将得到完全平衡。

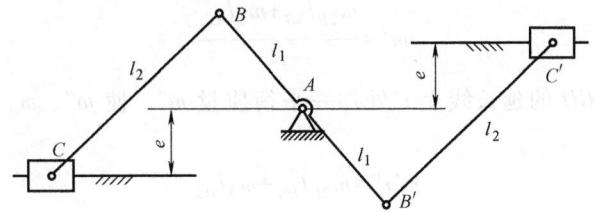

图 11.14 对称曲柄滑块机构平衡

同理，为了完全平衡图 11.15 所示的铰链四杆机构 $ABCD$，可采用增加一关于点 A 完全对称的平衡机构 $AB'C'D'$，使整个机构的惯性力完全平衡。

利用对称机构虽可得到很好的平衡效果，但将使机构的结构复杂，总尺寸和总体积变大，质量加倍。故如果不是严格要求惯性力绝对平衡，一般不采用这种平衡方法。

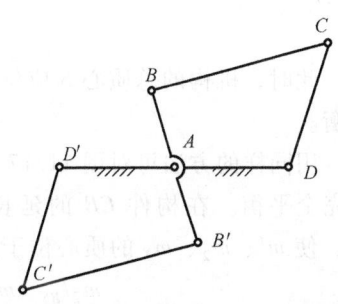

图 11.15 对称铰链四杆机构平衡

（2）利用平衡质量进行机构的完全平衡 现以图 11.16 所示的铰链四杆机构为例加以说明。在此机构中，构件 AB、DC 做定轴转动，它们的惯性力可用前面定轴转动的方法在构件本身得以平衡。连杆 BC 做一般平面运动，它的惯性力无法在构件本身得以平衡，而必须就整个机构加以平衡。设构件 AB、BC、DC 的质量分别为 m_1、m_2、m_3，其质心分别位于点 S_1、S_2、S_3 点处，各构件的长度分别为 l_{AB}、l_{BC}、l_{CD}。

为了进行平衡，设将构件 BC 的质量 m_2 用分别集中于 B、C 两点的两个质量 m_{2B} 及 m_{2C} 等效代换，这种构件质心处的质量用几个选定位置的质量代替的方法，工程中称为质量代换法。为了保证代换前后惯性力不变，质量代换需满足：①质心处的质量等于代换处的质量总和，即代换前后质量不变；②代换前后质心位置不变。如将 m_2 用 B、C 两点的两个质量 m_{2B} 和 m_{2C} 代换后需满足

$$m_2 = m_{2B} + m_{2C}$$

以及

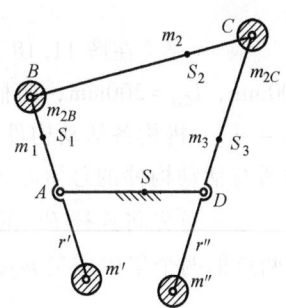

图 11.16 铰链四杆机构用平衡质量平衡

$$m_{2B} l_{BS_2} = m_{2C} l_{CS_2}$$

两式联立可求出 m_{2B} 和 m_{2C} 的大小为

$$m_{2B} = m_2 l_{CS_2} / l_{BC}, \quad m_{2C} = m_2 l_{BS_2} / l_{BC}$$

以上质量代换由于只满足代换前后惯性力等价条件而不满足惯性力偶矩等价条件，所以

工程上又称之为静代换。如果代换前后既满足惯性力等价条件又同时满足惯性力偶矩等价条件，工程上称为动代换。工程实际中由于使用静代换较为方便，故应用较多。这里只介绍静代换。

为了使构件AB的质心移到固定轴A处，需在构件BA的延长线上r'处加一平衡质量m'，即使m'、m_1、m_{2B}的质心位于点A，则

$$m'r' = m_{2B}l_{AB} + m_1 l_{AS_1}$$

即

$$m' = \frac{m_{2B}l_{AB} + m_1 l_{AS_1}}{r'} \tag{11.29}$$

同理，可在构件CD的延长线上r''处加一平衡质量m''，使m''、m_3、m_{2C}的质心移至固定轴D处，有

$$m''r'' = m_{2C}l_{DC} + m_3 l_{DS_3}$$

即

$$m'' = \frac{m_{2C}l_{DC} + m_3 l_{DS_3}}{r''} \tag{11.30}$$

此时，机构的总质心S应位于AD线上一固定点，即$a_S = 0$，故机构的总惯性力达到了平衡。

用同样的方法可对图11.17所示的曲柄滑块机构进行完全平衡。在构件CB的延长线上r'处加平衡质量m'，使m'、m_2、m_3的质心位于点B，则

$$m' = \frac{m_2 l_{BS_2} + m_3 l_{BC}}{r'} \tag{11.31}$$

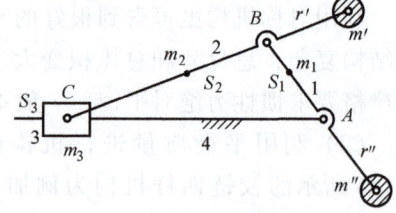

图11.17 曲柄滑块机构用平衡质量平衡

再在构件BA的延长线上r''处加平衡质量m''，使m''、m_1、m'、m_2、m_3的质心位于点A，有

$$m'' = \frac{(m' + m_2 + m_3)l_{AB} + m_1 l_{AS_1}}{r''} \tag{11.32}$$

例11.4 在图11.18所示的铰链四杆机构中，各构件长度分别为$l_{AB} = 100$mm，$l_{BC} = 400$mm，$l_{CD} = 200$mm，曲柄AB的质量$m_1 = 10$kg，连杆BC的质量$m_2 = 8$kg，摇杆CD的质量$m_3 = 4$kg。机构各活动构件的质心位于各构件的中点，欲使机构在机架上完全平衡（即使机构所有活动构件的总质心S位于机架AD上），应如何配置平衡质量。

解：首先将连杆BC的质量m_2用集中于B、C两点的两个集中质量m_{2B}和m_{2C}来代换，得

$$m_{2B} = m_2 l_{CS_2}/l_{BC} = \frac{8\text{kg} \times 200\text{mm}}{400\text{mm}} = 4\text{kg}$$

$$m_{2C} = m_2 l_{BS_2}/l_{BC} = \frac{8\text{kg} \times 200\text{mm}}{400\text{mm}} = 4\text{kg}$$

然后在构件BA的延长线上$r'_1 = 100$mm处（由结构而定）加平衡质量m'_1来平衡构件AB的

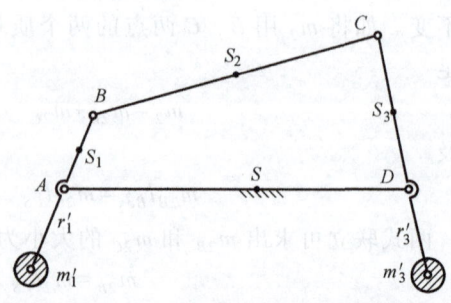

图11.18 铰链四杆机构用平衡质量平衡实例

质量 m_1 和代换质量 m_{2B}。平衡质量 m_1' 为

$$m_1' = \frac{m_{2B}l_{AB}+m_1 l_{AS_1}}{r_1'} = \frac{4\text{kg} \times 100\text{mm} + 10\text{kg} \times 50\text{mm}}{100\text{mm}} = 9\text{kg}$$

再在构件 CD 的延长线上 $r_3'=100$mm 处（由结构而定）加平衡质量 m_3' 来平衡构件 CD 的质量 m_3 和代换质量 m_{2C}。平衡质量 m_3' 为

$$m_3' = \frac{m_{2C}l_{DC}+m_3 l_{DS_3}}{r_3'} = \frac{4\text{kg} \times 200\text{mm} + 4\text{kg} \times 100\text{mm}}{100\text{mm}} = 12\text{kg}$$

当加上平衡质量 m_1' 和 m_3' 以后，整个机构的总质心 S 位于机架 AD 上。

完全平衡的优点是机构的总惯性力恒为零，平衡效果好。但研究表明，完全平衡 n 个构件的单自由度机构的惯性力，应至少增加 $n/2$ 个平衡质量，这样就使机构的质量大大增加。而利用对称机构还将使机构的总尺寸和总体积变大，所以一般不采用完全平衡方法，而多采用部分平衡法。

11.5.2 部分平衡

机构的部分平衡是对机构的总惯性力只平衡掉其中的一部分。机构的部分平衡有以下几种方法。

（1）利用平衡机构进行机构的部分平衡 现以图 11.19 所示的曲柄滑块机构 ABC 为例加以说明。为了对曲柄滑块机构进行平衡，可在曲柄 AB 的反方向加一平衡机构，即曲柄滑块机构 $AB'C'$。这样曲柄 AB' 和 AB 关于点 A 是对称的，使得构件 BB' 的质心落在点 A；而连杆关于点 A 是不对称的，滑块 C' 和 C 关于点 A 也不对称，而是沿同一导路，使得机构在运动时，两滑块 C、C' 的加速度方向相反，而由于两连杆运动方向不完全相反，两滑块 C、C' 和两连杆 BC、$B'C'$ 的惯性力可以相互抵消一部分，这样机构的惯性力只能达到部分平衡。

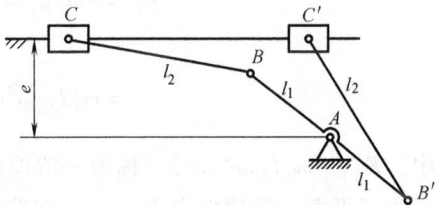

图 11.19 曲柄滑块机构用平衡机构部分平衡

为了对图 11.20 所示的曲柄摇杆机构 $ABCD$ 进行平衡，在曲柄 AB 的反方向加一平衡机构 $AB'C'D$，这样当曲柄 AB 转动时，构件 BB' 的质心落在点 A，且两摇杆的角加速度方向相反，两连杆 BC、$B'C'$ 和两摇杆 CD、$C'D$ 的惯性力也可以相互抵消一部分，使机构的惯性力达到部分平衡。

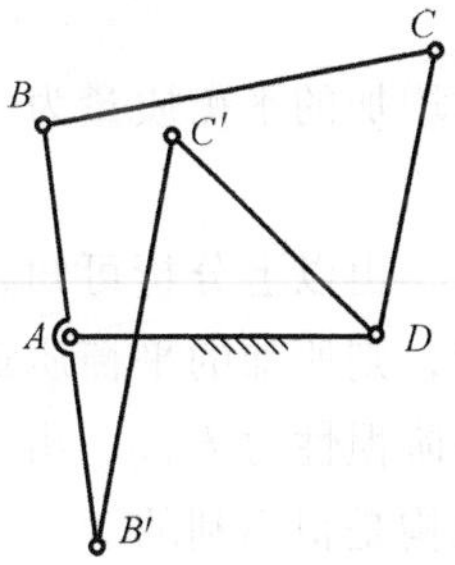

利用平衡机构进行部分平衡和完全平衡相比，虽然机构的尺寸有所减小，但质量变化较大。

（2）利用平衡质量进行机构的部分平衡 铰链四杆机构在工程实际中常位于传动链的低速级，而曲柄滑块机构作为内燃机、空气压缩机等的主体机构，常位于传动链的高速级。完全平衡机构的惯性力往往会受到结构的限制，因此常采用部分平衡法平衡其惯性力。

图 11.20 曲柄摇杆机构的部分平衡

为了对图 11.21 所示的曲柄滑块机构进行部分平衡，先运用质量代换将构件 BC 的质量 m_2 用分别集中于 B、C 两点的质量 m_{2B} 及 m_{2C} 所代换，而构件 AB

的质量 m_1 用分别集中于 A、B 两点的质量 m_{1A} 及 m_{1B} 来代换。这样,机构产生的离心惯性力仅有 F_B 及 F_C。其中 F_B 为集中于点 B 的质量 m_B 所产生的离心惯性力,而 F_C 为集中于点 C 的质量 m_C 所产生的往复惯性力。且

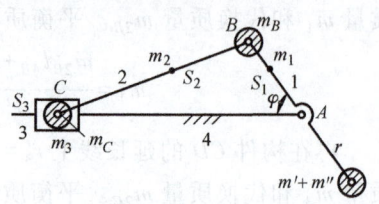

图 11.21 曲柄滑块机构用平衡质量部分平衡

$$m_B = m_{1B} + m_{2B}, m_C = m_{2C} + m_3$$

为了平衡 F_B,只需在曲柄 BA 的延长线上 r 处增加一平衡质量 m' 即可,且

$$m' = \frac{m_B l_{AB}}{r} \tag{11.33}$$

由于点 C 处的往复惯性力 F_C 最终也要反映到总支承 A 处,要使此惯性力达到平衡,应使其质心尽可能回到点 A,所以还需在构件 BA 上增加一平衡质量。而 F_C 的大小随曲柄转角 φ 的变化而变化,由运动分析可得滑块 C 的加速度为

$$a_C \approx -l_{AB}\omega^2 \left(\cos\varphi + \frac{\cos 2\varphi \, l_{AB}}{l_{BC}} \right)$$

于是

$$F_C = -m_C a_C = -m_C \left[-l_{AB}\omega^2 \left(\cos\varphi + \frac{\cos 2\varphi \, l_{AB}}{l_{BC}} \right) \right] \tag{11.34}$$

$$= m_C l_{AB}\omega^2 \cos\varphi + m_C \omega^2 \frac{l_{AB}^2}{l_{BC}} \cos 2\varphi = F_{\text{I}C} + F_{\text{II}C}$$

其中,$F_{\text{I}C} = m_C l_{AB}\omega^2 \cos\varphi$,称为一阶惯性力;$F_{\text{II}C} = m_C \omega^2 l_{AB}^2 \cos 2\varphi / l_{BC}$,称为二阶惯性力。

为了平衡一阶惯性力 $F_{\text{I}C}$,再在曲柄 BA 的延长线上 r 处增加一平衡质量 m'',所产生的离心惯性力为 F''_{I},其水平分力和铅垂分力分别为

$$F''_{\text{I}H} = m''\omega^2 r \cos(180° + \varphi)$$
$$F''_{\text{I}V} = m''\omega^2 r \sin(180° + \varphi)$$

若平衡一阶惯性力 $F_{\text{I}C}$,则有

$$F''_{\text{I}H} = -F_{\text{I}C}$$

即

$$m''\omega^2 r \cos(180° + \varphi) = -m_C \omega^2 l_{AB} \cos\varphi$$

应增加的平衡质量为

$$m'' = m_C l_{AB}/r \tag{11.35}$$

由以上分析可知,若平衡质量 m'' 所产生的水平惯性力 $F''_{\text{I}H}$ 将滑块往复惯性力 F_C 完全平衡,则所加的平衡质量 m'' 会很大,且所产生的惯性力的铅垂分力 $F''_{\text{I}V}$ 会很大。即使只平衡一阶惯性力 $F_{\text{I}C}$,由于铅垂惯性力 $F''_{\text{I}V}$ 的最大值与水平惯性力 $F''_{\text{I}H}$ 的最大值相等,这对整个机构是很不利的。

为了解决这一问题,工程上常采用部分平衡一阶惯性力的方法,即惯性力不要求达到完全平衡,只平衡其部分惯性力。如可在曲柄的延长线上 r 处增加 $(1/3 \sim 1/2)m''$ 的平衡质量,只平衡 $1/3 \sim 1/2$ 的滑块往复惯性力。这样既可减小滑块处的惯性力,又可减小由于增加平衡质量而产生的铅垂惯性力,而且可以减小机构的质量。因此部分平衡法是工程实际中

应用较广泛的一种平衡方法,广泛应用于原动机、压缩机、农业机械、矿山机械以及其他机械上。

思 考 题

11.1 什么是机械不平衡?机械不平衡有哪些类型?造成机械不平衡的原因可能有哪些?有什么危害?

11.2 什么是刚性转子?什么是挠性转子?

11.3 什么是静平衡?什么是动平衡?它们各需要满足什么条件?哪一类构件只需要进行静平衡?哪一类构件必须进行动平衡?

11.4 一个动平衡的转子是否一定是静平衡的?反之成立吗?为什么?

11.5 为什么对刚性转子进行动平衡时,校正平面不能少于两个?为什么刚性转子动平衡又称为双面平衡?

11.6 在工程上为什么要规定许用不平衡量?为什么说完全的绝对平衡是不可能的,也是不必要的?

11.7 刚性转子的许用不平衡量如何表示?单位是什么?

11.8 做往复直线运动或一般平面运动的构件,其惯性力为什么不能在其本身上平衡?

11.9 如何进行平面机构的平衡计算?有哪几种方法?

习 题

11.10 某汽轮机转子质量为 1.5t,由于材质不均及叶片安装误差使转子质心偏离回转轴线 1mm,当该转子以 5000r/min 的转速转动时,其离心惯性力有多大?离心惯性力是它本身重力的几倍?

11.11 图 11.22 所示为一钢制圆盘,盘厚 $b=50$mm。A 处有一直径 $d=50$mm 的通孔,B 处是一质量 $m=0.5$kg 的质量块。为了使圆盘平衡,拟在圆盘上 $r=200$mm 处制一通孔。试求此孔的直径与位置。已知钢的密度为 7.8g/cm^3。

11.12 在图 11.23 所示的圆盘转子上有四个偏心质量,已知 $m_1=20$kg,$m_2=15$kg,$m_3=16$kg,$m_4=10$kg,它们的回转半径分别为 $r_1=50$mm,$r_2=100$mm,$r_3=75$mm,$r_4=50$mm,设所有不平衡质量分布在同一回转面内,且只在回转半径为 120mm 处可增加或去除平衡质量。试求应在什么方位,增加或去除多大的平衡质量才能达到平衡?

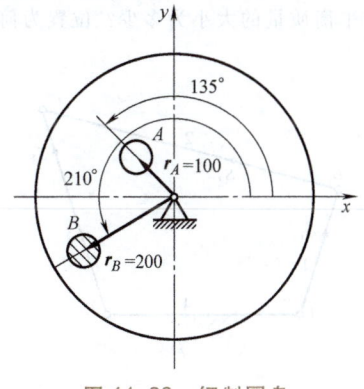

图 11.22 钢制圆盘

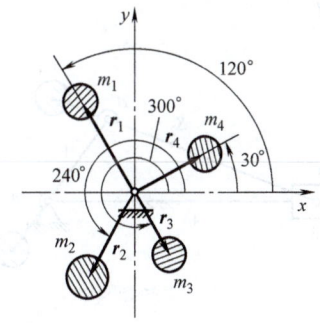

图 11.23 转子平衡计算简图

11.13 图 11.24 所示为一双缸发动机的曲轴,两曲拐在同一平面内,相隔 180°,每一曲拐的质量为 50kg,与轴线的距离为 200mm,A、B 两支承间距离为 900mm,工作转速 $n=3000$r/min。试求:

217

1)支承 A、B 处的动反力大小。

2)欲使此曲轴符合动平衡条件,以两端的飞轮平面作为平衡平面,在回转半径为 500mm 处应加平衡质量的大小和方向。

11.14 在图 11.25 所示的转鼓中,已知各偏心质量 $m_1 = 10\text{kg}$,$m_2 = 14\text{kg}$,$m_3 = 20\text{kg}$,$m_4 = 15\text{kg}$,各不平衡质量的质心至回转轴线的距离 $r_1 = 50\text{mm}$,$r_2 = 40\text{mm}$,$r_3 = 80\text{mm}$,$r_4 = 50\text{mm}$,轴向距离 $l_{12} = l_{23} = l_{34}$,相位夹角 $\alpha_{12} = \alpha_{23} = \alpha_{34} = 90°$,若置于两平衡基面 Ⅰ、Ⅱ 的平衡质量的回转半径均为 100mm,试求两平衡基面内需加的平衡质量 $m_Ⅰ$ 和 $m_Ⅱ$ 及其相位。

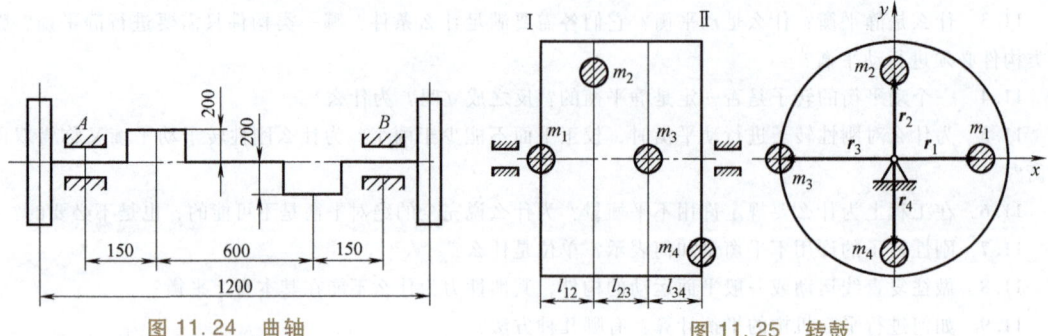

图 11.24 曲轴   图 11.25 转鼓

11.15 如图 11.26 所示为一个一般机器转子,已知转子的质量为 50kg,其质心至两平衡基面 Ⅰ 及 Ⅱ 的距离分别为 $l_1 = 100\text{mm}$,$l_2 = 200\text{mm}$,转子的转速 $n = 3000\text{r/min}$,试确定转子的平衡等级及在两平衡基面内的许用不平衡质径积。

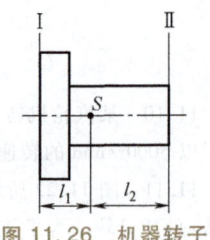

图 11.26 机器转子

11.16 在图 11.27 所示的曲柄滑块机构中,已知各构件的尺寸为 $l_{AB} = 100\text{mm}$,$l_{BC} = 200\text{mm}$;连杆 2 的质量 $m_2 = 12\text{kg}$,质心在 S_2 处,$l_{BS2} = l_{BC}/3$;滑块 3 的质量 $m_3 = 20\text{kg}$,质心在点 C 处;曲柄 1 的质心与点 A 重合。若利用平衡质量法对该机构进行平衡,试问若对机构进行完全平衡和只平衡掉滑块 3 处往复惯性力的 50% 的部分平衡,各需在 C_1、C_2 两点增加多大的平衡质量 m_{C1} 和 m_{C2}(取 $l_{BC1} = l_{AC2} = 50\text{mm}$)?

11.17 在图 11.28 所示的铰链四杆机构中,$l_1 = 30\text{mm}$、$l_2 = 150\text{mm}$、$l_3 = 100\text{mm}$、$l_4 = 180\text{mm}$,各质心位置 $l_{AS1} = 20\text{mm}$、$l_{BS2} = 50\text{mm}$、$l_{CS3} = 25\text{mm}$,各构件质量 $m_1 = 3\text{kg}$、$m_2 = 12\text{kg}$、$m_3 = 20\text{kg}$。试求:

1)用质量代换法将各杆质量替代到 A、B、C、D 四点。

2)若在曲柄 1 及摇杆 3 上加平衡质量进行完全平衡,应加平衡质量的大小为多少?位置为何处(设 $r_b = 50\text{mm}$)?

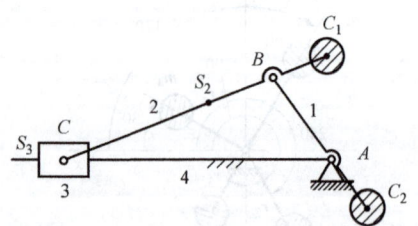 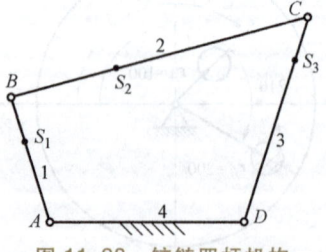

图 11.27 曲柄滑块机构   图 11.28 铰链四杆机构

第12章

机械的运转及其速度波动的调节

[**本章提要**] 机械系统的真实运动规律是由其各组成构件的质量、转动惯量以及作用于其上的外力与外力矩等因素决定的。为了便于研究在外力作用下机械系统的真实运动规律，建立了机械系统的等效动力学模型。在此基础上建立了机械系统的运动方程，并对其进行求解。

一般情况下，机械在运转过程中将会出现速度波动，这种速度的波动会导致在运动副中产生附加动压力，并引起机械振动，从而降低机械的效率、寿命和工作质量。为了降低机械速度波动的不利影响，需要研究其速度波动和调节的方法，以便将机械运转速度波动的程度控制在许可的范围之内。

本章主要讨论在外力作用下机械的真实运动规律以及机械在运转时速度波动的调节方法。

12.1 概述

前面几章中，在对机构进行运动分析和受力分析时，均认为原动件的运动规律是已知的，并视为等速运动。实际上，原动件的真实运动规律与作用在机械上的力、各构件的质量、转动惯量等因素有关。在一般情况下，原动件的速度和加速度是随着时间而变化的。因此，为了对机构进行精确的运动分析和受力分析，首先就需要确定机械在外力作用下的真实运动规律。如在设计新机械或分析现有机械的工作性能时，均需确定其运动稳定性、真实的最大速度和最大加速度以及运动构件的实际惯性力和运动副中的反力等。这是对于设计机械，特别是对于设计高速、高精度和高度自动化的机械是十分重要的。

由于在一般情况下，原动件并非做等速运动，这种速度的波动将在运动副中产生附加的动压力，引起机械的振动，从而降低机械效率和使用寿命，同时也将影响其工作精度。此外在机械的稳定运转阶段，如果驱动力或生产阻力由于某种原因突然持续增大或减小，这时机械主轴的速度也会跟着突然持续增大或减小，并且连续向一个方向发展，这必将引起机械或因速度持续升高而毁坏，或因速度持续降低而停车。如在内燃机驱动发电机的机组中，当载荷突然持续减小时，内燃机所供给发电机的能量远远超过发电机的需要，因而导致其速度持续急剧上升。这时必须采用特殊的机构来调节内燃机汽油的供给量，使其产生的功率与发电机的所需功率相适应，从而达到新的稳定运转。由于以上两方面的原因，需要对机械运转速度波动的程度及其调节方法加以分析和研究，以便将机械运转速度波动的程度控制在许可的范围内。这就是研究机械速度波动及其调节的目的。

因此本章主要研究内容为在外力作用下机械的真实运动规律以及机械运转速度的波动及其调节方法。

12.1.1 机械的运转过程

机械的运转过程一般都要经历起动、稳定运转和停车三个阶段。为了研究机械的真实运动规律，下面首先介绍机械在其运转过程中各阶段的运动状态。

（1）机械的起动阶段　图 12.1 为原动件的角速度 ω 随时间 t 的变化曲线。机械的起动阶段是指机械原动件的角速度 ω 由零逐渐上升到正常运转角速度的过程。在此阶段，机械驱动力所做的功 W_d 大于阻抗力所做的功 W_r'（包括工作阻抗力所做的功 W_r 和摩擦阻抗力所做的功 W_f），二者之差为机械起动阶段的动能增量，从而积蓄了动能 ΔE。其功能关系可表示为

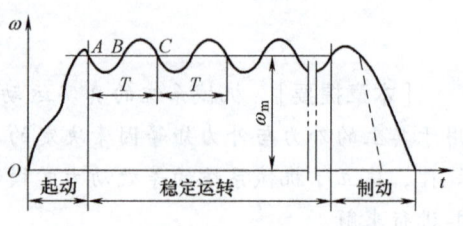

图 12.1 机械运转的三个阶段

$$W_d = W_r' + \Delta E \tag{12.1}$$

在驱动功 W_d 一定的情况下，阻抗功 W_r' 越小，起动时间就越短。起动分为负载起动和空载起动两种，因空载起动时 $W_r = 0$。故为了缩短机械的起动时间，一般在空载下起动，空载起动时的功能关系为

$$W_d = \Delta E + W_f$$

这时机械驱动力所做的功除克服机械摩擦力所做的功之外，全部转换为加速起动的动能，缩短了起动的时间。

在条件许可的情况下，应使机械在空载下起动，当达到应有的工作转速时再加上生产阻力，以减轻原动机在起动时的负担，从而可以选用功率较小的原动机。

（2）机械的稳定运转阶段　继起动阶段后，机械进入稳定运转阶段，也就是机械的工作阶段。按照瞬时角速度是否变化分为两种情况。

1）周期变速稳定运转。在该阶段，原动件的平均角速度 ω_m 保持恒定，即为一常数。而瞬时角速度 ω 做周期性变化。设角速度变化的一个周期（也称机械的一个运动循环）所用时间为 T，则 $\omega(t+T) = \omega(t)$。所以就一个周期而言，机械的总驱动功与总阻抗功相等，即

$$W_d = W_r' \tag{12.2}$$

但在一个周期内的任一时间间隔，驱动功与阻抗功是不相等的。大多数机械都属于这种情况，如内燃机、曲柄压力机、牛头刨床、活塞式压缩机等。

2）等速稳定运转。在该阶段，原动件的角速度 ω 恒定不变，即 $\omega =$ 常数。机械的功能关系为在任一时间段内驱动力所做的功都等于阻抗力所做的功，如鼓风机、风扇等机械都属于这种情况。

（3）机械的制动阶段　制动阶段是指机械原动件的角速度由稳定运转的角速度逐渐下降为零的过程。在机械制动阶段，一般均已切断动力源或撤去驱动力，即驱动功 $W_d = 0$。当

阻抗功逐渐将机械具有的动能消耗完时，机械便停止运转。这一阶段的功能关系为
$$\Delta E = -W_r' \tag{12.3}$$

一般情况下，在制动阶段机械上的工作阻力也不再作用，为了缩短制动所需的时间，在许多机械上都安装了制动装置。图 12.1 所示的虚线表示机械在安装制动器后，制动阶段原动件的角速度随时间的变化关系。

起动阶段与制动阶段统称为机械运转的过渡阶段。大部分机械是在稳定运转阶段进行工作的，但也有一些机械（如起重机等），其工作过程却有相当一部分是在过渡阶段进行的。本章主要研究其稳定运转阶段的运动规律。

12.1.2 作用在机械上的驱动力和工作阻力

机械的运转过程与作用在机械上的力密切相关，当构件的重力以及运动副中的摩擦力等都可以忽略不计时，则作用在机械上的力只有原动机发出的驱动力和执行构件上承受的工作阻力。因此，有必要对驱动力和工作阻力进行讨论。

（1）作用在机械上的驱动力 各种原动机所发出的驱动力随原动机机械特性的不同而不同。所谓原动机的机械特性是指原动机所发出的驱动力（或力矩）与其运动参数（位移、速度等）之间的关系。

按机械特性来分，驱动力可以是常数，可以是位移的函数，也可以是速度的函数。

1）驱动力为常数，即 $F_d = C$。如利用重锤的重量作为驱动力时，其值为常数，机械特性曲线如图 12.2a 所示。

2）驱动力是位移的函数，即 $F_d = f(s)$。如由内燃机、蒸汽机、汽轮机或弹簧所产生的驱动力，其值为位移的函数，弹簧的机械特性曲线如图 12.2b 所示。

3）驱动力是速度的函数，即 $M_d = f(\omega)$。如电动机发出的驱动力与其转速有关，其值为转速的函数。图 12.2c 所示为三相交流异步电动机的机械特性曲线。

在图 12.2c 中，BC 段为电动机的工作段。当用解析法研究机械的运动时，原动机的驱动力必须以解析式表达。为了简化计算，常将 BC 段的曲线近似地以通过点 N 和点 C 的直线代替。点 N 的转矩 M_n 为电动机的额定转矩，角速度 ω_n 为电动机的额定角速度。点 C 的角速度 ω_0 为电动机的同步角速度，转矩为零。直线 NC 上任一点处的驱动力矩 M_d 与其角速度 ω 的关系如下。

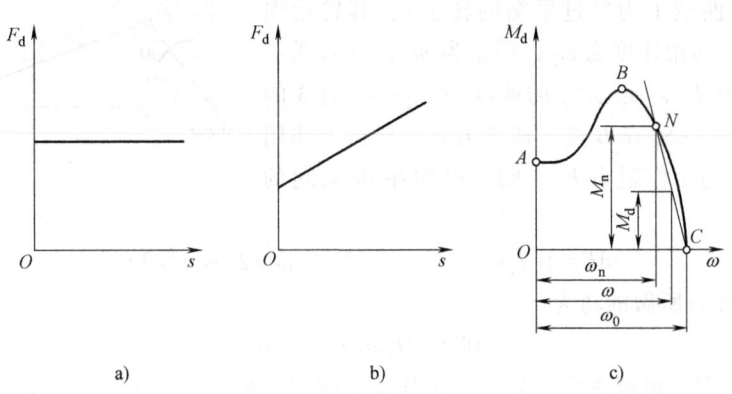

图 12.2 几种原动机的机械特性曲线

$$M_\mathrm{d} = \frac{M_\mathrm{n}(\omega_0-\omega)}{\omega_0-\omega_\mathrm{n}} = \frac{M_\mathrm{n}\omega_0}{\omega_0-\omega_\mathrm{n}} - \frac{M_\mathrm{n}\omega}{\omega_0-\omega_\mathrm{n}} = a + b\omega \tag{12.4}$$

式中，$a = M_\mathrm{n}\omega_0/(\omega_0-\omega_\mathrm{n})$；$b = -M_\mathrm{n}/(\omega_0-\omega_\mathrm{n})$；$M_\mathrm{n}$、$\omega_\mathrm{n}$、$\omega_0$ 可从电动机产品目录中查得。可见，三相交流异步电动机的驱动力矩可简化为角速度 ω 的线性函数。

（2）作用在机械上的工作阻力　对于工作机，其执行构件所承受的工作阻力的变化规律随机械所完成工作的不同而不同。同样，工作阻力可以是常数，可以是位移的函数，也可以是速度的函数，有时还可以是时间的函数。

1）工作阻力是常数，即 $F_\mathrm{r} = C$。如起重机、车床、刨床、轧钢机等机械的工作阻力均为常数。

2）工作阻力是位移的函数，即 $F_\mathrm{r} = f(s)$。如曲柄压力机、活塞式压缩机、卧锻机、压砖机、压力机等机械上的工作阻力均随执行构件的位置而变化。

3）工作阻力是速度的函数，即 $F_\mathrm{r} = f(\omega)$。如鼓风机、离心泵、发电机等机械上的工作阻力均随执行构件转速的变化而变化。

4）工作阻力是时间的函数，即 $F_\mathrm{r} = f(t)$。如球磨机、揉面机等机械上的工作阻力均随时间的变化而变化。

驱动力和生产阻力的确定，涉及许多专业知识，已不属于本课程的范围。本章在讨论机械在外力作用下的运动问题时，认为外力是已知的。

12.2　机械系统的运动方程

机械系统运动方程的建立和求解是表述机械真实运动规律的必要途径，下面讨论如何建立机械系统的运动方程以及运动方程如何求解。

12.2.1　机械系统运动方程的一般表达式

研究机械系统的真实运动规律时，需要建立作用在机械系统上的力、构件的质量、转动惯量与其运动参数之间的函数关系，即建立机械系统的运动方程。

以图 12.3 所示曲柄滑块机构为例说明单自由度机械系统运动方程式的建立方法。

设曲柄 1 为原动件，其角速度为 ω_1，曲柄 1 的质心 S_1 在 O 点（曲柄 1 为经过平衡的转子），其转动惯量为 J_1；连杆 2 的角速度为 ω_2，质量为 m_2，其对质心 S_2 的转动惯量为 J_{S2}，质心 S_2 的速度为 v_{S2}；滑块 3 的质量为 m_3，其质心 S_3 在 B 点，速度为 v_3。机构上作用有驱动力矩 M_1 与工作阻力 F_3。则该机构在 $\mathrm{d}t$ 瞬间的动能增量为

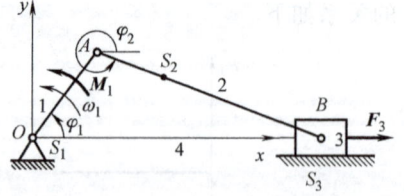

图 12.3　曲柄滑块机构

$$\mathrm{d}E = \mathrm{d}(J_1\omega_1^2/2 + m_2 v_{S2}^2/2 + J_{S2}\omega_2^2/2 + m_3 v_3^2/2)$$

在 $\mathrm{d}t$ 瞬间外力所做的功为

$$\mathrm{d}W = (M_1\omega_1 - F_3 v_3)\mathrm{d}t$$

根据动能定理，机械系统在某一瞬间其总动能的增量，应等于在该瞬间内作用于该机械系统的各外力所做功之和，于是可得出该曲柄滑块机构的运动方程式为

$$d(J_1\omega_1^2/2+m_2v_{S2}^2/2+J_{S2}\omega_2^2/2+m_3v_3^2/2) = (M_1\omega_1-F_3v_3)dt \tag{12.5}$$

将其推广到一般情形：设机械系统由 n 个活动构件组成，作用在构件 i 上的作用力为 F_i，力矩为 M_i，F_i 的作用点的速度为 v_i，构件的角速度为 ω_i，则可得出机械系统运动方程的一般表达式为

$$d\left[\sum_{i=1}^{n}(m_iv_{Si}^2/2)+J_{Si}\omega_i^2/2\right] = \left[\sum_{i=1}^{n}(F_iv_i\cos\alpha_i \pm M_i\omega_i)\right]dt \tag{12.6}$$

式中，α_i 为作用在构件 i 上的外力 F_i 与该力作用点的速度 v_i 间的夹角，而"±"号的选取决定于作用在构件 i 上的力矩 M_i 与该构件的角速度 ω_i 的方向是否相同，相同时取"+"号，反之取"−"号。

由于上式各构件的运动参量均为未知量，不便求解。为了求得简单易解的机械系统运动方程式，对于单自由度机械系统，只要能确定其中某一构件的真实运动规律，其余构件的运动规律也就确定，进而确定整个系统的运动规律。故描述该系统的运动规律只需一个独立广义坐标，即求解机械系统在外力作用下的运动规律时，只要求得该广义坐标随时间变化的规律即可。如图12.3所示曲柄滑块机构，只需求得曲柄转角 φ（φ 为独立的广义坐标）随时间变化的规律即可，进而可求得其角速度、角加速度随时间变化的规律，其他构件的真实运动规律可用前面学过的运动分析的方法求得。

因此，对于单自由度机械系统可以将其运动问题转化为对其某一构件运动问题的研究。但为了使其与原系统等效，要把其余所有构件的质量、转动惯量都等效地转化到这个选定的构件上来，把各构件上所作用的力、力矩也都等效地转化到这个构件上来，然后列出该构件的运动方程式，研究其运动规律。这一过程就是在建立等效动力学模型。

对于多自由度的机械系统，可选择与机构自由度数目相等的广义坐标，再建立系统的拉格朗日方程形式的微分方程。本章只介绍单自由度机械系统，对于多自由度机械系统不再赘述。

12.2.2 机械系统的等效动力学模型

1. 等效动力学模型的建立

如前所述，对于一个单自由度机械系统的运动的研究，可以简化为对机械系统中一个构件运动的研究。代替整个机械系统运动的构件称为等效构件。为使等效构件的运动与原机械系统的真实运动一致，等效构件所具有的动能应和整个机械系统的总动能相等。作用在等效构件上的力所做的功或所产生的瞬时功率，应等于整个机械系统中所有外力所做的功或在同一瞬时所产生的瞬时功率之和。作用在等效构件上的假想力或力矩称为等效力或等效力矩，分别用 F_e 和 M_e 表示；等效构件所具有的假想的质量或转动惯量称为等效质量或等效转动惯量，分别用 m_e 和 J_e 表示。这样就把研究复杂的机械系统的动力学问题简化为研究一个简单的等效构件的动力学问题。由其所建立的动力学模型称为原机械系统的等效动力学模型。

2. 等效构件的选择

对于只有一个自由度的机械，描述它的运动规律只需要一个独立的广义坐标即可。因此，在研究机械在外力作用下的运动规律时，只需要确定出该坐标随时间变化的规律即可。

为使问题简化，常取机械系统中的简单运动构件作为等效构件，即取绕定轴转动的构件或做往复直线运动的构件为等效构件。

当选择定轴转动的构件为等效构件时,常将转动构件的转角 φ 作为独立的广义坐标,这时要用到等效转动惯量 J_e 和等效力矩 M_e;当选择做往复直线运动的构件为等效构件时,其独立的广义坐标为往复直线运动构件的位移 s,这时要用到等效质量 m_e 和等效力 F_e。

3. 等效参量的计算

建立等效构件的运动方程时,需首先求出等效构件的等效质量或等效转动惯量以及作用在等效构件上的等效力或等效力矩。等效质量或等效转动惯量与其动能有关,可根据等效构件的动能与机械系统的总动能相等的条件来确定;作用在等效构件上的等效力或等效力矩可根据等效力或等效力矩所产生的瞬时功率与机械系统上作用的所有外力和外力矩所产生的瞬时功率之和相等的条件进行求解。

1) 选转动构件为等效构件时等效参量的计算。设等效构件以角速度 ω 做定轴转动,选其转角 φ 为独立的广义坐标,如图 12.4a 所示,其动能为

$$E_e = \frac{1}{2} J_e \omega^2$$

组成机械系统的构件按照运动形式可分为绕定轴转动、往复直线运动和做一般平面运动三种。这三类构件的动能分别为

$$E_i = \frac{1}{2} J_{Si} \omega_i^2$$

$$E_i = \frac{1}{2} m_i v_{Si}^2$$

$$E_i = \frac{1}{2} J_{Si} \omega_i^2 + \frac{1}{2} m_i v_{Si}^2$$

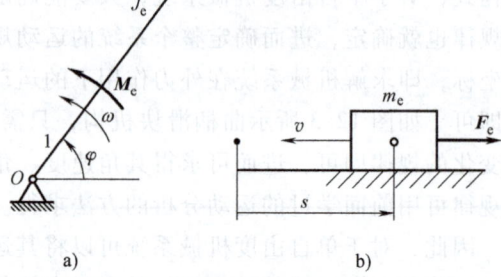

图 12.4 等效构件
a) 选转动构件为等效构件 b) 选移动构件为等效构件

因此,整个机械系统的动能为

$$E = \sum_{i=1}^{n} \left(\frac{1}{2} J_{Si} \omega_i^2 + \frac{1}{2} m_i v_{Si}^2 \right)$$

式中,J_{Si} 为构件 i 对其质心 S_i 的转动惯量;ω_i 为构件 i 的角速度;m_i 为构件 i 的质量;v_{Si} 为构件 i 质心 S_i 的速度。

由于等效构件的动能与机械系统的动能相等,则有

$$\frac{1}{2} J_e \omega^2 = \sum_{i=1}^{n} \left(\frac{1}{2} J_{Si} \omega_i^2 + \frac{1}{2} m_i v_{Si}^2 \right)$$

上式两边同时除以 $\frac{1}{2}\omega^2$,即可得等效构件的等效转动惯量为

$$J_e = \sum_{i=1}^{n} J_{Si} \left(\frac{\omega_i}{\omega} \right)^2 + \sum_{i=1}^{n} m_i \left(\frac{v_{Si}}{\omega} \right)^2 \tag{12.7}$$

等效构件以角速度 ω 做定轴转动时,其上等效力矩 M_e 所产生的瞬时功率为

$$P_e = M_e \omega$$

机械系统中绕定轴转动、往复直线运动和做一般平面运动构件上作用的力和力矩所产生的瞬时功率分别为

$$P_i = \pm M_i \omega_i$$
$$P_i = F_i v_i \cos\alpha_i$$
$$P_i = \pm M_i \omega_i + F_i v_i \cos\alpha_i$$

故整个机械系统上作用的所有外力和外力矩所产生的瞬时功率之和为

$$P = \sum_{i=1}^{n} (F_i v_i \cos\alpha_i \pm M_i \omega_i)$$

由于等效力矩所产生的瞬时功率与机械系统上作用的所有外力和外力矩所产生的瞬时功率之和相等，所以得出

$$M_e \omega = \sum_{i=1}^{n} (F_i v_i \cos\alpha_i \pm M_i \omega_i)$$

两边同时除以 ω，可求得作用在等效构件上的等效力矩为

$$M_e = \sum_{i=1}^{n} [F_i(v_i/\omega)\cos\alpha_i \pm M_i(\omega_i/\omega)] \tag{12.8}$$

式中，M_i 为作用在构件 i 上的力矩；F_i 为作用在构件 i 上的力；α_i 为作用在构件 i 上的力 F_i 与该力作用点的速度 v_i 之间的夹角。而正负号的选取决定于作用在构件 i 上的力矩 M_i 与该构件的角速度 ω_i 的方向是否相同，相同时取"+"号，反之取"-"号。

如图 12.3 所示的曲柄滑块机构，若选取曲柄为等效构件，其独立的广义坐标为 φ_1，角速度为 ω_1，由式（12.7）可得其等效转动惯量为

$$J_e = J_1 + J_{S2}(\omega_2/\omega_1)^2 + m_2(v_{S2}/\omega_1)^2 + m_3(v_3/\omega_1)^2 \tag{12.9}$$

由式（12.8）可得其等效力矩为

$$M_e = M_1 - F_3(v_3/\omega_1) \tag{12.10}$$

由于式（12.9）中的各速比 ω_2/ω_1、v_{S2}/ω_1 以及 v_3/ω_1 都是广义坐标 φ_1 的函数。因此等效转动惯量的一般表达式可以写成函数式

$$J_e = J_e(\varphi_1) \tag{12.11}$$

同理，由于式（12.10）中的速比 v_3/ω_1 是广义坐标 φ_1 的函数，而外力矩 M_1 与外力 F_3 在机械系统中可能是运动参数 φ_1、ω_1 及 t 的函数，所以等效力矩的一般函数表达式为

$$M_e = M_e(\varphi_1, \omega_1, t) \tag{12.12}$$

可见，选转动构件为等效构件建立等效动力学模型后，可将式（12.5）的运动方程简化为

$$d[J_e(\varphi_1)\omega_1^2/2] = M_e(\varphi_1, \omega_1, t)\omega_1 dt \tag{12.13}$$

而机械系统运动方程的一般表达式（12.6）可简化为

$$d[J_e(\varphi)\omega^2/2] = M_e(\varphi, \omega, t)\omega dt \tag{12.14}$$

式中，φ 为等效构件的转角；ω 为等效构件的角速度；t 为等效构件的运动时间。

2）选移动构件为等效构件时等效参量的计算。设等效构件以速度 v 做往复直线运动，选其位移 s 为独立的广义坐标，如图 12.4b 所示，其动能为

$$E_e = \frac{1}{2} m_e v^2$$

由于等效构件的动能应与机械系统的动能相等，那么

$$\frac{1}{2}m_e v^2 = \sum_{i=1}^{n}\left(\frac{1}{2}J_{Si}\omega_i^2 + \frac{1}{2}m_i v_i^2\right)$$

上式两边同时除以 $\frac{1}{2}v^2$，得等效构件的等效质量为

$$m_e = \sum_{i=1}^{n}\left[J_{Si}(\omega_i/v)^2 + m_i(v_i/v)^2\right] \tag{12.15}$$

等效构件以速度 v 做往复直线运动时，作用在其上的等效力 $\boldsymbol{F}_e$ 所产生的瞬时功率为

$$P_e = F_e v$$

由于等效力 $\boldsymbol{F}_e$ 所产生的瞬时功率应与机械系统上所作用外力和外力矩所产生的瞬时功率之和相等，即

$$F_e v = \sum_{i=1}^{n}(F_i v_i \cos\alpha_i \pm M_i \omega_i)$$

两边同时除以 v，可求得作用在等效构件上的等效力为

$$F_e = \sum_{i=1}^{n}\left[F_i(v_i/v)\cos\alpha_i \pm M_i(\omega_i/v)\right] \tag{12.16}$$

如图 12.3 所示的曲柄滑块机构，若选取滑块 3 为等效构件，其独立的广义坐标为滑块的位移 s_3，速度为 v_3，由式（12.15）得其等效质量为

$$m_e = J_1(\omega_1/v_3)^2 + J_{S2}(\omega_2/v_3)^2 + m_2(v_{S2}/v_3)^2 + m_3 \tag{12.17}$$

由式（12.16）得等效力为

$$F_e = M_1(\omega_1/v_3) - F_3 \tag{12.18}$$

式（12.17）、式（12.18）中的各速比 ω_1/v_3、ω_2/v_3 以及 v_{S2}/v_3 都是广义坐标 s_3 的函数，而外力矩 M_1 与外力 F_3 在机械系统中可能是运动参数 s_3、v_3 及 t 的函数，因此等效质量、等效力的一般函数表达式分别为

$$m_e = m_e(s_3)$$
$$F_e = F_e(s_3, v_3, t)$$

可见，选移动构件为等效构件建立等效动力学模型后，可将式（12.5）的运动方程简化为

$$\mathrm{d}[m_e(s_3)v_3^2/2] = F_e(s_3, v_3, t)v_3 \mathrm{d}t \tag{12.19}$$

而机械系统运动方程的一般表达式（12.6）可简化为

$$\mathrm{d}[m_e(s)v^2/2] = F_e(s, v, t)v\mathrm{d}t \tag{12.20}$$

式中，s 为等效构件的位移；v 为等效构件的速度；t 为等效构件的运动时间。

综合式（12.13）、式（12.14）、式（12.19）和式（12.20）可以看出，建立等效动力学模型后，就把机械系统的动力学问题转化为一个绕定轴转动构件或做往复直线移动构件的动力学问题。由此建立的机械系统运动方程式，不仅形式简单，而且方程式的求解也将大为简化。

应用等效动力学模型研究机械系统动力学问题时应注意以下几点：

① 各等效参量仅与构件间的速比有关，而与构件的真实速度无关，故可在不知道构件真实运动的情况下求出。

② 等效转动惯量 J_e 或等效质量 m_e 只是等效构件位置（也即机构位置）的函数，而等

效力矩 M_e 或等效力 F_e 是等效构件位置、速度或时间的函数。

③ 只把驱动力矩和驱动力等效到等效构件上的等效力矩或等效力称为等效驱动力矩 M_{ed} 或等效驱动力 F_{ed}，而只把阻力矩和阻力等效到等效构件上的等效力矩或等效力称为等效阻力矩 M_{er} 或等效阻力 F_{er}，且

$$M_e = M_{ed} - M_{er}$$
$$F_e = F_{ed} - F_{er}$$

④ 在等效力学模型中，等效构件的运动与其在机械系统中的真实运动相同。

例 12.1 如图 12.5 所示为起吊装置，已知各轮齿数 $z_1 = z_2 = 20$，$z_3 = 60$，$z_5 = 40$，$d_{5'} = 40\text{mm}$，蜗杆头数 $z_4 = 2$，各轮质心均在其轴线上，且 $J_1 = J_2 = 0.001\text{kg} \cdot \text{m}^2$，$J_4 = 0.016\text{kg} \cdot \text{m}^2$，$J_5 = 1.6\text{kg} \cdot \text{m}^2$，$m_2 = 3\text{kg}$，齿轮的模数均为 2mm。试求：

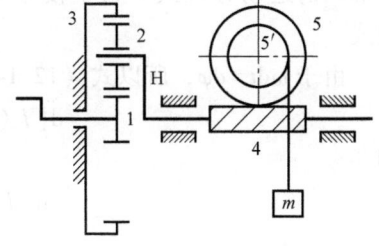

图 12.5 起吊装置

1) 该机构转化到构件 1 上的等效转动惯量。
2) 要使作用于轮 5' 上质量为 $m = 10\text{kg}$ 的重物等速上升，需在轮 1 上作用多大力矩？

解：由式（12.9）知该机构转化到构件 1 上的等效转动惯量为

$$J_e = J_1 + J_2 \left(\frac{\omega_2}{\omega_1}\right)^2 + m_2 \left(\frac{v_2}{\omega_1}\right)^2 + J_4 \left(\frac{\omega_4}{\omega_1}\right)^2 + J_5 \left(\frac{\omega_5}{\omega_1}\right)^2 + m \left(\frac{v}{\omega_1}\right)^2$$

式中，v_2 为行星轮 2 轮心的速度（mm/s），$v_2 = r_H \omega_H$；r_H 为行星架的回转半径（mm）；v 为重物上升的速度（mm/s）。

为了求 J_e，必须求出各速比。由于轮 1、2、3 和行星架 H 组成行星轮系，且行星架 H 和蜗杆 4 为同一构件，即 $\omega_4 = \omega_H$。蜗杆 4 和蜗轮 5 为定轴轮系，根据前面轮系传动比的计算方法可得

$$\omega_4/\omega_1 = \omega_H/\omega_1 = \frac{z_1}{z_1 + z_3}$$

$$\omega_2/\omega_1 = \frac{z_1}{z_2} \frac{z_2 - z_3}{z_1 + z_3}$$

$$v_2/\omega_1 = r_H \omega_H/\omega_1 = \frac{z_1}{z_1 + z_3} \frac{1}{2} m(z_1 + z_2)$$

$$\omega_5/\omega_1 = \frac{\omega_5}{\omega_4} \frac{\omega_4}{\omega_1} = \frac{z_4}{z_5} \frac{z_1}{z_1 + z_3}$$

$$v/\omega_1 = r_{5'} \omega_5/\omega_1 = \frac{1}{2} d_{5'} \frac{z_4}{z_5} \frac{z_1}{z_1 + z_3}$$

于是

$$J_e = 0.001\text{kg} \cdot \text{m}^2 + 0.001 \times \left(\frac{20}{20} \times \frac{20-60}{20+60}\right)^2 \text{kg} \cdot \text{m}^2 + 3 \times \left(\frac{20}{20+60} \times \frac{1}{2} \times 2 \times (20+20) \times 10^{-3}\right)^2 \text{kg} \cdot \text{m}^2 +$$

$$0.016 \times \left(\frac{20}{20+60}\right)^2 \text{kg} \cdot \text{m}^2 + 1.6 \times \left(\frac{2}{40} \times \frac{20}{20+60}\right)^2 \text{kg} \cdot \text{m}^2 + 10 \times \left(\frac{\frac{1}{2} \times 40 \times 10^{-3} \times 2 \times 20}{40 \times (20+60)}\right)^2 \text{kg} \cdot \text{m}^2$$

$$= 2.8 \times 10^{-3} \text{kg} \cdot \text{m}^2$$

又因重物等速上升，所以 $M_d = M_r$。因此

$$M_d = M_r = mg\left(\frac{v}{\omega_1}\right) = mg\left(\frac{1}{2}d_5 \frac{z_4}{z_5} \frac{z_1}{z_1+z_3}\right) = 10 \times 9.8 \times \left(\frac{\frac{1}{2} \times 40 \times 10^{-3} \times 2 \times 20}{40 \times (20+60)}\right) \text{N} \cdot \text{m}$$

$$= 24.5 \times 10^{-3} \text{N} \cdot \text{m}$$

式（12.14）和式（12.20）为简化后的机械系统运动方程的一般表达式，其为能量微分形式的运动方程式。为了便于对某些问题的求解，还需求出用其他形式表达的运动方程式。

由于 $\omega dt = d\varphi$，所以式（12.14）可以改写为

$$d[J_e(\varphi)\omega^2(\varphi)/2] = M_e(\varphi, \omega, t) d\varphi \tag{12.21}$$

即

$$\frac{d[J_e(\varphi)\omega^2(\varphi)/2]}{d\varphi} = M_e(\varphi, \omega, t)$$

展开得

$$J_e \frac{\omega d\omega}{d\varphi} + \frac{\omega^2}{2} \frac{dJ_e}{d\varphi} = M_e(\varphi, \omega, t)$$

由于

$$\frac{d\omega}{d\varphi} = \frac{d\omega}{dt} \frac{dt}{d\varphi} = \frac{d\omega}{dt} \frac{1}{\omega}$$

将其代入上式可得等效构件为定轴转动构件时力矩形式的机械系统运动方程式，即

$$J_e \frac{d\omega}{dt} + \frac{\omega^2}{2} \frac{dJ_e}{d\varphi} = M_e(\varphi, \omega, t) \tag{12.22}$$

对式（12.21）两边积分，并取边界条件为 $t=t_0$ 时，$\varphi = \varphi_0$，$\omega = \omega_0$，$J_e = J_{e0}$，则可得等效构件为定轴转动构件时动能形式的机械系统运动方程式，即

$$\frac{1}{2}J_e(\varphi)\omega^2(\varphi) - \frac{1}{2}J_{e0}\omega_0^2 = \int_{\varphi_0}^{\varphi} M_e(\varphi, \omega, t) d\varphi \tag{12.23}$$

式中，ω_0、ω 分别为等效构件在初始位置（$t=t_0$）和任意位置的角速度；φ_0、φ 分别为等效构件在初始位置和任意位置的角位移；J_{e0}、J_e 分别为等效构件在初始位置和任意位置的等效转动惯量。

同理，由式（12.20）可得等效构件为直线移动构件时力形式的机械系统运动方程式，即

$$m_e \frac{dv}{dt} + \frac{v^2}{2} \frac{dm_e}{ds} = F_e(s, v, t) \tag{12.24}$$

以及动能形式的机械系统运动方程式为

$$\frac{1}{2}m_e v^2 - \frac{1}{2}m_{e0} v_0^2 = \int_{s_0}^{s} F_e(s, v, t) ds \tag{12.25}$$

工程上常选回转构件为等效构件。这是因为，选回转构件为等效构件时，计算各等效参量比较方便，并且求得其真实运动规律后，也便于计算机械中其他构件的运动规律，故下面

只讨论等效构件为回转件的情况。但当机构中作用有随速度变化的力或力矩时，为便于方程求解，最好选该力或力矩所作用的构件为等效构件。

12.3 机械系统运动方程式的求解

由于作用在等效构件上的等效力（或等效力矩）是位置、速度或时间的函数，而且它可以用函数、数值表格或曲线等形式表示，因此求解运动方程式的方法也不尽相同，一般有解析法、数值法和图解法三种。

12.3.1 等效转动惯量和等效力矩均为位置的函数

用内燃机、蒸汽机、汽轮机驱动活塞式压缩机、曲柄压力机、卧锻机、压砖机、压力机等机械系统都属于等效转动惯量和等效力矩均为位置的函数的情况。这时，原动机给出的驱动力矩 M_d 和工作机上所受到的阻抗力矩 M_r 都可视为位置的函数，故等效力矩 M_e 也是位置的函数，而等效转动惯量 J_e 也为位置的函数。当等效转动惯量和等效力矩可用解析式表示且可以积分时，用动能形式的机械系统运动方程式（12.23）求解较方便。

将 $J_e = J_e(\varphi)$，$M_e = M_e(\varphi)$ 代入式（12.23）可得

$$\frac{1}{2}J_e(\varphi)\omega^2 - \frac{1}{2}J_{e0}\omega_0^2 = \int_{\varphi_0}^{\varphi} M_e(\varphi)\,\mathrm{d}\varphi$$

进而可求得等效构件的角速度为

$$\omega = \omega(\varphi) = \sqrt{\frac{J_{e0}}{J_e(\varphi)}\omega_0^2 + \frac{2}{J_e(\varphi)}\int_{\varphi_0}^{\varphi} M_e(\varphi)\,\mathrm{d}\varphi} \tag{12.26}$$

由于

$$\omega(\varphi) = \mathrm{d}(\varphi)/\mathrm{d}t$$

所以

$$\int_{t_0}^{t}\mathrm{d}t = \int_{\varphi_0}^{\varphi}\frac{\mathrm{d}\varphi}{\omega(\varphi)}$$

$$t = t_0 + \int_{\varphi_0}^{\varphi}\frac{\mathrm{d}\varphi}{\omega(\varphi)} = t(\varphi) \tag{12.27}$$

从式（12.26）和式（12.27）中消去 φ，可得 $\omega = \omega(t)$。

等效构件的角加速度为

$$a = \frac{\mathrm{d}\omega}{\mathrm{d}t} = \frac{\mathrm{d}\omega}{\mathrm{d}\varphi}\frac{\mathrm{d}\varphi}{\mathrm{d}t} = \frac{\mathrm{d}\omega}{\mathrm{d}\varphi}\omega \tag{12.28}$$

特殊情况下，若等效转动惯量与等效力矩均为常数，这时，利用力矩形式的机械系统运动方程式（12.22）求解更方便。将 J_e = 常数，M_e = 常数代入式（12.22）可得

$$J_e\,\mathrm{d}\omega/\mathrm{d}t = M_e$$

故

$$a = \mathrm{d}\omega/\mathrm{d}t = M_e/J_e \tag{12.29}$$

将式（12.29）积分，并代入边界条件可得

$$\omega = \omega_0 + a(t - t_0) \tag{12.30}$$

$$\varphi = \varphi_0 + \omega_0(t-t_0) + \frac{a}{2}(t-t_0)^2 \qquad (12.31)$$

若 $M_e(\varphi)$ 是以线图或表格形式给出的，则只能用数值积分法求解。

例 12.2 如图 12.6 所示的机械系统中，已知电动机转速为 1440r/min，减速器的传动比 $i=2.5$，选 B 轴为等效构件，等效转动惯量为 $J_e = 0.5 \text{kg} \cdot \text{m}^2$。求 B 轴制动后 3s 停止所需的等效制动力矩。

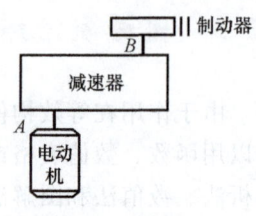

图 12.6 机械系统模型

解： B 轴在制动之前的转速为

$$\omega_r = \frac{1440}{2.5} \times \frac{2\pi}{60} \text{rad/s} = 60.32 \text{rad/s}$$

由于 $\omega = \omega_0 + a(t-t_0)$，代入边界条件 $\omega_0 = \omega_r$，$\omega = 0$，$t_0 = 0$，$t = 3$ 得

$$a = \frac{\omega - \omega_0}{t - t_0} = \frac{0 - 60.32}{3 - 0} \text{rad/s}^2 = -20.1 \text{rad/s}^2$$

制动时驱动力矩 $M_d = 0$，此时等效驱动力矩 $M_{ed} = M_d$，所以 $M_e = M_{ed} - M_{er} = M_d - M_{er} = -M_{er}$，其中 M_{er} 为等效阻力矩，此时 M_{er} 为制动力阻。由

$$\frac{d\omega}{dt} = \frac{M_e}{J_e} = a$$

可得

$$M_{er} = -aJ_e = 20.1 \times 0.5 \text{N} \cdot \text{m} = 10.05 \text{N} \cdot \text{m}$$

例 12.3 如图 12.7 所示为一带有转动衔铁的电磁开关，求在切断电路时，衔铁 2 受弹簧 3 的弹簧力作用转到最高位置 A 处所需的时间 t。设弹簧力矩的变化为 $M_d = a - b\varphi$，式中，a、b 均为常数，φ 为衔铁 2 的转角，衔铁 2 绕点 O 的转动惯量为常数 J_e。

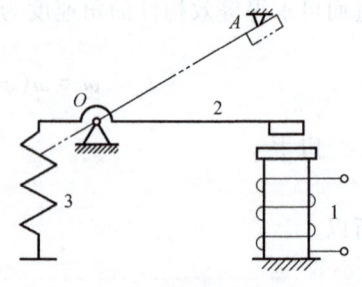

图 12.7 电磁开关

解： 由式（12.23）得 $\frac{1}{2}J_e\omega^2 - \frac{1}{2}J_e\omega_0^2 = \int_{\varphi_0}^{\varphi} M_e(\varphi)d\varphi = \int_{\varphi_0}^{\varphi}[M_{ed}(\varphi) - M_{er}(\varphi)]d\varphi$

根据题意，$t_0 = 0$，$\varphi_0 = 0$，$\omega_0 = 0$，$M_{er} = 0$，所以

$$\frac{1}{2}J_e\omega^2 = \int_0^{\varphi}(a - b\varphi)d\varphi = a\varphi - \frac{b}{2}\varphi^2$$

故

$$\omega = \sqrt{\frac{2}{J_e}\left(a\varphi - \frac{b}{2}\varphi^2\right)}$$

因为

$$t - t_0 = \int_0^{\varphi} \frac{d\varphi}{\omega}$$

所以

$$t = \int_0^{\varphi} \frac{d\varphi}{\sqrt{\frac{2}{J_e}\left(a\varphi - \frac{b}{2}\varphi^2\right)}}$$

若将上式中的 $a\varphi - \dfrac{b}{2}\varphi^2$ 写成 $AX^2 + BX + C$ 的形式,则因为 $A = -b/2 < 0$,$B = a$,$C = 0$,而 $4AC - B^2 = -a^2 0$,故由积分表查得其积分表达式为

$$\int \frac{dX}{\sqrt{AX^2 + BX + C}} = -\frac{1}{\sqrt{-A}} \arcsin \frac{2AX + B}{\sqrt{-(4AC - B^2)}}$$

因此

$$t = -\sqrt{\frac{J_e}{b}} \arcsin\left(\frac{a - b\varphi}{a} - \frac{\pi}{2}\right)$$

当等效转动惯量与等效力矩不能写成函数式,而以线图或表格的形式表示时,可用图解法或数值法求解。这里主要介绍图解法。

由于等效构件的角速度 ω 只与等效构件所具有的动能 E_e 和转动惯量 J_e 有关,即 $E_e = \dfrac{1}{2} J_e \omega^2$,因此可利用曲线 $E_e = E_e(\varphi)$ 和 $J_e = J_e(\varphi)$ 来确定 $\omega = \omega(\varphi)$。

首先根据已知条件按照 12.2.2 所述方法求出等效力矩曲线 $M_e = M_e(\varphi)$ 和等效转动惯量曲线 $J_e = J_e(\varphi)$,如图 12.8a、c 所示,其中曲线 $J_e = J_e(\varphi)$ 为一个运转周期 φ_T 内的变化曲线;再根据

$$E_e = \frac{1}{2} J_e(\varphi) \omega^2 = \frac{1}{2} J_{e0} \omega_0^2 + \int_{\varphi_0}^{\varphi} M_e(\varphi) d\varphi$$

使用图解积分法或面积仪可直接计算或测量 $\varphi_0 \sim \varphi$ 范围内曲线与横坐标所包含的正、负面积代数和的绝对值 A(单位:mm^2),横坐标以上面积为正,以下为负。考虑横纵坐标比例后,$E_e = J_{e0} \omega_0^2 / 2 + A\mu_{Me}\mu_\varphi$,即可求得曲线 $E_e = E_e(\varphi)$,如图 12.8b 所示;最后将图 12.8b、c 中各个机构位置相对应的 E_e 和 J_e 代入 $E_e = \dfrac{1}{2} J_e \omega^2$,即可求得等效构件的角速度 ω,从而再绘制出曲线 $\omega = \omega(\varphi)$,如图 12.8d 所示。

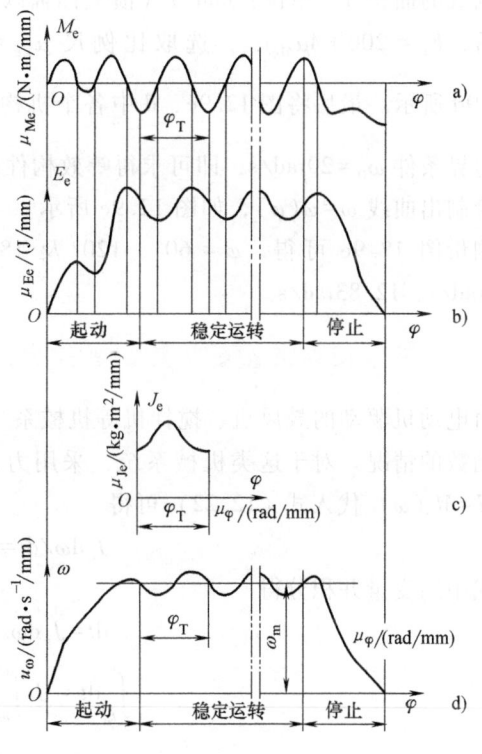

图 12.8 图解法求解机械的运转

例 12.4 如图 12.9a 所示,已知换算到机械主轴上的等效驱动力矩为常数即 $M_{ed} = 75 N \cdot m$,等效阻力矩 M_{er} 按直线递减变化;又在主轴上的等效转动惯量为常数即 $J_e = 1 kg \cdot m^2$;运动循环开始时主轴的转角和角速度为 $\varphi_0 = 0$ 和 $\omega_0 = 20 rad/s$。求当 $\varphi = 60°$、$120°$ 及 $180°$ 时主轴的角速度。

解:用图解法求解。

首先根据已知的等效驱动力矩 M_{ed} 和等效阻力矩 M_{er} 选取比例尺 $\mu_{Me} = 10\text{N}\cdot\text{m/mm}$，绘出一个周期内的等效力矩曲线 $M_e = M_e(\varphi)$，如图 12.9b 所示；选取比例尺 $\mu_{Je} = 1\text{kg}\cdot\text{m}^2/\text{mm}$，绘出等效转动惯量（为常数）的变化曲线，如图 12.9c 所示。

将边界条件 $t = 0$ 时，$\varphi_0 = 0$，$\omega_0 = 20\text{rad/s}$ 以及 $J_e = 1\text{kg}\cdot\text{m}^2$ 代入得

$$E_e = \frac{1}{2}J_e\omega^2 = \frac{1}{2}J_e\omega_0^2 + \int_{\varphi_0}^{\varphi} M_e(\varphi)\mathrm{d}\varphi$$

$$= 200 + \int_{\varphi_0}^{\varphi} M_e(\varphi)\mathrm{d}\varphi$$

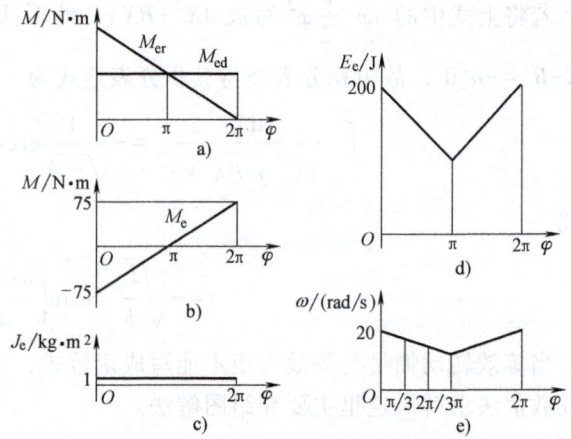

图 12.9 图解法求解机械的运转实例

使用图解积分法可直接测量或计算在 $\varphi = 0$ 至 $\varphi = 2\pi$ 范围内 $M_e = M_e(\varphi)$ 曲线与横坐标轴所围成的面积 A（单位：mm^2）（横坐标轴以上面积为正功，以下为负功）。考虑横纵坐标比例后，$E_e = 200 + A\mu_{Me}\mu_{\varphi}$，选取比例尺 $\mu_{Ee} = 10\text{J/mm}$，即可求得曲线 $E_e = E_e(\varphi)$，如图 12.9d 所示。最后将图 12.9c、d 中各个机构位置相对应的 J_e 和 E_e 代入 $E_e = \frac{1}{2}J_e\omega^2$，再代入边界条件 $\omega_0 = 20\text{rad/s}$，即可求得等效构件的角速度 ω，选取比例尺 $\mu_{\omega} = 2\text{rad}\cdot\text{s}^{-1}/\text{mm}$，从而绘制出曲线 $\omega = \omega(\varphi)$，如图 12.9e 所示。

测量图 12.9e 可得，$\varphi = 60°$、$120°$ 及 $180°$ 时主轴的角速度 ω 分别为 17.61rad/s、15.22rad/s、12.83rad/s。

12.3.2 等效转动惯量是常数，等效力矩是速度的函数

由电动机驱动的鼓风机、搅拌机等机械系统就属于等效转动惯量是常数，等效力矩是速度的函数的情况。对于这类机械系统，采用力矩形式的运动方程求解比较方便。将 $J_e =$ 常数，$M = M_e(\omega)$ 代入式（12.22）可得

$$J_e \mathrm{d}\omega/\mathrm{d}t = M_e(\omega)$$

分离式中的变量并积分得

$$\mathrm{d}t = J_e \mathrm{d}\omega/M_e(\omega)$$

$$\int_{t_0}^{t} \mathrm{d}t = J_e \int_{\omega_0}^{\omega} \frac{\mathrm{d}\omega}{M_e(\omega)}$$

$$t = t_0 + J_e \int_{\omega_0}^{\omega} \frac{\mathrm{d}\omega}{M_e(\omega)} \tag{12.32}$$

由式（12.32）可解出 $\omega = \omega(t)$，进而可求得角加速度 $a = \mathrm{d}\omega/\mathrm{d}t$，而 $\varphi = \varphi(t)$ 可由式 $\mathrm{d}\varphi = \omega\mathrm{d}t$ 积分得到

$$\varphi = \varphi_0 + \int_{t_0}^{t} \omega(t)\mathrm{d}t \tag{12.33}$$

例 12.5 用一台额定功率 $P_n = 28\text{kW}$ 的三相异步电动机来驱动一个大型转子。已知电动

机额定转速 $n_n=975\text{r/min}$，空载时的同步转速 $n_0=1000\text{r/min}$。转子的转动惯量 $J=100\text{kg}\cdot\text{m}^2$，转子轴承系统的摩擦阻力矩 $M_r=200\text{N}\cdot\text{m}$。设电动机在额定转速下稳定运转，求将转子起动到额定转速 n_n 所需的时间。

解：

$$M_n=9550\frac{P_n}{n_n}=9550\times\frac{28}{975}\text{N}\cdot\text{m}=274.26\text{N}\cdot\text{m}$$

$$\omega_n=\frac{\pi n_n}{30}=\frac{\pi\times 975}{30}\text{rad/s}=102.05\text{rad/s}$$

$$\omega_0=\frac{\pi n_0}{30}=\frac{\pi\times 1000}{30}\text{rad/s}=104.67\text{rad/s}$$

根据三相异步电动机的特性，即式（12.4）可知

$$M_d=a+b\omega$$

$$a=\frac{M_n\omega_0}{\omega_0-\omega_n}=\frac{274.26\times 104.67}{104.67-102.05}\text{N}\cdot\text{m}=10956.79\text{N}\cdot\text{m}$$

$$b=\frac{-M_n}{\omega_0-\omega_n}=\frac{274.26}{104.67-102.05}\text{N}\cdot\text{m}=-104.68\text{N}\cdot\text{m}$$

于是

$$M_d=10956.79-104.68\omega$$

又

$$J_e\text{d}\omega/\text{d}t=M_e(\omega)=M_{ed}(\omega)-M_{er}(\omega)$$

代入后得

$$100\text{d}\omega/\text{d}t=10956.79-104.68\omega-200$$

所以

$$t=100\int_0^{\omega_n}\frac{\text{d}\omega}{10756.79-104.68\omega}$$

$$=-100\times\frac{1}{104.68}[\log(10756.79-104.68\times 102.05)-\log 10756.79]\text{s}$$

$$=2.06\text{s}$$

12.3.3 等效转动惯量是位置的函数，等效力矩是位置和速度的函数

用电动机驱动的含有连杆机构、凸轮机构的机械系统，如刨床、压力机、插床等都属于等效转动惯量是位置的函数，等效力矩是位置和速度的函数的情况。电动机的驱动力矩是速度的函数，而工作机的工作阻力则是机构位置的函数。因此，等效力矩是机构位置和速度的函数。由于该系统中含有速比不为常数的机构，故等效转动惯量随机构位置而变化。对于这类机械，采用能量微分形式的运动方程求解比较方便。将 $J_e=J_e(\varphi)$，$M_e=M_e(\varphi,\omega)$ 代入式（12.14）可得

$$\text{d}[J_e(\varphi)\omega^2/2]=M_e(\varphi,\omega)\text{d}\varphi$$

即

$$J_e(\varphi)\omega\text{d}\omega+\frac{\omega^2}{2}\text{d}J_e(\varphi)=M_e(\varphi,\omega)\text{d}\varphi \qquad (12.34)$$

这是一个非线性微分方程,且一般变量 φ、ω 无法分离,故不能用解析法求解,这类问题只能用数值法求解。

如图 12.10 所示,将转角 φ 等分为 n 个微小的转角,其中每一份为 $\Delta\varphi_i = \varphi_{i+1} - \varphi_i (i=0,1,2,3\cdots,n)$。而当 $\varphi = \varphi_i$ 时,等效转动惯量 $J_e(\varphi)$ 的微分 $\mathrm{d}J_{ei}$ 可以用增量 $\Delta J_{ei} = J_{e\varphi(i+1)} - J_{e\varphi i}$ 来近似代替,并简写为 $\Delta J_i = J_{i+1} - J_i$。同样,$\varphi = \varphi_i$ 时,角速度 $\omega(\varphi)$ 的微分 $\mathrm{d}\omega_i$ 也可用增量 $\Delta\omega_i = \omega_{\varphi(i+1)} - \omega_{\varphi i}$ 来近似代替,并简写为 $\Delta\omega_i = \omega_{i+1} - \omega_i$。于是,当 $\varphi = \varphi_i$ 时,式(12.34)可写为

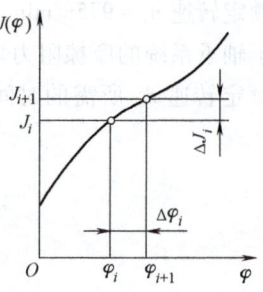

图 12.10 数值法求解

$$J_i\omega_i(\omega_{i+1} - \omega_i) + \frac{\omega_i^2}{2}(J_{i+1} - J_i) = M_e(\varphi_i, \omega_i)\Delta\varphi$$

整理后可解得 ω_{i+1} 为

$$\omega_{i+1} = \frac{M_e(\varphi_i, \omega_i)\Delta\varphi}{J_i\omega_i} + \frac{3J_i - J_{i+1}}{2J_i}\omega_i \tag{12.35}$$

应用式(12.35)进行数值法求解时,首先应选定初值,一般从 $\omega_i = \omega_0$ 开始,然后按一定的转角步长 $\Delta\varphi_i$ 计算出一个运动循环中各等分点的 ω_{i+1}。当求出一个运动循环的尾值 ω_n 后,应和初值 ω_0 相等。若不相等,说明机械尚未进入周期性稳定运转阶段,需重新设定初值 ω_0 后再重复上述运算,直到尾值 ω_n 和初值 ω_0 相等,说明机械已进入周期性稳定运转阶段,即可求出 ω-φ 关系曲线。

利用数值法计算,工作量很大,但式(12.35)可借助计算机求解。实际上只有一些简单的工程问题可求得机械系统运动方程式的解析解,而对绝大多数的工程问题,只能用数值法求得机械系统运动方程式的数值解。

例 12.6 设有一台由电动机驱动的牛头刨床,当主轴为等效构件时,其等效力矩 $M_e = 5500 - 1000\omega - M_{er}$(单位:N·m),等效转动惯量 J_e 与阻抗力矩 M_{er} 皆为位置的函数,其值列于表 12.1 中。试分析该机械在稳定运转阶段的运动情况。

解:由已知条件知,该机械的运转周期角为 $\varphi_T = 360°$。现从序号 $i = 0$ 开始,按式(12.35)进行迭代计算。

由于角速度的初值 ω_0 为未知量,通常参照电动机的额定转速或机械的平均角速度来试选初始角速度。设当 $i=0$ 时,$t_0 = 0$,$\varphi = \varphi_0 = 0$,$\omega' = \omega_0 = 5\mathrm{rad/s}$。取步长 $\Delta\varphi_i = 15° = 0.2618\mathrm{rad/s}$,则当 $i=1$ 时,由式(12.35)和表 12.1 可得

$$\omega_1' = \frac{(5500 - 1000 \times 5 - 789) \times 0.2618}{34.0 \times 5}\mathrm{rad/s} + \frac{3 \times 34.0 - 33.9}{2 \times 34.0} \times 5\mathrm{rad/s} = 4.56\mathrm{rad/s}$$

而当 $i=2$ 时,由 ω_1' 的计算结果可得

$$\omega_2' = \frac{(5500 - 1000 \times 4.56 - 812) \times 0.2618}{33.9 \times 4.56}\mathrm{rad/s} + \frac{3 \times 33.9 - 33.6}{2 \times 33.9} \times 4.56\mathrm{rad/s} = 4.80\mathrm{rad/s}$$

同理可以求出当 $i=3$、4、5、…时的 ω_3'、ω_4'、ω_5'、…,计算结果列于表 12.1 中。

由表 12.1 中数据可以看出,按照试取的角速度初值 ω_0 进行计算,主轴回转一周后,$\omega_{24}' \neq \omega_0$,这说明机械尚未进入周期性稳定运转阶段。只要以 ω_{24}' 作为 ω_0 的新初始值再重复上述运算,数周后机械即可进入稳定运转阶段。本例中,在第二周时,由于 $\omega_{24}' = \omega_0 = 4.81\mathrm{rad/s}$,表示已进入稳定运转阶段。该机械在稳定运转阶段的角速度的变化规律见

表 12.1 中 ω'' 随转角 φ 的变化。

表 12.1　牛头刨床稳定运转阶段的角速度变化规律

i	$\varphi/(°)$	$J_e(\varphi)/\text{kg}\cdot\text{m}^2$	$M_{er}(\varphi)/\text{N}\cdot\text{m}$	$\omega'/\text{rad}\cdot\text{s}^{-1}$	$\omega''/\text{rad}\cdot\text{s}^{-1}$
0	0	34.0	789	5.00	4.81
1	15	33.9	812	4.56	4.66
2	30	33.6	825	4.80	4.73
3	45	33.1	797	4.64	4.67
⋮	⋮	⋮	⋮	⋮	⋮
21	315	33.1	803	4.39	4.39
22	330	33.6	818	4.91	4.91
23	345	33.9	802	4.52	4.52
24	360	34.0	789	4.81	4.81

12.4　稳定运转状态下机械的周期性速度波动及其调节

机械的等速运转只有在等效驱动力矩和等效阻力矩随时相等（即驱动功率和阻抗功率随时相等）的情况下才能实现。否则，机械运转的速度将发生波动。机械运转速度的波动有两种不同的形态：一种是周期性速度波动，即机械运转速度虽然有波动，但在某个平均值上下做周期性波动，经过一个运动周期后又恢复到原状。周期性速度波动的条件是，尽管在一个运转周期内的任一瞬间，等效驱动力矩所做的功（即驱动功）不等于等效阻抗力矩所做的功（即阻抗功），但在一个运转周期内，等效驱动力矩所做的功等于等效阻抗力矩所做的功，所以机械仍然是稳定运转。而另一种是非周期性速度波动，这时机械的驱动功和阻抗功已失去平衡，机械已不再是稳定运转，机械运转速度将持续升高或持续降低，若不加以调节就不可能恢复到稳定运转状态。机械的周期性速度波动和非周期性速度波动是两种性质完全不同的现象。

对于大部分机械，如内燃机、曲柄压力机、刨床、活塞式压缩机等，在稳定运转阶段，主轴的平均角速度 ω_m 为一常数，而瞬时角速度 ω 随时间做周期性变化，即 $\omega(t+T)=\omega(t)$。这种周期性速度波动必将引起机械的振动和冲击，从而降低机械效率和使用寿命，同时还会降低其工作精度。所以，必须对机械周期性速度波动产生的原因、波动程度及其调节方法加以研究，将上述不良影响限制在许可的范围内。

12.4.1　机械产生周期性速度波动的原因

由于机械的运动取决于其质量、转动惯量以及所受到的外力和外力矩。作用在机械上的驱动力矩和阻抗力矩即使在稳定运转状态下往往也是原动件转角 φ 的周期性函数。那么驱动力矩和阻抗力矩等效到等效构件上的等效驱动力矩 M_{ed} 与等效阻力矩 M_{er} 必然也是等效构件转角 φ 的周期性函数。所以不对机械系统中的所有构件进行研究，而只研究等效构件的动力学问题即可。对于像内燃机、曲柄压力机、刨床、活塞式压缩机等大多数机械，其等效转动惯量是机构位置的函数，而机构位置是做周期性变化的，所以机械系统的运动必然是周期性变化的。

由于作用在等效构件上的等效力矩为等效驱动力矩和等效阻抗力矩之差，故机械在稳定运转状态下等效力矩是以等效驱动力矩和等效阻抗力矩的公共周期为周期的函数。如图 12.11a 所示为等效力矩的变化线图，等效驱动力矩和等效阻抗力矩均为等效构件转角 φ 的周期函数。φ_a、$\varphi_{a'}$ 为等效构件运转周期的开始和终止位置，运转周期为等效力矩 M_e 和等效转动惯量 J_e 变化的公共周期 φ_T。由于等效力矩和等效转动惯量都是等效构件转角 φ 的周期性函数，在该公共周期的始末，等效力矩与等效转动惯量的值均应分别相等。

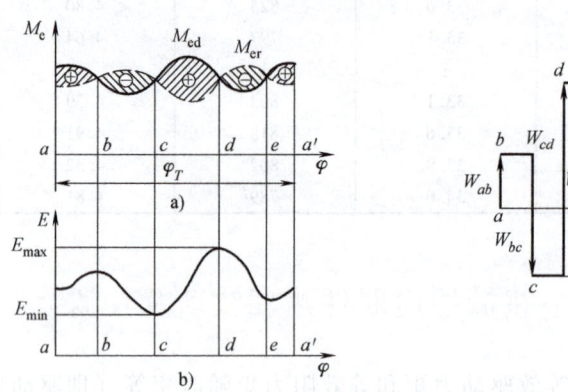

图 12.11　周期性速度波动的一个周期

在一个运转周期内的任一瞬间，等效驱动力矩所做的功 $W_{ed}(\varphi)$ 不等于等效阻抗力矩所做的功 $W_{er}(\varphi)$。由图 12.11a 中的 ab、cd、ea' 段曲线可知，等效驱动力矩 M_{ed} 大于等效阻抗力矩 M_{er}，故机械的驱动功大于阻抗功，多余出来的功在图中以"+"号标识，称之为盈功。动能增量 $\Delta E = W_{ed}(\varphi) - W_{er}(\varphi) > 0$，等效构件的角速度上升。反之，在图中的 bc、de 段，由于 $M_{ed} < M_{er}$，因而驱动功小于阻抗功，不足的功在图中以"-"号标识，称之为亏功。动能增量 $\Delta E = W_{ed}(\varphi) - W_{er}(\varphi) < 0$，等效构件的角速度下降。图 12.11b 所示为其机械动能 $E(\varphi)$ 的变化曲线。

在一个运转周期内，即图中对应于等效构件转角由 φ_a 到 $\varphi_{a'}$ 段，等效驱动力矩所做的功等于等效阻抗力矩所做的功。即 $W_{dT} = W_{rT}$，而

$$W_{dT} = \int_{\varphi_a}^{\varphi_{a'}} M_{ed}(\varphi) \, d\varphi$$

$$W_{rT} = \int_{\varphi_a}^{\varphi_{a'}} M_{er}(\varphi) \, d\varphi$$

所以

$$\int_{\varphi_a}^{\varphi_{a'}} M_{ed}(\varphi) \, d\varphi - \int_{\varphi_a}^{\varphi_{a'}} M_{er}(\varphi) \, d\varphi = \int_{\varphi_a}^{\varphi_{a'}} [M_{ed}(\varphi) - M_{er}(\varphi)] \, d\varphi = 0$$

则机械动能的增量等于零，即

$$\int_{\varphi_a}^{\varphi_{a'}} [M_{ed}(\varphi) - M_{er}(\varphi)] \, d\varphi = \frac{J_e(\varphi_{a'}) \omega^2(\varphi_{a'})}{2} - \frac{J_e(\varphi_a) \omega^2(\varphi_a)}{2} = 0 \quad (12.36)$$

由于 $J_e(\varphi_{a'}) = J_e(\varphi_a + \varphi_T) = J_e(\varphi_a)$，故有

$$\omega(\varphi_{a'}) = \omega(\varphi_a + \varphi_T) = \omega(\varphi_a)$$

由此可知，机械在稳定运转阶段，经过等效力矩与等效转动惯量变化的一个公共周期，机械的动能又恢复到原来的值，因而等效构件的角速度也将恢复到原来的数值。可见等效构

件的角速度在稳定运转过程中将呈现周期性的波动。

12.4.2 机械周期性速度波动程度的描述

图 12.12 所示为一个运转周期内等效构件角速度的变化曲线示意图。

工程中机械速度的高低常用角速度的实际平均值表示。这个实际平均值一般称为机械的"额定转速"。为了简化工程计算，常用其算术平均值近似代替实际平均值，即

$$\omega_m = (\omega_{max} + \omega_{min})/2 \tag{12.37}$$

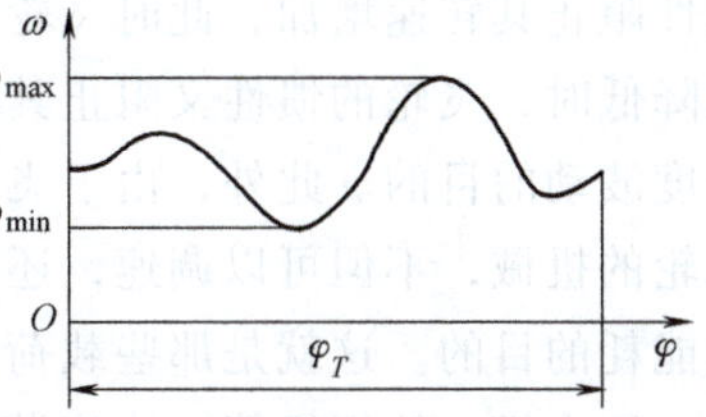

机械速度波动的程度不仅与速度变化的幅度（$\omega_{max} - \omega_{min}$）有关，还与平均角速度的大小有关。这是因为当（$\omega_{max} - \omega_{min}$）一定时，对低速机械和高速机械其变化的相对百分比显然是不同的。综合考虑这两方面的因素，工程上一般用角速度波动的幅度（$\omega_{max} - \omega_{min}$）与平均角速度 ω_m 之比来表示机械速度波动的程度，并称之为机械运转速度不均匀系数 δ，即

$$\delta = (\omega_{max} - \omega_{min})/\omega_m \tag{12.38}$$

图 12.12 角速度变化曲线

若已知 ω_m 和 δ，由式（12.37）、式（12.38）可得

$$\omega_{max} = \omega_m(1 + \delta/2) \tag{12.39}$$

$$\omega_{min} = \omega_m(1 - \delta/2) \tag{12.40}$$

由式（12.39）和式（12.40）可知，机械运转速度不均匀系数 δ 越小，ω_{max} 与 ω_{min} 越接近平均角速度 ω_m，即机械主轴越接近匀速转动，机械运转就越均匀。机械运转速度不均匀系数的大小反映了机械运转过程中速度波动的大小，它是设计飞轮的重要指标。

不同类型的机械，对速度不均匀系数 δ 大小的要求是不同的。表 12.2 中列出了一些常用机械速度不均匀系数的许用值 $[\delta]$，供设计时参考。

表 12.2 常用机械速度不均匀系数的许用值

机械名称	$[\delta]$	机械名称	$[\delta]$
碎石机	1/20~1/5	造纸机、织布机	1/40~1/50
农业机械	1/50~1/5	压缩机	1/50~1/100
压力机、剪床、锻床	1/10~1/7	纺纱机	1/60~1/100
轧钢机	1/10~1/25	内燃机	1/80~1/150
金属切削机床	1/30~1/50	直流发电机	1/100~1/200
汽车、拖拉机	1/20~1/60	交流发电机	1/200~1/300
水泵、鼓风机	1/30~1/50	汽轮发电机	≤1/200

12.4.3 机械周期性速度波动的调节

由于机械运转的速度波动对机械的工作是很不利的，它不仅影响机械的工作质量，还会影响机械的效率和寿命，所以必须加以控制和调节，将其限制在许可的范围内。

机械速度波动的调节就是要设法减小机械系统的速度不均匀系数 δ，使其不超过许用值，即

$$\delta \leq [\delta] \tag{12.41}$$

机械系统的周期性速度波动调节的方法是在机械中安装一个具有很大转动惯量的回转构

件——飞轮。

1. 飞轮调速的基本原理

飞轮之所以能调速，是利用了它的储能和放能作用。由于飞轮具有很大的转动惯量，因此要使其转速发生变化，就需要较大的能量。当驱动功超过阻抗功而使转速升高时，飞轮的惯性阻止其转速增加，此时飞轮储存能量，使其速度只是略增；当阻抗功超过驱动功而使转速降低时，飞轮的惯性又阻止其减小，此时飞轮释放能量，速度只是略减，从而实现了调节速度波动的目的。此外，由于飞轮能利用积蓄的能量来帮助机械克服其尖峰载荷，所以装有飞轮的机械，不但可以调速，还可以选用功率较小的原动机来拖动，进而达到减少投资和降低能耗的目的。这就是那些载荷大而集中、且对运转均匀性要求不高的机械系统（如破碎机、压力机、轧钢机等）中安装飞轮的主要原因。

（1）飞轮转动惯量的近似计算　飞轮的转动惯量应为多大才能保证出现盈功时将多余的能量储存起来，而在出现亏功时将储存的能量释放出来，且保证机械运转过程中速度不均匀系数不超过许用值呢？这就需要确定在一个运转周期内的最大盈亏功（即最大盈功或最大亏功）。

最大盈亏功是指在一个运转周期内动能最大值与动能最小值的差值，用 ΔW_{max} 表示。如图 12.11b 所示，机械动能最小值 E_{min} 在 c 点处，而动能最大值 E_{max} 在 d 点处。故最大盈亏功 ΔW_{max} 为

$$\Delta W_{max} = E_{max} - E_{min} = \int_{\varphi_c}^{\varphi_d} [M_{ed}(\varphi) - M_{er}(\varphi)] d\varphi \quad (12.42)$$

机械系统的等效转动惯量通常由常量和变量两部分组成，一般变量部分所占的比例较小，而常量部分所占的比例较大。为了简化计算，通常忽略等效转动惯量中的变量部分，即设机械的等效转动惯量 J_e = 常数，则当 $\varphi = \varphi_c$ 时，$\omega = \omega_{min}$；当 $\varphi = \varphi_d$ 时，$\omega = \omega_{max}$。于是式（12.42）可变换为

$$\Delta W_{max} = E_{max} - E_{min} = J_e(\omega_{max}^2 - \omega_{min}^2)/2 = J_e \omega_m^2 \delta$$

对于机械系统原来所具有的等效转动惯量 J_e 来说，等效构件的速度不均匀系数将为

$$\delta = \frac{\Delta W_{max}}{J_e \omega_m^2}$$

当速度不均匀系数不满足式（12.41）的条件时，可在等效构件上添加一个转动惯量为 J_F 的飞轮，则有

$$\delta = \frac{\Delta W_{max}}{(J_e + J_F)\omega_m^2} \quad (12.43)$$

可见，只要 J_F 足够大，就可达到调节机械周期性速度波动的目的。

这样通过式（12.41）和式（12.43）就可以确定飞轮的转动惯量 J_F 为

$$J_F \geq \frac{\Delta W_{max}}{\omega_m^2 [\delta]} - J_e \quad (12.44)$$

如果 $J_F \gg J_e$，则 J_e 可忽略不计，由此可得飞轮转动惯量的近似计算式为

$$J_F \geq \frac{\Delta W_{max}}{\omega_m^2 [\delta]} = \frac{900 \Delta W_{max}}{\pi^2 n_m^2 [\delta]} \quad (12.45)$$

$$J_F \approx \frac{m}{2}\left(\frac{d}{2}\right)^2 = \frac{m}{8}d^2$$

其飞轮矩为

$$md^2 = 8J_F \tag{12.48}$$

当选定直径 d 和计算出飞轮质量 m 后，可根据飞轮的材料求出飞轮的宽度 b。计算公式如下：

$$m = \pi d^2 b\gamma/4$$
$$b = 4m/(\pi d^2 \gamma) \tag{12.49}$$

例 12.7 机械系统的等效驱动力矩和等效阻力矩的变化如图 12.14a 所示。等效构件的平均转速为 1000r/min，机械系统速度不均匀系数的许用值 $[\delta] = 0.05$，不计其余构件的质量和转动惯量。求所需加于等效构件上飞轮的转动惯量。（注：在图 12.14a 中，点 a、b、c、d、e、f、g 对应的横坐标分别为 0、$\frac{\pi}{4}$、$\frac{3\pi}{4}$、$\frac{9\pi}{8}$、$\frac{11\pi}{8}$、$\frac{13\pi}{8}$、$\frac{15\pi}{8}$）。

解： 由图 12.14a 所示的几何关系可以求出各个区域盈功、亏功的值如下：

$$W_1 = \frac{1}{2} \times 500 \text{N} \cdot \text{m} \times \overline{ab} = \frac{1}{2} \times 500 \text{N} \cdot \text{m} \times \frac{\pi}{4} = 500 \times \frac{\pi}{8} \text{N} \cdot \text{m}$$

$$W_2 = -\frac{1}{2} \times (1000-500) \text{N} \cdot \text{m} \times \overline{bc} = -500 \times \frac{\pi}{4} \text{N} \cdot \text{m}$$

$$W_3 = \frac{1}{2} \times 500 \text{N} \cdot \text{m} \times \overline{cd} = 500 \times \frac{3\pi}{16} \text{N} \cdot \text{m}$$

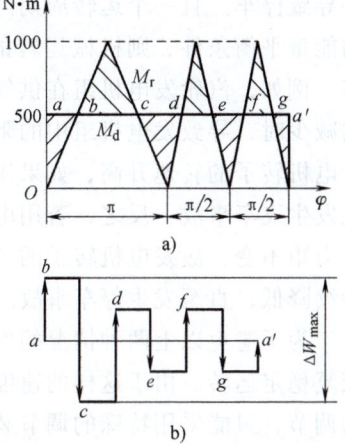

图 12.14 飞轮转动惯量的计算

$$W_4 = -\frac{1}{2} \times (1000-500) \text{N} \cdot \text{m} \times \overline{de} = -500 \times \frac{\pi}{8} \text{N} \cdot \text{m}$$

$$W_5 = \frac{1}{2} \times 500 \text{N} \cdot \text{m} \times \overline{ef} = 500 \times \frac{\pi}{8} \text{N} \cdot \text{m}$$

$$W_6 = -\frac{1}{2} \times (1000-500) \text{N} \cdot \text{m} \times \overline{fg} = -500 \times \frac{\pi}{8} \text{N} \cdot \text{m}$$

$$W_7 = \frac{1}{2} \times 500 \text{N} \cdot \text{m} \times \overline{ga'} = 500 \times \frac{\pi}{16} \text{N} \cdot \text{m}$$

式中，"+"表示盈功，"-"表示亏功。

作能量指示图，如图 12.14b 所示。先画出一条水平线，从点 a 开始，盈功表示动能增加，向上画（箭头向上），亏功表示动能减小，向下画（箭头向下）。能量指示图中的最低点对应 ω_{min}，最高点对应 ω_{max}。由图 12.14b 可以看出，点 b 最高，在该点系统的角速度最大，动能最大；点 c 最低，系统的角速度最小，动能最小。则 ΔW_{max} 为图 12.14b 中的点 b 和点 c 之间的距离，即

$$\Delta W_{max} = E_{max} - E_{min} = 500 \times \frac{\pi}{4} \text{N} \cdot \text{m} = 392.70 \text{N} \cdot \text{m}$$

$$J_F = \frac{900 \Delta W_{max}}{\pi^2 n_m^2 [\delta]} = \frac{900 \times 392.70}{3.1416^2 \times 1000^2 \times 0.05} \text{kg} \cdot \text{m}^2 = 0.716 \text{kg} \cdot \text{m}^2$$

12.5 非周期性速度波动及其调节

12.5.1 概述

机械在运转过程中,由于某些原因使得等效力矩的变化是非周期性的。若长时间内等效力矩单调增加,则等效驱动力矩所做的功总是大于等效阻抗力矩所做的功,机械将越转越快,甚至可能出现"飞车"现象,从而使机械遭到破坏;反之,若长时间内等效力矩单调减少,使等效阻抗力矩所做的功总是大于等效驱动力矩所做的功,则机械会越转越慢,最后将导致停车。且一个运转周期内等效驱动力矩和阻抗力矩所做功不再相等,破坏了稳定运转的能量平衡条件,则机械运转的速度将出现非周期性的波动,从而破坏机械的稳定运转状态。例如,汽轮发电机组在供气量不变而用电量突然增减时就会出现这种情况。当用电量突然减少时,导致发电机组中的阻抗力矩也随之减少,而由于供气量不变使得驱动力矩不变,发电机转子的转速升高,如果用电量长时间减少,将导致发电机转子的转速持续升高,有可能发生飞车事故。反之,若用电量突然增加,导致发电机组中的阻抗力矩也随之增加,而驱动力矩不变,故发电机转子的转速降低,如果用电量长时间增加,将导致发电机转子的转速持续降低,直至发生停车事故。

为了避免以上两种情况的发生,必须对这种非周期性速度波动进行调节,以使机械重新恢复稳定运转。由于这样的速度波动并不具有周期性,不能用安装飞轮的方法进行速度波动的调节,只能采用特殊的调节装置使等效驱动力矩与等效工作阻力矩恢复平衡关系。

12.5.2 非周期性速度波动的调节方法

按照原动机不同,非周期性速度波动的调节方法也不同。

(1) 以电动机为原动机的机械 由电动机的机械特性可知,其具有一定的自调性。如图 12.2c 所示,当电动机的转速由于 $M_{ed}<M_{er}$ 而下降时,其所产生的驱动力矩将增大;反之,当由于 $M_{ed}>M_{er}$ 导致电动机转速上升时,其所产生的驱动力矩将减小,所以可使 M_{ed} 与 M_{er} 自动地重新达到平衡。所以,对于选用电动机作为原动机的机械,其非周期性速度波动主要靠其自调性调节,不需要专门的调节装置。

(2) 以蒸汽机、汽轮机、内燃机等为原动机的机械 由于蒸汽机、汽轮机、内燃机等作为原动机时不具有自调性,故必须安装一种专门的调节装置——调速器来调节机械的非周期性速度波动。调速器的种类很多,常用的调速器有机械式、气动式、液压式、电子式、机械气动式和电液式等型式,下面简要介绍机械式调速器的工作原理来说明其调速过程。

图 12.15 所示为内燃机驱动的发电机组中采用的机械式调速器。内燃机 2 的驱动功与供油量的大小成正比。当载荷突然减少时,内燃机 2 和

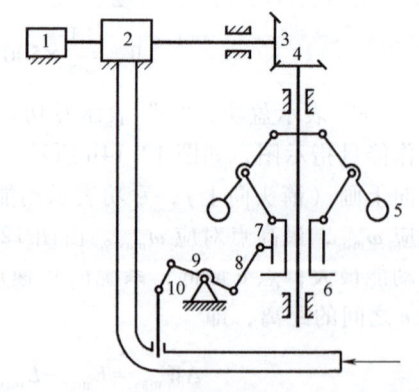

图 12.15 机械式调速器

1—工作机发电机组 2—内燃机 3、4—锥齿轮
5—调速器 6—带动套筒 7—套环 8、9、10—杆件

工作机发电机组 1 的主轴转速升高,由锥齿轮 3、4 驱动的调速器 5 的主轴转速也随着升高,调整器 5 上的两个重球因离心力增大而飞向上方,带动套筒 6 向上移动,并通过套环 7 和杆件 8、9、10 将节流阀关小,减少油路的流通面积,从而减少了内燃机的驱动功。套筒经过多次振荡后,停留在固定位置,从而建立起新的平衡关系。反之,由于载荷的突然增加而造成机械主轴转速下降时,调速器 5 中的重球所受的离心力也随之减小,重球下落,带动套筒 6 下移,通过套环 7 和杆件 8、9、10 将节流阀开大,油路开口增加,进油量的增加使得内燃机的驱动功增加。当与阻抗功平衡时,套筒经过几次振荡后停留在固定位置,被打破的平衡关系重新建立起来。

机械式调速器由于具有结构简单,成本低廉等优点,得到了广泛的应用。但它的体积庞大,灵敏度低,所以现代机械多采用电子调速器。电子调速器具有很高的静态和动态调节精度,易实现多功能、远距离和自动化控制以及多机组同步并联运行。电子调节系统由各类传感器把采集到的各种信号转换成电信号输入计算机,经计算机处理后发出指令,由执行机构完成控制任务。如在航空电源车、自动化电站、低噪声电站、高精度的柴油发电机组和大功率船用柴油机等中就采用了电子调速器。

应当指出的是,调速器和飞轮尽管都用来调速,但两者的调速原理不同,解决的问题也不同。飞轮的作用是机械出现盈功时把多余的能量吸收和储存起来,当机械出现亏功时又把储存的能量释放和补偿出来,从而降低机械运转速度的波动程度,即在机械内部起转化和调节功能的作用,而其本身并不能产生新的能量,也不能使机械在一个运动循环中的能量增加或减少,故只适用于周期性速度波动的调节。调速器的作用则不同,它是从机械的外部来调节输入机械的能量,使机械恢复稳定运转状态,故只适用于非周期性速度波动的调节。正因为如此,同一机械中可能既装有飞轮又同时装有调速器。

有关调速器的详细工作原理与设计可参阅有关调速器的专业书籍。

思 考 题

12.1 一般机械在其运转过程中有哪几个阶段?试说明机械运转各阶段的特征。

12.2 什么是等效力、等效力矩、等效质量和等效转动惯量?其各自的等效条件是什么?

12.3 机械系统运动方程式有哪几种表达形式?试举例说明它们的应用场合。

12.4 试用机械系统运动方程式来说明要保持机械主轴的角速度为常数是相当困难的。

12.5 在什么情况下等效质量 m_e、等效转动惯量 J_e 为常量 在什么情况下 m_e、J_e 为变量?

12.6 机械稳定运转的条件是什么?

12.7 机械主轴的运转速度为什么会波动?什么是周期性速度波动和非周期性速度波动?产生周期性速度波动和非周期性速度波动的原因是什么?为什么要加以调节?各用什么办法来加以调节?

12.8 机械安装了飞轮以后能否得到绝对匀速运转?飞轮能否用来调节非周期性速度波动?欲减小机械的周期性速度波动,转动惯量相同的飞轮应安装在机械的高速轴上还是低速轴上?

12.9 什么是机械运转的"平均转速"和"速度不均匀系数"?$[\delta]$ 是否选得越小越好?能否将速度不均匀系数调节到零?

12.10 为什么说在锻压设备等中安装飞轮,可以起到节能的作用?

12.11 用飞轮来调节周期性速度波动,能否节省原动机的输出功率和减小原动机的功率容量?

12.12 飞轮能否装在万向联轴器的变速轴上?

12.13 机械的自调性及其条件是什么？哪些机械具有自调性？哪些机械不具有自调性？

12.14 试简述机械式调速器的工作原理。

12.15 由公式 $J_F \geq \Delta W_{max}/(\omega_m^2[\delta])$ 你能总结出哪些重要结论？

习 题

12.16 在图 12.16 所示的行星轮系中，已知各轮的齿数为 $z_1 = z_2 = 20$，$z_3 = 60$，各构件的质心均在其相对回转轴线上，它们的转动惯量分别为 $J_1 = J_2 = 0.01 \text{kg} \cdot \text{m}^2$，$J_H = 0.16 \text{kg} \cdot \text{m}^2$，行星轮 2 的质量 $m_2 = 2 \text{kg}$，模数 $m = 10 \text{mm}$，作用在系杆 H 上的力矩 $M_H = 40 \text{N} \cdot \text{m}$，方向与系杆的转向相反。求以构件 1 为等效构件时的等效转动惯量 J_e 和等效力矩 M_e。

12.17 在图 12.17 所示的轮系中，已知各轮的齿数 $z_1 = 30$，$z_2 = 75$，$z_{2'} = 25$，$z_3 = 80$，齿轮 1、2′ 的转动惯量 $J_1 = J_{2'} = 0.0225 \text{kg} \cdot \text{m}^2$，齿轮 2、3 的转动惯量均为 $8J_1$，作用在齿轮 1 上的驱动力矩为 $M_d = 6 \text{N} \cdot \text{m}$，齿轮 3 上的阻力矩为 $M_r = 18 \text{N} \cdot \text{m}$，若齿轮 1 的初角速度为 $\omega_0 = 0$，试求：

1) 分别以轴 I、III 为等效构件时的等效转动惯量 J_{e1} 和 J_{e3}。
2) 以轴 I 为等效构件时的等效力矩 M_e。
3) 齿轮 1 的角加速度 α_1。
4) 过 2s 后齿轮 1 的角速度 ω_1。

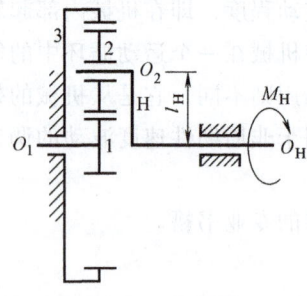

图 12.16 行星轮系

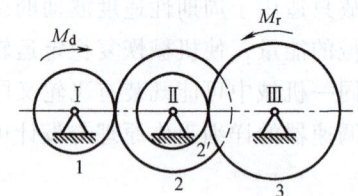

图 12.17 轮系

12.18 设有一个大型转子，其转动惯量为 $J = 100 \text{kg} \cdot \text{m}^2$，用一台额定功率为 $P_n = 28 \text{kW}$ 的三相异步电动机来拖动。已知电动机的额定转速为 $n_n = 975 \text{r/min}$，空载时的同步转速为 $n_C = 1000 \text{r/min}$，转子轴承系统的摩擦阻力矩为 $M_r = 200 \text{N} \cdot \text{m}$。设电动机在额定转速下稳定运转，求将转子起动到额定转速 n_n 所需的时间。

12.19 在图 12.18 所示的六杆机构中，已知滑块 5 的质量 $m = 20 \text{kg}$，各杆长度 $l_{AB} = l_{ED} = 100 \text{mm}$，$l_{BC} = l_{CD} = l_{EF} = 200 \text{mm}$，又 $\varphi_1 = \varphi_2 = \varphi_3 = 90°$，作用在滑块 5 上的力 $F = 500 \text{N}$。当取曲柄 1 为等效构件时，求机构在图示位置时的等效转动惯量和力 F 的等效力矩。

12.20 在图 12.19 所示的导杆机构中，已知 $l_{AB} = 100 \text{mm}$，加在导杆 3 上的力矩 $M_3 = 100 \text{N} \cdot \text{m}$，导杆对

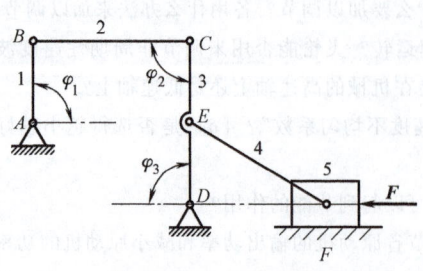

图 12.18 六杆机构

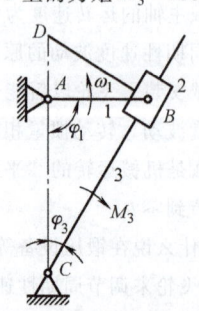

图 12.19 导杆机构

轴 C 的转动惯量为 $J_3 = 0.006\text{kg} \cdot \text{m}^2$，试求：

1) 当 $\varphi_1 = 90°$，$\varphi_3 = 30°$ 时，由 M_3 转化到构件 1 上的等效阻力矩 M_{er} 及转化到轴 A 的等效转动惯量 J_{e1}。

2) 当 $\angle ABC = 90°$ 时，由 M_3 转化到构件 1 上的等效阻力矩 M_{er} 及转化到轴 A 的等效转动惯量 J_{e1}。

12.21 图 12.20 所示为一简易插齿机构的示意图。已知曲柄 1 的长度为 r，其对轴 A 的转动惯量为 J_1；连杆 2 的长度为 l，质量为 m_2，其对质心 S 的转动惯量为 J_2；滑块 3 为一齿条，质量为 m_3，齿轮 4 的转动惯量为 J_4，分度圆半径为 r_4。已知工作阻力矩为 M_r，驱动力矩为 M_d，求图示位置时以曲柄为等效构件的等效力矩和等效转动惯量。

12.22 图 12.21 所示为一机床工作台的传动系统。设已知各齿轮的齿数，齿轮 3 的分度圆半径为 r_3，各齿轮的转动惯量为 J_1、J_2、$J_{2'}$、J_3，齿轮 1 直接装在电动机轴上，故 J_1 中包含了电动机转子的转动惯量；工作台和被加工工件的重量之和为 G。当取齿轮 1 为等效构件时，试求该机械系统等效到齿轮 1 轴上的等效转动惯量 J_e。

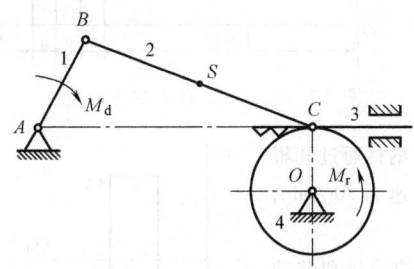

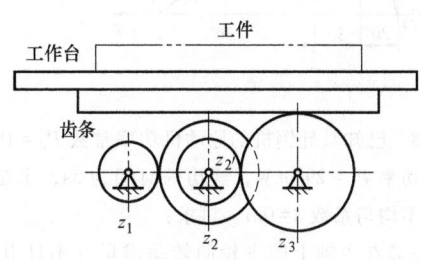

图 12.20　简易插齿机构　　　　　图 12.21　机床工作台传动系统

12.23 已知某机械系统等效转动惯量 $J = 0.5\text{kg} \cdot \text{m}^2$，等效力矩 $M = -70 - 0.3\omega$，试求角速度由 150rad/s 降到零所需时间 t。

12.24 设图 12.22 所示某机械系统的等效转动惯量 $J = 1\text{kg} \cdot \text{m}^2$，等效驱动力矩 $M_d = 70\text{N} \cdot \text{m}$，等效阻力矩 $M_r = 70\varphi/\pi \text{ N} \cdot \text{m}$，稳定运转循环开始时，等效构件位置角 $\varphi_0 = 0$，角速度 $\omega_0 = 100\text{rad/s}$，角位移周期 $\varphi_T = 2\pi$，试求等效构件的角速度 ω 及角加速度 α 与 φ 的关系式。

12.25 如图 12.23 所示为往复式液压泵机构。曲柄 AB 从静止状态开始经两转后达到稳定运转状态。在起动和稳定运转时间内，电动机的驱动力矩可视为常数。在稳定运转期间，在曲柄的前半转时，构件 3 上受到常值的有效阻力 $F = 100\text{N}$，而在后半转时，构件 3 上不受力。又设构件 3 的质量 $m = 1\text{kg}$，其余构件的质量不计，曲柄 AB 绕点 A 的转动惯量 $J_1 = 0.05\text{kg} \cdot \text{m}^2$，曲柄长度 $l_{AB} = 0.1\text{m}$，试求：

1) 转化到构件 1 上的等效阻力矩 M_{er} 和等效转动惯量 J_{e1}。

2) 转化到构件 1 上的等效驱动力矩 M_{ed}。

3) 自起动开始到稳定运转，等效构件 1 的角速度变化。

4) 稳定运转期间等效构件 1 的角速度变化以及 ω_m 和 δ 值。

5) 机械滑行（停车）时间内等效构件 1 的角速度变化。

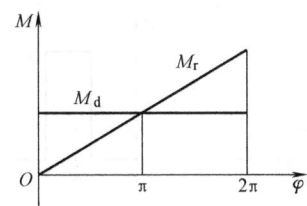

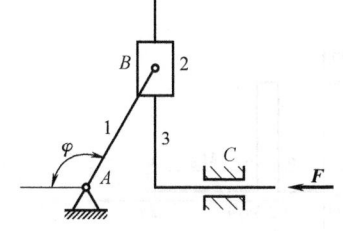

图 12.22　等效驱动力矩和等效阻力矩线图　　　　　图 12.23　往复式液压泵机构

12.26 某内燃机的曲柄输出力矩 M_d 随曲柄转角 φ 的变化曲线如图 12.24 所示，其运动周期 $\varphi_T = \pi$，曲柄的平均转速 $n_m = 620 \text{r/min}$。当用该内燃机驱动一阻抗力为常数的机械时，如果要求其运动不均匀系数 $\delta = 0.01$。试求：

1）曲轴最大转速 n_{max} 和相应的曲柄转角位置 φ_{max}。

2）装在曲轴上的飞轮转动惯量 J_F（不计其余构件的转动惯量）。

12.27 图 12.25 所示为某机械系统的等效力矩变化曲线，机械起动后转了 100π 以后开始工作，等效驱动力矩 $M_d = 30 \text{N·m}$，等效阻力矩 $M_r = 60 \text{N·m}$，等效转动惯量 $J_e = 6 \text{kg·m}^2$，试计算机械系统运转的不均匀系数。

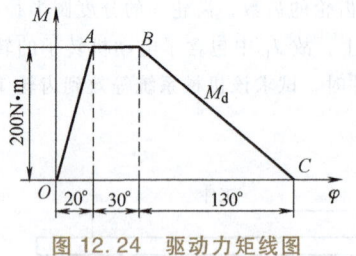

图 12.24 驱动力矩线图

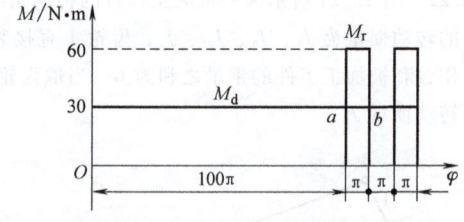

图 12.25 等效力矩变化曲线

12.28 已知某轧钢机的原动机功率常数 $P_d = 1900 \text{kW}$，钢材通过轧辊时消耗的功率 $P_r = 2940 \text{kW}$，经历的时间为 5s，主轴平均转速为 80r/min，机械运转不均匀系数 $\delta = 0.1$。试求：

1）安装在主轴上的飞轮的转动惯量（不计其他构件的质量和转动惯量）。

2）飞轮的最大转速和最小转速。

3）此轧钢机的运转周期。

12.29 已知某机械稳定运转时的等效驱动力矩和等效阻力矩如图 12.26 所示。机械的等效转动惯量为 $J_e = 1 \text{kg·m}^2$，等效驱动力矩为 $M_d = 30 \text{N·m}$，机械稳定运转开始时等效构件的角速度 $\omega_0 = 25 \text{rad/s}$，试确定：

1）等效构件的稳定运动规律 $\omega(\varphi)$。

2）速度不均匀系数 δ。

3）最大盈亏功 ΔW_{max}。

4）若要求 $[\delta] = 0.05$，系统是否满足要求？如果不满足，求飞轮的转动惯量 J_F。

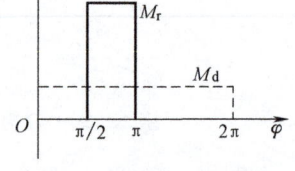

图 12.26 等效驱动力矩和等效阻力矩线图

12.30 用电动机驱动的剪床中，作用在剪床主轴上的阻力矩 M_{er} 的变化规律如图 12.27 所示。等效驱动力矩 M_{ed} 为常数，电动机转速为 1500r/min，机组各构件的等效转动惯量略去不计，试求保证运转不均匀系数 δ 不超过 0.05 时安装在电动机主轴上的飞轮转动惯量 J_F；又问电动机的平均功率应多大？

12.31 设两个机组稳定运转的周期均为 2π，第一个机组中等效阻力矩按三角形规律变化，如图 12.28a 所示，第二个机组中的等效阻力矩按矩形规律变化，如图 12.28b 所示。两机组的等效驱动力矩和等效转动惯量的大小不变，且分别相等，$M_d = 19.6 \text{N·m}$，$J_e = 9.81 \text{kg·m}^2$，稳定运转循环开始时的角速

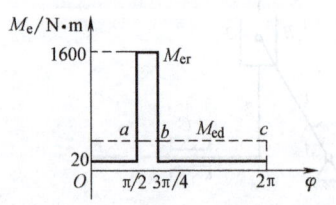

图 12.27 等效力矩变化曲线

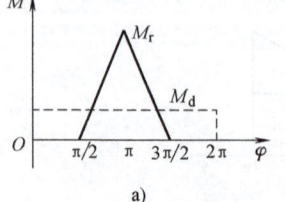
a)

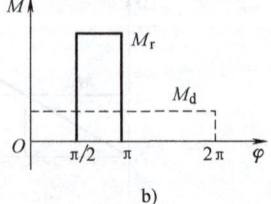
b)

图 12.28 题 12.31 图

度 $\omega_0 = 10\text{rad/s}$，试计算等效构件角速度的变化以及运动的不均匀性，并比较两机组的计算结果。

12.32 如图 12.29 所示为某机械系统在以 4π 为一个周期内的等效驱动力矩和等效阻力矩变化曲线，其中等效驱动力矩为常数。等效驱动力矩曲线与等效阻力矩曲线围成的各块面积依次为：$F_1 = 340\text{mm}^2$；$F_2 = 810\text{mm}^2$；$F_3 = 600\text{mm}^2$；$F_4 = 910\text{mm}^2$；$F_5 = 555\text{mm}^2$；$F_6 = 470\text{mm}^2$；$F_7 = 695\text{mm}^2$。绘图比例尺分别为 $\mu_M = 100\text{N}\cdot\text{m/mm}$，$\mu_\varphi = 1\text{rad/mm}$，等效构件的平均转速 $n_m = 800\text{r/min}$，运转速度不均匀系数 $\delta = 0.02$。试求：

1) $\omega_{\max}$ 和 $\omega_{\min}$ 的位置。
2) 若忽略其他构件的转动惯量，求满足 δ 条件下的飞轮转动惯量 J_F。

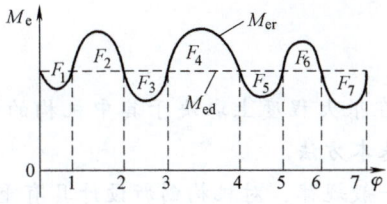

图 12.29 等效驱动力矩和等效阻力矩的变化曲线

第13章 机构创新设计

[**本章提要**] 机器创新在很大程度上取决于其中机构的创新。本章主要介绍创新设计的特点及机构创新设计的基本方法。

了解并掌握机构创新的一般规律，对机构创新设计具有重要的指导意义。

13.1 概述

设计是为了满足人类和社会需求而进行创造性思维的实践过程。随着社会的发展和人们需求的变化，原来那些能满足预定功能的机械可能会变得不能满足客观需求，因此需要对现有机械改进设计或全新设计，创造新机械。

创新设计具有如下特点。

（1）独创性　独创性是指设计者敢于突破陈规陋习，提出与他人不同的见解，敢于打破一般思维的常规惯例，寻找更合理的新原理、新机构、新功能、新材料。独创性能使设计方案标新立异，不断创新。

例如，人工洗衣通常用手搓、脚踩、刷子刷、棒槌打、流水冲等方法去除衣物的污垢，为了代替人的洗衣动作，在洗衣机滚筒内放置衣物和鹅卵石，滚筒回转时鹅卵石反复挤压衣物，达到去污的目的。搅拌式洗衣机和波轮式洗衣机属于机械式洗衣机。真空洗衣机用真空泵将洗衣机缸内抽成真空状态，衣物和水在缸内转动时，水在衣物表面产生气泡，气泡破裂产生爆破力将衣物的污垢微粒弹开并抛向水面。超声波洗衣机利用超声波使衣物上的污垢分解而离开衣物。电磁洗衣机利用高频振荡使污垢与衣物分离。此外，还有利用微型计算机与多种传感器控制的全自动洗衣机。从洗衣机的开发可以看出，设计人员发挥独创性，应用新技术，可开发出更多新产品。

（2）实用性　实用性体现在对市场的适应性和可生产性两方面。

创新设计必须针对社会的需要，满足用户对产品的需求。20世纪70年代，科学家发现制冷设备中的氟利昂会破坏高空臭氧层对紫外线的吸收，并影响到人类的生活。针对制冷设备中这一关键问题，研制出溴化锂以代替原来大中型空调机上的氟利昂，这一创新设计具有巨大的社会效益和经济效益。

可生产性要求创新设计具有较好的加工工艺性和装配工艺性，能以市场可接受的价格加工产品，并投入使用。

(3) 突破性　人们往往习惯于从已有的经验和知识中，从考虑某类问题获得成功的思维模式中寻求解题方案，受到"思维定势"的约束。突破性是指敢于克服心理上的惯性，从思维定势的框框中解脱出来，善于从新的技术领域中接受有用的事物，提出新原理、创造新模式、贡献新方法，为工程技术问题打开新局面。

如对卫星天线的设计，不论是采用机、电还是液的方法都很复杂。近年来，人们发现镍钛合金具有记忆功能，即将这种记忆合金在某种温度下进行处理后，在其他温度环境中不论把元件弯成什么形状，只要达到特定的处理温度时，元件会自动恢复原有形状。根据这一原理设计的记忆合金卫星天线，在发射卫星时，将天线卷曲成团塞在卫星的内部，到达轨道后，随着温度的变化，卫星天线就会自动恢复为预定的形状。这种设计方案简单可靠，克服了必须用特定机构打开天线的思维定势，具有突破性。

(4) 多向性　善于从多种不同角度考虑问题，通过发散（提出多种设想、答案）、换元（变换诸多因素中的某一个）、转向（转变受阻的思维方向）等途径，以获得新思路和新方案。据统计，设计活动中成功的概率与设想出供选择方案的多少是成正比的。多向性体现为扩散思维和多向思维。扩散思维以某一现实事物为起点，诱发出多种奇思异想，通过一个来源产生众多的输出。多向思维是对某一事物和问题从不同角度探索尽可能多的解法和思路。

例如，要设计一个加工螺纹的机构，可以设想采用切削、滚压、挤压等方法。经过分析比较，根据滚压加工原理发明了搓丝机构，可有效提高其疲劳强度，并减少切削工作量，又节省了材料，且提高了劳动生产率。

(5) 推理性　创造性思维也是一种推理思维，它引导人们由已知探索未知，开阔思路。推理思维包括纵向思维、横向思维、逆向思维。纵向思维针对某现象和问题进行纵深思考，探寻其本质而得到新的启示。横向思维通过某一现象联想到特点与它相似和相关的事物，从而发现新应用。逆向思维针对现象、问题和解法，分析其相反的方面，从另一角度探寻新的途径。

例如，内燃机的曲柄滑块机构，滑块（活塞）是主动件，曲柄（曲轴）是输出构件。根据逆向推理把曲柄作为主动件，而滑块作为输出构件，于是创造出了空气压缩机。

(6) 突变性　直觉思维、灵感思维是在创造性思维中对问题产生的一种突如其来的领悟和理解。在思维过程中突然闪现出一种新设想、新观念，从而使问题得到解决。例如，阿基米德从洗澡时浴缸中水的溢出产生灵感而得出浮力定律。又如，工程师在研究如何使汽油和空气均匀混合以保证内燃机有效工作的问题时，从喷洒香水装置中受到启发，发明了发动机的汽化器。

(7) 综合性　综合性是指设计者应善于进行综合思考，把已有的概念、事实、信息通过巧妙的结合形成新的成果。例如，数控机床就是集机械、传感器和计算机技术于一身，通过巧妙的组合而形成的一种机电一体化的技术产品。

13.2　机构创新设计基本方法

机构的创新设计方法很多，这里主要介绍以下几种基本设计方法。

13.2.1　利用构件的运动特点创新机构

利用现有机构工作原理，充分考虑机构运动特点、各构件相对运动关系及特殊的构件形状等,可创新设计出新的机构。

1. 利用连架杆或连杆运动特点创新机构

利用简单机构的某些连架杆或连杆的运动特点完成某一动作过程是机构创新的一种有效方法。

如图 13.1 所示的车门开闭机构为一反平行四边形机构。它利用反平行四边形机构运动时两曲柄转向相反的运动特点,使两扇车门同时打开或关闭。

如图 13.2 所示的铸锭供料机构,它的主机构是双摇杆机构 1、2、3、6,利用连杆的特殊构形的位置与姿态,将加热炉中出料后的铸锭 8 运送到升降台 7 上。其中构件 4、5 构成了液动机构,这种机构利用连杆导引性运动特性构成了一种巧妙的出料机构。

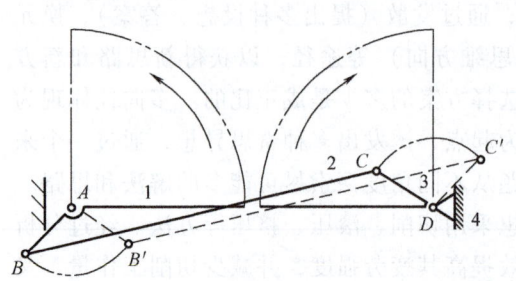

图 13.1 车门开闭机构

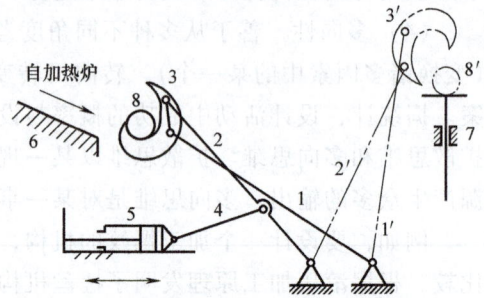

图 13.2 铸锭供料机构

如图 13.3 所示,利用导杆和摇块的运动特性构成了油泵机构。因为导杆 3 既摇摆又上下移动,而摇块 4 可左右摆动,故可利用导杆与摇块的运动分别接通吸油口和排油口,从而实现吸油和压油的工作要求,其结构简单,设计巧妙。

如图 13.4 所示,利用双摇杆机构中的连杆 BC 可做整周转动来带动摇杆 AB 做往复摆动,使风扇在高速转动的同时来回摇动,从而设计出风扇的摇头机构。

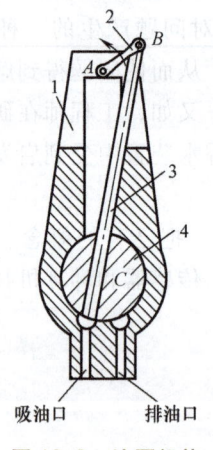

图 13.3 油泵机构

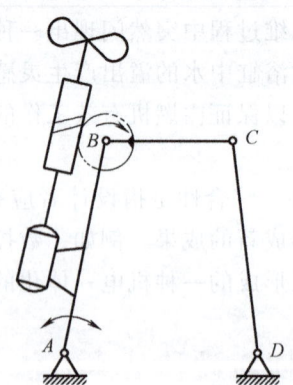

图 13.4 风扇的摇头机构

2. 利用两构件相对运动关系创新机构

利用两构件相对运动关系来完成独特的动作过程,也是机构创新的一种思路。

如图 13.5 所示为一种新型抓斗机构,它是由行星轮系 1、2、3 和两边对称布置的杆 4、

5组成的。1、2为齿轮,3为转臂,转臂3扩展为抓斗的一侧爪,齿轮2扩展为抓斗的另一侧爪,而杆4、5可使左、右侧爪对称运动,绳索7使齿轮1转动,可控制两侧爪的开合。这一新型抓斗机构的创新构思是应用简单的行星轮系,将齿轮2和转臂3的构型和功能加以扩展,利用两构件的运动关系来设计。

3. 利用成形固定构件实现复杂动作过程

在轻工业生产过程中,如糖果、饼干、香烟、香皂等的裹包和颗粒状、液体状食品的制袋充填等的工艺动作都比较复杂。为实现比较复杂的工艺动作,若按通常的工艺动作分解,并按每一分解动作来设计一个执行机构以完成复杂的工艺动作,则会使机械中的机构系统很复杂。此时,若采用具有特殊形状的固定模板来完成某些工艺动作,则可使机构形式简单而合理。这也是一种有效的机构创新方法。

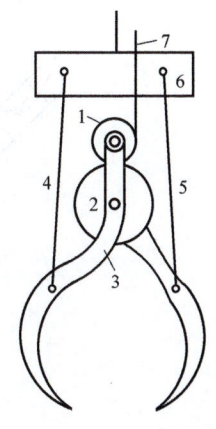

图 13.5 新型抓斗机构

如图 13.6 所示,已在折边或包裹包装机上采用凸轮机构完成了侧面上、下折边和前、后端左边角折边,接下来应完成前、后端右边角的折角和上、下端的折角这两个动作。为了简化机构,可设计两对特殊形状的固定模板1和2,如图 13.6 所示将包裹包装物体向右推动,通过固定模板1就可完成前、后端右边角的折角动作;再向右推动,通过固定模板2就可完成上、下端的折角动作。这种设计使结构简单,动作完成也可靠。

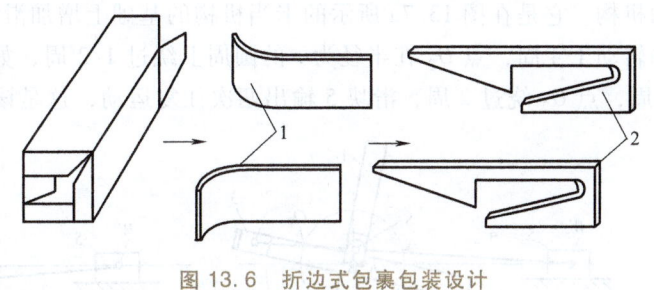

图 13.6 折边式包裹包装设计
1、2—固定模板

13.2.2 基于机构变异的创新机构

为了满足一定的工艺动作要求,或为了使机构具有某些性能与特点,改变已知机构的结构,在原有机构的基础上,演变发展出新的机构,这种演变称为变异,变异得到的新机构称为变异机构。

机构的变异方法有很多,以下介绍几种常用的变异创新设计方法。

1. 机构的扩展

以原有机构作为基础,增加新的构件,构成一个扩大的新机构,称为机构的扩展。机构扩展后,原有机构各构件间的相对运动关系不变,但所构成的新机构的某些性能与原机构差别很大。

图 13.7a 所示为卡当运动机构。若令杆 O_1O_2 为机架,则原机构的机架成为转子3,如图 13.7b 所示,曲柄1每转动一周,转子3也同步转动一周,同时滑块2、4在转子3的十字槽5内往复运动,将流体从入口 A 送往出口 B,这样便得到一种泵机构。

图 13.8 所示的机构,是将两导轨夹角为直角的卡当机构(图 13.7a)扩展得到的。因为两导轨垂直,故点 O_2 与线段 PS 的中点重合,且 PS 中点至中心 O_1 的距离也恒等于 $\overline{PS/2}$。

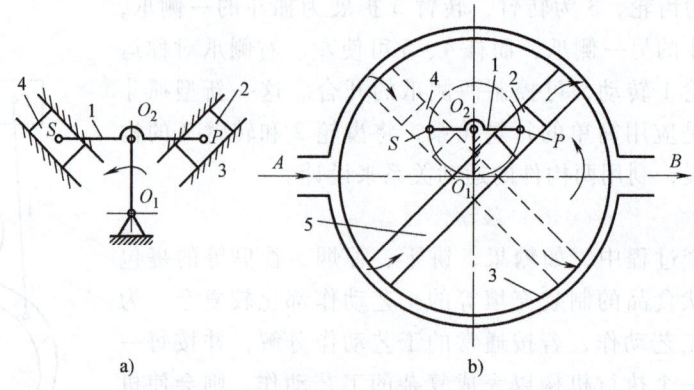

图 13.7　卡当机构及其倒置的变换机构

由于这一特殊的几何关系，曲柄 O_1O_2 与构件 PS 所构成的转动副 O_2 的约束为虚约束，于是曲柄 O_1O_2 可以省略。若改变图 13.7a 所示机构的机架，令十字槽为主动构件，并使它绕固定铰链中心 O_1 连续转动，连杆 4 延伸到点 W，驱动滑块 5 做往复运动，就得到图 13.8 所示的机构。它是在图 13.7a 所示的卡当机构的基础上增加滑块 5 扩展得到的。该机构的十字槽每转动 1/4 周，点 O_2 在半径为 r 的圆周上绕过 1/2 周，如图 13.8a、b 所示，十字槽每转动 1 周，点 O_2 绕过 2 周，滑块 5 输出两次往复运动，这是该机构的主要特点。

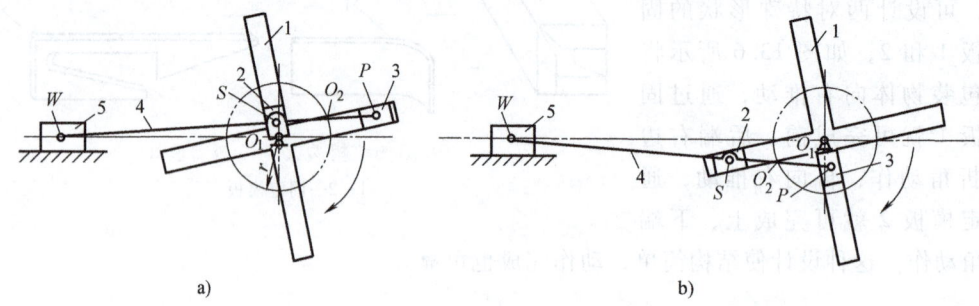

图 13.8　机构的扩展实例

2. 机构局部结构的改变

改变机构局部结构，包括改变构件运动形式和机构组成结构。通过改变机构局部结构，可以获得有特殊运动性能的机构。图 13.9 所示为一种左边极限位置附近有停歇的导杆机构。此机构之所以有停歇的运动性能，是因为将导杆槽 a 的中线某一部分做成了圆弧形 b，且圆弧半径等于曲柄 1 的长度，而圆心在 O_1。

改变机构的局部结构最常见的情况是机构的主动构件被另一自由度 $F=1$ 的机构或构件组合所置换。图 13.10 所示为以倒置后的凸轮机构取代曲柄的情形。因为凸轮 5 的沟槽有一段凹圆弧 ab，其半径等于连杆 3 的长度，故主动杆 1 在转过 α 的过程中，滑块处于停歇状态。

13.2.3　基于组合原理的机构创新

在机构的实际工程应用中，对机构的运动形式和规律以及动力性能等的要求各不相同，其中有些要求很难满足。此时，常把一些基本机构按照一定的方式组合起来创新设计出一种与原机构特点不同的新的复合机构，以满足工程实际要求。实践表明，采用机构组合原理可

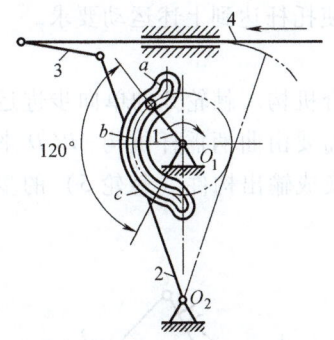
图 13.9　有停歇特征的导杆机构

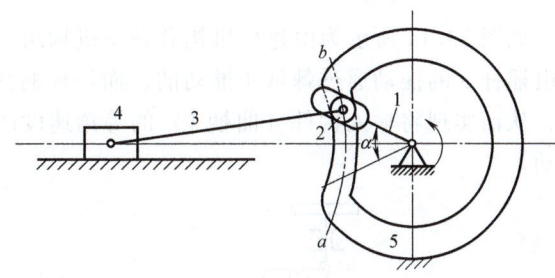
图 13.10　改变机构的局部结构

以设计出功能新颖、简便易行的机构。

1. 连杆机构-连杆机构组合

图 13.11 所示为手动压力机中的复合连杆机构，实际为六杆机构。其可看成是由两个四杆机构组合成的。第一个是由原动件（手柄）1、连杆 2、从动摇杆 3 和机架 4 组成的双摇杆机构，第二个是由摇杆 3、小连杆 5、冲杆 6 和机架组成的摇杆滑块机构。由图可以看出，前一个四杆机构的输出件成为第二个四杆机构的输入件。扳动手柄 1，冲杆 6 就会上下运动。采用六杆机构，使扳动手柄的力获得两次放大，从而增大了冲杆的作用力。这种增力方式在实际机构中经常用到。

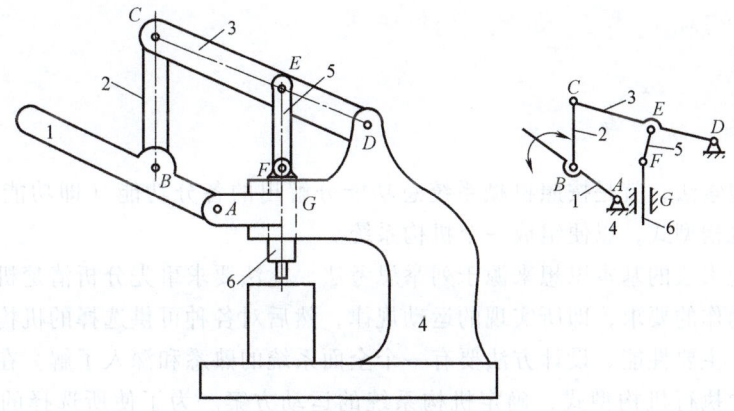
图 13.11　手动压力机中的复合连杆机构（六杆机构）

2. 凸轮机构-凸轮机构组合

图 13.12 所示为双凸轮机构，它由两个凸轮机构组合而成，两个凸轮机构协调配合来控制十字滑块 3，从而使滑块 3 描绘出预定的轨迹。

3. 连杆机构-凸轮机构组合

连杆机构和凸轮机构组合的形式很多，这种组合机构通常用于实现从动件预定的运动轨迹和规律。图 13.13 所示为巧克力包装机托包用的连杆凸轮机构。当主动曲柄 OA 回转时，点 B 被强制在固定凸轮凹槽中运动，从而使托杆达到图示运动规律，托包时慢进，不托包时快退，以

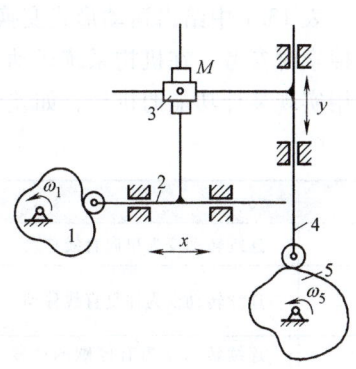
图 13.12　双凸轮机构

提高生产效率。因此，只要把凸轮轮廓线设计得当，就可以使托杆达到上述运动要求。

4. 连杆机构-棘轮机构组合

如图 13.14 所示为由连杆机构和棘轮机构组合而成的组合机构。棘轮 5 的单向步进运动是由摇杆 3 的摆动通过棘爪 4 推动的，而摇杆的往复摆动又需要由曲柄摇杆机构 ABCD 来完成，从而实现将输入构件（曲柄 1）的等角速度回转运动转换成输出构件（棘轮 5）的步进转动。

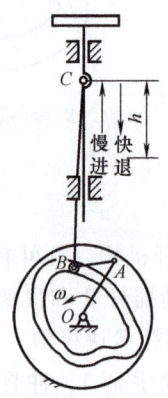

图 13.13　巧克力包装机托包用的连杆-凸轮机构

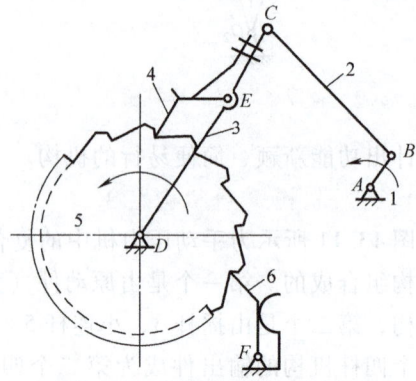

图 13.14　连杆-棘轮组合机构

13.3　常用的机构系统创新设计方法

13.3.1　机构系统搜索法

机构系统搜索法，就是按照机械系统总功能分解出的各分功能（即功能元）来寻找各种可能采用的机构型式，以便组成一个机构系统。

机构系统搜索法的基本思想来源于列举思考法。此法要求事先分析清楚机器各个分功能所对应的工艺动作的要求，即所实现的运动规律，然后对各种可供选择的机构型式、工作原理、运动特点、主要性能、设计方法要有一个全面系统的熟悉和深入了解。在此基础上才能合理选择相应的执行机构型式，确定机构系统的运动方案。为了使所选择的方案合理、最优，可以对多种方案进行全面分析，比较后确定某一最佳方案。

表 13.1 中给出运动形式变换的基本功能和可以实现该运动变换的机构，可以供机构系统搜索时参考。在机构系统运动方案设计和构思中，除了采用运动形式变换的机构外，还要采用实现某种功能的机构，如差动机构、行程放大和行程可调机构、增力及夹持机构等。

表 13.1　运动形式变换的功能及其实现机构

序号	运动形式变换的功能	实现机构
1	连续转动变为单向直线移动	齿轮齿条机构、螺旋机构、蜗杆齿条机构、带传动机构等
2	连续转动变为往复直线移动	曲柄滑块机构、直动从动件凸轮机构、正弦与正切机构、牛头刨床机构、不完全齿轮齿条机构等
3	连续转动变为有停歇的往复直线移动	直动从动件凸轮机构、利用连杆轨迹实现间歇运动机构、组合机构等

(续)

序号	运动形式变换的功能	实现机构
4	连续转动变为单向间歇直线移动	不完全齿轮齿条机构、曲柄摇杆机构+棘条机构、槽轮机构+齿轮齿条机构等
5	连续转动变为单向间歇转动	槽轮机构、不完全齿轮机构、圆柱凸轮式间歇机构、蜗杆凸轮间歇机构等
6	连续转动变为双向摆动	曲柄摇杆机构、摆动导杆机构、曲柄摇块机构、摆动从动件凸轮机构、组合机构等
7	连续转动变为停歇双向摆动	摆动从动件凸轮机构、利用连杆轨迹实现停歇运动机构、曲线导槽的导杆机构、组合机构等
8	往复摆动变为单向间歇转动	棘轮机构等
9	连续转动变为实现预定轨迹的运动	平面连杆机构、连杆-凸轮组合机构、直线机构、椭圆仪机构等

例如要设计一台适用于印刷 16 开以下印刷品的平板印刷机,如图 13.15 所示。根据其总功能可以把它分解成以下三个分功能:

1)印头的往复摆动。使固定在印头上的纸张与涂墨后的铅字版贴合,完成印刷工艺。

2)油辊的上下滚动。在固定铅字版上均匀涂刷油墨。

3)油盘的间歇转动。使定量输送至油盘上的油墨能均匀涂抹在油辊上。

为了实现印头的往复摆动,可以选用的机构有平面连杆机构、摆动从动件凸轮机构及凸轮-连杆组合机构等,见表 13.2。考虑到选用的机构应该结构简单、动作可靠,故采用曲柄摇杆机构。

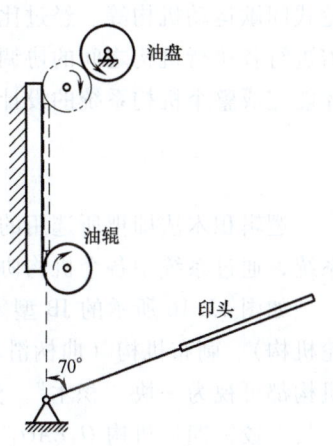

图 13.15 平板印刷机

表 13.2 印头执行机构

序号	1	2	3	4	5
简图					
特点	结构简单、设计计算方便,有急回特性,铰链不易自锁	结构简单、设计计算方便,有急回特性,移动副中有摩擦	结构简单、设计计算方便,可产生瞬时停歇,易磨损	结构比较复杂,可产生瞬时停歇,高副处易磨损	结构比较复杂,可产生瞬时停歇

为了实现油辊的上下滚动,可以采用的机构有固定凸轮-连杆组合机构、固定凸轮机构与摆动导杆机构的组合或六连杆机构与固定凸轮机构的组合等,见表 13.3。考虑到易于实现所要求的运动,通常采用固定凸轮-连杆组合机构。

表 13.3　油辊执行机构

序号	1	2	3
简图	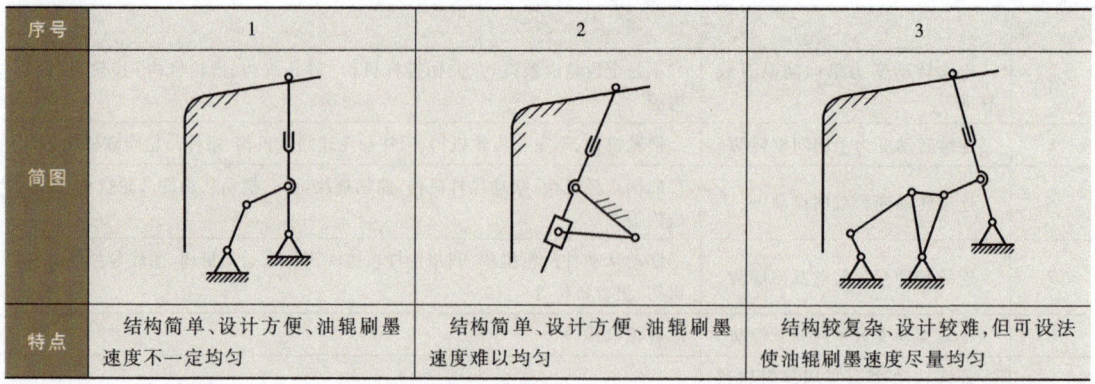		
特点	结构简单、设计方便、油辊刷墨速度不一定均匀	结构简单、设计方便、油辊刷墨速度难以均匀	结构较复杂、设计较难，但可设法使油辊刷墨速度尽量均匀

为了实现油盘的间歇转动，常采用的机构有棘轮机构、槽轮机构、不完全齿轮机构、凸轮式间歇运动机构等。经过比较，通常选用槽轮机构较为适合。三个执行机构选好以后，还需进行各执行机构之间的协调设计，以及从原动机至执行机构之间的传动系统设计等，这样才能完成整个机构系统的设计。

13.3.2　逻辑积木法

逻辑积木法即把所选用的机构看作一块块积木，然后按一定的逻辑关系搭接成一个机构系统，通过系统中各个机构协调配合来完成机器的总功能。

如图 13.16 所示的 JB 型家用缝纫机是由挑线机构（铰链四杆机构或摆动从动件圆柱凸轮机构）、刺布机构（曲柄滑块机构）、钩线机构、送布机构等组成的机构系统。其中每个机构都可视为一块"积木"。然后把它们逐个搭接起来，先把送布机构与抬牙机构搭接，再搭接上铰链四杆机构 O_5EAO_4 和 O_3BCO_6 以及绕 O_1 旋转的等宽六圆弧凸轮机构，再使它们在一定约束条件下协调动作，即可形成一条近似矩形的送布轨迹，如图 13.17 所示，以满足送布功能要求。

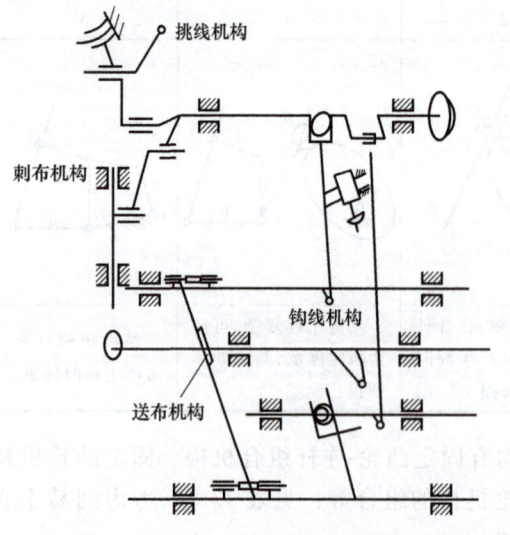

图 13.16　JB 型家用缝纫机机构运动简图

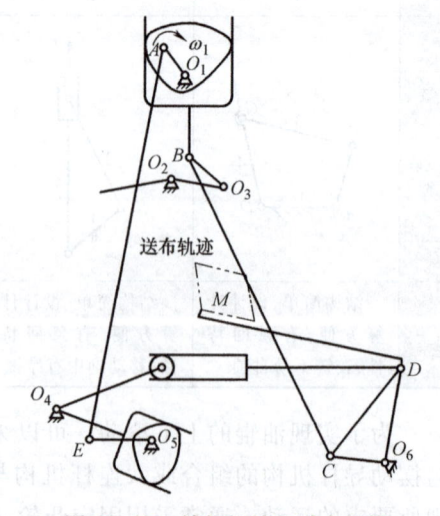

图 13.17　缝纫机抬牙送布机构

总之，整个缝纫机就是由这些机构像搭积木一样，一块一块搭接而成，而且各机构之间必须在时间和空间上都受到一定的约束，相互之间必须协调配合，才能完成缝纫机的缝纫总功能。该系统输入面线、底线、布片，输出的是缝纫好的成衣。

13.3.3 形态学矩阵法

设计者把系统分解成几个独立因素，并列出每个因素所包含的几种可能状态（作为列元素）构成形态学矩阵，通过组合找出可实施的方案。

例如，在进行四工位专用机床设计时，可以根据图 13.18 所示的四工位专用机床运动转换功能图，对图中每个矩阵框中的功能选择合适的机构型式。然后把纵坐标列为分功能，横坐标列为分功能解，即为分功能所选择的机构型式。这样就形成了一个功能解组合的矩阵，称为形态学矩阵。

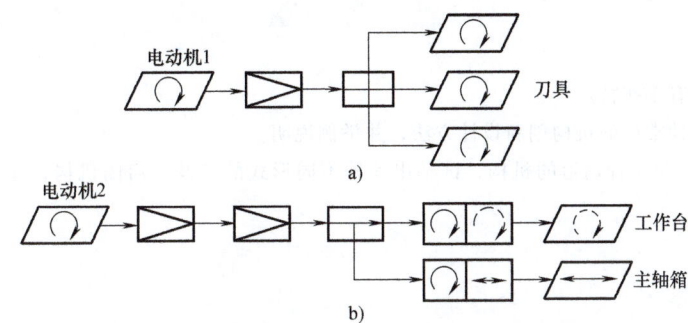

图 13.18　四工位专用机床运动转换功能图

a) 实现刀轴连续转动的运动转换图　b) 实现工作台间歇运动和主轴箱往复运动的运动转换图

表 13.4 所列为四工位专用机床形态学矩阵。对该形态学矩阵的行、列进行组合，可以解得 N 种方案。

$$N = 5\times5\times5\times5 = 625（种）$$

从这 625 种方案中剔除明显不合理的方案，再从是否满足预定的运动要求、运动链中机构安排的顺序是否合理、制造上的难易、可靠性的好坏等方面进行综合评价，然后选择较优的方案，见表 13.4。

表 13.4　四工位专用机床形态学矩阵

分功能		匹配机构				
		1	2	3	4	5
减速 A		带传动	链传动	蜗杆传动	齿轮传动	摆线针轮传动
减速 B		带传动	链传动	蜗杆传动	齿轮传动	行星传动
工作台间歇转动 C		圆柱凸轮间歇机构	蜗轮凸轮间歇机构	曲柄摇杆棘轮机构	不完全齿轮机构	槽轮机构
主轴箱移动 D		移动从动件圆柱凸轮机构	移动从动件盘形凸轮机构	摆动从动件盘形凸轮与摆杆滑块机构	曲柄滑块机构	六杆机构

13.3.4 机构综合法

随着科学技术的发展，机构的概念已不再局限于狭义的机械范畴。现代机构把光、电、液、气等新技术也融入其中，形成广义机构的新概念。因此，机构系统综合时，不仅要考虑机械的传动机构，而且应该把广义机构引入机构系统，从而开拓思路，形成全新概念的机构系统。

例如图片扫描仪就选用了步进电动机来代替机械的间歇运动机构，大大提高了运动精度和系统的控制性能。

此外，在工业上广泛应用的数控机床、工业机器人以及许多高新技术中应用的机电一体化设备，其中不少都是采用了广义机构综合法而创新出来的最佳机构系统。

思 考 题

13.1 创新设计有哪些特点？

13.2 试列举几种常用的机构创新设计方法，并举例说明。

13.3 "门"是启闭某种通道的机构，试举出 5 种不同形式的门及其启闭机构，并分析其功能、结构和设计思想。

第14章 机械系统方案设计

[**本章提要**] 本章主要介绍机械系统的常用设计方法与设计的一般过程。重点对设计过程中关于原动机、传动系统、执行单元的相关设计内容和方法进行说明,并对设计方案的选择与评价方式进行介绍。

14.1 概述

机械设计的任务是围绕着开发新的机械产品或改造老的机械产品而进行的,是形成机械产品的第一道工序。机械设计的最终目的是提供满足人们需求、具有一定功能、优质高效、价廉物美,并具有市场竞争力的机械产品。从系统工程的角度考虑机械的设计是现代机械设计方法的主要特点之一。所谓系统,是指具有特定功能,相互间具有有机联系,由若干要素构成的一个整体。而机械系统是指由若干零件、部件和装置组成,并具有特定功能的一个特定系统。

机械系统主要由原动机、传动系统、执行系统和控制系统组成。因此,机械系统方案设计的主要内容是:原动机的选择、执行系统的方案设计、传动系统的方案设计、控制系统的方案设计以及其他辅助系统(包括照明、润滑冷却等部分)的设计。本章将介绍机械系统方案设计的一些基础知识,并着重介绍执行系统与传动系统的方案设计。

为清楚了解机械系统方案设计在整个机械系统设计中的地位和作用,有必要初步了解一下机械系统设计的方法和一般过程。

14.1.1 机械系统设计的方法

机械系统(机械设备或机械产品)种类繁多,型式多样,用途各异,相应的设计方法也多种多样。在设计时可根据不同的设计对象、设计基础、设计条件、设计要求等因素综合考虑设计所使用的方法,常见的设计方法有以下几种。

1) 理论设计。理论设计主要是根据一定的科学理论及实验结论进行设计,可分为设计计算与校核计算两种。设计计算是指根据机械系统中零件的运动要求、受力情况、材料性能及失效形式等,用理论公式计算出零件危险截面的尺寸,然后根据结构与工艺等方面的要求,设计出机械或零件的具体结构。校核计算则是参照已有的实物、图样和经验数据,即根据零件的形状和尺寸,通过理论公式校核其强度是否满足使用要求。

2）经验设计。经验设计是根据现有机械系统在使用中总结出来的经验数据或公式进行设计，或与同类机械系统相类比进行设计。经验设计简便、可靠，避免了繁琐费时的计算过程，是一种实用有效的设计方法，但有时由于缺乏相似型式的机械系统可供类比，而使此法受到一定限制。

3）模型实验设计。对于一些巨大的、结构复杂的重要机械系统，由于往往难以进行可靠的理论设计，因此可采用模型实验设计。通过模型实验，测定其主要零部件的实际应力分布情况和极限承载能力，并根据实验结果修改初步设计的模型，这样便弥补了理论设计和经验设计的不足。

为了适应人类对物质文明和精神文明不断发展的需要，产生和发展了机械系统的现代设计方法和理论。常用的现代设计方法有：构思设计（功能分析）法、创造性设计法、可靠性设计法、计算机辅助设计法、优化设计法、动态分析设计法等。

14.1.2 机械系统设计的一般过程

机械系统设计的一般过程可分为以下四个阶段：

（1）可行性研究　对产品的预期需要、工作条件和关键技术进行分析研究，通过调研，确定设计任务要求，提出功能性的主要设计参量，做成本和效益的估算，论证设计的必要性和先进性，提出由环境、经济、加工以及时限等各方面所确定的约束条件，提出可行性设计方案。在此基础上，提出设计任务书。

（2）方案设计　根据设计任务要求寻求功能原理的解法，构思原理方案。产品的功能分析，是对设计任务书提出的产品功能中必须达到的要求、最低要求和希望达到的要求进行综合分析，即这些功能能否实现，多项功能间有无矛盾，相互间能否替代等。最后确定出功能参数，作为进一步设计的依据。确定了功能参数后，再提出可能采用的方案。方案设计时，可以按原动部分、传动部分、执行部分和控制部分分别进行讨论。

讨论产品的执行部分时，首先是选择工作原理。根据不同的工作原理，可以拟定多种不同的执行机构的具体方案。即使对于同一种工作原理，也可能有几种不同的结构方案。

原动部分的方案也可以有多种选择。由于电力供应的普遍性和电力拖动技术的发展，目前绝大多数的固定机械都优先选择电动机作为原动部分。热力原动机主要用于运输机械、工程机械或农业机械。即使是用电动机作为原动机，还需要做交流与直流的选择、高转速与低转速的选择等。

传动部分的方案更为复杂多样。对于同一传动任务，可以通过多种机构或不同机构的组成来完成。

控制及辅助系统设计方案的优劣，同样对机械系统性能有着重要影响。现代机械系统在实现特定的功能过程中，为提高自动化程度或适应特定的工作要求经常需要加入一定的控制系统，包括传感器检测系统、通信系统、运动控制系统、计算分析系统等。复杂的工作任务往往需要多个执行单元协同动作，因此设计时必须考虑相应的控制实现方案。同样，对于大多数的机械系统而言，照明、润滑、冷却、仪表显示等辅助系统在方案设计阶段也应有所考虑。

在上述众多方案中，仅有几个在技术上是可行的。对可行的方案应从技术方面和经济方面进行综合评价。评价时可采用的方法有很多。根据经济性进行评价时，既要考虑到产品设计制造时的经济性，也要考虑到产品使用时的经济性。如果产品的结构方案比较复杂，其设计制造成本会相对提高，但这类产品的功能往往更齐全，生产率也较高，故使用经济性也较好。相反，结构较为简单、功能不够齐全的产品，设计制造费用虽少，但使用经济性却相对较差。

评价产品时，产品的可靠性应作为一项重要的分析指标。系统越复杂，可靠性就越低。为了提高复杂系统的可靠性，往往要增加并联备用系统，而这不可避免地会提高产品的成本。通过对数种可能方案的评价，可以做出决策，并确定原理方案图或机构运动简图。

(3) 技术设计　按设计方案的目标，完成总体设计及零、部件的结构设计。完成设计方案的结构化；从技术和经济观点做周密的结构设计和计算；并对控制系统进行程序的编写；完成全套的技术图样，包括零件图、部件图和总装配图等；并编制技术文件和技术说明。

为了确定主要零件的基本尺寸，必须做好以下工作。

1) 机器的运动学设计。根据确定的结构方案，确定原动机的参数（功率、转速、线速度等）；然后进行运动学计算，确定各运动构件的运动参数（转速、速度、加速度等）。

2) 机器的动力学计算。结合各部分的结构和运动参数，计算各主要零件上所受载荷的大小，确定其特性。此时所求出的载荷，由于具体零件尚未设计出来，因此只是作用于该零件上的公称（或名义）载荷。

3) 零件的工作能力设计。已知主要零件所受的公称载荷的大小和特性，即可初步设计零、部件。设计所依据的工作能力准则，须参照零、部件的一般失效情况、工作特性、环境条件等进行合理拟定，一般有强度、刚度、振动稳定性、寿命等准则，通过计算或类比，即可确定零、部件的基本尺寸。

4) 部件装配草图和总装配草图的设计。根据已定出的主要零、部件的基本尺寸，设计出部件装配草图和总装配草图。草图上需对所有零件的外形和尺寸进行结构化设计，很好地协调各零件的结构和尺寸，全面考虑所设计的零、部件的结构工艺性，使零件具有最合理的结构。

5) 主要零件的校核。有些零件由于具体的结构未定，其工作能力难以详细确定，只能做初步计算和设计；在绘出部件装配草图和总装配草图以后，所有零件的结构和尺寸均为已知，相互邻接零件之间的关系也为已知，这时可以较为精确地定出作用在零件上的载荷，决定影响零件工作能力的各个细节因素。在此条件下，必须对一些重要的或者外形和受力情况复杂的零件进行精确的校核计算；根据校核的结果，反复修改零件的结构和尺寸，直到满意为止。

草图设计完成后，即可确定零件的基本尺寸，设计零件的工作图，并绘制出除标准件以外的全部零件工作图。

按最后定型的零件工作图上的结构和尺寸，重新绘制部件装配图和总装配图。通过这一工作，可以检查出零件中可能隐藏的尺寸链上和结构上的错误。

需要编制的技术文件包括产品的设计计算说明书、使用说明书和标准件明细栏等。设计计算说明书应包括方案选择和技术设计的全部结论性的内容。用户产品使用说明书中应介绍产品的性能参数范围、使用操作方法、日常保养和简单的维修方法、备用件的目录等。

(4) 改进设计　根据加工制造、样机试验、技术检测、使用操作、产品鉴定分析和市场等环节反馈信息对产品做改进设计或技术处理，以确保产品质量，并完善前期设计中的不足。

经过上述四个阶段，即完成了产品机械设计的全过程。机械产品即可投入试生产或批量生产，并进行销售和使用。

14.2 机械工作原理的拟定

机械系统设计的方案设计阶段应根据使用要求、技术条件及工作环境等情况，明确提出实现具体功能的原理及技术手段，形成机械系统的整体设计方案。

所谓机械产品的功能，即其用途、性能、使用价值等，它是根据人们生产或生活需要提出来的。在确定机械产品的功能指标时应进行科学分析，以保证产品的先进性、可行性和经济性。功能原理设计，就是根据机械预期实现的功能，考虑选择何种工作原理来实现这一功能要求。

实现同一种功能可采用不同的原理。例如，要求设计一个齿轮加工设备，其预期实现的功能是在轮坯上加工出轮齿，可选择仿形原理，也可选择展成原理。选择的工作原理不同，执行系统的方案就会有很大的差异。即便是原理相同也可以有不同的实现方案。若用展成法加工齿轮，采用插刀切制齿轮和采用滚刀切制有着截然不同的传动方案和执行机构。功能原理设计的任务，就是根据预期实现的机械功能，构思出所有可能的功能原理，加以分析比较，从中选出既能很好地满足功能要求，工艺动作又简单的工作原理。

功能原理设计步骤包括：
1) 要明确地给出功能目标，该目标既是设计的依据，也是产品验收的依据。
2) 明确任务之后用黑箱法分析系统的总功能，将待求的系统看作未知内容的黑箱，然后用黑箱法解决。
3) 总功能确定之后，可进行功能分析和整理，画出功能系统图。
4) 从功能系统图中找到各功能元，并寻求功能元的作用原理。
5) 功能元求解可采用形态学矩阵，从多个方案中找出功能原理解。
6) 经评价优选出最佳功能原理方案。

工作原理方案设计的优劣决定了机械的设计水平和综合性能。功能原理设计是一项富有创造性的工作。要创造性地完成功能原理设计，不仅需要丰富的专业知识，还需要丰富的实践经验。在功能原理设计中，切忌将思路仅仅局限在机构上（还有如电磁、流体、弹簧、光电效应等），应尽量采用先进、简单的技术。

14.3 执行机构的运动设计和原动机选择

机械系统中原动机通过传动系统或直接将动力传递给执行机构，从而完成机械特定的功能。这一过程中，执行机构的动作状况取决于原动机和传动系统的设计。通常情况下应根据功能任务的需求，拟定工作原理和工艺动作过程，确定执行机构的数目、运动形式、运动参数及运动协调关系，并选择恰当的原动机类型和运动参数与之匹配，从而为机械传动系统方案设计奠定基础。

14.3.1 运动参数及运动规律设计

1. 执行机构的运动参数

执行机构的运动形式不同，它的运动参数也就不同。现将执行机构常见的基本运动形式及其运动参数做一简要介绍。

（1）回转运动 回转运动又分为连续回转运动和间歇回转运动。连续回转运动的运动参数为转速，通常以每分钟转数（r/min）表示，转速的大小应根据工作要求确定。间歇回转运动常用作分度运动或转位运动，每次转动角度的大小应根据工作要求确定。

（2）直线运动 常见的直线运动有往复直线运动、带停歇的往复直线运动和单向带停歇的直线运动等形式。往复直线运动的运动参数有工作构件的行程长度和每分钟往复运动次数等。带停歇的往复直线运动形式多用于自动机床或半自动机床中。单向带停歇的直线运动可用作牛头刨床或插床的进给运动，其运动参数为刀具每往返一次工件移动的距离。

2. 运动规律设计

实现同一工作原理，可以采用不同的运动规律。选择的运动规律不同，执行系统的方案也必然不同。所谓运动规律设计，就是根据工作原理提出的工艺要求，构思出能够实现该工艺要求的各种运动规律，然后从中选取最为简单适用的运动规律，作为机械执行系统的运动方案。

运动规律设计通常是对工艺动作进行分析，将其分解成若干个基本动作。工艺动作分解的方法不同，所得到的运动规律也各不相同。例如同是采用展成原理加工齿轮，工艺动作可有不同的分解方法：一种方法是把工艺动作分解成齿条插刀与轮坯的展成运动、齿条刀具上下往复的切削运动和刀具的进给运动等，按照这种工艺动作分解方法，得到的是插齿机床方案；另一种方法是把工艺动作分解成滚刀与轮坯的连续转动（将切削运动与展成运动合为一体）和滚刀沿轮坯轴线方向的移动，按照这种工艺动作分解方法，得到的是滚齿机床方案。

3. 执行构件运动的协调配合与机械的工作循环图

（1）执行构件运动的协调配合 在某些机械系统的传动方案中，各工作（执行）构件的运动是相互独立的，因此设计时不需要考虑它们之间的协调配合问题。此时，为了简化传动链，通常为每一种运动，设计一个独立的运动链，由单独的原动机驱动。但是，在某些机械系统的传动方案中，各工作构件之间的运动必须协调配合，才能实现该机械系统的功能。机械系统中工作构件运动的协调配合，按其性质不同可分为两类：一类是各工作构件运动速度的协调；另一类是各工作构件动作在位置和时间上的协调配合。

1）各工作构件运动速度的协调。有些机械系统由于工作需要，各工作构件的某些运动必须保持严格的速比关系，如用展成法加工齿轮时，刀具与工件的展成运动必须保持某一固定的传动比。

2）各工作构件动作的协调配合。某些机械系统要求各工作构件的动作必须准确而协调地相互配合，才能实现其工作的功能，如牛头刨床的滑枕和工作台的动作就必须协调配合，工作台的进给运动，必须在非切削时间内进行。家用缝纫机是另一个较为典型的例子，设计缝纫机的目的是缝合布料，这是缝纫机预期实现的功能要求，如果模仿人手穿针引线的缝纫动作，将其作为发明创造缝纫机的起点，那么缝纫机的设计将会困难得多。发明家突破了模仿人手的动作，采用摆梭使底线绕过面线将布料夹紧的工作原理，成功地实现了布料的缝合过程。它的工艺动作十分简单，针杆做往复移动，拉线杆和摆梭做往复摆动，送布牙的轨迹由复合运动实现，这几个动作的协调配合，便实现了缝合布料的功能要求。

（2）机械的工作循环图　一些机械系统中各工作构件的动作必须互相协调，设计时应考虑编制工作循环图，这是因为各工作构件的动作通常是按一定的周期循环进行的。在编制工作循环图时，可选定一个工作构件作为参考件，然后按照各执行机构的运动要求和各工作构件动作之间的协调配合关系进行编制。

在一个工作循环中，每一子系统的执行构件都要按工艺过程或功能要求，至少动作一次。编制工作循环图，是以工作周期的时间 T 或标定构件的行程来表示一个循环的量。而以时间 t 或标定构件的位移为参变量，确定各执行构件动作的先后顺序及动作的持续时间（或位移）。工作循环图是机构设计的重要依据，也是设计控制系统和设备调试的依据。工作循环图依其编制的方式有以下三种形式。

1）直线（或矩形）式工作循环图。直线式工作循环图是将各执行构件工作区段的时间或转角用直线长度表示，依其动作顺序按比例画在直线坐标轴上。图14.1所示为四冲程内燃机的工作循环图。它是以曲柄为标定构件，以其转角720°定量表示一个工作循环，以内燃机开始进气作为循环的起始点，以曲轴的角位移作为参变量，绘制了各执行构件在四个工作区段中的动作顺序及所处区间对应的曲轴转角。这种循环图绘制简单、动作区段清晰。

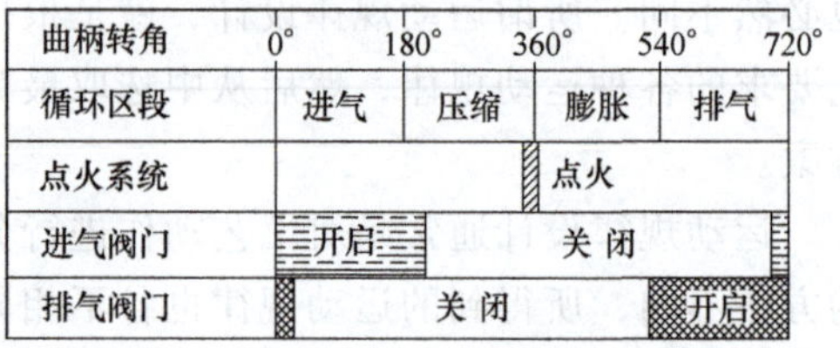

曲柄转角	0°	180°	360°	540°	720°
循环区段	进气	压缩	膨胀	排气
点火系统			点火	
进气阀门	开启	关闭
排气阀门		关闭		开启

图14.1　四冲程内燃机的工作循环图

2）圆周式工作循环图。其绘制方法与前一方式相同，只是把各执行构件的工作区段表示在圆形坐标上，按执行构件数画出若干个同心圆。对于用分配轴来集中控制各执行构件的机器（如自动车床等），采用此种方式较合适。不仅能较直观地表示出各原动件在分配轴上的相位关系，便于安装调整，还可清楚地表明分配轴上各主动凸轮的工作转角，确定凸轮机构的一些基本设计参数。图14.2所示为电阻压帽机的工作系统示意图及其圆周式工作循环图。其中圆周式工作循环图以完整的三个圆周分

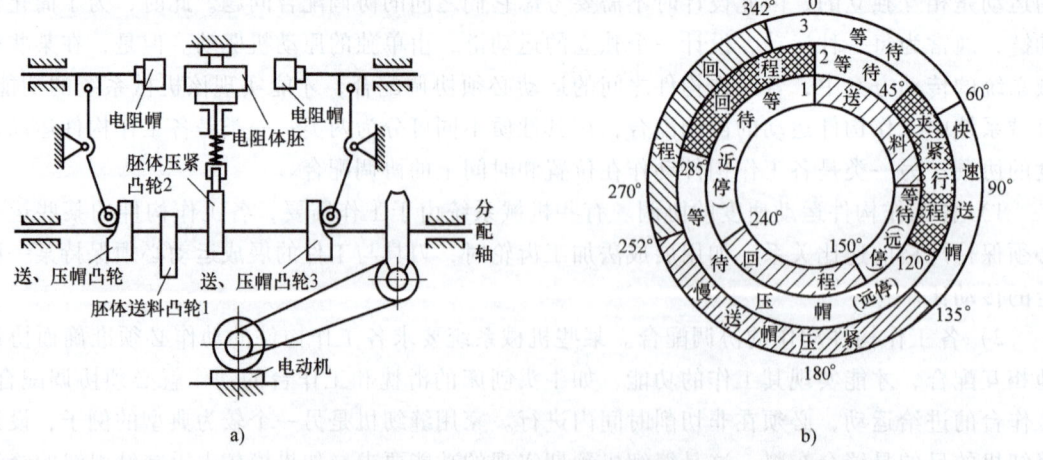

图14.2　电阻压帽机的工作系统示意图以及其圆周式工作循环图
a）工作系统示意图　b）圆周式工作循环图

别表示电阻压帽机工作中的胚体送料 1、胚体压紧 2、电阻帽压紧 3 三个动作循环过程。三个动作的完成都与动力分配轴运动相位相关。动力分配轴每转一圈，则送料、压紧、压帽三个动作各自按不同相位完成一个周期。

3) 直角坐标式工作循环图。为使工作循环图不仅能表明各执行构件的动作顺序和工作区段，而且能表明各执行构件的运动规律，为机构设计提供更完善、准确的依据，可编制直角坐标式工作循环图。所谓直角坐标，就是在循环图中不仅有标定构件的转角坐标，还有执行构件的位移坐标。图 14.3 所示为电阻压帽机的直角坐标工作循环图，图中清楚地表明了各凸轮机构的基本运动参数，包括凸轮转角、从动杆位移及运动规律等。

编制工作循环图时，在工艺允许的前提下，应尽可能使各执行构件的动作部分重合，能同时进行的则尽量使之重合。为保持各动作间的可靠衔接而又不致发生干涉，后一顺序动作的起点应

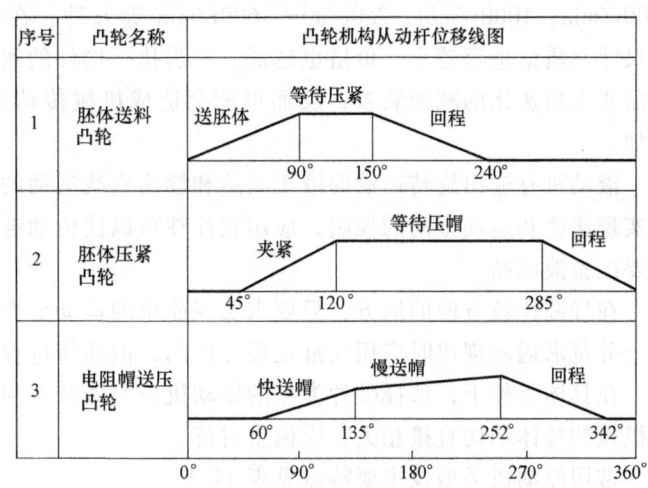

图 14.3 电阻压帽机的直角坐标工作循环图

与前一动作之间至少间隔 2°~3°，以补偿机构的制造安装误差及弹性变形、运动副间隙的影响。选择运动规律时，应力求减少速度和加速度的突变及其数值过大。工作循环图的编制，既是在系统方案拟定后设计的深入和量化，又是对前述工作的检查和修正。

一般情况下，一部机器的执行机构协调设计应满足以下要求：

1) 执行机构中执行构件的动作必须满足工艺要求。通常以工艺过程中某一执行动作开始点作为运动循环（即工作循环）的起点，各执行机构动作按一定顺序进行，以保证各执行机构执行动作的时间同步。

2) 各执行机构中执行构件的动作必须保证空间同步，它们之间不应产生空间干涉。

3) 在保证时间、空间同步，运动轨迹不相互干涉的前提下，应使各执行机构的运作时间尽量重合，工作循环周期尽可能短，以提高机器的生产率。

4) 一个执行机构动作结束到另一个执行机构动作起始点之间应有适当的间隔，以避免这两个机构在动作衔接处发生干涉。

14.3.2 原动机的类型及其运动参数的选择

现代机械中应用的原动机类型规格繁多，除了热机（蒸汽机、内燃机）主要应用于经常变换工作场所的机械设备和运输车辆外，用于一般机械上的原动机主要为电动机、液动机和气动机。

电动机，尤其是交流异步电动机，其结构简单，价格低廉，动力源方便，在机械中应用广泛，它的输出转速通常为固定的几种。对于工作要求速度有变化的场合，需要使用调速电动机。对调速平滑程度要求不高，调速比不大者可采用绕线型异步电动机。当调速范围较

大,且需连续稳定平滑调速时可采用直流电动机。选择电动机首先要满足所需要的功率,在其胜任负载要求的条件下,还应考虑电动机发热、允许过载能力和起动能力等;其次电动机类型的选择,还应考虑机械的负载特性、工作平稳性、冲击程度、调速范围和起动、制动的频繁程度;最后拟定电动机额定转速,必须和机械的传动装置的传动比相匹配。

电动机的运动参数为转速。对于应用最多的交流异步电动机,其同步转速有3000r/min、1500r/min、1000r/min、750r/min、600r/min 等五种。在功率相同时,电动机的转速越高,其尺寸和质量也就越小,价格也越低。但当执行构件的速度很低时,若选用高速电动机,势必需要大减速比的减速装置,反而可能会造成机械传动系统的过分庞大和制造成本的显著增加。

液动机有输出旋转运动的液压马达和输出直线运动的液压缸。液动机一般调速方便,易于实现速度和运动方向的控制,应用它往往可以使传动链简短,并能直接驱动执行构件,但需要配备液压站。

在气源比较方便的地方,只要求实现简单的运动变换,如只要求从动件做位置移动,并不十分苛求运动规律时应用气缸是很方便的,但动作过程中常伴有噪声。

在具体条件下,选择哪种类型的原动机,要做技术和经济上的综合分析。原动机的类型与机械的整体结构直接相关,应慎重对待。

常用原动机类型及主要特点见表14.1。

表 14.1 常用原动机类型及主要特点

原动机类型	主要特点
三相异步电动机	结构简单,价格便宜,坚固耐用,运行可靠,维护方便,能保持恒速运行及经受较频繁的起动、反转及制动;但起动转矩较小,调速困难,一般机械系统中应用最多
直流电动机	能在恒功率下进行调速,调速性能好,起动转矩大;但机械特性较软,价格较贵,且需要直流电源
直线电动机	能直接产生往复直线移动,但一般输出力不大,效率较低
可控硅电磁调速异步电动机	能无级变速及保证恒定的输出转矩,但价格较贵,低速时效率很低
电液脉冲马达	转角随输入脉冲数而定,具有实现定位传动的能力,运动平稳,精度高,多用于数控机床;但价格较贵,一般功率不大
液动机	运动速度和输出力调整控制方便,可减少机械传动装置,特别适用于往复移动和摆动的工作场合。但油温变化较大时,影响工作稳定性;密封不良时,污染工作环境
气动机	动作速度快,但输出力较液动机小,且传动时速度较难控制,有滞后现象,多用于夹持机构的驱动,密封不良时,噪声很大

14.4 机构的选型

机构选型就是选择或创造出满足执行构件运动和动力要求的机构。执行机构或工作构件是直接实现特定的工艺动作的部分。由于生产内容多种多样,工作机构的型式和运动规律也多种多样,选择机械系统中的工作机构应当视具体情况而定。例如,破碎矿石的工作,就可以用不同型式的工作机构实现(图14.4),而且它们的运动规律也不尽相同。通常执行机构是和传动机构相互关联的,如球磨机中执行机构的滚筒就和齿轮传动的大齿轮相连。因此,在选择工作机构时，必须同时考虑与之相连的传动机构。选择工作机构的类型是一个比较复杂的问题，一方面要明确机械系统对它的工艺要求，另一方面要了解各种机构的运动特点，这样才能恰当地进行选择。

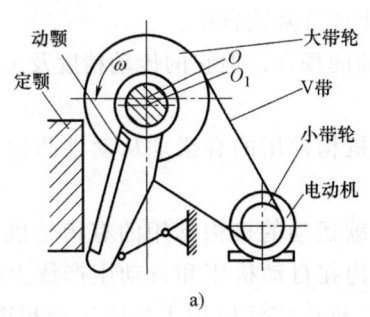

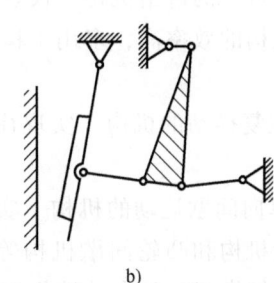

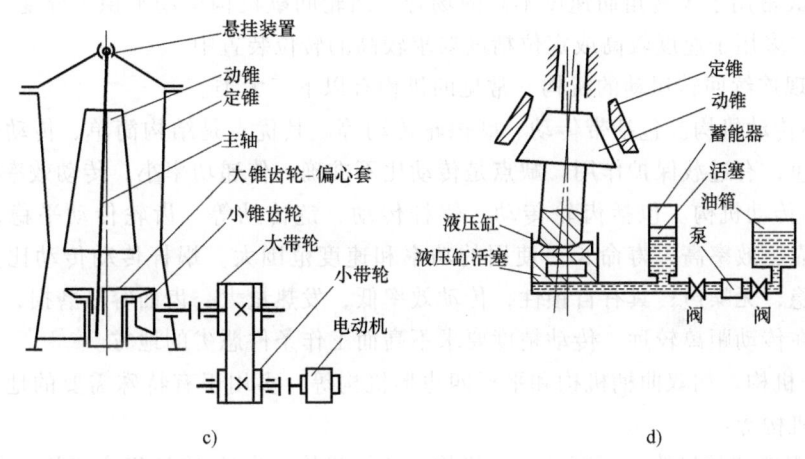

图 14.4　破碎机型式

a）复杂摆动式　b）简单摆动式　c）旋回锥式　d）液压锥式

现将有关执行机构的选择概述如下：

（1）实现往复移动的机构　根据生产工艺要求，一些工作机构需要做往复移动，而驱动它的原动机一般均做回转运动。为了实现这种运动转换，生产实践中常用连杆机构、凸轮机构、螺旋机构和齿轮齿条机构等。

连杆机构中，用于实现往复移动的主要是曲柄滑块机构、导杆机构。连杆机构能传递较大的载荷，制造也比较容易，可以获得较大的工作行程，但行程增大时，整体结构也会增大许多。连杆机构难以准确地实现任意指定的运动规律，故在移动构件无严格的运动规律要求时采用。

凸轮机构可使其做移动运动的从动件严格地实现指定的运动规律，特别是间歇运动时，宜采用这种机构。凸轮机构中凸轮与从动件接触处的压强较大，易于磨损，在高速时有较大的冲击，故多用于受力不太大的地方。凸轮机构从动件的行程一般较小，否则会使凸轮机构的压力角过大或尺寸庞大。

螺旋机构和齿轮齿条机构，其速比为恒定。只要齿轮或螺旋单向等速连续回转，移动构件（齿条或螺母）便可单向等速连续移动。要使移动构件做往复移动，只要使齿轮或螺旋做正、反方向的回转即可。螺旋机构和齿轮齿条机构可以实现较大的工作行程。

螺旋机构可以在较小转矩作用下得到很大的轴向力，当参数满足一定条件时还可实现自锁要求，常用于机床的进给机构、仪表装置、起重或升降装置中。

齿轮齿条机构的效率高，多用于移动速度较高的场合，但它的传动精度及工作平稳性不如螺旋机构。

（2）实现往复摆动的机构　实现往复摆动的机构常用的有摆动从动件凸轮机构和连杆机构。

（3）实现单向间歇运动的机构　实现单向间歇运动的机构常用的有槽轮机构、棘轮机构、不完全齿轮机构和凸轮间歇机构等。槽轮机构在自动机床和自动生产线上应用非常广泛，如自动车床转塔刀架的自动转位和锁定。棘轮机构广泛应用于分度运动和进给运动中，如牛头刨床中的工作台进给等。不完全齿轮机构的转角在设计时可在较大范围内选择，且可大于360°，故常用于大转角而速度不高的场合。凸轮间歇机构运动平稳，分度、定位准确，但制造困难，多用于速度较高或定位精度要求较高的转位装置中。

（4）实现连续回转运动的机构　常见的机构有以下三大类。

1）摩擦传动机构。包括带传动、摩擦轮传动等。其优点是结构简单、传动平稳，易于实现无级变速，有过载保护作用。缺点是传动比不准确，传递功率小，传动效率较低等。

2）啮合传动机构。包括齿轮传动、蜗杆传动、链传动等。齿轮传动平稳，传动比精确，工作可靠、效率高、寿命长，使用的功率和速度范围大。蜗杆传动传动比大，结构紧凑；传动平稳，无噪声；具有自锁性，传动效率低，发热量大，齿面容易磨损，成本高。链传动通常用在传动距离较远、传动精度要求不高而工作条件恶劣的地方。

3）连杆机构。如双曲柄机构和平行四边形机构等，多用于有特殊需要的地方。此外还有万向铰链机构等。

（5）再现轨迹的机构　再现轨迹的机构有连杆机构、齿轮-连杆组合机构、凸轮-连杆组合机构和联动凸轮机构等。用四杆机构来再现所预期的轨迹，虽然机构的结构简单，制造方便，但只能近似地实现所预期的轨迹。用多杆机构或齿轮-连杆组合机构来实现所预期的轨迹时，因特定的尺寸参数较多，故精度比四杆机构高，但设计和制造较难。用凸轮-连杆组合机构或联动凸轮机构可准确地实现预期轨迹，且设计较方便，但凸轮制造较难，故成本较高。

常用执行机构基本特性见表14.2。

表14.2　常用执行机构基本特性

机构类型	基本特性
连杆机构	结构简单,制造方便,行程距离较大,可承受较大的力
凸轮机构	可实现工作需要的任何运动规律、行程较短、制造较复杂、高速时冲击较大
齿轮齿条机构	行程距离较大,制造方便,运动精度及平稳性不如螺旋机构
螺旋机构	传动平稳,能以较小的转矩得到很大的轴向力,容易实现反行程自锁(可由一回转运动转化为另一直线运动,运动不可逆),机械效率较低
槽轮机构	结构简单,冲击噪声小,效率较高,传力不可太大
棘轮机构	结构简单,调整转角方便,传动平稳性较差,只适用于低速

14.5 机械传动系统的方案设计

机械传动系统位于原动机和执行系统之间，将原动机的运动和动力传递到执行系统。传动系统方案设计内容为：确定传动的类型和传动链的布置方案；分配传动比；确定各级传动机构的基本参数和主要几何尺寸；绘制传动系统运动简图。

14.5.1 传动类型的选择

传动装置的类型很多，设计过程中除了要满足基本的工作要求外，还应考虑机器的成本、重量、外廓尺寸、机械效率等因素影响。选择不同类型的传动机构，将会得到不同形式的传动系统方案。即使对于相同的工作原理也可以采用不同的传动方案，而同一方案的机构在选择和组合方法上也有很大的灵活性，为了获得理想方案，需要合理选择传动类型。

1. 传动类型

（1）**按传动方式分** 通常可分为机械传动、液压或液力传动、气压传动、电气传动。

机械传动是利用机构所实现的传动。其优点是工作稳定、可靠，对环境的干扰不敏感。缺点是响应速度较慢、控制欠灵活。

液压传动是指利用液压泵、阀、执行器等液压元器件实现的传动。液力传动则是利用叶轮通过液体的动能变化来传递能量的。液压或液力传动的主要优点是：速度、转矩和功率均可连续调节；调速范围大，能迅速换向和变速；传递功率大；结构简单，易实现系列化、标准化；使用寿命长；易实现远距离控制、动作快速；能实现过载保护。主要缺点是：传动效率低，不如机械传动精确；制造、安装精度要求高；对油液质量和密封性要求高。

气压传动是以压缩空气为工作介质的传动。气压传动的优点是：易快速实现往复移动、摆动和高速转动，调速方便；气压元件结构简单，适合标准化、系列化，易制造、易操纵；响应速度快，可直接用气压信号实现系统控制，完成复杂动作；管路压力损失小，适于远距离输送；与液压传动相比，经济且安全，不易污染环境，能适应恶劣的工作环境。缺点是：传动效率低；因为压力不能太高，故不能传递大功率；因为空气的可压缩性，故载荷变化时，传递运动不太平稳，排气噪声大。

电气传动是利用电动机和电气装置实现的传动。电气传动的特点是传动效率高、控制灵活，易于实现自动化。

常见传动类型见表 14.3。

（2）**按传动比和输出速度的变化分** 通常可分为定传动比传动和变传动比传动。

定传动比传动中输入与输出转速对应，适用于执行机构的工况固定或其工况与原动机对应变化的场合。

变传动比传动分为有级变速传动、无级变速传动和周期性变速传动。有级变速传动指一个输入转速可对应于若干个输出转速，适用于原动机工况固定，而执行机构有若干种工况的场合，或用于扩大原动机的调速范围。无级变速传动指一个输入转速对应于某一范围内无限多个输出转速，适用于执行机构工况很多或最佳工况不明确的情况。周期性变速传动指输出角速度是输入角速度的周期性函数，以实现函数传动或改善动力特性。

表 14.3 常见传动类型

类型	包含型式			
机械传动	啮合传动	单级齿轮传动	圆形齿轮传动	圆柱齿轮传动
				锥齿轮传动
				蜗杆蜗轮传动
			非圆齿轮传动	
		轮系传动	定轴轮系传动	
			周转轮系传动	行星轮系传动
				差动轮系传动
	挠性啮合传动		链传动	
			同步带传动	
	摩擦传动	挠性（件）传动	带传动	
			绳传动	
		摩擦轮传动		
液压或液力传动	液压泵（液压马达）			
	液力耦合器			
	液力变矩器			
	液压缸			
气压传动	压缩机			
	真空泵			
	气缸			
电气传动	电动机	控制电动机		
		动力电动机	交流电动机	同步电动机
				三相异步电动机
			直流电动机	
	电磁离合器			
	电磁调速器			
	变频调速器			

2. 传动类型选用原则

选择传动类型时，应满足工作要求的传递功率和运转速度。在满足系统功能要求的前提下，优先选用效率高的传动类型，选择尽可能简短的运动链结构。运动链及机构的繁简，不仅决定了构件、零件的数目及制造成本，而且直接影响系统工作的精度和可靠性，也关系到使用、维护的方便及机械效率的高低。因此，应优先选用最简单的基本机构。有时宁可选用运动规律近似满足要求，但结构简单的机构。还可局部采用高副低代，尽量使各子系统间的连接路线简捷。在拟定机械传动系统方案时应遵循以下一般原则。

1) 优先选用基本机构。由于基本机构结构简单，设计方便，技术成熟，故在满足功能要求的条件下，应优先选用基本机构。若基本机构不能满足或不能很好地满足机械的运动或动力要求时，可适当地对其进行变异或组合。

2) 保证具有良好的传力和动力特性，并具有较高的机械效率。对于系统中的主传动链和工作机构应特别加以重视。主要考虑机构的传动角（压力角）及最大速度、加速度变化规律等参数，同时也要考虑是否需要和方便采用平衡、调速等措施。这些与机构的型式、尺寸、运动副种类、质量分布状况等因素都有关系。例如：一般转动副相对于移动副机械效率较高；滚动高副相对于滑动低副效率较高；匀速运动机构相对于变速运动机构特别是往复变速运动机构动力特性较好；定轴转动构件相对于移动和平面运动构件易于平衡。

3) 从整个系统的角度来考虑机构类型的恰当选择、配搭，以及合理的组成和顺序安排。如减变速系统，一般应选用恒速、高效的齿轮机构。对于要求实现运动形式转换和较复杂运动规律时，应采用连杆或凸轮机构，并使它们尽可能接近执行构件，在系统的低速端工作。在不少传动系统中，为隔离振动和具有一定的过载保护作用，常加入带传动等摩擦传动机构，并将其放在原动机后的第一级，处于高速端并做减速传动。在减速传动链中，应根据总传动比的大小合理分配传动的"级数"和各级传动比的大小，选择恰当的机构。大传动比时可选用单级传动比大的机构（如蜗杆传动、行星轮系等）。多级传动时一般应按"前小后大"原则布置，且相邻两级的传动比不宜相差过大。

4) 注意机构及系统的适用性。主要包括：①结构的工艺性和工作的可靠性。机构是否易于设计、实现和加工制造，是否会发生结构干涉，以及系统结构的刚度、强度及使用寿命等因素。因此，应尽可能采用标准化的零、部件，采用易于制造和达到高精度的低副，合理地采用局部自由度、虚约束等结构。②运转安全及使用维护方便。如运动部件是否需要采取防护措施，操作和调整是否方便、安全。③对环境的污染。包括振动、噪声、有害物质、热辐射以及废液、废气等对环境的破坏与污染。④经济成本因素。

14.5.2 拟定机械传动系统方案的方法

机械传动系统是机器重要的基本组成部分。实现预期的运动要求和功、能的传递与转换，是机械传动系统的两大基本任务，也是其设计所要解决的两个主要问题。因此，运动特性、传力及动力学特性、机械效率，是传动系统方案设计的基本依据，也是评估设计的质量指标。而传动系统方案设计，一般首要的着眼点是其运动要求的实现。

机械传动系统方案设计的主要内容：按功能要求确定系统的基本组成；确定各组成部分之间的关系及设计的基本参数；选择实现各组成部分功能的机构类型与结构；完成传动系统的配置及系统运动简图尺寸的设计。机械传动系统方案设计是结构与强度设计、工艺设计等的基本依据。方案设计得合理与否，直接关系到机械的工作性能和质量，关系到结构的繁简和技术的先进性，也关系到经济性、使用安全性和可靠性等。所以，机械传动系统的方案设计，是机械设计十分重要的环节。

机械传动系统的方案设计是一项相当烦琐的工作。目前，虽然还没有一套完全现成的方法，但经过国内外学者及设计工作者长期实践的积累和总结，特别是现代设计方法与手段的进步，已形成了较为系统的"设计方法学"，提出了系统方案设计的基本步骤和多种促成创造性构思的手段，是进行方案设计的辅助手段与方法。

下面介绍机械传动系统方案设计的一般步骤及其主要内容。

1) 根据工作任务确定机器所需的运动传递和转换的形式及数量。机械传动系统设计过程中应首先根据工作要求明确完成任务所需要的动作，并以此为依据确定机器所需执行构件的数量和运动形式，即明确输出运动的型式、数量及其运动参数。例如牛头刨床，其工作任务是将工件加工出平面，同时还提出了表面质量、被加工工件的尺寸范围及生产效率等基本工艺要求。因此，首先要确定加工平面需采取的刨床的执行构件——刨头带着刀具做直线移动进行切削，再加上与切削移动方向相垂直的进给运动。为完成这一工作任务，刨床的输出运动必须有一个往复直线移动和一个间歇单向移动。同时还需要在切去一层金属后在垂直方向进给一定距离，以能分层切去所需切掉的金属，这是一个间歇时间很长的直线移动。这三个运动可称为"工艺运动"。在其形式和数量确定之后，还应根据工艺参数要求，确定其基本运动参数。如牛头刨床，应根据被加工工件的尺寸、生产率要求以及加工表面的粗糙度要求等，确定三个运动的行程大小，刀具的平均切削速度、往复移动的次数（每分钟）和行程速度变化系数 K，以及间歇送进的次数、进给量的大小及停歇时间等基本运动参数。这些都是系统设计的基本依据。

　　工艺运动确定后，即可确定传动系统所需的执行构件数。并不是一个工艺运动就一定对应一个执行构件，设计者应在使传动链不致过于复杂的条件下，尽可能将一个以上的工艺运动合成在一个构件上，从而减少系统的执行构件数。例如，牛头刨床的上述三个工艺运动，一般是由刨头实现切削运动，而横向及垂直进给运动都由工作台一个构件来执行。

　　其次，确定输入运动的型式、数量及其基本参数。具体内容主要有选择原动机，确定系统输入运动的形式和参数；确定系统的驱动方式及系统的自由度数。一般情况下，系统的每一个输出运动对应一套执行机构，而每套机构都有其原动件。但就整个机械传动系统而言，并不是每套执行机构的原动件都要单独用一个原动机来驱动。这取决于系统所采取的驱动方式。

　　机械系统的驱动方式一般可分为三种，如图 14.5 所示。图 14.5a 所示为单流驱动，即每个执行机构均单独用一个原动机驱动，则机械系统为多自由度系统。图 14.5b 所示为集中分流驱动，即由一个原动机驱动主传动链，再分路驱动各执行机构，机械系统为单自由度系统，这是目前一般机器常采用的驱动方式。图 14.5c 所示为汇流驱动，一般用于执行机构为多自由度机构，执行构件做复合运动的场合，或者为了将低速、重载、大功率机器的动力源配置为多台小型动力机，以减小传动机构，提高传动效率。设计时，应根据具体情况选择驱动方式。这对传动系统的组成有重要的影响。

　　一般尽可能选用电动机为原动机。各类原动机均已规格系列化，可根据手册选定。方案设计阶段主要是考虑其运动形式和参数，其功率及尺寸规格还不能准确确定。为了减小原动机的尺寸和重量，一般都选择原动机的转速高于执行构件的工作循环次数。故从原动机到执行机构之间需设置减变速系统（图 14.5 中的传动链）。在输入、输出运动参数确定之后，就可以确定各传动链的基本设计参数，即传动比 $i=n_{in}/n_{out}$。

　　在确定了传动系统的输入、输出运动的形式和数量后，即基本确定了系统的原动件数和执行构件数、系统的基本组成和系统所需实现的运动传递与转换的形式及其基本设计参数。例如牛头刨床，选定一个切削运动或横向进给运动的驱动分路，而末端执行机构必须实现将连续转动转换为执行构件刨头的往复直线移动和工作台的单向间歇运动。原动机转速与末端执行机构转速之比即为该分路传动的总传动比。

　　2）拟定传动系统功能框图，确定各子系统间的相互联系及其设计的基本要求。本步骤的任务是在前述工作的基础上，具体地将整个传动系统按功能划分为若干子系统，画出系统

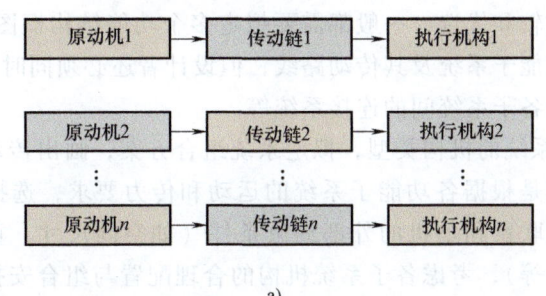

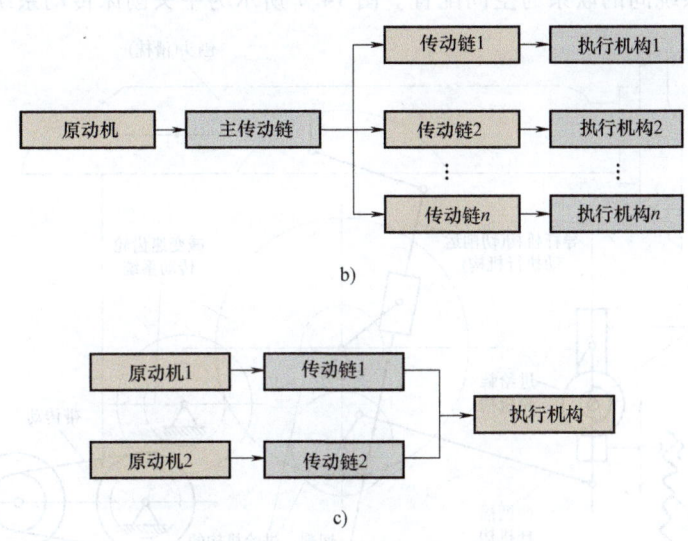

图 14.5 机械系统驱动方式

a）单流驱动　b）集中分流驱动　c）汇流驱动

的功能结构框图，以便确定各子系统间的联系及相互协调关系，分析各子系统的输入、输出运动及受力状况，确定各子系统的设计要求与参数。

图 14.6 所示为牛头刨床的传动系统功能框图。图中表示了从电动机到各执行构件之间，除减变速系统外共有三个功能子系统；还表明了各子系统的输入、输出运动的形式和参数，以及各子系统间的协调配合关系等。为各子系统的机构选型和设计，为整个传动系统方案的拟定与设计提供基础和依据。

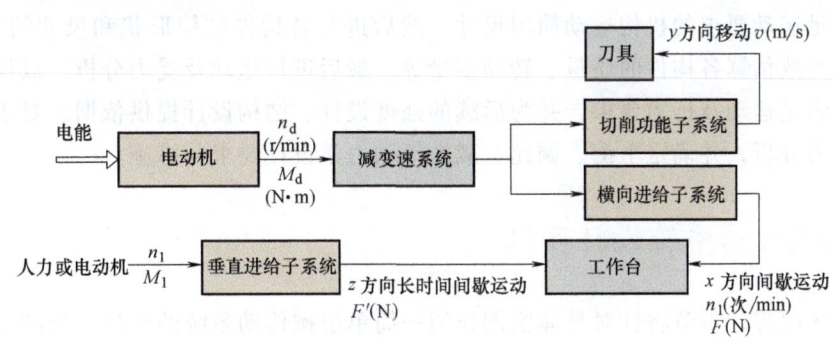

图 14.6　牛头刨床的传动系统功能框图

为了进行方案的比较和优选，一般都需要拟定多个功能结构框图的方案。为简明起见，一般只划分出基本的功能子系统及其传动路线，但设计者还必须同时考虑其他次要的功能子系统，如调节、调速及各子系统间的连接系统等。

3) 选择各功能子系统的机构类型，拟定系统组合方案，画出传动系统运动简图。这一步骤的基本任务和内容是根据各功能子系统的运动和传力要求，选择合适的机构类型与结构；根据各子系统间的联系和整机的外部约束条件（如空间尺寸、重量，各子系统的总体布置，安全、环境要求等），考虑各子系统机构的合理配置与组合安排，拟定从原动机到执行构件的传动系统并绘制出其运动学机构简图。通常传动系统机构简图表达了系统中主要的机构类型及各子系统间的联系与空间配置。图14.7所示为牛头刨床传动系统机构简图。

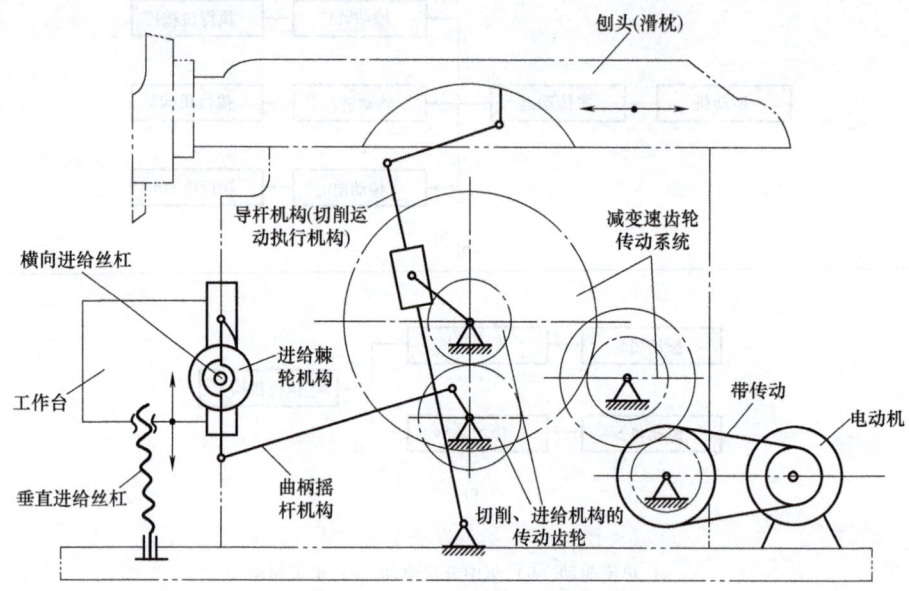

图14.7 牛头刨床传动系统机构简图

4) 拟定机械工作循环图，确定各子系统间的协调配合关系及设计参数。传动系统方案拟定后，需进一步定量地确定相关子系统间的运动协调关系，根据前述运动循环分析方法，明确机构协调运动关系，并进一步确定机构的运动规律及其运动学设计参数。

5) 传动系统的运动学、动力学分析。根据前述步骤所确定的系统各组成部分的运动学、动力学要求，以及已确定的各机构的基本设计参数、布置空间等进行各机构的运动学综合，确定满足运动要求的机构运动简图尺寸。然后进行各构件结构形状和尺寸的概略设计，初选材料，大致估算各构件的质量、转动惯量等。最后进行运动及受力分析，以检验所设计的机构是否满足运动及传力要求，并为后续的强度设计、结构设计提供依据。对于高速机械还要进行动力分析，并确定平衡、调速、减振等动力学设计要求与措施。

14.6 机械传动系统设计实例

根据前述内容，本节将针对具体实例介绍一简单机械传动系统的设计，帮助学生进一步掌握在机械传动系统设计中应考虑的一些问题及设计的大体过程。

下面以多头专用钻床的机械传动系统设计为例,任务是要求设计一专用自动钻床,用来同时加工图 14.8 所示零件上的三个直径为 8mm 的通孔,并能自动送料。

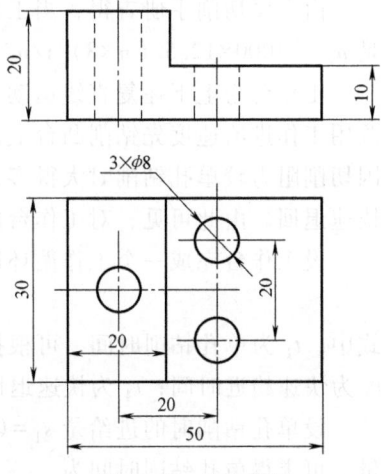

图 14.8　钻孔零件

14.6.1　确定工作原理

由于设计要求为钻孔,故工作原理就是利用钻头与工件间的相对回转和进给移动切除孔中的材料。钻孔加工的运动方案有如下三种:第一种是钻头既做回转切削运动,同时又做轴向进给运动,而放置工件的工作台则静止不动(图 14.9a);第二种运动方案是钻头只做回转切削运动,而工作台连同工件做轴向进给运动(图 14.9b);第三种运动方案是工件做回转运动,钻头做轴向进给运动(图 14.9c),在车床上钻孔就是如此。一般钻床多采用第一种方案,但对于现在要设计的专用三轴钻床来说,因为工件很小,工作台很轻,移动工作台比同时移动三根钻轴简单,故采用第二种运动方案较合理。

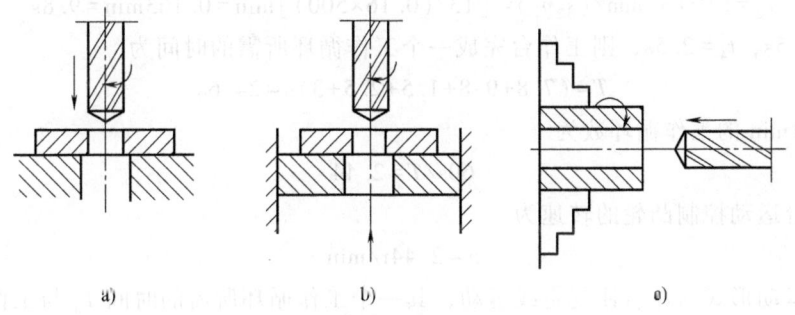

图 14.9　钻孔加工方式

送料方案可以使用送料杆从工件料仓推送的方式,如图 14.10 所示。

14.6.2　执行构件运动设计

由所确定的运动方案可知,共有三个执行构件,即钻头、工作台和送料杆。其工艺动作过程如下:送料杆从工件料仓里推出一待加工件,并将已加工好的工件从工作台上的夹具中顶出,使待

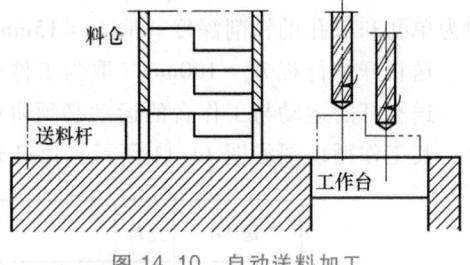

图 14.10　自动送料加工

加工工件被夹具(图中未画)定位并夹紧在工作台上,送料杆退回;工作台带着工件向上快速靠近回转着的钻头,然后慢速进给,钻孔结束后,又带着工件快速退回,等待更换工件并完成下一工作循环。

由上述可知,钻头的运动形式为连续回转,其转速 n_c(r/min)为

$$n_c = \frac{1000v}{\pi d}$$

式中,d 为钻头直径(mm);v 为切削速度(m/min)。

由金属切削手册查得，当工件材料为 45 钢，孔径为 $\phi 8mm$ 时，可选 $v=12.5m/min$，于是 $n_c=[1000×12.5/(\pi×8)]r/min≈500r/min$。

工作台为上下往复直线运动。根据加工要求，工作台连同工件应先快速趋近钻头，然后改用工作进给速度先钻削凸台上的一个孔，待钻到一定深度时，三个钻头才同时钻削，此时因切削阻力较单孔钻削时大得多，所以进给速度应比单孔钻削小一些，在钻削完毕后工作台快速退回。由此可见，对工作台的运动要求是较为复杂的。

设工作台完成一个工作循环所需的时间为 T，则其由五部分组成，即

$$T=t_1+t_2+t_3+t_4+t_5$$

式中，t_1 为单孔钻削时间，可根据进给量和单孔钻削深度来计算；t_2 为三孔同时钻削时间；t_3 为快速趋近时间；t_4 为快速退回的时间；t_5 为工作台停歇等待更换工件的时间。

设单孔钻削时的进给量 $s_1=0.2mm/r$，单孔钻削深度为 10mm，并考虑 3mm 的提前工进量，可求得单孔钻削时间为

$$t_1=(10+3)mm/(s_1 n_c)=[13/(0.2×500)]min=0.13min=7.8s$$

设钻头进给量 $s_2=0.16mm/r$，钻削深度为 10mm，并考虑钻头越程 3mm，则可得三孔同时钻削时间为

$$t_2=(10+3)mm/(s_2 n_c)=[13/(0.16×500)]min=0.163min=9.8s$$

取 $t_3=1.5s$，$t_4=2.5s$，则工作台完成一个工作循环所需的时间为

$$T=(7.8+9.8+1.5+2.5+3)s=24.6s$$

工作台 1min 的工作循环数为

$$60s/T=2.44$$

即工作台运动控制凸轮的转速为

$$n=2.44r/min$$

送料杆运动形式为左右往复直线运动，其一个工作循环所需的时间 T_s 与工作台的相同，即 $T_s=24.6s$。

工作台的行程 $H=h_0+h_1+h_2$。其中，h_0 为工作台快速趋近钻头的运动距离，h_1 和 h_2 分别为单孔和三孔的钻削深度。取 $h_0=15mm$，$h_1=h_2=13mm$，故 $H=41mm$。

送料杆的行程 $H_s=100mm$（取为工件长的 2 倍）。

送料杆的运动与工作台的运动必须协调，而钻头回转与送料杆和工作台的运动间是独立的。其工作循环图如图 14.11 所示，以凸轮轴为定标件。

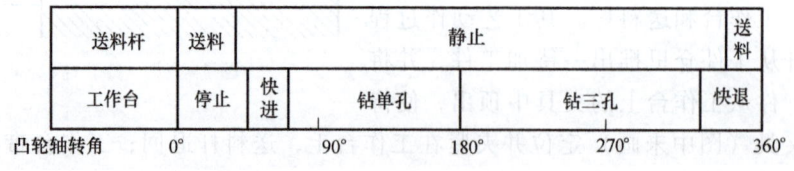

图 14.11 工作循环图

14.6.3 原动机的选择

根据对钻床的工作要求，确定原动机的类型为交流异步感应电动机。又考虑到钻头的转速较高，所以选用同步转速为 1500r/min 的电动机，其额定转速 $n_n=1440r/min$。

另外，为了减少原动机的数量，将三个执行构件的运动链并联，用同一个电动机驱动。

14.6.4　计算运动链的总传动比

切削运动链的总传动比为

$$i_c = \frac{n_n}{n_c} = \frac{1440}{500} = 2.88$$

进给运动链的总传动比与送料运动链的总传动比相等，即

$$i = i_s = \frac{n_n}{n} = \frac{1440}{2.44} = 563$$

14.6.5　机构选型

（1）切削运动链的设计　在设计切削运动链时应满足下列各项功能：

1）钻头做连续回转运动，运动链总传动比为2.88，即无须运动形式的变换，但要求减速。

2）三个钻头应同向回转，且各钻头之间的距离很小。即要求具有运动分解功能，其尺寸受到严格限制。

3）电动机轴一般为水平方向放置，与钻头回转轴线方向不一致，即要求具有改变运动轴线方向的功能。

4）电动机与钻头之间有较大的传动距离，即要求运动链能做远距离传动。

根据上述各功能要求，进行机构选型。能实现减速的传动有齿轮传动、链传动和带传动等。考虑到传动距离较远和速度较高等因素，决定采用V带传动实现减速和远距离传动的功能。

能够实现变换运动轴线方向的传动有锥齿轮传动、交错轴斜齿轮传动和蜗杆传动等，考虑到两轴垂直相交和传动比较小，决定采用锥齿轮传动实现变换运动轴线方向的功能。

为使三个钻头同向回转，可采用由一个中心齿轮带动周围三个从动齿轮的定轴轮系。由于结构尺寸的限制，三个从动齿轮轴线间的距离远大于三个钻头间的距离。为了将三个从动齿轮的回转运动传递给三个钻头，可采用双万向联轴器或钢丝软轴。将上述所选机构经适当组合后，即可形成钻削运动链。

（2）进给运动链的设计　对于进给运动链应满足下列各功能：

1）工作台做往复直线运动，且运动规律较为复杂，但行程不大。

2）进给运动链应实现很大的减速比，但进给力不需太大。

3）进给运动的方向和位置与电动机不一致，故应实现回转轴线方向和空间位置的变化。

由功能1）可知，采用直动推杆盘状凸轮机构作为执行机构较为合理。减速换向可采用蜗杆传动，为达到很大的减速比和变换空间位置，在蜗杆传动之前可串接带传动。

（3）送料运动链的设计　对送料运动链的功能要求与进给运动链基本相同，只是其往复运动的方向为水平，且运动行程较大。又因其减速比与进给运动链相同，故可由进给运动链中的蜗轮轴带动。由于送料运动规律较为复杂，故宜采用凸轮机构，又因其行程大，所以要采用连杆机构等进行行程放大。

14.6.6 机构的组合

将切削运动链、进给运动链和送料运动链进行组合即可形成三头自动钻床的机械传动系统方案，如图 14.12 所示。

图 14.12 中，V 带传动 2 的减速比为 2.88；V 带传动 3 的传动比为 1，作用是加大运动传递距离；锥齿轮传动 4 的传动比为 1，作用是变换运动方向；圆柱齿轮传动 5 的传动比也为 1，作用是进行分支传动；双万向联轴器 6 的作用是连接齿轮轴与钻头轴；V 带传动 8 的传动比为 3；蜗杆传动 9 的传动比为 $563/(2.88×3)≈65$；直动推杆凸轮机构 10 的作用是实现工作台 11 的运动要求；摆动从动件凸轮机构 12 的作用是实现送料杆 14 的运动要求。

图 14.13 所示为该机械传动系统的机构组合示意框图。

以上未对工件的定位、夹紧等问题做具体讨论，而要完成该自动机的全部方案设计，这是必不可少的内容。关于工件的定位夹紧机构也可以有多种方案，这里就不再讨论了。

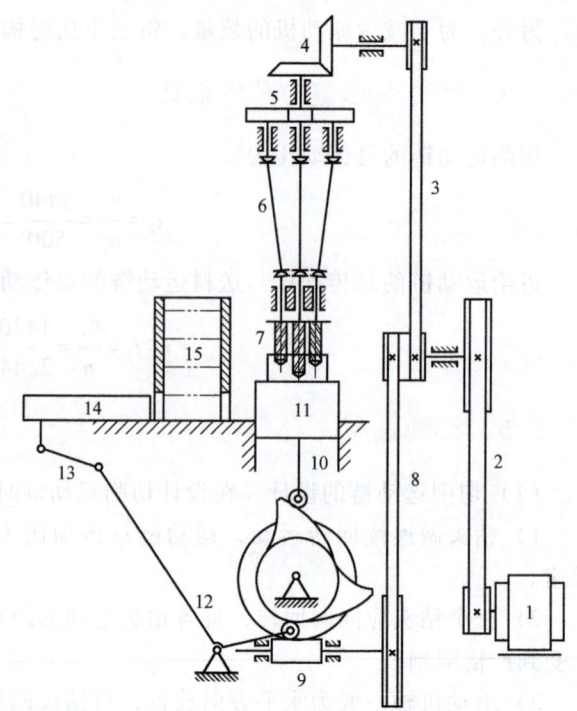

图 14.12　三头自动钻床的机械传动系统方案
1—电动机　2、3、8—V 带传动　4—锥齿轮传动
5—圆柱齿轮传动　6—双万向联轴器　7—钻头
9—蜗杆传动　10—直动推杆凸轮机构
11—工作台　12—摆动从动件凸轮机构
13—连杆　14—送料杆　15—待加工工件

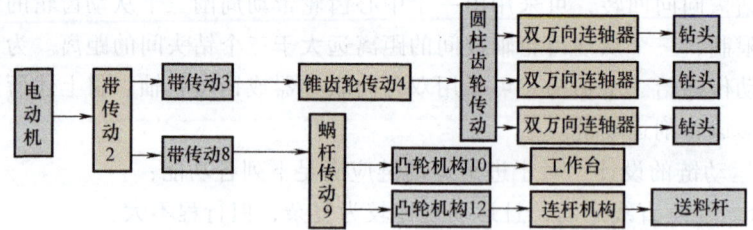

图 14.13　钻床机构组合示意框图

14.7　机械运动方案的评价体系和评价方法

机械运动方案的设计，最终要求通过分析、比较，以确定某一机械的最优方案。如何通过科学的评价和决策方法来确定最佳的机械运动方案是机械运动方案设计的关键问题。为此，必须根据机械运动方案的特点来确定评价特点、评价准则和评价方法等，从而使评价结果更为准确、客观、有效，并能被广大工程技术人员认可和接受。

14.7.1 机械运动方案的评价特点

机械运动方案设计是机械设计初始阶段的设计工作，因此对它的评价具有如下一些特点：

1) 评价准则应包括技术、经济、安全可靠三方面的内容。由于运动方案设计只解决原理方案和机构系统的设计问题，不具体地涉及机械设计的细节，因此，往往只能定性地对经济性进行评价。机械运动方案的评价准则包括的评价指标总数不宜过多。

2) 由于机械运动方案设计所能提供的信息还不够充分，因此一般不考虑重要程度的加权系数。但是，为了使评价指标有广泛的适用范围，对某些评价指标可以按不同应用场合列出加权系数。例如承载能力对于重载的机器应加上较大的加权系数。

3) 考虑到实际的可操作性，一般可以采用分级评价方式，如采用 0~4 五级评分方法进行评价，即将各评价指标的评价等级分为五级。

4) 当以实际评价值与满分评价值的比值作为相对评价值，且相对评价值低于 0.6 时，一般认为较差，应该予以剔除。若方案的相对评价值高于 0.8，只要它的各项评价指标都均衡，则可以采用。对于相对评价值介于 0.6~0.8 之间的方案，则要进行具体分析，有的方案在找出薄弱环节后加以改进，可成为较好的方案而被采纳。例如，当传递相距较远的两平行轴之间的运动时，采用 V 带传动是比较理想的方案。但是当整个系统要求传动比十分精确，而其他部分都已考虑到这一点而采取相应措施时（加高精度齿轮传动、无侧隙双导程蜗杆传动等），V 带传动就是一个薄弱环节。如果改成同步带传动后，就能达到扬长避短的目的，又能成为优先选用的好方案。至于有的方案，确实缺点较多，又难以改进，则应予以淘汰。

5) 在评价机械运动方案时，应充分集中机械设计专家的知识和经验，特别是所要设计的这一类机器的设计专家的知识和经验，要尽可能多地掌握各种技术信息，要尽量采用功能成本（包括生产成本和使用成本）指标值进行运动方案的比较。

14.7.2 机械运动方案的评价体系

（1）评价体系的基本要求　为了使机械运动方案评价结果更准确、有效，必须建立一个评价体系。它一般应满足以下基本要求：

1) 评价体系应尽可能全面，但又必须抓住重点。它不仅要考虑到对机械产品性能有决定性影响的主要设计要求，而且应考虑对设计结果有影响的主要条件。

2) 评价指标应具有独立性，各项评价指标相互之间应互不相关，即提高了方案某一项评价指标的评价值的某种措施不会对其他评价指标的评价值有明显影响。

3) 评价指标都应进行量化。对于难以定量的评价指标可以通过分级量化。评价指标量化后有利于对方案进行评价和选优。

（2）评价指标　机械运动方案往往是由若干个执行机构和传动机构组成的机构系统。在方案设计阶段，对于单一机构的选型或整个机构系统的选择，都应建立合理且有效的评价指标，见表 14.4。该表中所列的五大类、十七项具体评价指标是根据机构及机构系统设计的主要性能要求和机械设计专家的咨询意见制订的。这些评价指标还会随着科学技术的发展、生产实践经验的丰富而不断增减和完善。

表 14.4　机构系统的评价指标

序号	1	2	3	4	5
性能指标	机构功能	机构的工作性能	机构的动力性能	经济性	结构紧凑
具体内容	1)运动规律的形式 2)传动精度	1)应用范围 2)可调性 3)运转速度 4)承载能力	1)加速度峰值 2)噪声 3)耐磨性 4)可靠性	1)制造难易程度 2)制造误差敏感度 3)调整方便性 4)能耗	1)尺寸 2)重量 3)结构复杂性

（3）几种典型机构的性能、特点和评价　在机械运动方案构思和拟定时，由于连杆机构、凸轮机构、齿轮机构、组合机构等典型机构的机构特点、工作原理、设计方法已为广大设计人员所熟悉，并且它们本身机构较简单，易于实际应用。往往成为机械运动方案设计时的首选机构，对它们的性能和初步评价做简要评述，可为评分和选优提供一定的依据，详见表 14.5。

表 14.5　几种典型机构的性能和评价

性能指标	具体项目	评价			
		连杆机构	凸轮机构	齿轮机构	组合机构
A 功能	1)运动规律	任意性较差,只能达到有限个精确位置	基本上能任意	一般做定速比传动或移动	基本上可任意
	2)传动精度	较高	较高	高	较高
B 工作性能	1)应用范围	较广	较广	广	较广
	2)可调性	较好	较差	较差	较好
	3)运转速度	高	较高	很高	较高
	4)承载能力	较大	较小	大	较大
C 动力性能	1)加速度峰值	较大	较小	小	较小
	2)噪声	较小	较大	小	较小
	3)耐磨性	耐磨	差	较好	较好
	4)可靠性	可靠	可靠	可靠	可靠
D 经济性	1)制造难易程度	易	难	较难	较难
	2)制造误差敏感度	不敏感	敏感	敏感	敏感
	3)调整方便性	方便	较麻烦	较方便	方便
	4)能耗	一般	一般	一般	一般
E 结构紧凑	1)尺寸	较大	较小	较小	较小
	2)重量	较轻	较重	较重	较重
	3)结构复杂性	简单	复杂	一般	复杂

（4）机构选型的评价体系　机构选型的评价体系是由机械运动方案设计应满足的要求来确定的。根据有关专家的咨询意见，可以对机械运动方案设计中的机构选型的评价体系进行修改、补充和完善。现在初步确定的评价项目是通过一定范围内的专家咨询得来的。它是根据项目重要程度来分配各项分数值的。这是一件十分细致、复杂的工作。表 14.6 是初步建立的机构选型的评价体系，它既有评价指标，又有各项分配分数值，正常情况下它们的总

分为 100 分。有了一个初步的评价体系，可以使机械运动方案设计逐步摆脱经验、类比的情况。

表 14.6 机构选型的评价体系

性能指标代号	A		B			C			D			E		
总分	25		20			20			20			15		
具体项目	A_1	A_2	B_1	B_2	B_3	C_1	C_2	C_3	D_1	D_2	D_3	E_1	E_2	E_3
分配分	15	10	5	5	5	5	5	5	5	5	5	5	5	5
备注	以实现某一运动为主时，加权系数为 1.5，即 $A\times 1.5$		受力较大时，加权系数为 1.5，即 $B\times 1.5$			加速度较大时，加权系数为 1.5，即 $C\times 1.5$								

14.7.3 机械运动方案的评价方法

常用的机械运动方案评价方法有以下三种。

（1）**价值工程评价法** 价值工程是以提高产品使用价值为目的，以功能分析为核心，以开发集体智力资源为基础，以科学分析方法为工具，用最低的成本来实现机械产品的必要功能。

价值工程中功能与成本的关系是

$$V = F/C$$

式中，V 为价值；F 为功能；C 为寿命周期成本。

机械运动方案的评价可以按它的各项功能求出综合功能评价值，即以功能为评价对象，以金额为评价尺度，找出某一功能的最低成本。

这种方法要求有充分的实际数据作为依据，可靠性强，可比性好。而且成本实际上是不断变化的，需要不断收集资料进行分析，并适当地调整收集到的成本值。有了进行运动方案的功能成本和功能评价就可以对几个机械运动方案进行评估选优。但是，由于方案阶段不确定因素较多，因此困难较大。所以对某一专门机械产品一定要在大量资料积累之后才能够有效地进行评价选择。此外，该方法由于强调机械的功能和成本，因此有可能对不同工作原理的方案进行评价，为人们进行方案创造开辟了一条重要途径。

（2）**系统工程评价法** 系统工程评价法是将整个机械运动方案作为一个系统，从整体上评价方案是否适合总的功能要求的情况，以便从多种方案中客观且合理地选择最佳方案。

系统工程评价是通过总评价值 H 来进行的。对于各评价指标都重要时采用乘法规则，总评价值 H 计算式为

$$H = U_1 \times U_2 \times U_3 \times \cdots \times U_n$$

式中，U_1、U_2、U_3、$\cdots$、U_n 为各评价指标值。

H 值越大表示方案越优。理想方案的 H 值应为

$$H = U_{1\max} \times U_{2\max} \times U_{3\max} \times \cdots \times U_{n\max}$$

图 14.14 所示为系统工程评价步骤。

采用系统工程评价法进行机械运动方案评价时，通常几个方案中 H 值最高的方案为整体最佳的方案。但是，最终的决策还是可以由设计者根据实际情况绘制出最终选择。例如，

完成某一实际工艺动作有许多机械运动方案,有时为了满足一些特殊的要求,并不一定要选择 H 值最高的方案,而是选择 H 值稍低而某些指标较高的方案。

(3) 模糊综合评价法 在机械运动方案评价时,由于评价指标较多,如应用范围、可调性、承载能力、耐磨性、可靠性、工艺性、结构复杂性等,它们很难用定量分析来评价,只能用"很好""好""不太好""一般"等"模糊概念"来评价。模糊综合评价法就是利用集合和模糊数学将模糊信息数值化,以进行定量评价的方法。

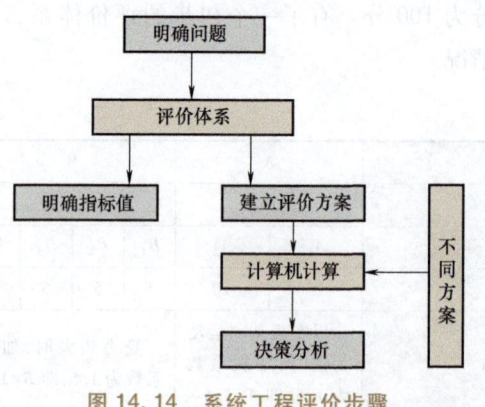

图 14.14 系统工程评价步骤

思 考 题

14.1 什么是机械的工作循环图?可有哪些形式?工作循环图在机械传动系统设计中有什么作用?是否各种机械传动系统设计都需要首先绘制出其工作循环图?

14.2 机构选型有哪几种途径?在选型时应考虑哪些问题?

14.3 拟定机械运动方案的基本原则有哪些?

14.4 评价机械传动方案优劣的指标包括哪些方面?

习 题

14.5 某执行构件做往复移动,行程为 100mm,工作行程为近似等速运动,并有急回要求,行程速度变化系数 $K=1.4$。在回程结束后,有 2s 停歇,工作行程所需时间为 5s。设原动机为电动机,其额定转速为 960r/min。试设计该执行构件的传动系统。

14.6 试提出一机械传动系统方案,使机构中某构件上的一点实现如图 14.15 所示的轨迹(可近似)。

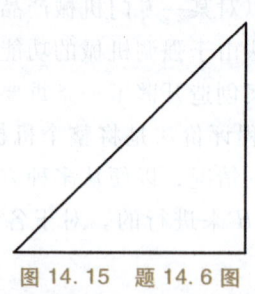

图 14.15 题 14.6 图

参 考 文 献

[1] 孙桓，陈作模. 机械原理 [M]. 6版. 北京：高等教育出版社，2001.
[2] 孙桓，陈作模，葛文杰. 机械原理 [M]. 8版. 北京：高等教育出版社，2013.
[3] 孙桓. 机械原理教学指南 [M]. 北京：高等教育出版社，1998.
[4] 孙桓，傅则绍. 机械原理 [M]. 9版. 北京：高等教育出版社，2021.
[5] 邹慧君. 机械原理 [M]. 北京：高等教育出版社，1999.
[6] 邹慧君. 机械课程设计手册 [M]. 北京：高等教育出版社，1998.
[7] 邹慧君. 机械系统设计原理 [M]. 北京：科学出版社，2003.
[8] 师忠秀. 机械原理 [M]. 北京：机械工业出版社，2012.
[9] 孟宪源. 现代机构手册 [M]. 北京：机械工业出版社，1994.
[10] 孔午光. 高速凸轮 [M]. 北京：高等教育出版社，1986.
[11] 陆世爵. 针式打印机 [M]. 北京：电子工业出版社，1989.
[12] 刘政昆. 间歇运动机构 [M]. 大连：大连理工大学出版社，1991.
[13] 薛实福，李庆祥. 精密仪器设计 [M]. 北京：清华大学出版社，1991.
[14] 詹启贤. 自动机械设计 [M]. 北京：中国轻工业出版社，1994.
[15] 邹慧君. 机械运动方案设计手册 [M]. 上海：上海交通大学出版社，1994.
[16] 曹惟庆，徐曾荫. 机构设计 [M]. 北京：机械工业出版社，1993.
[17] 杨可桢，程光蕴. 机械设计基础 [M]. 北京：高等教育出版社，1999.
[18] 吕仲文. 机械创新设计 [M]. 北京：机械工业出版社，2004.
[19] 于云满. 精密间歇机构 [M]. 北京：机械工业出版社，1999.
[20] 余跃庆，李哲. 现代机械动力学 [M]. 北京：北京工业大学出版社，1998.
[21] 谢黎明. 机械工程与技术创新 [M]. 北京：化学工业出版社，2005.
[22] 伏尔默. 机构学教程 [M]. 陈可宗，周有强，译. 北京：高等教育出版社，1990.
[23] 常治斌，张京辉. 机械原理 [M]. 北京：北京大学出版社，2007.
[24] 朱理. 机械原理 [M]. 北京：高等教育出版社，2004.
[25] 郑甲红，朱建儒，等. 机械原理 [M]. 北京：机械工业出版社，2006.
[26] 赵卫军. 机械原理 [M]. 西安：西安交通大学出版社，2003.
[27] 张祖立，程玉来，陶材栋，等. 机械设计基础 [M]. 北京：中国农业大学出版社，2004.
[28] 张春林. 机械创新设计 [M]. 2版. 北京：机械工业出版社，2007.
[29] 张策. 机械原理与机械设计 [M]. 北京：机械工业出版社，2004.
[30] 郑文纬，吴克坚. 机械原理 [M]. 7版. 北京：高等教育出版社，1997.
[31] 申永胜. 机械原理教程 [M]. 北京：清华大学出版社，1999.
[32] 黄茂林，秦伟. 机械原理 [M]. 北京：机械工业出版社，2002.
[33] 张春林. 机械创新设计 [M]. 北京：机械工业出版社，1999.
[34] 诺顿. 机械设计：机器和机构综合与分析 [M]. 陈立周，等译. 北京：机械工业出版社，2003.
[35] 华大年，华志宏. 连杆机构设计与应用创新 [M]. 北京：机械工业出版社，2008.
[36] 石永刚，吴央芳. 凸轮机构设计与应用创新 [M]. 北京：机械工业出版社，2007.
[37] 谢存禧，李琳. 空间机构设计与应用创新 [M]. 北京：机械工业出版社，2008.
[38] 邹慧君，殷鸿梁. 间歇运动机构设计与应用创新 [M]. 北京：机械工业出版社，2008.
[39] 吕庸厚，沈爱红. 组合机构设计与应用创新 [M]. 北京：机械工业出版社，2008.

[40] 傅祥志. 机械原理 [M]. 武汉：华中科技大学出版社，2000.

[41] 郭宏亮，孙志宏. 机械原理 [M]. 北京：北京大学出版社，2011.

[42] 郭卫东. 机械原理 [M]. 2版. 北京：科学出版社，2013.

[43] 黄纯颖. 机械创新设计 [M]. 北京：高等教育出版社，2000.

[44] 黄茂林. 机械原理 [M]. 重庆：重庆大学出版社，2002.

[45] 姜琪. 机械运动方案及机构设计：机械原理课程设计题例及指导 [M]. 北京：高等教育出版社，1991.

[46] 李瑞琴. 机械原理 [M]. 2版. 北京：国防工业出版社，2011.

[47] 刘会英，杨志强. 机械原理 [M]. 北京：机械工业出版社，2003.

[48] 马永林. 机械原理 [M]. 北京：高等教育出版社，1992.

[49] 孟宪源，姜琪. 机构构型与应用 [M]. 北京：机械工业出版社，2004.

[50] 潘存云. 机械原理 [M]. 2版. 长沙：中南大学出版社，2013.

[51] 秦荣荣，崔可维. 机械原理 [M]. 北京：高等教育出版社，2006.

[52] 沈世德. 机械原理 [M]. 北京：机械工业出版社，2002.

[53] 王春燕，陆凤仪. 机械原理 [M]. 北京：机械工业出版社，2001.

[54] 王三民，诸文俊. 机械原理与设计 [M]. 北京：机械工业出版社，2001.

[55] 王知行，刘廷荣. 机械原理 [M]. 北京：高等教育出版社，2000.

[56] 谢进. 机械原理 [M]. 北京：高等教育出版社，2004.

[57] 徐灏. 机械工程手册：第四卷 [M]. 2版. 北京：机械工业出版社，2001.

[58] 杨家军. 机械原理：基础篇 [M]. 武汉：华中科技大学出版社，2005.